工程师经验手记

深入浅出玩转 51 单片机

刘　平　编著

U0248198

北京航空航天大学出版社

内 容 简 介

本书包含 4 部分,共计 27 章。首先从最基本的概念、开发软件的操作入手,教读者如何搭建一个工程;之后带领读者深入浅出学习 51 单片机内部资源(如定时器、中断、串口)和经典外围电路(如 LED、数码管、按键、液晶、点阵、EEPROM、温度传感器、时钟、红外线解码),同时穿插了一些 C 语言和基础电路;其后又扩展了一些工程中常用的知识点,如模块化编程、PCB、实时操作系统、上位机编程等;最后以一些小项目(如摇摇棒、温湿度控制系统、nRF24L01 无线通信、蓝牙智能小车、语音点歌系统、简易电视)为例,手把手教大家进行实践。

配套资料中包含书中所有实例的例程、应用软件、PCB 工程图及相关资料,且注释详尽,便于自学,读者可在北京航空航天大学出版社网站的"下载专区"免费下载。同时,与本书配套的 50 多讲高清视频——《31 天环游单片机》,部分视频随配套资料附带,其余部分可到 http://study.chinaaet.com/course/6100000018 观看。本书还有与之配套的单片机实验板,这样理论结合实践进行学习,可以事半功倍。如果读者手上有别的实验板,配合本书同样可以学习。

本书可作为高等院校电子相关专业的 8051 单片机教材,也可作为课程设计、毕业设计、电子竞赛等的参考用书,还可作为电子工程技术人员的参考用书。

图书在版编目(CIP)数据

深入浅出玩转 51 单片机 / 刘平编著. -- 北京 : 北京航空航天大学出版社,2014.5

ISBN 978 - 7 - 5124 - 1534 - 8

Ⅰ. ①深… Ⅱ. ①刘… Ⅲ. ①单片微型计算机 Ⅳ. ①TP368.1

中国版本图书馆 CIP 数据核字(2014)第 090978 号

深入浅出玩转 51 单片机

刘 平 编著

责任编辑 张耀军 何 献 叶建曾 王国兴

*

北京航空航天大学出版社出版发行

北京市海淀区学院路 37 号(邮编 100191) http://www.buaapress.com.cn
发行部电话:(010)82317024 传真:(010)82328026
读者信箱:emsbook@gmail.com 邮购电话:(010)82316524
涿州市新华印刷有限公司印装 各地书店经销

*

开本:710×1 000 1/16 印张:28.25 字数:602 千字
2014 年 5 月第 1 版 2017 年 1 月第 2 次印刷 印数:3 001~5 000 册
ISBN 978 - 7 - 5124 - 1534 - 8 定价:59.00 元

前　言

单片机比起当今流行的 ARM、DSP、FPGA 显得有些"逊色",但其应用的广泛性并不亚于这三门技术的总和。

本书特点

编写这本书的目的是让那些对单片机有兴趣、又能坚持"玩"下去的初学者能够把它当作一个友好、易于使用、便于自学、乐于帮助的助手。为了达到这个目标,本书采用以下方式:

> ➢ 尽量使用通俗、易懂的语言来阐述问题,便于读者理解。

> ➢ 采用化整为零的方法,将枯燥、无味的知识分解成小部分,一点一滴地介绍。

> ➢ 对于难理解、难记忆的知识点,尽量采用举例的方式,使读者好理解、易记忆。

关于内容

全书分为 4 部分,分别为:准备篇、实例篇、拓展篇、项目篇。

> ➢ 准备篇包含笔记 1～2。笔记 1 主要介绍了单片机的概念及其应用,随后分享了一些笔者玩单片机的方法和经验。笔记 2 主要介绍了玩单片机需要硬件和软件。

> ➢ 实例篇包括笔记 3～15。以笔者自己开发的 MGMC － V1.0 实验板为硬件平台,由浅入深地带领读者从点亮一个 LED 小灯的实例开始;再到数码管、蜂鸣器、液晶、LED 点阵等外设;之后经由单片机内部资源定时器、中断、串口;再进阶到 I^2C 总线,A/D、D/A 转换,时钟、温度传感器,最后介绍红外的编、解码。在此过程中,笔者运用大量的实例,采用各个击破的方式,让读者边做实验、边掌握理论知识。

> ➢ 拓展篇包含笔记 16～19。笔记 16 讲述了工程中最常应用、但其他书本上很少讲解的模块化编程。笔记 17 主要讲述了 RTX51 Tiny 操作系统,让读者从玩单片机开始就对操作系统的概念有个深入的理解,为以后学习 Linux、WinCE 等操作系统打下坚实的根基。笔记 18 讲述了工控中常用的上位机编程。上位机的编程方式很多,这里主要讲述了基于 VS2010、LabVIEW、Lab-Windows/CVI 的编程方法。笔记 19 讲述了硬件设计中很重要的一个知识

点——PCB 的设计。笔者以现阶段流行的 Altium Designer 2013 和 PADS 9.5 软件为例,一步一步讲解了元件的封装、原理图的设计、PCB 的绘制。

➢ 项目篇包括笔记 20～27。该篇从搭建一个单片机的最小系统开始,之后慢慢过渡到如何制作一个摇摇棒、简易空调、无线系统、蓝牙智能小车,最后 DIY 一台简易电视(该项目可直接应用到机顶盒、TV 行业的测试中)。

关于实验板

本书所有实例都基于 MGMC－V1.0 实验板的,该实验板由笔者亲自开发,原理的设计、元件的选型、模块的配置、PCB 的绘制等都是精心筛选、策划的,而且配套了严谨、规范、可移植性高的源代码以及笔者录制的《31 天环游单片机》视频、笔者原创的《单片机那些事儿——初级篇、中级篇、高级篇》PDF 资料。

MGMC－V1.0 实验板除配套有丰富的教程和视频以外,还具备以下特性:

➢ 接口丰富:32 个 I/O 口、电源端口、4 个 A/D 转换输入端口和 1 个 D/A 转换端口全部用排针引出;液晶、单片机、步进电机、红外万能接收头、LED 点阵、USB、RS232 都预留有与其对应的接线端子或者插座;此外,还预留了时钟芯片的 PWM、中断以及温度传感器的中断外扩端口。

➢ 资源丰富:此实验板集成了大量的外围设备,详见 2.2.2 小节。

➢ 设计灵活:此实验板在一些器件选型上比较灵活,如温度传感器并没有选择 DS18B20,而是选取了工程中常用的 LM75A;时钟芯片没有选择 DS1302,而是选择了精确度更高的 PCF8563。

➢ 人性化设计:实验板无论从布局、还是操作方面,都考虑到了人性化的设计,将操作部分放置在左端,显示部分放置在了右端。同时考虑到调试、供电、通信分开引线的复杂性,此实验板采用了 STC 官方推荐的 USB 转 RS232 芯片——CH340T,即可实现一线下载、供电、通信。

关于本书配套资料

配套资料中包含书中所有实例的例程、应用软件、PCB 工程图及相关资料,且注释详尽,便于自学,读者可在北京航空航天大学出版社网站的"下载专区"免费下载。同时,与本书配套的 50 多讲高清视频——《31 天环游单片机》,部分视频随配套资料附带,其余部分可到 http://study.chinaaet.com/course/6100000018 观看。

学习过程中如果有任何问题,都可以和笔者随时互动,联系方式如下:

电子工程师基地论坛:www.ieebase.net

官方淘宝店:shop109195762.taobao.com(fsmcu.taobao.com)

个人邮箱:xymbmcu@163.com

单片机 QQ 交流群:143406243

EDN 助学小组:

http://group.ednchina.com/GROUP_GRO_14273_3000002320.HTM

AET 助学小组： http://group.chinaaet.com/322

致　谢

本书的出版得到了太多人的支持，这里一并表示感谢。感谢 EDNChina 网站的所有工作人员，谢谢你们能为广大电子爱好者提供一个发牢骚、结交网友、学习技术、展示自我的平台，笔者就是这个大家庭的成员之一，博客就是本书的最初来源。

感谢北京航空航天大学出版社对本书出版过程中的支持。

感谢贺荣、王邦卜，他们参与了书中部分例程的编写和书稿的修改；感谢舍长为首的 425 的弟兄们以及老于，感谢所有支持笔者的亲朋好友，尤其是父母和女朋友，若没有你们的支持，绝对不可能有此书的出版。

鉴于笔者技术水平有限、经验欠缺、时间紧迫，书中的错误和疏漏之处在所难免，恳请各位读者批评指正。

作者

2014 年 3 月于兰州

目　录

实例索引

第一部分　准备篇

笔记 1

三问敲开单片机的大门

1.1 什么是单片机

单片微型计算机简称单片机,是典型的嵌入式微控制器(Microcontroller Unit),常用缩写 MCU 表示,由运算器、控制器、存储器、输入输出设备构成,相当于一个微型的计算机(最小系统)。与计算机相比,单片机缺少了外围设备等,概括地讲:一块芯片就成了一台计算机,它的体积小、重量轻、价格便宜,从而为学习、应用和开发提供了便利条件。

单片机在工业控制领域应用广泛,最早的设计理念是将大量外围设备和 CPU 集成在一个芯片中,使计算机系统更小,更容易集成在复杂的而且对体积要求严格的控制设备当中。

INTEL 的 8080 是最早按照这种思想设计出的处理器,当时的单片机都是 8 位或 4 位的。其中最成功的是 INTEL 的 8051,此后发展出了 MCS51 系列单片机系统,因为简单、可靠且性能不错获得了很大的好评。尽管 2000 年以后 ARM 已经开发出了 32 位主频超过 300 MHz 的高端单片机,但基于 8051 的单片机还在广泛地使用,这是因为在很多方面单片机比专用处理器更适合应用于嵌入式系统。事实上单片机是世界上数量最多的处理器,随着单片机家族的发展壮大,单片机和专用处理器的发展便分道扬镳。

几乎现代人类生活中每件有电子器件的产品中都集成有单片机:手机、电话、计算器、家用电器、电子玩具、掌上电脑以及鼠标等电子产品;汽车上一般配备 40 多片单片机,复杂的工业控制系统上甚至可能有数百片单片机在同时工作!单片机的数量不仅远超过 PC 机和其他计算机的总和,甚至比人类的数量还要多。

本书采用的 MGMC - V1.0 实验板上用到的单片机(STC89C52)是双列直插式(DIP40)的,其结构图和实物图分别如图 1-1 和图 1-2 所示。该单片机总共 40 个引脚,其中有 4 组端口 P0、P1、P2、P3,每组是 8 个,这样就有 32 个 I/O 口;40 和 20 脚是电源的正、负极;第 9 脚(RST)是复位引脚;18、19 是晶振引脚,29~31 引脚有特殊用法,暂时不予理会,笔记 20 中有详解,但注意一点,设计电路时,31 脚要接高电平。复位电路、晶振电路会在笔记 6 知识扩展中做专题讲解;I/O 口会在笔记 11 的知识扩展中详细讲解。

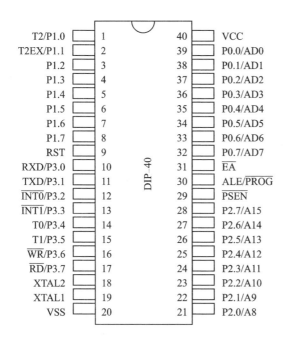

图 1－1　STC89C52 的结构图　　　　　图 1－2　STC89C52 的实物图

读者在这里只需知道有个东西叫单片机,"本事"没计算机大,个头比计算机小,但功能方面还是遗传了计算机的一些"基因"。这个东西比较听话,但听的不是人话,而是"语言(C、ASM)"话。只要它不饿(一直有电)、身上没病(系统是好的),它就会任劳任怨、毫无怨言地去做某件事。读者让它点灯,它就会点一辈子的灯;读者让其控制个蜂鸣器响,它就会分秒不差的去控制;读者让它去采集温度,不管是－40℃、还是100℃,它都会去做(不考虑特殊情况)。一句话,玩单片机就是用某种语言(C语言、汇编)控制这32个(别的型号另当别论)I/O口在合适的时间出现合适的高低电平。具体如何控制,请看接下来的介绍。

1.2　为何玩单片机

单片机渗透到我们生活的各个领域:导弹的导航装置,飞机上各种仪表的控制,计算机的网络通信与数据传输,工业自动化过程的实时控制和数据处理,广泛使用的各种智能IC卡,民用豪华轿车的安全保障系统,录像机、摄像机、全自动洗衣机的控制以及程控玩具、电子宠物等,这些都离不开单片机,更不用说自动控制领域的机器人、智能仪表、医疗器械以及各种智能机械了。

单片机的应用范围大致可分如下几个范畴:

（1）智能仪器

单片机具有体积小、功耗低、控制功能强、扩展灵活、微型化和使用方便等优点，广泛应用于仪器仪表中，结合不同类型的传感器，可实现诸如电压、电流、功率、频率、湿度、温度、流量、速度、厚度、角度、长度、硬度、压力等物理量的测量。采用单片机控制可使仪器仪表数字化、智能化、微型化，且功能比起采用电子或数字电路更加强大，例如精密的测量设备（电压表、功率计、示波器、各种分析仪）。

（2）工业控制

单片机可以构成形式多样的控制系统、数据采集系统、通信系统、信号检测系统、无线感知系统、测控系统、机器人等应用控制系统。例如工厂流水线的智能化管理、电梯智能化控制、各种报警系统、与计算机联网构成二级控制系统，以及当今非常流行的物联网系统等。

（3）家用电器

家用电器广泛采用了单片机控制，从电饭煲、洗衣机、电冰箱、空调机、彩电、其他音响视频器材，再到电子秤量设备和白色家电等。

（4）网络和通信

现代的单片机普遍具备通信接口，可以很方便地与计算机进行数据通信，为计算机网络和通信设备间的应用提供了极好的物质条件。通信设备基本上都实现了单片机智能控制，从手机、电话机、小型程控交换机、楼宇自动通信呼叫系统、列车无线通信，再到日常工作中随处可见的移动电话、集群移动通信、无线电对讲机等。

（5）设备领域

单片机在医用设备中的用途亦相当广泛，例如医用呼吸机、各种分析仪、监护仪、超声诊断设备及病床呼叫系统等。

（6）汽车电子

单片机在汽车电子中的应用非常广泛，例如汽车中的发动机控制器、基于 CAN 总线的汽车发动机智能电子控制器、GPS 导航系统、ABS 防抱死系统、制动系统、胎压检测等。

此外，单片机在工商、金融、科研、教育、电力、通信、物流和国防航空航天等领域都有着十分广泛的用途。

1.3　如何玩单片机

如果学单片机就像学高数一样，拿起一支笔，开始算定时器的初值、波特率等；或者像学英语一样，开始背什么叫单片机、什么叫寄存器、什么叫定时器，那笔者大胆地告诉读者，这种方式只能以失败而告终，因为方法错了，那该如何学呢？在说如何学之前，笔者先提醒读者不要做浮躁的人，而是做一个爱"玩"的人。

1.3.1 不做浮躁的人

笔者写这些,不是说初学者就不能问问题、不能上网发帖、不能向别人要资料,而是遇到问题一定要先自己思考、调试、总结,实在搞不定了再去问别人,否则只能是一个学单片机的浮躁人。那什么样的人是浮躁之人呢?

1）浮躁的人容易问:我到底该学什么?

答:踏踏实实的学点基本的吧,不知道单片机是什么,就想去学 ARM、FPGA,现实吗?

2）C 语言不会就想搞 Linux?

答:别好高骛远,最后会伤到自己的。

3）浮躁的人容易问:谁有 xxx 源码?

答:你给人家多少钱啊? 别人的劳动果实白送你?

4）浮躁的人容易问:跪求 xxx。

答:就算网络再虚拟,也要有尊严吧,男儿膝下有黄金啊。

5）浮躁的人容易说:紧急求救 xxx。

答:其实只是写了 3 行代码,其中一行忘加分号了。

6）浮躁的人容易问:有没有 xxx 中文资料?

答:一个字:懒,两个字:太懒,3 个字:特别懒。别说别的,E 文不行,谁不是从 A、B、C 学起的啊,再者,像金山词霸、有道词典等都是你最好的老师!

7）浮躁的人容易说:求 xxx,我的 email 是 www.lzmgtech.com,然后就销声匿迹了。

答:你以为你是大爷啊,人家请你吃饭,还要给你嚼碎,喂你口中是吧。

8）浮躁的人容易问:玩单片机有钱途吗?

答:若只是为了钱,肯定是搞不好技术。

9）浮躁的人容易问:哪里有 xxx 芯片资料?

答:其实大部分资料网络上都有,但是偏偏来找人问,这么懒还想搞技术!

10）浮躁的人分两种:只观望而不学的人;学了却不坚持的人。

浮躁的人连"玩"单片机的门都进不了,更别说成为高手了。

1.3.2 做有准备的人

笔者将这里的准备分为两大类:精神和物质上的准备。

1. 精神准备

"千里之行,始于足下",单片机一天、一周学不会。玩单片机一定要有持之以恒的毅力与决心。学习完几个例程后就应及时做实验,融会贯通,而不要等几天或几个星期之后再做实验,这样效果不好甚至前学后忘。另外要有打"持久战"的心理准备,不要兴趣来时学上几天,无兴趣时放上几个月。玩单片机很重要的一点就是持之以恒。

玩单片机一定不要做浮躁人,更不要:

① 不要一说写代码就去向别人要源代码。一定要先好好思考,记下自己的问题点再去请教别人,之后借鉴别人的思路再去编程。不要只 CTRL＋C 和 CTRL＋V 了一下,之后看了看实验现象就以为会单片机的编程了。

② 学习一个新的软件,一定要多看帮助手册,书上讲的肯定没官方的全面。倘若连软件都没看一眼,就盲目地问东问西,让人觉得你很幼稚。

③ 不要蜻蜓点水,得过且过,细微之处往往体现实力。

④ 把时髦的技术挂在嘴边,还不如把过时的技术记在心里。

⑤ 看得懂的书,仔细看;看不懂的书,硬着头皮看。不要指望看了一遍书就能记住和掌握什么。书读百遍,其义自现。

⑥ 对于网络,还是建议多利用,很多问题不是非要到论坛来问的,首先要学会自己找答案,比如 Google、百度都是很好的搜索引擎。

⑦ 到一个论坛,要学会看以前的帖子,也许你的问题早就有人问过了。

一句话:对于单片机,要像追一个女生那样坚持不懈,死缠烂打;更要像爱女朋友一样,爱单片机,自始至终。

2. 物质准备

笔者将物质准备也分为两类:软件和硬件。

(1) 软件准备

这里的软件不仅仅指 C 语言,还包括汇编、C＋＋、G 语言等,以及电子基础(例如电阻、电容等)、模拟电路、数字电路、高频电路等,即要有理论知识的储备。但是,等读者将以上技术都学完了或者学会了,再去学单片机,那就 OUT 了。那如何学?手头备几本书,以便查阅。

笔者建议:需要什么就去查什么,现玩现查。例如,要点亮一个 LED,开始是包含头文件:＃include＜reg52.h＞,若不知道就去查 C 语言的书;做蜂鸣器实验时,若三极管不懂,就去查模拟电路书。因此建议边"玩"边"查",不是边"学"边"背",这样在用时查到的知识点会终身难忘。

讲述软件准备的最后,回答读者一个网上提了很多遍的问题:该学汇编还是学 C 语言(C51)?

答:若只是为了用单片机做产品,C51 足够了。若要深入研究、搞发明,自己生产单片机,那必须得学汇编。该书是以为了做产品而写,所以主要讲述 C51。

(2) 硬件准备

单片机是一门实践性非常强的学科,不实践一切都是"空中楼阁",笔者将硬件又分 3 类:书本、实验板、实战工具。

1）纸质书要不要？

答：要。纸质书能让你静下来，而电子书容易分散精力，会让浮躁的你会更加浮躁。

2）实验板要不要？

答：买块实验板是非常必要的。玩单片机一定要多做实验，开始可以模仿笔者写的程序在实验板上做些简单的实验，这时千万不要满足于只在实验板上运行一下，一定要自己动手把程序敲进计算机、一句一句分析透彻，不懂的地方拿出课本来查，琢磨笔者的编程思路，然后再编译、下载、看现象。只有这样边玩边查，才能使那些看起来很复杂、摸不着头脑的单片机知识变得很具体，才能真正扎实掌握单片机的基本知识。

3）仿真学不学？

笔者建议不要借助仿真去学单片机，因为只用软件模拟仿真是永远成不了高手的。所谓仿真就是用 Protues 软件去模拟实验现象。细心的读者可以发现，笔者没有写单片机仿真。仿真得很完美，Keil 编译的结果是 0 错误、0 警告，一搭电路调试之后发现了好多问题，很多读者有过这样的纠结，这是为什么。举个例子，要让 8 个 LED 灯亮，应该是"P2＝0x00"，可你写了"P2＝0xff;"，这也是 0 错误、0 警告啊，可能达到效果吗？仿真中什么都是理想的，电流、电压、阻抗等若考虑不周到，或许能猜出正确结果。可实际电路中，电流、电压大了，电路板可能会冒烟，晶振频率可能不稳定，导致程序运行混乱。笔者在某电子公司工作时所用晶振为 27 MHz（用在机顶盒上），刚开始测试发现频率确实为 27 MHz，但后来机子工作以后频率就变了，之后也找了供应商，测试都是好的，无奈之下，一位同事说，将晶振外壳接地吧，于是问题解决了。笔者说这些，不是要"贬低"仿真软件或仿真的重要性，只是建议读者玩单片机，必须要多实践、多焊接电路、多调试电路，不要停留在理论和仿真上。

4）该玩哪种单片机？

单片机型号很多，常见的有 51、PIC、AVR、STM、MSP430 系列，每个系列又有很多型号。那么，作为初学者的我们，该玩哪款单片机呢？

其实单片机原理都是相通的，不同的单片机也只是配置不同（汇编指令不一样，这是后话），只要掌握了任何一款单片机，再学习其他款就非常容易了。51 单片机作为一款经典的单片机，资料非常丰富，也比较容易掌握，因此，从 51 单片机开始入门应该是非常明智的选择。

最后，分享几点笔者玩单片机的经验，希望能给读者一个参考。

① 正确认识单片机技术，不是高不可攀，也不是花 10 天就能学会，希望读者能像笔者一样，掌握正确的方法之后坚持去玩。

② 开发工具软件一定要熟练。做单片机开发，连 Keil 都不会，或者搞硬件设计，连 PCB 都不会画，那别提其他的了。特定的开发中必须掌握这些开发工具，否则无从谈开发。单片机的软件开发中可能用到 Keil、IAR、STC‐ISP 等；电路仿真时，会

用到 Protues、Multisim、pSpice 等；PCB 的设计中，会用到 Altium Designer（或早期的 Protel）、PADS、Cadence、阻抗分析时的 Polar 等；开发 CPLD/FPGA 时，会用到 ISE（Xilinx）、Quartus II（Altera）、Modelsim、Nios II 等；做 ARM、DSP 时可能分别会用到 ADS、CCS；做上位机开发时会用到 VS2010、LabVIEW 等。

③ 理论与实践并重。对一个学单片机的新手来说，如果按教科书式的学法，上来就是一大堆指令、名词，学了半天还是搞不清这些指令起什么作用，也许用不了几天就会觉得枯燥乏味以至于半途而废。所以学习与实践结合是一个很好的方法，边学习、边演练、循序渐进，这样用不了几次就能将所用到的指令理解、吃透。也就是说，当你学习完几条指令后（一次数量不求多，只求懂），接下去就该做实验了，通过实验来感受刚才的指令所产生的控制效果，这样更能深刻理解指令是怎样转化成信号去实现控制的，也能提升对单片机的兴趣。单片机与其说是学出来的，还不如说是做实验练出来的，或者玩出来的，要以玩的心态来学，而不是为了完成任务才来学单片机，更何况做实验本身也是一种学习过程。

④ 要适当购买实验器材及书籍资料。一本好的书籍真的很重要，可以随时翻阅，随时补充不懂或遗忘的知识。

⑤ 如果你选择了这行，那么扎实的焊接功底不可或缺。或许此时有人说，焊接在工厂不是机器过回流焊、波峰焊，或者由工人来焊的吗，工程师怎么可能搞焊接，是不是大材小用了？实际上对于玩单片机或搞硬件的人来说，无论是在学校做一些小东西或参加电子竞赛，还是在企业搞设计、研发，焊接的基本功必须得有。焊接不仅是做成一个产品的必经之路，还可以提高动手能力，同时对掌握理论知识也有帮助。

⑥ 做笔记和写文档。好记性不如烂笔头，将自己最近所学、所掌握的知识点，或者自己的不足、需要改进的地方记录下来，这样既可以发现自身的缺陷，又为以后的学习积累财富。此外，还可采用写博客的方式来进行总结，如 EDN、AET 等网站，这样不仅自己受益，也对别人有益，不足之处或许还能得到高手的指点，何乐而不为呢？

笔记 2

开发必备

2.1　单片机开发流程

　　玩单片机要遵循一定的开发流程,同样需要一定的工具。接下来简要介绍这两方面内容。当然这部分在单片机初学阶段意义不大,但笔者建议初学者从一开始就能按流程去玩单片机,形成一个良好的开发习惯。

　　1)产品需求

　　根据市场需求或公司安排确定开发什么产品。这需要开发人员和产品需求方沟通,明确客户的需求,对即将开发的产品有一个总体的印象。

　　2)产品立项

　　这时产品已经确定要开发,需要立项,开发人员可能要填写立项相关文件。

　　3)产品总体设计

　　一般由高级系统架构师完成整个产品的系统设计,并做系统结构框图。接着选择处理器是 8 位、16 位还是 32 位的,之后软(软件指上位机应用软件,不是单片机内部程序)、硬件分工,确定各个工程师的任务。

　　4)技术难点攻关

　　这里需要技术牛人(软硬"通吃")出马了,就是把整个系统比较难或不能确定的部分先进行研究实验,以确认不会因为这些部分导致项目无法实现。

　　5)硬件设计

　　根据功能确定显示(用液晶还是数码管)、存储器(空间大小)、定时器、中断、通信(RS‐232、RS‐485、USB)、打印、A/D、D/A 及其他 I/O 口操作。接着绘制原理图、结构图、PCB。最后选购元器件、焊接电路板、组装、测试。这部分是硬件工程师的强项了。

　　6)软件设计

　　终于要编程了,到单片机工程师大显身手的时候了。建立数学模型,确定算法及数据结构;进行资源分配及结构设计;绘制流程图,结合流程图设计并编写各子程序模块;最后仿真、调试、固化。

7）样机联试

这时要软硬件结合起来调试,测试硬件系统各个模块工作是否正常,软件运行是否稳定、能否满足要求;进行一些老化、高低温测试、振动实验等。

8）产品小批量生产

这时产品都弄完了,不过开发人员需要提供测试报告、使用说明等文档;制定生产工艺流程,形成工艺,进入小批量生产;接着,送样或投放市场,让客户检验是否合格;依客户反映来升级产品。

9）产品量产

产品量产并销售于市场,若有问题,一般由售后来处理,处理不了还得开发人员解决。

2.2　开发平台:MGMC－V1.0 实验板

工欲善其事,必先利其器,这里介绍一下开发工具。笼统地说,单片机的开发工具很多,用于软件开发的有 Keil、IAR、ST VisualDevelop 等,用于下载的有 STC－ISP、ST VisualProgrammer 等,但有些开发软件自带了下载软件。这里介绍 Keil μVision4 和下载用的 STC－ISP。关于 PCB 的绘制软件、上位机编程软件等后面再详细讲解。

本书所有实例基于 MGMC－V1.0 实验板,该实验板由笔者研发,并计划在 www.ednchina.com 和 www.chinaaet.com 做助学活动,并免费赠送红外发射、解码学习板。

1. MGMC－V1.0 实验板功能框图

实验板功能框图如图 2-1 所示,以 STC89C52 为核心芯片,配备了丰富的外围设备。

2. MGMC－V1.0 实验板基本配置

➢ 主芯片是 STC 公司的 STC89C52,包含 8 KB Flash,256 字节的 RAM,32 个 I/O 口。

➢ 32 个 I/O 口全部用排针引出,方便扩展。

➢ 集成了 STC 官方推荐的 USB 转串口 IC(CH340T),实现一线下载、调试、供电,还可与上位机通信。

➢ 一个电源开关、电源指示灯,电源也用排针引出,方便扩展。

➢ 8 个 LED,方便做流水灯、跑马灯等实验。

➢ 一个 RS232,通过串口可以下载、调试程序,也能与上位机通信。

➢ 8 位共阴极数码,以便做静、动态数码管实验。

➢ 一个 1602、一个 12864 液晶接口,可以做液晶实验。

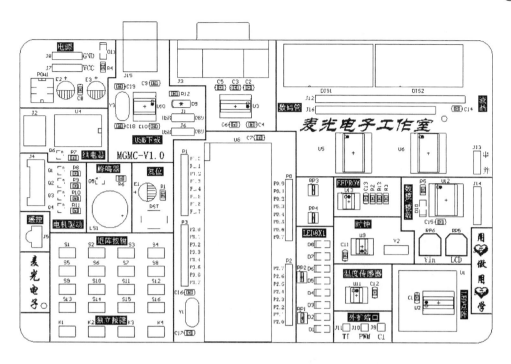

图 2-1　MGMC-V1.0 实验板资源分布及功能框图

- ➤ 一个继电器,方便以小控制大。
- ➤ 一个蜂鸣器,可以实现简单的音乐播放实验。
- ➤ 一个电机驱动接口,可以做步进电机、直流电机实验。
- ➤ 万能红外接收头,配合遥控器做红外编、解码实验。
- ➤ 16 个按键组成了矩阵按键,学习矩阵按键的使用。
- ➤ 4 个独立按键,配合数码管做秒表试验。
- ➤ EEPROM 芯片 AT24C02,学习 I^2C 通信实验。
- ➤ A/D、D/A 芯片 PCF8591,方便读者掌握 A/D、D/A 的转换原理,同时引出了 4 路模拟输入接口、一路模拟输出接口,方便扩展。
- ➤ 时钟芯片 PCF8563,可以做时钟实验,还可以输出可编程的 PWM 波形。
- ➤ 温度传感器芯片 LM75A,配合数码管做温度采集、显示实验,结合上位机还可做更多的实验。
- ➤ LED 点阵(8×8),在学习点阵显示原理的同时还可以掌握 74HC595 的用法。
- ➤ 结合外围器件做 RTX51 Tiny 操作系统实验,为以后学习 μC/OS、Linux、WinCE 等操作系统奠定基础。

2.3　开发环境:Keil μVision4

　　Keil 公司是一家业界领先的微控制器软件开发工具的独立供应商,由两家私人公司联合运营,分别是德国慕尼黑的 Keil Elektronik GmbH 和美国德克萨斯的 Keil Software Inc。Keil 公司制造和销售的开发工具种类比较多,包括 ANSI C 编译器、宏汇编程序、调试器、链接器、库管理器、固件和实时操作系统核心(real‑time kernel),有超过 10 万名微控制器开发人员在使用这种得到业界认可的解决方案。其 Keil C51 编译器自 1988 年引入市场以来成为市面上的行业标准,并支持超过 500 种 8051 变种。Keil 公司 2005 年由 ARM 公司收购,其两家公司分别更名为 ARM Germany GmbH 和 ARM Inc。Keil μVision4 是 2009 年 2 月由 ARM 公司发布的,引入了灵活的窗口管理系统,使开发人员能够使用多台监视器,并提供了视觉上的界面窗口,其位置完全可控。新的用户界面可以更好地利用屏幕空间以及更有效地组织多个窗口,提供一个整洁、高效的环境来开发应用程序。新版本支持更多最新的 ARM 芯片,还添加了一些新功能。其实 Keil 公司已经推出了 Keil5,感兴趣的读者可以了解一下。

2.3.1　Keil4 的安装和购买

　　要使用 Keil4,首先要在 PC 机上安装该软件,接下来介绍 Keil4 的安装过程和软件的购买。在此之前笔者建议读者先在某盘下新建一个文件,起名为:keil4(例如:D:Keil4),这样便于软件的管理和以后系统文件的查找。

　　① 软件的安装。打开本书配套资料或实验板附带的光盘,找到 Keil4 文件夹并打开,接着双击 C51V900 应用程序,之后选择 Next 按钮,则弹出 License Agreement 对话框,此时选择 I agree to 选项并单击 Next 按钮;接着是一个让读者选择安装路径的对话框,单击 Browse 按钮选择刚刚新建的文件夹(D:Keil4)。之后需要填写一些个人信息,这里 4 个文本框随便填(例如:ss,bc),再单击 Next 按钮;接着就是一个正在安装的界面图,稍等片刻软件就会安装完毕,最后单击 Finish 按钮软件就安装完毕了。

　　② 软件的购买。经过以上步骤虽然成功安装了软件,但是 Keil 公司为了保护软件,做了加密处理,在我们编译、仿真时会限制在 2 KB 以内,当程序大于 2 KB 时是编译、仿真不成功的。虽然流行网络上 Keil4 软件破解版,也有和谐软件,但是出于对知识产权和此软件辛勤劳作人员的尊重和支持,笔者建议有经济实力的公司和个人最好购买正版软件,购买途径可联系深圳米尔科技有限公司(http://www.myirtech.com/) 。

2.3.2 Keil4 的工程建立过程

介绍 Keil4 的建立过程之前先在 E 盘（路径可以随意）下新建一个文件夹，以便存放工程，文件命名为"我的第一个工程"。特别提醒，这么取名是便于初学者理解，但笔者强烈建议以后不要用中文来命名，因为一些软件是不支持中文的，例如开发 FPGA 的 Quartus II。所以从开始就应养成良好的习惯，避免以后开发中遇到这样、那样的问题。对于单片机来说，无论程序大小，都需要一个完整的工程来支持，即使点亮一个小小的 LED 也需要建立一个完整的工程。接下来介绍 Keil4 的工程建立过程，步骤如下：

① 双击 打开 Keil4 软件，完全启动后选择 Project→New uVision Project 菜单项，如图 2 - 2 所示。

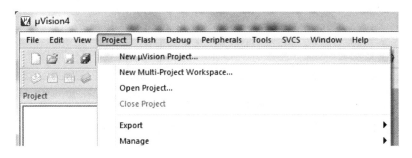

图 2 - 2 新建工程

② 选择工程的保存路径，笔者选择 E 盘下的"我的第一个工程"文件夹，接着在文件名文本框输入文件名：我的第一个工程，如图 2 - 3 所示，软件默认为.uvproj 的扩展名，然后单击"保存"按钮。

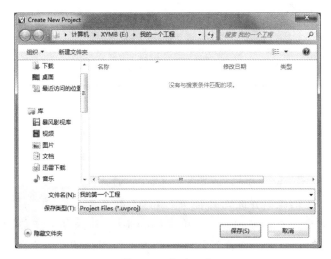

图 2 - 3 保存工程

③ 此时弹出如图 2-4 所示的对话框,要求用户选择单片机型号。MGMC-V1.0 实验板搭载的是 STC89C52,可是在这个对话框中找不到该型号的单片机。51 内核的单片机具有通用性,同时 Keil4 软件主要用来开发软件而不是设计硬件,所以可以任选一款 XXX89C52 的单片机,这里就选择 Atmel 公司的 AT89C52,当然也可以选择 AT89S52、AT89LS52 等,之后单击 OK 按钮。

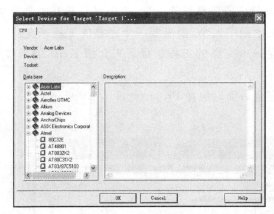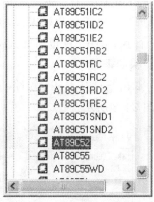

图 2-4　选择 AT89C52

④ 接着弹出如图 2-5 所示的启动代码选择对话框,这里选择"否"(也可以选择"是")。所谓启动代码就是处理器最先运行的一段代码,主要任务是初始化处理器模式、设置堆栈、初始化寄存器等,由于以上的操作均与处理器体系结构和系统配置密切相关,所以一般由汇编来编写。对于单片机开发来说是否添加都一样,若读者对启动代码感兴趣,可以自行查阅相关资料,这里就不做过多说明。

图 2-5　启动代码选择选框

此时 Keil4 中只是一个"半成品"的工程,因为只有框架,没有"内涵"。接下来开始新建文件,并将文件添加到工程中。

⑤ 选择 File→New 菜单项(或者直接 Ctrl+N)。

⑥ 此时 Keil4 的编辑界面处会有一个 text1 的文本文件,但与刚建立的工程还是没有关系。接着选择 File→Save 菜单项(或 Ctrl+S)保存文件,则弹出如图 2-6 所示的文件保存对话框,Keil4 已经默认选择了工程所在的文件夹路径,所以只须输入正确(一定要正确)文件名,文件名字随便,最好是英文的,之后是扩展名.c(一定是

英文状态下的.c)。注意,如果用 C 语言编写程序,则扩展名必须是.c;汇编编写程序,扩展名必须是.asm;头文件则为.h。这里文件名可以与工程名相同,也可以不同,然后单击"保存"按钮。

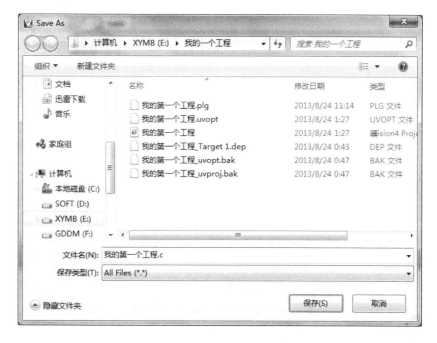

图 2 - 6　文件保存对话框

⑦ 回到编辑界面,单击 Project 栏 Target1 前的"＋"号,选中 Source Group 1 并右击,则弹出如图 2 - 7 所示级联菜单,选择 Add Files to Group 'Source Group 1,在弹出的对话框中选择上面所保存的文件(即"我的第一个工程.c"),之后单击 Add 按钮添加文件,最后单击 Close 按钮关闭此对话框。

加入文件之后的工程编辑界面如图 2 - 8 所示,这时 Source Group 1 文件夹下多了一个"我的第一个工程.c"文件(这个就是前面保存、添加的 c 文件),这时源文件与工程就关联起来了,即工程建立完毕了。

⑧ 编写代码,读者这里只需 CTRL＋C、CTRL＋V 实例 1 的源代码,暂时不须理会代码的具体含义,输入代码之后的软件编辑界面如图 2 - 9 所示。

至此,读者对 Keil4 的工程建立应该不陌生了吧。接着再介绍几个 Keil4 的常用按钮和一些选项的设置。Keil4 软件的高级应用后面有更详细、更全面的讲解。

常用按钮如图 2 - 10 所示,其实 9、10、11 并不是按钮,只是便于讲解才标注出来。

按钮说明如下:

① 编译当前操作的文件。

② 只编译修改过的文件,并生成用于下载到单片机中的 hex 文件。

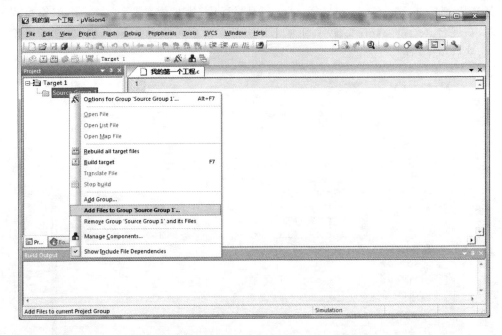

图 2-7　将文件加入工程

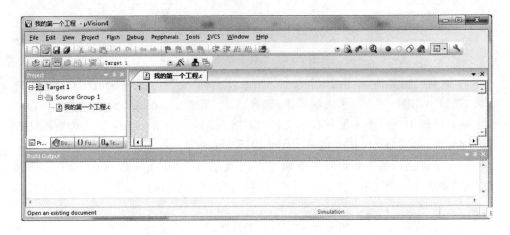

图 2-8　文件加入工程之后的编辑界面

　　③ 编译工程中所有的文件，并生成用于下载到单片机中的 hex 文件。2、3 这两个按钮现阶段没什么区别，等编写大型代码时才能体会到两者的不同。

　　④ 用于打开 Target Options 对话框，打开的对话框如图 2-11 所示，并在晶振选项框中填 11.0592，接着选择 Output 选项卡，并选中 Create HEX File 复选框，别的不予理睬。

　　⑤ 注释选中行。先选中要注释的代码，之后单击此按钮就可以加入注释了。

　　⑥ 删除选中行的注释。

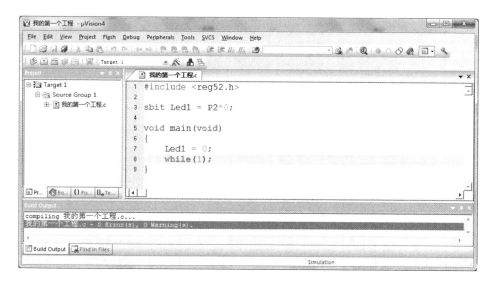

图 2-9 输入程序之后的界面

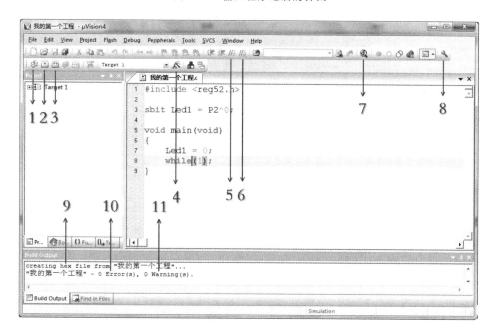

图 2-10 常用按钮

⑦ 软件进入仿真,具体操作请看笔记8的知识扩展。

⑧ 进入 Configuration 对话框,该对话框主要用来设置字体的大小、颜色,TAB 键的缩进等。

⑨ 表示已经生成了可以下载到单片机中运行的 HEX 文件了。

⑩ 表示所编写的程序是没有错误(0 Error)。

图 2 - 11　设置 Options for Targer 'Trget1' 对话框

⑪ 编写的代码为没有警告(0 Warning)。编译程序时,警告是可以有的,但一定要做到胸有成竹,看该警告是否可以忽略。

实例 1　我的第一个程序

```
1.    # include <reg52.h>
2.    sbit Led1 = P2^0;
3.    void main(void)
4.    {
5.        Led1 = 0;
6.        while(1);
7.    }
```

2.4　辅助工具

1. CH340 驱动的安装

由于很多读者使用的是笔记本电脑,没有串口,所以需要用 USB 转串口,这里先介绍 CH341 的驱动安装,否则无法给单片机下载程序。所有用到的软件读者随时可以到电子工程师基地论坛(www.ieebase.net)下载。需要注意的是,该驱动分别针对 32 位和 64 位机器,安装时须先查看自己所用电脑的位数再选择相应的驱动。

双击打开 CH341SER 软件,界面如图 2 - 12 所示,单击 INSTALL 则软件自动安装驱动,安装完毕则弹出一个完成提示对话框,单击"确定"表示驱动安装完成。

接着用实验板附带的 USB 线连接单片机和计算机,之后右击"我的电脑",在弹出的级联菜单中选择"属性",在"硬件"选项卡中单击"设备管理器",在弹出的对话框中单击"端口(COM 和 LPT)"前的"▷"号,此时界面如图 2 - 13 所示,表明驱动安装完成,且为读者虚拟了一个 COM 口(COM6);当然可以修改到别的 COM 口。

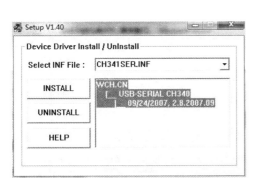

图 2-12 USB 转串口驱动安装界面 图 2-13 驱动安装完成之后的设备管理器界面

2. STC-ISP(STC 单片机下载软件)

STC 官方的 STC-ISP 软件现已经更新到 V6.59,以支持后面研发的新产品,这里以 V6.51 为例来讲解。

双击桌面 ![] 打开软件,接着单击两次"确定",打开的软件如图 2-14 所示。

STC-ISP 的操作只需上图标注的 1~5 步,而 6 则用来显示下载状态的对话框,接下来简单介绍这 5 个步骤。注意,此时先得关闭实验板的电源开关(因为单片机需要冷启动)。

① 选择所用的单片机型号,MGMC-V1.0 用的是 STC89C52,所以这里选择 STC89C/LE52RC。

② 选择 COM 口,其实这里一般不需要选择,软件会自动选择。所要选择的端口号就是前面安装了 USB 转串口驱动之后虚拟的 COM 口(例如 COM6)。

③ 选择下载最高的波特率,MGMC-V1.0 经得起"考验",115200 都没有问题,可能有些开发板不支持,所以得选择比较低点的波特率(9600)。

④ 选择由 Keil4 生成的 HEX 文件(就是将这个文件下载到单片机中运行)。

⑤ 单击"下载/编程"按钮,此时 6 所对应的提示框中会显示"正在检查目标单片机",接着打开实验板电源开关,6 所对应的提示框中会显示一串下载信息,可以不予理会,下载完成后显示"操作完成!",表明 HEX 文件已经下载到单片机中了。

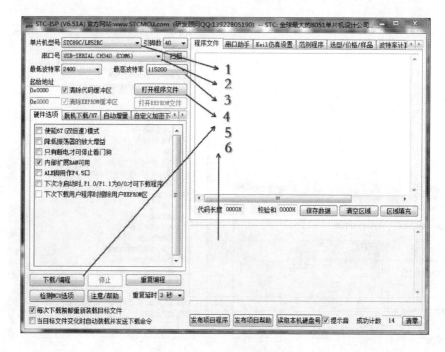

图 2 - 14　STC - ISP 软件界面

单片机的开发中还可能用到单片机小精灵、数码管取模软件、LCD 取模软件、LED 点阵取模软件、串口调试助手等,这里就不一一介绍了,用的时候再来讲解。

第二部分　实例篇

笔记 3

点亮你心中的希望之灯——LED 灯

3.1 夯实基础——各进制的换算

学习单片机时,在 12864 上显示图片是二进制存储的,因为计算机、单片机只认识二进制数(1、0)。十进制数有 0~9,共 10 个,逢十进一;二进制数 0、1 共两个,逢二进一;十六进制数有 0~9 及 A~F(a~f),总共 16 个数,逢 16 进一。二进制书写前需加 0b,十六进制需加 0x。十六进制数是和四为一,就是 4 个二进制组成一个十六进制数,于是它的每一位有 0b0000~0b1111 共计 16 个值。这 3 个数之间对于关系如表 3-1 所列。

表 3-1 部分二进制、十进制、十六进制之间的对应关系

十进制	二进制	十六进制	十进制	二进制	十六进制
0	0b0000 0000	0x00	9	0b0000 1001	0x09
1	0b0000 0001	0x01	10	0b0000 1010	0x0A
2	0b0000 0010	0x02	11	0b0000 1011	0x0B
3	0b0000 0011	0x03	12	0b0000 1100	0x0C
4	0b0000 0100	0x04	13	0b0000 1101	0x0D
5	0b0000 0101	0x05	14	0b0000 1110	0x0E
6	0b0000 0110	0x06	15	0b0000 1111	0x0F
7	0b0000 0111	0x07	……	……	……
8	0b0000 1000	0x08	255	0b1111 1111	0xFF

参考王玮的《感悟设计——电子设计的经验与哲理》中间一种指算(二、十进制之间的转换):

一只手掌 5 个手指,假设我们规定拇指、食指、中指、无名指、小指分别代表 1、2、4、8、16 这 5 个数(顺序倒过来或搅乱也可以),那么,在 0~31 以内的各个整数都可以通过手指的屈伸来表示了。例如划拳(民间喝酒的一种方法)出的二,就是十进制数 5(1+4);通常做的"OK 手势"表示的就是 28(4+8+16),等。

注意,书中"两个"等于(个人规定):

高电平=逻辑"1"=VCC=5 V;低电平=逻辑"0"=GND=0 V。

3.2 工程图示 LED

现代很多电子产品中都应用 LED(外观如右图所示)作为内容显示或者功能指示,大到城市中几十平米的 LED 显示屏,小至计算机显示屏、电源指示灯、手机背光灯、LED 手电筒等,应用非常广泛。学习了单片机,读者就能"随心所欲"地指挥它、控制它。

3.3 LED 的点点滴滴

1. 原理说明

LED(Light Emitting Diode),中文名称为发光二极管,是一种能将电能转换为可见光的固态半导体器件。LED 的核心是一个半导体的晶片,晶片的一端附在一个支架上,连接电源的正极使整个晶片被环氧树脂封装起来,另一端是负极。半导体晶片由两部分组成,一部分是 P 型半导体,在它里面空穴占主导地位;另一端是 N 型半导体,其中主要是电子。但这两种半导体连接起来的时候,它们之间就形成了一个 P-N 结。当电流通过导线作用于这个晶片的时候,电子就会被推向 P 区,在 P 区里电子跟空穴复合,于是以光子的形式发出能量,这就是 LED 发光的原理。至于颜色,读者可以自行查阅资料,概况地说,电子与空穴复合时释放出的能量决定了光的波长,而波长决定了发光的颜色。

LED 品种繁多,常见的有直插式和贴片式两种。如何区分 LED 的正负极是很多初学者经常问到的问题,常见的方法有观察法和万用表测量法。

(1) 观察法

直插式 LED:如果直插式的 LED 是全新的,则可以通过引脚长短来判别正负极,引脚长的为正极,短的为负极。还有就是拿手上摸一摸(发光二极管的环氧树脂封装上有个缺口的是负极)。

贴片 LED:俯视,带彩色线的一边是负极,另一边是正极。

(2) 万用表测量法

这里只针对数字式(不是指针式的)。将万用表调到二极管测试挡,两表笔接触二极管的两个脚,若二极管发光,说明红表笔接的是正极,黑表笔接的是负极。若不亮,情况刚好相反。

2. 硬件设计

LED 总共两个引脚,在电路设计上没有难度,这里以 MGMC - V1.0 实验板上的原理图来介绍。通常情况下,LED 内部需要通过一定的电流且存在一定的压差才能使得其发光。常用的 LED 的工作电流为 3~20 mA,但二极管本身的内阻比较小,所以不能直接将两端接电源和 GND,而需要加一个限流电阻(阻值的计算方法后面会详细介绍),限制通过 LED 的电流不要太大。LED 原理图如图 3-1 所示。

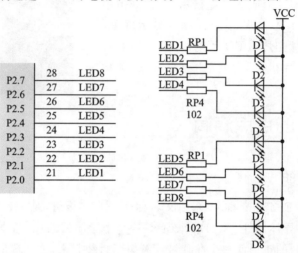

图 3-1　LED 原理图

图 3-1 所示方式的 LED 驱动电路是将正极接在 VCC(高电平)上,负极串联一个 1 kΩ 的限流电阻,再接到单片机的 I/O 口上,这样,只需给 LED1~LED8 对应的 I/O 口接上低电平,就可以点亮 LED;还有一种接法是将 LED 的正极接单片机的 I/O 口,再通过一个限流电阻将负极接地,但这种方式不常用。理论上,只要单片机输出高电平,就可以点亮 LED,但事实上,由于单片机的驱动电流(100~200 μA)比较小,无法驱动 LED(对于某些高级单片机来说,因为端口可以配置,所以完全可以这样驱动)。不选择此种电路的原因是,单片机上电之后 I/O 口默认电平为高电平,而从工程的角度考虑,单片机上电以后 LED 就会工作,这并不是我们想要的结果,所以一般不建议这么设计电路,当然具体设计依情况而定。

接着看看如何计算该限流电阻,一般贴片红色 LED 的压降是 1.82~1.88 V,那么电阻两端的电压就为 5 V-1.85 V(中间值)=3.15 V,为了 LED 有合适的亮度和长寿命,一般让其工作电流为 3 mA,由欧姆定律可知,限流电阻为 3.15 V/3 mA=1.05 kΩ,所以这里用了 1 kΩ 的限流电阻。

3. 软件分析

现在来看看如何借助单片机用软件来控制 LED。由原理图 3-1 可知,8 个 LED 接在单片机的 P2 口上,这里只须控制 P2 口的电平高低就可以实现控制 LED 的亮灭。点亮 LED 灯代码如下：

```
1.   # include <reg52.h>
2.   sbit LED1 = P2^0;
3.   void main(void)
4.   {
5.       LED1 = 0;          //拉低 P2.0 口的电平,点亮 LED 小灯
6.   }
```

读者可以运行程序,体验一下效果,详细的编程方法后面会详细介绍。

3.4   实例解读 LED

实例 2   一闪一闪亮晶晶——让一个 LED 灯闪烁显示

上例已经点亮了一个 LED,那如何让 LED 闪烁起来呢？代码如下：

```
1.   # include <reg52.h>
2.   # define uChar8 unsigned char
3.   # define uInt16 unsigned int
4.   sbit LED1 = P2^0;
5.   /******************************************/
6.   //函数名称:DelayMS()
7.   //函数功能:延时 ValMS 毫秒
8.   //入口参数:延时毫秒数(ValMS)
9.   //出口参数:无
10.  /******************************************/
11.  void DelayMS(uInt16 ValMS)
12.  {
13.      uInt16 uiVal,ujVal;
14.      for(uiVal = 0; uiVal < ValMS; uiVal ++ )
15.          for(ujVal = 0; ujVal < 113; ujVal ++ );
16.  }
17.  void main(void)
18.  {
19.      while(1)
20.      {
21.          LED1 = 0;
22.          DelayMS(1000);
23.          LED1 = 1;
24.          DelayMS(1000);
25.      }
26.  }
```

从此实例开始,笔者将带领读者一行行地研读代码,并要弄清楚在单片机内部如何执行、硬件上如何体现的。此实例流程如图 3-2 所示。

代码第 1 行 # include <reg52.h>,包含头文件。代码中引用头文件的意义可

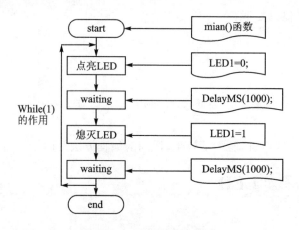

图 3－2　LED 亮灭流程图

形象地理解为将这个头文件中的全部内容放在引用头文件的位置处,避免每次编写同类程序都要将头文件中的语句重复编写一次。

在代码中加入头文件有两种书写法,分别是:♯include ＜reg52. h＞和♯include "reg52. h",那这两种形式有何区别?

使用"＜xx. h＞"包含头文件时,编译器只会进入到软件安装文件夹处开始搜索这个头文件,也就是如果 keil\C51\INC 文件夹下没有引用的头文件,则编译器会报错。当使用"xx. h"包含头文件时,编译器先进入当前工程所在的文件夹开始搜索该头文件,如果当前工程所在文件夹下没有该头文件,编译器又会去软件安装文件夹处搜索这个头文件,若还是找不到,则编译器会报错。由于该文件存在于软件安装文件夹下,因而一般将该头文件写成♯include ＜reg52. h＞的形式,当然写成♯include "reg52. h"也行。以后进行模块化编程时,一般写成"xx. h"的形式,例如自己编写的头文件"LED. h",则可以写成♯include"LED. h"。那么这里包含头文件主要是为了引用单片机的 P2 口,其实单片机中并没有 P0～P3 口,只是为了便于操作,给单片机起了 4 个别名 P0～P3 口。为了深入了解,可以将鼠标放到 keil4 中的♯include＜reg52. h＞处右击并选择 Open document＜reg52. h＞打开该头文件,具体操作如图 3－3 所示。打开该头文件内容如下:

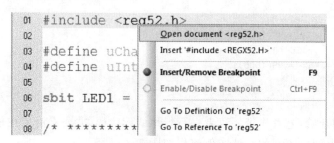

图 3－3　打开 reg52. h 头文件

```
1.    REG52.H
2.    ♯ifndef __REG52_H__
3.    ♯define __REG52_H__
4.    /*    BYTE Registers    */
5.    sfr P0      = 0x80；
6.    sfr P1      = 0x90；
7.    sfr P2      = 0xA0；
8.    sfr P3      = 0xB0；
9.    /*    BIT Registers    */
10.   /*    IE    */
11.   sbit EA     = IE^7；
12.   sbit ET2    = IE^5；              //8052 only
13.   sbit ES     = IE^4；
14.   sbit ET1    = IE^3；
15.   sbit EX1    = IE^2；
16.   sbit ET0    = IE^1；
17.   sbit EX0    = IE^0；
```

从实例 2 的代码中可以看到,该头文件定义了 51 系列单片机内部所有的功能寄存器,用到了两个关键字 sfr 和 sbit,如第 7 行的 sfr P2＝0xA0,意思是把单片机内部地址 0xA0 处的这个寄存器重新起名 P2,P2 口有 8 位(0xA0～0xA7)。但这 8 位(0xA0～0xA7)与 P2 毫无关系,当操作 P2 口时,实质是在操作 0xA0～0xA7 这 8 位寄存器。形象点说,读者叫张三,笔者给张三一个苹果,事实上苹果给到了张三这个人,而不是张三这两个字。这样,如果写一句"P2＝0x00",则等价于将从地址 0xA0 开始的 8 个寄存器全部清零,之后单片机内部又通过数据总线将这 8 位寄存器与 I/O 口相连,最后操作这些寄存器就可达到控制 I/O 的目的了。

举个形象的例子:P0～P4 就相当于 0(地下室)、一、二、三楼层,一层楼房又分 8 个房间,例如房号有 001、103、205、307 等,这些房号类似于单片机中寄存器的地址 0xA0、0xA6 等,或者是所取的别名 P2.0、P2.6 等,接着房间里面可以住男的(高电平),也可以住女的(低电平),同理,这些寄存器中可以存"1"或者"0"。这样,32 个房间(4 层×8 个房间)刚好就对应 32 个寄存器,最后将这 32 个寄存器用某种特殊的线连接到 32 个 I/O 口上,从而实现了通过控制寄存器控制 I/O 口的目的。

接着再看看 sbit,例如第 11 行"sbit EA＝IE^7"就是将 IE 寄存器(它也是对应一个地址,单片机也并不认 PSW)的最高位重新命名为 EA,以后要开总中断时就直接可以写"EA＝1;",意思是将 EA 对应的的最高位置 1(写高电平)。

第 2～3 行是 C 语言中常用的宏定义。在编写程序时,写 unsigned char 明显比写 uChar8 麻烦,所以给 unsigned char 来了一种简写的方法 uChar8,当程序运行中遇到 uChar8 时,则用 unsigned char 替换掉,这样就方便了编写程序。

第 4 行,sbit 前面已经说过了,也就是给 P2 的最低位起个别名 LED1,说白了就是为了简化编程。这里的"^"理解为"的",不懂就先记下。

第 5～10 行,这是为了养成一个良好的编程习惯,等到以后编写复杂程序时会起到事半功倍的效果。

笔者说明一点,以后的程序,若含有以前写过的子函数,则笔者会删掉注释及函数体内容,没写过的笔者将保留,这样既规范编程,又节省篇幅,但随书或实验板附带的源代码中将继续保留。

第 11~16 行,一个延时子函数。这个函数名称为 DelayMS(),里面有个形式参数 ValMS,就是想延时的毫秒数,范围由前面的 uInt16 决定,那么就是 $2^{16}-1$(也即 0~65535 ms)。如果写个 1 000,意味着延时 1 000 ms,即 1 s。

函数内部定义了两个局部变量 uiVal 及 ujVal,用于循环,其中第一个 for 循环后面的"{、}"已省略。分析可知,每调用一次 DelayMS 函数,则执行 ValMS×113 次空操作,这里的 113 是实验测得大概数据,那么程序运行到这里,单片机在干什么? 其实单片机只是在无谓地做着重复运动"++",以这样方式来"浪费"单片机的运行时间,从而达到延时的作用。注意,简单的工程中,DelayMS()函数可以随便用,但在以后真正做工程时,这个函数是一定要避开,具体以后慢慢说。

第 17~26,主函数。第 19 行是一个 while()循环,这里 while 的条件是 1(为真),则进入 while 并执行里面的语句,里面总共 4 句即、21、22、23、24,按顺序执行完再去判断 while 的真假,若此时还是为真,则程序继续跑里面的 4 句之后再判断,还是真则再执行,就这样程序就会一直在 while 中运行,从而有了想要的大循环或者死循环。只要读者不断电、单片机没问题,就会无穷尽地跑下去,还有一种替换写法 for(;;),道理一样。

再来细说 LED1=0。前面已经说过 LED1 是为第一个 LED 起的别名,那我们倒着一步一步推理,LED1=0 等价于 P2^0=0,而 P2^0 的意思是 P2 口的最低位,那就等价于给 P2 口的最低位赋值为"0",而单片机中 P2 的最低位又对应的是一个地址(0xA0),那就是给地址 0xA0 赋值为"0",即给该地址对应的寄存器赋值为"0"。前面说过,该寄存器通过某种线和 I/O 相连,于是单片机 P2.0 口就是低电平,若赋值"1",则 P2.0 就是高电平,这样就可以通过操作单片机内部的寄存器来间接地操作单片机的 I/O 口,最后起到了控制 LED 的作用。

最后编译生成 HEX 文件,下载到单片机中。

实例 3　跑马的汉子——LED 跑马灯(傻瓜版)

如何让 8 个 LED 也像马一样跑起来呢? 先看看傻瓜式的跑马灯代码,以便与后面程序对比。

```
1.    #include <reg52.h>
2.    #define uInt16 unsigned int
3.    sbit LED1 = P2^0;
4.    sbit LED2 = P2^1;
5.    sbit LED3 = P2^2;
6.    sbit LED4 = P2^3;
```

```
7.   sbit LED5 = P2^4；
8.   sbit LED6 = P2^5；
9.   sbit LED7 = P2^6；
10.  sbit LED8 = P2^7；
11.  void DelayMS(uInt16 ValMS)
12.  {
13.      uInt16 uiVal,ujVal；
14.      for(uiVal = 0； uiVal < ValMS； uiVal ++ )
15.          for(ujVal = 0； ujVal < 113； ujVal ++ )；
16.  }
17.  void main(void)
18.  {
19.      while(1)
20.      {
21.          LED1 = 0；DelayMS(100)；
22.          LED1 = 1； LED2 = 0； DelayMS(100)；
23.          LED2 = 1； LED3 = 0； DelayMS(100)；
24.          LED3 = 1； LED4 = 0； DelayMS(100)；
25.          LED4 = 1； LED5 = 0； DelayMS(100)；
26.          LED5 = 1； LED6 = 0； DelayMS(100)；
27.          LED6 = 1； LED7 = 0； DelayMS(100)；
28.          LED7 = 1； LED8 = 0； DelayMS(100)；
29.          LED8 = 1；
30.      }
31.  }
```

这个程序执行过程就是先点亮第一个 LED,延时一会,再熄灭,之后点亮第二个,过会再灭,依次循环。

实例 4　跑马的汉子——LED 跑马灯(高级版)

```
1.   # include <reg52. h>
2.   # include <intrins. h>
3.   # define uChar8 unsigned char
4.   # define uInt16 unsigned int
5.   void DelayMS(uInt16 ValMS)
6.   {   /* 同上 */   }
7.   void main(void)
8.   {
9.       uChar8 uTempVal；
10.      uTempVal = 0xfe；
11.      while(1)
12.      {
13.          P2 = uTempVal；
14.          uTempVal = _crol_(uTempVal,1)；
15.          DelayMS(100)；
16.      }
17.  }
```

这里很巧妙地用了 Keil C51 自带的函数库，里面有个_crol_()函数，利用这个函数就可以大大简化程序，代码由原先的 40 多行变成了现在的 20 多行。_crol_()函数包含在"intrins.h"头文件中，所以需要写一句＃include ＜intrins.h＞包含该头文件。_crol_()函数的功能是循环左移，如图 3-4～图 3-7 所示。结合图 3-8 所示的示意图能帮助读者形象地理解此函数的执行过程。

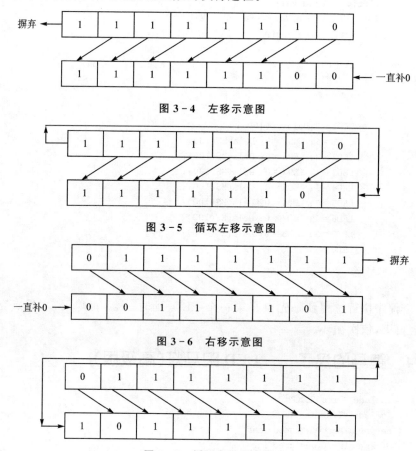

图 3-4　左移示意图

图 3-5　循环左移示意图

图 3-6　右移示意图

图 3-7　循环右移示意图

第 1～8 行不再赘述。第 9、10 行是一个变量定义和简单的赋值语句，程序每当执行完_crol_()函数时能实时地将每一位的值赋给 P2。该程序的核心是第 14 行，_crol_()函数有两个形式参数，第一个是要操作的变量，第二个是一次移位的个数，这里的 uTempVal 就是要操作的变量，之后的 1 表示每执行一次该函数则 uTempVal 变量循环左移一位。uTempVal 的初值是 0xfe(0b1111 1110)，所以上电之后 P2.0 对应的 LED 首先点亮，之后执行一次移位操作，移位后的数据则为 0xfd (0b1111 1101)，直到最后 0x7f(0b0111 1111)，这样就会依次点亮这 8 个 LED，从而形成了跑马灯的效果。注意，这里定义一个局部变量是方便讲解，当然也可以将程序改写为"P2＝0xfe,P2＝_crol_(P2,1)"。通过此程序可以发现看出，在硬件相同、实验现象相同的情况下,程序可做到千差万别,这就有了高手与菜鸟的区别。因此读者要虚心,不能满足于现象,要多实践,多编程,慢慢积累经验。

实例 5　美女长发飘飘流——LED 流水灯

流水灯顾名思义就是让 LED 如同流水一般,第一个 LED 先亮,过会第二个亮,但第一还是亮的(区分跑马灯,跑马灯中的第一个这时已经熄灭了),以此类推,亮 3 个、4…8 个,最后全部熄灭,再周而复始地循环下去,具体看代码如何实现:

```
1.  # include <reg52.h>
2.  # define uInt16 unsigned int
3.  void DelayMS(uInt16 ValMS)
4.  {/ *  同上  * /}
5.  void main(void)
6.  {
7.      int i;                    //循环变量
8.      while(1)
9.      {
10.         P2 = 0xff;            //设定 LED 灯初始值
11.         for(i = 0;i < 8;i ++)
12.         {
13.             P2 = P2 << 1;     //移位、依次点亮
14.             DelayMS(100);     //延时
15.         }
16.     }
17. }
```

流程图如图 3-9 所示,读者可以对照来理解。

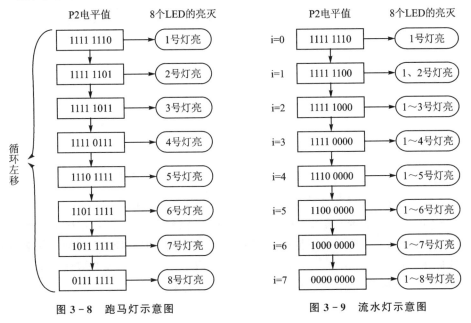

图 3-8　跑马灯示意图　　　　　图 3-9　流水灯示意图

3.5 知识扩展——混合编程

本书所有的程序都是用 C 语言来编写的，但是不要忘了汇编也是可以编写程序的，两者各有优缺点。有一个概念需要读者了解，那就是混合编程。例如用 C 语言写的延时函数只是一个大概的时间，而用汇编可以写出较为精确的延时。这里还是以跑马灯为例来简单说说 C 语言和汇编的混合编程。

建立工程、添加文件的过程参见前面 Keil4 简介，源码见实例 6，这里需要对 Keil4 设置几点：

① 如图 3 - 10 所示，右击你写的.c 文件，在弹出的级联菜单中选择 Options for File 'LED. c'，则弹出如

图 3 - 10　选择 Options for File 'LED. c'对话框

图 3 - 11 所示的对话框，选中箭头所指的两项（默认是灰色的，要让其变成黑色的），最后单击 OK 按钮。

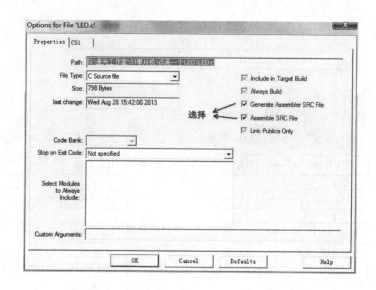

图 3 - 11　Options for File 'LED. c'设置对话框

② 接着按 Keil4 操作步骤的第⑦步打开文件添加对话框，一直定位到读者 Keil4 安装路径的 LIB 文件下（笔者的路径：D:\PRO_XYMB\keil4\C51\LIB），选择 C51S（添加方法如图 2 - 7 所示），不同的是要先在"文件类型"中选择". lib"的后缀名并添加，这样在 Source Group 1 下会多出一个 C51S. LIB 的文件。接着编译就会生成可执行文件，下载到单片机中，同样会看到跑马灯的效果。

实例 6　C 语言 / 汇编联合编程

```
1.    #include <reg52.h>
2.    #include <intrins.h>
3.    #define uChar8 unsigned char
4.    void DelayMS(void)
5.    {
6.    #pragma asm
7.          MOV R0,#0FFH
8.          MOV R1,#0FFH
9.          D_LOOP1:
10.          DJNZ R0,D_LOOP1
11.          MOV R0,#0FFH
12.          DJNZ R1,D_LOOP1
13.    #pragma endasm
14.    }
15.    void main(void)
16.    {
17.          uChar8 uTempVal;
18.          uTempVal = 0xfe;
19.          while(1)
20.          {
21.              P2 = uTempVal;
22.              uTempVal = _crol_(uTempVal,1);
23.              DelayMS();
24.          }
```

笔记 4

奋斗警钟长鸣——蜂鸣器

4.1　夯实基础——二极管

几乎在所有的电子电路中都要用到半导体二极管,它在许多电路中起着重要的作用,是诞生最早的半导体器件之一,应用非常广泛。这里笔者不从原理开始详细讲二极管了,而从单片机电路设计中常用的几点做简要说明。

二极管最重要的特性就是单方向导电性。在电路中,电流只能从二极管的正极流入,负极流出。下面通过简单的实验说明二极管的正向特性和反向特性。

① 正向特性。在电子电路中,将二极管的正极接在高电位端,负极接在低电位端,则二极管就会导通,这种连接方式称为正向偏置。必须说明,当加在二极管两端的正向电压很小时,二极管仍然不能导通,流过二极管的正向电流十分微弱。只有当正向电压达到某一数值(这一数值称为"门槛电压",锗管约为 0.2 V,硅管约为 0.6 V)以后,二极管才能正向导通。导通后二极管两端的电压基本上保持不变,当然也有变化,这个变化就是由二极管"正向压降"(锗管约为 0.3 V,硅管约为 0.7 V)所产生的。

② 反向特性。在电子电路中,二极管的正极接在低电位端,负极接在高电位端,此时二极管中几乎没有电流流过,此时二极管处于截止状态,这种连接方式称为反向偏置。二极管处于反向偏置时,仍然会有微弱的反向电流流过二极管,称为漏电流。当二极管两端的反向电压增大到某一数值时,反向电流急剧增大,二极管将失去单方向导电特性,这种状态称为二极管的击穿。

用来表示二极管的性能好坏和适用范围的技术指标称为二极管的参数。不同类型的二极管有不同的特性参数。对初学者而言,必须了解以下几个主要参数:

(1) 额定正向工作电流

是指二极管长期连续工作时允许通过的最大正向电流值。因为电流通过管子时会使管芯发热,温度上升,温度超过容许限度(硅管为 140 左右,锗管为 90 左右)时就会使管芯过热而损坏。所以,二极管使用中不要超过二极管额定正向工作电流值。例如,常用的 IN4001~4007 型锗二极管的额定正向工作电流为 1 A。

(2) 最高反向工作电压

加在二极管两端的反向电压高到一定值时会将管子击穿,失去单向导电能力。

为了保证使用安全,规定了最高反向工作电压值。例如,IN4001 二极管反向耐压为 50 V,IN4007 反向耐压为 1 000 V。

(3) 反向电流

反向电流是指二极管在规定的温度和最高反向电压作用下,流过二极管的反向电流。反向电流越小,管子的单方向导电性能越好。值得注意的是,反向电流与温度有着密切的关系,大约温度每升高 10 ℃,反向电流增大一倍。例如 2AP1 型锗二极管,在 25 ℃时反向电流若为 250 μA,温度升高到 35 ℃,反向电流将上升到 500 μA,依此类推,在 75 ℃时,它的反向电流已达 8 mA,不仅失去了单方向导电特性,还会使管子过热而损坏。又如,2CP10 型硅二极管,25 ℃时反向电流仅为 5 μA,温度升高到 75 ℃时,反向电流也不过 160 μA。故硅二极管比锗二极管在高温下具有较好的稳定性。

初学者在业余使用二极管时,首先必须测试管子的好坏,但网上、书上大多讲述的是用指针万用表测试的方法,可读者现在大多都用的是数字万用表,笔者总结一下如何用数字万用表测试二极管的好坏。

使用数字万用表二极管挡,将红表笔插入 VΩ 孔,黑表笔插入 COM 孔,我们都知道在数字万用表里红表笔接内部电池的正极,黑表笔接内部电池负极,而在指针万用表里电阻挡是红表笔接内部电池负极,黑表笔接内部电池正极。将数字万用表红表笔接触二极管正极,黑表笔接触二极管负极,(测量正向电阻值)正常数值为 300～600 Ω,然后将红表笔接触二极管负极,黑表笔接触二极管正极(测量反向电阻值),正常数值为"1"。如果两次测量都显示 001 或 000 并且蜂鸣器响,说明二极管已经击穿;如果两次测量正反向电阻值均为"1"说明二极管开路;如果两次测量数值相近,说明管子质量很差;反向电阻值必须为"1"或 1 000 以上,正向电阻值必须为 300～600 Ω,则为二极管是好的。

二极管的应用当然是很广泛了,这里列举常用的几点:

① 整流二极管。利用二极管单向导电性可以把方向交替变化的交流电变换成单一方向的脉动直流电,这部分在后面讲述电源时详细说明。

② 开关元件。二极管在正向电压作用下电阻很小,处于导通状态,相当于一只接通的开关;在反向电压作用下,电阻很大,处于截止状态,如同一只断开的开关。利用二极管的开关特性可以组成各种逻辑电路。

举个简单的例子。这是笔者做项目时所用的一个电路,实质就是简简单单的 3 个按键检测电路。当初笔者的目的是用中断来响应按键,可 3 个按键如何用一个中断来响应,毫无疑问得用与门,但找个与门芯片较难,而且还体积比较大,所以笔者用了 3 个二极管就代替了一个与门芯片,无论从价格、体积都优于用专门的芯片,电路如图 4-1 所示。

③ 限幅元件。二极管正向导通后,它的正向压降基本保持不变(硅管为 0.7 V,锗管 0.3 V)。利用这一特性,在电路中作为限幅元件,可以把信号幅度限制在一

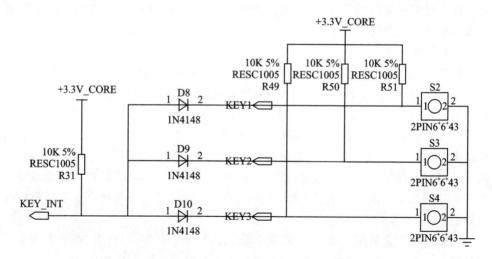

图 4-1　二极管组成的与门电路

定范围内。

④ 检波二极管。在收音机中起检波作用。

⑤ 变容二极管。使用于电视机的高频头中。

⑥ 继流二极管。在开关电源的电感中和继电器等感性负载中起继流作用。

续流二极管经常和储能元件一起使用可以防止电压电流突变,提供通路。电感可以经过它给负载提供持续的电流,以免负载电流突变,起到平滑电流的作用。在开关电源中就能见到一个由二极管和电阻串连起来构成的的续流电路,这个电路与变压器原边并联。当开关管关断时,续流电路可以释放掉变压器线圈中储存的能量,防止感应电压过高,击穿开关管。一般选择快速恢复二极管或者肖特基二极管就可以了,用来把线圈产生的反向电势通过电流的形式消耗掉,可见,续流二极管并不是一个实质的元件,只不过在电路中起到的作用称作"续流"。图 4-2 是一个三极管驱动风扇的电路图,上面并接了一个二极管,作用就是为了续流。

在正常工作时,FS 端为低电平,三极管导通,J4.1 为高电平,J4.2 为低电平,二极管处于截止状态。可当 FS 端变为高电平以后,三极管截止,此时

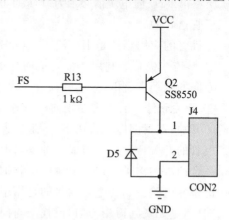

图 4-2　风扇驱动电路

J4.1 的电压会突然变小(不是突然变为零),但风扇是储能元件(有线圈),这时会产生反相电动势来阻止电势突变,即不想让其减小,于是 J4.2 端的电势就会高于 J4.1

端的电势。若没 D5 这个二极管,这种反相电压对电路是致命的,但加了之后,D5、J4 就会形成一个回路,将产生的这部分电势消耗掉,从而起到保护电路的作用。

续流二极管通常应用在开关电源、继电器电路、可控硅电路、IGBT 等电路中,其应用非常广泛。在使用时应注意以下几点:

① 续流二极管是防止直流线圈断电时产生自感电势形成的高电压对相关元器件造成损害的有效手段。

② 续流二极管的极性不能接错,否则将造成短路事故。

③ 续流二极管对直流电压总是反接的,即二极管的负极接直流电的正极端。

④ 续流二极管工作在正向导通状态,并非击穿状态或高速开关状态。

4.2 蜂鸣器的点点滴滴

1. 原理简介

蜂鸣器是一种一体化结构的电子讯响器,采用直流电压供电,广泛应用于计算机、打印机、报警器、电子玩具、汽车电子设备、电话机、定时器等电子产品中。说白了就是用于产品的声音提醒或者报警。

蜂鸣器分为有源蜂鸣器和无源蜂鸣器,如图 4-3 所示。从外观上看,两种蜂鸣器好像一样,但仔细看,两者的高度略有区别,有源蜂鸣器高度为 9 mm,而无源蜂鸣器的高度为 8 mm。如将两种蜂鸣器的引脚都朝上放置时可以看出,有绿色电路板的一种是无源蜂鸣器,没有电路板而用黑胶封闭的一种是有源蜂鸣器。进一步判断有源蜂鸣器和无源蜂鸣器,还可以用万用表电阻挡 R×1 挡测试:用黑表笔接蜂鸣器 "－" 引脚,红表笔在另一引脚上来回碰触,如果触发出咔,咔声且电阻只有 8 Ω(或 16 Ω)的是无源蜂鸣器;如果能发出持续声音的,且电阻在几百欧以上的,是有源蜂鸣器。

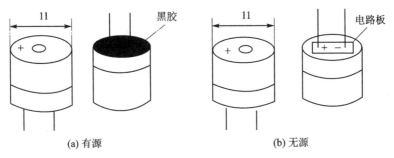

(a) 有源　　　　　　　　　　　　(b) 无源

图 4-3　有源与无源蜂鸣器示意图

有源蜂鸣器与无源蜂鸣器的区别:这里的"源"不是指电源,而是振荡源。也就是说,有源蜂鸣器内部带振荡源,所以只要一通电就会叫,而无源内部不带振荡源,所以如果用直流信号无法令其鸣叫,必须用 2K-5K 的方波去驱动它;有源蜂鸣器往往比无源的贵,就是因为里面多个振荡电路。MGMC－V1.0 开发板中用的是有源蜂鸣器,这里以有源蜂鸣器为例做讲解。

无源蜂鸣器的优点是:便宜;声音频率可控,可发出"哆嘞咪发索拉西"的音效;在一些特例中,可以和 LED 复用一个控制口。有源蜂鸣器的优点是:程序控制简单。

2. 硬件设计

首先看看蜂鸣器的驱动电路,如图 4－4 所示。由于单片机 I/O 口的驱动电流才 $100\sim200$ μA,远远小于驱动蜂鸣器的电流,故用三极管来扩流,这里用的是 SS8550(PNP)。由原理图可知,当 D5(接了单片机的 P1.4 口)端出现低电平时,三极管导通,从而电流由 VCC 经三极管再经蜂鸣器到达 GND,这样蜂鸣器就会发声;相反,若 D5 为高电平,则三极管截止,蜂鸣器中没有电流,那么肯定就不发声。其中二极管 D12 还是用来续流的,原理上面已经讲述过了。

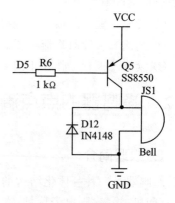

图 4－4　蜂鸣器驱动电路图

3. 软件分析

搭建好了硬件,接着就是软件设计了,上面已经提到,控制蜂鸣器响与不响就等价于控制三极管的"开"、"关"。在图 4－4 所对应的电路中,低电平("0")三极管导通,高电平("1")三极管截止。

建立工程、加入.c 文件(具体操作见 keil4 的工程建立过程),最后编写代码,具体代码如下:

```
1.  # include <reg52.h>
2.  # define uInt16 unsigned int
3.  sbit BEEP = P1^4;
4.  void DelayMS(uInt16 ValMS)
5.  {
6.      uInt16 uiVal,ujVal;
7.      for(uiVal = 0; uiVal < ValMS; uiVal ++ )
8.          for(ujVal = 0; ujVal < 113; ujVal ++ );
9.  }
10. void main(void)
11. {
12.     while(1)
13.     {
14.         BEEP = 0;              //响彻天地
15.         DelayMS(50);
16.         BEEP = 1;              //鸦雀无声
17.         DelayMS(50);
18.     }
19. }
```

第1行程序中包含头文件,因为只有包含了头文件,程序运行时才能认识 P1 是什么;为了能简写 unsigned int,所以有了第 2 行;第 3 行,由于蜂鸣器接在单片机的 P1.4 口,所以给 P1.4 口起了别名 BEEP;第 4~9 行,延时子函数;14~17 行就是响一响、停一停,与一个 LED 闪烁类似。

4.3　实例诠释蜂鸣器

实例7　国际求救信号:SOS

船舶在浩瀚的大洋中航行,发生意外事故时,"SOS"的遇难信号便飞向海空,传往四面八方。那 SOS 究竟与蜂鸣器有何关系,先看看两种不同的发信号方法:发出声响(如蜂鸣器)和灯光(如手电),之后再上源码。

方式:三短、三长、三短(···— — —···)莫尔斯电码

```
1.   # include <reg52.h>
2.   # define uChar8 unsigned char
3.   # define uInt16 unsigned int
4.   sbit BEEP = P1^4;
5.   void DelayMS(uInt16 ValMS)
6.   {    /* 还是熟悉的代码 */    }
7.   void main(void)
8.   {
9.       while(1)
10.      {
11.          /* **** 三短 **** */
12.          BEEP = 0;DelayMS(100);BEEP = 1;DelayMS(50);
13.          BEEP = 0;DelayMS(100); BEEP = 1;DelayMS(50);
14.          BEEP = 0;DelayMS(100); BEEP = 1;DelayMS(50);
15.          /* **** 三长 **** */
16.          BEEP = 0;DelayMS(300); BEEP = 1;DelayMS(50);
17.          BEEP = 0;DelayMS(300); BEEP = 1;DelayMS(50);
18.          BEEP = 0;DelayMS(300); BEEP = 1;DelayMS(50);
19.          /* **** 三短 **** */
20.          BEEP = 0;DelayMS(100); BEEP = 1;DelayMS(50);
21.          BEEP = 0;DelayMS(100); BEEP = 1;DelayMS(50);
22.          BEEP = 0;DelayMS(100); BEEP = 1;DelayMS(50);
23.          /* **** 便于区分 **** */
24.          DelayMS(1000);
25.      }
26. }
```

实例8　生日快乐

```
1.   # include <reg52.h>
2.   # define uChar8 unsigned char
```

```
3.    #define uInt16 unsigned int
4.    uChar8 code SONG_TONE[] =
5.    {212,212,190,212,159,169,212,212,190,212,142,159,212,212,
6.    106,126,159,169,190,119,119,126,159,142,159,0};
7.    //生日快乐歌节拍表,决定每个音符的间隔长度(停顿的时间)
8.    uChar8 code SONG_LONG[] = {9,3,12,12,12,24,9,3,12,12,12,24,9,
9.                              3,12,12,12,12,9,3,12,12,12,24,0};
10.   //生日快乐歌节拍表,决定每个音符的演奏长短(工作的时间)
11.   sbit BEEP = P1^4;
12.   void DelayMS(uInt16 ValMS)
13.   {          /*  还是原来的配方  */         }
14.   /*************************************************/
15.   //函数名称:PlayMusic()
16.   //函数功能:播放音乐
17.   //入口参数:无
18.   //出口参数:无
19.   /*************************************************/
20.   void PlayMusic(void)
21.   {
22.       uInt16 i,j,k;
23.       while(SONG_LONG[i] != 0 || SONG_TONE[i] != 0)
24.       {
25.           for(j=0; j < SONG_LONG[i] * 20; j++)
26.           {
27.               BEEP = ~ BEEP;
28.               for(k=0; k < SONG_TONE[i]/3; k++);
29.           }
30.           DelayMS(5);
31.           i++;
32.       }
33.   }
34.   void main()
35.   {
36.       while(1)
37.       {
38.           PlayMusic();
39.           DelayMS(1000);  /* **** 稍作停留 **** */
40.       }
41.   }
```

在讲述该程序之前先简单说说单片机的存储器,更详细的内容会在笔记 7 中详细介绍。51 单片机的存储器都采用冯诺依曼结构,其指令存储地址和数据存储地址指向同一个存储器的不同物理位置。51 系列单片机有 4 个物理上相互对立的存储器空间:内、外程序存储器和内、外部数据存储器。但从用户角度来看,实际有 3 个存储空间:片内外统一编址的 8 KB 的程序存储器、512 字节的片内数据存储器、64 KB 的片外数据存储器。

程序存储器是指 ROM 半导体存储器,主要特点是断电后,保存在存储器中的信息不会丢失,因而将程序代码写到这部分内存中;可是这部分内存的数据只能读取,不能更改。

数据存储器主要用处有:工作寄存器、位寻址区、用户 RAM 区。例如工作寄存器中 R0～R7 在写汇编时经常用到。这部分的数据是可以随机读/写的。

再来看程序,第 4～10 定义了数组,类型都是无符号字符型的;之后是一个 code 关键字,表示将该数组存储在程序存储器中,所以以后只能读该数组,再不能修改该数组;若没有这个关键字则会存储在数据寄存器中,这样我们在以后操作数组时还可以重新修改。这么做是因为单片机的数据存储器太小了,所以加修饰词"CODE",让其存在程序存储器中。

这两个数据的具体意义是,第一个数组表示两个音符的间隔,即"响"与"不响"之间的间隔时间,第二个数组表示每次"响"的时间长短。

第 14～33 行,音乐播放子函数,这是该实例的核心代码,首先定义 3 个局部变量。第 27 行是循环执行的条件,只要其中任何一个数组的元素不为"0"(等价于跑了数组末尾),就执行里面的语句,否则跳出循环。第一个 for 循环控制音符,第二控制频率。第 30 行不加也可以,但没加这行时蜂鸣器发音特别哑。其实蜂鸣器播放音乐最好是用定时器来写,但是这里读者还没学定时器,因此就先用这个"练手"的音乐播放实例。

4.4 知识扩展——数字电路和 C 语言中的逻辑运算

二进制的逻辑运算又称为布尔运算,无论 C 语言中,还是数字电路中,逻辑运算不可缺。在逻辑范畴中,只有"真"和"假"。C 语言中的逻辑运算,"0"为"假","非 0"为真,不要理解为只有 1 是"真",2、-43、100 同样也是真。

① 逻辑运算(是按整体运算),通常叫逻辑运算符。

&&(and):逻辑与,只有同为真时结果才为真,近似于乘法。

||(or):逻辑或,只有同为假时结果才为假,近似于加法。

!(not):逻辑非,条件为真,结果为假,近似于相反数。

② 逻辑运算(按每个位来运算),通常叫做位运算符。

&:按位与,变量的每一位都参与(下同),例如:A = 0b0101 1010,B = 0b1010 1010,则 A & B = 0b0000 1010。

|:按位或。则 A | B = 0b1111 1010。

~:按位取反。则~A = 0b1010 0101。

^:按位异或,异或的意思是,如果运算双方的值不同(即相异),则结果为真,双方值相同则结果为假,这样 A^B = 0b1111 0000。

数字电路的逻辑运算用到的符号符合如表 4-1 所列。

表 4-1 数字逻辑运算符合

序　号	运算名称	国际标准符合	国外流行符号
1	与门	&	
2	或门	≥1	
3	非门	1	
4	或非门	≥1	
5	与非门	&	
6	同或门	=1	
7	异或门	=1	
8	集电极开漏 OC 门 漏极开漏 OD 门	& ◇	————

数字世界——数码管

5.1　夯实基础——三极管

无论在数字电路、还是模拟电路中,三极管的应用很普遍。概括地说,在模拟电路中主要用于信号的放大,在数字电路中主要利用开关特性来控制、驱动别的器件。这里主要讲述在数字电路中的应用。

三极管符号如图 5-1 所示,三极管有 3 个级,分别是基极(base)、集电极(collector)、发射极(emitter),三极管又分为 NPN、PNP 两种型号。

三极管的应用有 3 种状态:放大、截止、饱和。关于放大的计算这里就不做说明了。便于读者理解,可以分别将饱和、截止状态看作是"开"、"关"两种状态。那怎么是"开",又怎么是"关"呢,这由 b 极和 e 极电压决定。对于 NPN 型的,只要 b 极电压比 e 极电压大 0.7 V,则三极管就"开",否则就"关";对于 PNP 型的,只要 e 极电压比 b 极电压大 0.7 V,则三极管就"开",否则就"关";总结一句话:看箭头,箭尾比箭头大 0.7 V 则"开",否则就"关"。相反,若用 NPN 的三极管,b 极为高电平,则三极管导通;b 极为低电平则三极管截止。

图 5-2 是笔者为了讲解专门画的图,没有实际意义,因为驱动一个 LED 不可能需要这么复杂的电路。

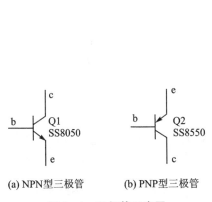

(a) NPN型三极管　　(b) PNP型三极管

图 5-1　三极管示意图

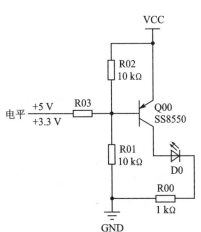

图 5-2　三极管的驱动应用原理图

图 5-2 中为什么要用上(下)拉电阻?

答:上、下拉电阻的作用本身就是为电路提供一个稳定、可知的运行环境。如图 5-2 所示,如果"电平"端悬空,此时三极管的导通、截止状态也就不确定了,如果加了上、下拉电阻,则该端的电平就是一个已知逻辑值,这是缘由一。

再看缘由二,假如没有电阻 R02,且"电平"端用的不是 5 V 单片机,而是用 3.3 V 的单片机来控制这个三极管,那么当"电平"端为高电平(3.3 V)时,LED 小灯是亮还是灭呢?设计者的目的是"灭",那么达到预期目的了吗?分析可知,此时管子还是导通的,因为 e 极(5 V)比 b 极(3.3 V)大 0.7 V,所以 LED 小灯毫无疑问还是亮。那如果此时别的什么条件都不变,而在电路中加入电阻 R02,这样,当"电平"端为高电平(3.3 V)时,被上拉电阻一拉,则 b 极的电压就被拉到 5 V 了,从而使三极管截止,LED 小灯也就灭了。若三极管换成是 NPN 的,那 R01 这个下拉电路就同理了。若出于这个原因,当用 5 V 的单片机时,那就没必要加上、下拉电阻了。

如图 5-2 所示的电阻 R03 用多大阻值的?

第一种情况,没有上、下电阻,所用单片机为 5 V。三极管截止的状态(电平端口处为高电平)这里就不看了,这里以导通(电平端口处为低电平)的情况为例来计算 R03 的阻值。"电平"端为 0 V,而 e 极为 5 V,则满足导通的压降,三极管导通,且 eb 间压降大概为 0.7 V,那还有 (5−0.7) V 的电压会在电阻 R03 上。这个时候,e、c 之间也会导通,同时 LED 本身压降又是 2 V 左右,三极管 e、c 之间大概有 0.2 V 的压降,这个可以忽略不计,这样在 R00 上就会有大概 3 V 的压降,可以计算出来,这条支路的电流大概是 3 mA,足以点亮 LED 小灯。

不是说算电阻 R03 吗,怎么算到电流上来了?这是有根据的。前面讲过,三极管有截止、放大、饱和 3 个状态,截止不用说了,只要 e、b 之间不导通即可。要让三极管处于饱和状态,就是所谓的开关特性,必须满足一个条件。三极管有一个放大倍数 β,要想处于饱和状态,b 极电流就必须大于 e、c 之间电流值除以 β。这个 β 的值,常用三极管的大概是 100,那么 R03 的电压、电流已知了,根据欧姆定律就可以计算。

上面算得 I_{ec} 为 3 mA,那么 b 极电流最小值就是 3 mA/100,即为 30 μA,那么 $R03_{MAX}=4.3\ V\div 30\ \mu A=143\ k\Omega$。只要 R03 比 143 kΩ 小就可以,那 1 Ω 行吗?假如是 1 Ω,则 b 极电流就为 4.3 A。可 STC89C52 单片机的 I/O 口承受电流的最大值是 25 mA,其实笔者推荐最好不要超过 10 mA,因此 1 Ω 不行,一般用 1 kΩ。

第二种情况,"电平"端口处高电平为 3.3 V,且加了上拉电阻 R02,读者能不能算出 R03 阻值的最大值呢?

最后一个问题,三极管的控制应用,即不同电

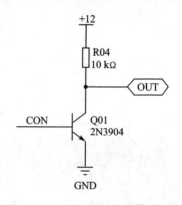

图 5-3　三极管的控制应用原理图

压之间的转换。上面已经提到过 3.3 V 到 5 V 的转换，现在再来看看 5 V 如何控制 12 V 呢？其原理图如图 5-3 所示，由三极管的开关特性可知，若 CON 端为低电平 (0 V)，则三极管截止，OUT 端子就为 12 V；CON 若为高电平则三极管导通，OUT 端子就为 0 V。当然可以在此基础之上变换出更多的控制电路来。

5.2　工程图示数码管

前面认识了 LED，简单介绍了单片机的基本知识和编程，如果读者已经能够用它控制 LED 小灯，实现流水灯、跑马灯、基于蜂鸣器的生日快乐，那么恭喜你已经进入单片机世界的大门。接下来学习数码管。顾名思义，数码管就是用管子显示数码，如右图所示。

5.3　数码管的点点滴滴

1. 原理说明

(1) 数码管分类

数码管是一种半导体发光器件，也称半导体数码管，是将若干发光二极管按一定图形排列并封装在一起的最常用的数码管显示器件之一。LED 数码管具有发光显示清晰、响应速度快、省电、体积小、寿命长、耐冲击、易于各种驱动电路连接等优点，在各种数显仪器仪表、数字控制设备中得到广泛应用。

数码管按段数分为 7 段数码管和 8 段数码管，8 段数码管比 7 段数码管多了一个发光二极管单元（多一个小数点显示），按能显示多少个"8"可分为 1 位、2 位、3 位、4 位等。按发光二极管单元连接方式，分为共阳极数码管和共阴极数码管。共阳极数码管是指将数码管应用时将公共极 COM 接到 +5 V，当某一字段发光二极管的阴极为低电平时，相应字段就点亮；当某一字段的阴极为高电平时，相应字段就不亮。共阴极数码管是指所有发光二极管的阴极接到一起形成共阴极（COM）的数码管，共阴极数码管在应用时应将公共极 COM 接到地线 GND 上，当某一字段发光二极管的阳极为高电平时，相应字段就点亮，当某一字段的阳极为低电平时，相应字段就不亮。

(2) 数码管的结构及特点

目前，常用的小型 LED 数码管多为 8 字形数码管，内部由 8 个发光二极管组成，其中 7 个发光二极管（a~g）作为 7 段笔画组成 8 字结构（故也称 7 段 LED 数码管），剩下的 1 个发光二极管（h 或 dp）组成小数点，如图 5-4 所示。各发光二极管按照共阴极或共阳极的方法连接，即把所有发光二极管的负极或正极连接在一起，作为公共引脚。而每个发光二极管对应的正极或者负极分别作为独立引脚(称"笔段电极"),其引脚名称分别与图 5-4 中的发光二极管相对应。

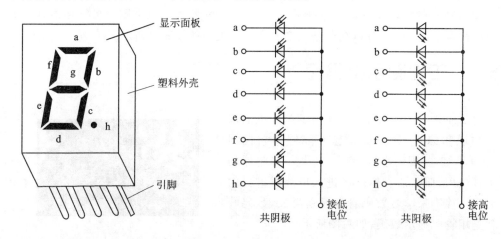

图 5-4　数码管结构示意图

(3) 数码管简易测试方法

一个质量保证的 LED 数码管,其外观应该是做工精细、发光颜色均匀、无局部变色及无漏光等。对于不清楚性能好坏、产品型号及引脚排列的数码管,可采用下面介绍的简便方法进行检测。

1) 干电池检测法

如图 5-5 所示,取两节普通 1.5 V 干电池串联(3 V)起来,并串联一个 100 Ω、1/8 W 的限流电阻器,以防止过电流烧坏被测数码管。将 3 V 干电池的负极引线接在被测数码管的公共阴极上,正极引线依次移动接触各笔段电极。当正极引线接触到某一笔段电极时,对应的笔段就发光显示。用这种方法就可以快速测出数码管是否有断笔或连笔,并且可相对比较出不同的笔段发光强弱是否一致。若检测共阳极数码管,只须将电池的正、负极引线对调一下即可。

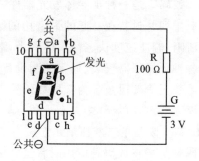

图 5-5　干电池测试法

2) 万用表检测法

使用万用表的二极管挡或者使用 R×10K 电阻挡,检测方法同干电池检测法,笔者上大学时一直用万用表来测,因为干电池测试比较麻烦,万用表测试方便、快捷。

2. 硬件设计

前面提到了单片机的拉电流比较小(100～200 μA)、灌电流比较大(最大是 25 mA,笔者推荐别超过 10 mA),直接用来驱动数码管肯定是不行的,所以扩流电路是必须的。如果用前面讲述的三级管来驱动,原理上是正确无误的,可是 MGMC - V1.0 实验板上的单片机只有 32 个 I/O 口,可板子又外接了好多器件,所以 I/O 口不够用,于是想个两全其美的方法,即扩流又扩 I/O 口。综合考虑之下,选用 74HC573 锁存器来解决这两个问题。其实以后做工程时,若用到数码管,三极管、锁存器这两种方案都不是太好,因为要靠 CPU 不断刷新来显示,而工程中 CPU 还有好多事要干,所以这种方案不可取,于是采用专门的集成 IC,如 FD650、TA6932、TM1618 等,既具有数码管驱动功能,又具有按键扫描功能,想改变数据或者读取按键值时,只须操作该芯片就可以了,大大提高了 CPU 的利用效率。

MGMC - V1.0 实验板上数码的硬件设计电路图,如图 5 - 6 所示。COM0～COM7 分别接单片机的 P0.0～P0.7,WE 和 DU 分别接单片机的 P1.6、P1.7。注意:段选是亮什么(例如亮 0 还是 1、2…),位选是哪个亮(第 1 位亮,还是第 5 位亮),是送段选还是送位选分别由 U6、U5 控制。

对于 74HC573,形象地说读者只需将其理解为一扇大门(区别是这个门是单向的),其中第 11 引脚控制着门的开、关状态,高电平为大门敞开,低电平为大门关闭。D0～D7 为进,Q0～Q7 为出,详细可参考数据手册。

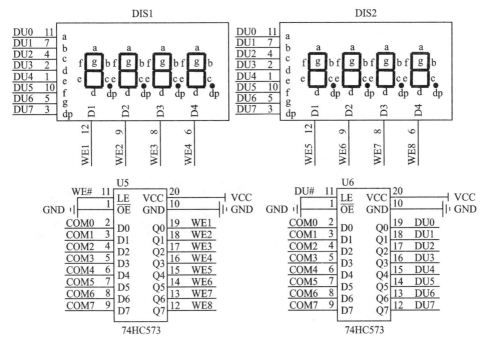

图 5 - 6　数码管驱动电路

3. 软件分析

了解了数码管的硬件,接着看看软件如何实现,例如想让 8 个数码管都亮"1",那该如何操作呢?

要让 8 个都亮,那意味着位选全部选中。MGMC－V1.0 开发板用的是共阴极数码管,要选中哪一位,只需给每个数码管对应的位选线上送低电平,即 U5 输出端为 0b0000 0000;若是共阳极,则给高电平。那又如何亮"1"? 由于是共阴极数码管,所以段选高电平有效(即发光二极管阳极为"1",阴极为"1",不亮都难),亮"1"等价于 b、c 段亮,别的全灭,这样只需 U6 的输出端电平为 0b0000 0110(注意高位在前,低位在后)。同理,亮"3"的编码是 0x4f,亮"7"的编码是 0x7f。注意,给数码管的段选数据、位选数据都是由 P0 口给的,只是在不同的时间给的对象不同,并且给对象的数据也不同。举例说明,读者的手既可以写字,又可以吃饭,还可以打篮球,只是在上课的时候手上拿的是笔,而吃饭时拿的又是筷子,打球时手上拍的是篮球。这就是所谓的时分复用。这样就可以写出如下的数码管驱动程序。最后显示效果如图 5－7所示。

```
1.   #include <reg52.h>
2.   sbit SEG_SELECT = P1^7;
3.   sbit BIT_SELECT = P1^6;
4.   void main(void)
5.   {
6.       BIT_SELECT = 1;              //开位选的大门
7.       P0 = 0x00;                   //让位选数据通过(选中 8 位)
8.       BIT_SELECT = 0;              //扔下笔,准备抱篮球
9.       SEG_SELECT = 1;             //开段选的大门
10.      P0 = 0x06;                   //送段选数据过去(亮"1"的编码)
11.      SEG_SELECT = 0;             //扔下篮球,以便于拿筷子
12.      while(1);
13.  }
```

图 5－7　8 位数码管显示数字 1

5.4　实例诠释数码管

实例 9　静以修身——数码管静态显示

静态显示是相对于动态扫描来说的,没有一个明确的定义。要说定义就是读者看到数据就是数码管此刻真实显示的数据,无论快慢都是一样的数据。例如取个时

间点(仅仅是一个点),若读者看到的数码管显示 6666 6666,那么说明这 8 个数码管确实都显示 6,而动态扫描就不是了,具体到了实例 10 再说明。

实例:让 8 个数码管循环显示 0~9(当然也可以写 0~F),间隔时间为 1 s。读者须考虑一个问题:眼睛看到的动(静)和数码管实质显示的动(静)有何区别?

```
1.    # include <reg52.h>
2.    # define uChar8 unsigned char
3.    # define uInt16 unsigned int
4.    uChar8 code Disp_Tab[] = {0x3f,0x06,0x5b,0x4f,0x66,0x6d,0x7d,0x07,0x7f,0x6f};
5.    sbit BIT_SELECT = P1^6;                //位选定义
6.    void DelayMS(uInt16 ValMS)
7.    {        /* 依旧如故 */        }
8.    void main(void)
9.    {
10.        uChar8 uiVal;
11.        BIT_SELECT = 1;                //打开阵门
12.        P0   = 0x00;                   //送入位选数据(选中 8 位)
13.        BIT_SELECT = 0;                //关闭阵门
14.        while(1)
15.        {
16.            for(uiVal = 0;uiVal < 10;uiVal ++)
17.            {
18.                P0 = Disp_Tab[i];      //送入段选数据
19.                DelayMS(1000);         //延时
20.            }
21.        }
22.    }
```

知识点:单片机的 P1、P2、P3 口默认电平为高电平,P0 在上拉电阻的作用下,默认电平也为高电平。

程序第 4 行定义了一个数组,总共 10 个元素,分别是 0~9 这 10 个数字的编码。例如要亮 0,意味着 a、b、c、d、e、f 亮(高电平),g、dp 灭(低电平),对应的二进制数为 0b1111 1100,但是单片机中高位在前、低位在后,所以数据应为 0b0011 1111,这就是数组的第一个元素 0x3f 了,其他同理;第 5 行,位定义。

实例 10 动人心弦——数码管动态扫描

所谓动态扫描,实际上是轮流点亮数码管(静态中是同时点亮),某一个时刻内有且只有一个数码管是亮的,由于人眼的视觉暂留现象(也即余辉效应),当这 8 个数码管扫描的速度足够快时,给人感觉是这 8 个数码管是同时亮了。例如要动态显示01234567,显示过程就是先让第一个显示 0,过一会(小于某个时间),接着让第二个显示 1,依次类推,让 8 个数码管分别显示 0~7,由于刷新的速度太快,给大家感觉是都在亮,实质上,看上去的这个时刻点上只有一个数码管在显示,其他 7 个都是灭的。接下来以一个实例来演示动态扫描的过程,以下是常见的动态扫描源码:

```
1.   #include <reg52.h>
2.   #define uChar8 unsigned char
3.   #define uInt16 unsigned int
4.   #define DATA P0                          //宏定义数据端口
5.   sbit SEG_SELECT = P1^7;                  //段选
6.   sbit BIT_SELECT = P1^6;                  //位选
7.   uChar8 code Bit_Tab[] = {0xfe,0xfd,0xfb,0xf7,0xef,0xdf,0xbf,0x7f};
                                              //位选数组
8.   uChar8 code Disp_Tab[] = {0x3f,0x06,0x5b,0x4f,0x66,0x6d,0x7d,0x07};
                                              //0～7 数字的编码
9.   void DelayMS(uInt16 ValMS)
10.  {     /* 两个 for 循环的魅力 */       }
11.  void main(void)
12.  {
13.      uInt16 uiVal;
14.      while(1)
15.      {
16.          for(uiVal = 0;uiVal < 8;uiVal ++ )
17.          {
18.              BIT_SELECT = 1;             //位选选通
19.              DATA = Bit_Tab[uiVal];      //送位选数据
20.              BIT_SELECT = 0;             //位选关闭
21.              SEG_SELECT = 1;             //段选选通
22.              DATA = Disp_Tab[uiVal];     //送段选数据
23.              SEG _SELECT = 0;            //段选关闭
24.              DelayMS(x);                 //两个数码管扫描之间的时间差
25.          }
26.      }
27.  }
```

　　程序第 24 行的小括号中是一个"x",而不是某个常数,这里需要读者手动修改来查看效果,具体操作:① 打开 Keil4,编写该实例代码,将里面的 x 改为 1 000,编译、下载、看现象;② 将 x 改成 100,编译、下载、看现象;③ 将 x 改成 10 查看;④ 将 x 改成 1,这时的现象呢? 于是一张如图 5-8 所示的效果图即可显示出来。

图 5-8　数码管动态显示效果图

　　程序流程如图 5-9 所示。可见,uiVal 等于 0 时,先开位门,再送位选数据(0xfe),关位门;接着开段门,再送段选数据(0x3f),关段门。同理,uiVal 等于 1、……、7,依次送位选、段选数据,只是 uiVal 从 0 到 7 执行得比较快,因此当 x＝1 时,产生如图 5-8 所示的效果。

　　现在来综合分析静、动态的刷新过程。由上面两个实例可知,这里的静、动不是显示的数值变化了没有,而是每个数码管相对来说是静止的,还是运动的。对于静态

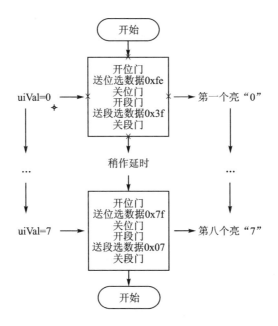

图 5-9 动态扫描流程图

扫描来说,每个数码管都同时点亮,同时熄灭,相对来说,肯定是静止的。相反,若每个数码管亮、灭的时间不是同时的,那相对来说,肯定就是运动的。

5.5 知识扩展——MOS 管

其实读者可以类比三极管去学 MOS 管,MOS 管又叫场效应管。将二极管、三极管、MOS 管对比一下:二极管只能通过正向电流,反向截止,不能用于控制;三极管通俗讲就是小电流放大成受控的大电流;MOS 管是小电压控制电流的。MOS 管的分类方式比较多,这里只简述两种:N 沟道增强型、P 沟道增强型,原理分别如图 5-10、图 5-11 所示,其原理正好相反。

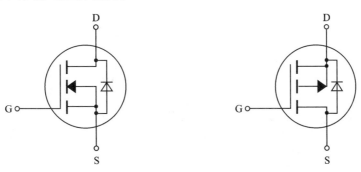

图 5-10　N 沟道增强型 MOS 管　　　图 5-11　P 沟道增强型 MOS 管

前面说过,场效应管是用电压控制开关的,具有放大作用,但是这里只讲开关特性。从原理图可知,MOS 管有 3 个脚,分别叫栅极(G)、源极(S)和漏极(D)。G 极是控制极,用其是否加电压来控制 S(源极)和 D(漏极)是相通还是不相通。对于 N 沟道来说,在栅极加上电压则源极和漏极就相通,去掉电压就关断;P 沟道刚好相反,在栅极加上电压(高电平)就关断,去掉电压(低电平)就相通。

这里以一个非常经典的开关电路来讲述其控制过程,电路如图 5 - 12 所示。图中的 SI2305 就是 P 沟道 MOS 管。图中电池的正电压通过开关 SW1 接到场效应管 Q1 的源极,它的栅极通过电阻 R20 提供一个高电平,由于 Q1 是一个 P 沟道管,所以此时管子截止,电压不能通过 3.3 V 稳压 IC(G9131),输入引脚没有电压,所以系统就不能工作。这时,如果按下 SW1 开机按键,则由 SW1、R11、R23、D4、三极管 Q2 构成一个回路,这时三极管发射极接地、基极又为高电平,因此三极管 Q2 就会导通,那么就相当于 Q1 的栅极直接接地,这时 Q1 的栅极就从高电位变为低电位,Q1 就会导通,于是电流经 Q1 到达稳压 IC 的输入脚,这样 3.3 V 稳压 IC 就会为系统提供一个 3.3 V 的工作电压。这样 CPU 就开始工作了,并输出一个控制电压到 PWR_ON,再通过 R24、R13 分压送到 Q2 的基极,保持 Q2 一直处于导通状态,即使用户松开开机键,可主控送来的控制电压还保持着,那么 Q2 还是一直保持导通状态,Q1 就能源源不断地给 3.3 V 稳压 IC 提供工作电压。SW1 还同时通过 R11、R30 两个电阻的分压给主控 PLAY ON 脚送去时间长短、次数不同的控制信号,主控通过固件程序判断是播放、暂停、开机、关机等,从而输出不同的控制结果,以达到不同的工作状态。

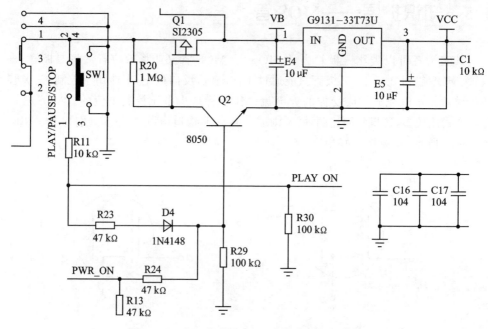

图 5 - 12　由 P 沟道 MOS 组成的电源开关电路

无怨无悔的定时器打扰者——中断

中断、计数器/定时器、串口是单片机学习的难点及重点,应好好掌握。

6.1 夯实基础——C 语言编程规范

1. 程序的排版

① 程序块要采用缩进风格编写,缩进的空格数为 4 个。

说明:对于由开发工具自动生成的代码可以有不一致。本书所有的例程(1~49)都采用程序块缩进 4 个空格的方式来编写。

② 相对独立的程序块之间、变量说明之后必须加空行。

由于篇幅所限,本书将所有的空格省略掉了,源代码参见配套资料。

③ 不允许把多个短语句写在一行中,即一行只写一条语句。

同样为了压缩篇幅,本书把一些短小精悍的语句放到了同一行,但不建议读者这么做。

④ if、for、do、while、case、default 等语句各自占一行,且执行语句部分无论多少都要加括号{}。

2. 程序的注释

注释是程序可读性和可维护性的基石,如果不能在代码上做到顾名思义,那么就需要在注释上下大功夫。

注释的基本要求,现总结以下几点:

① 一般情况下,源程序有效注释量必须在 20% 以上。

说明:注释的原则是有助于对程序的阅读理解,在该加的地方都必须加,注释不宜太多但也不能太少,注释语言必须准确、易懂、简洁。

② 注释的内容要清楚、明了,含义准确,防止注释的二义性。

说明:错误的注释不但无益反而有害。

③ 边写代码边注释,修改代码同时修改注释,以保证注释与代码的一致性。不再有用的注释要删除。

④ 对于所有有物理含义的变量、常量,如果其命名起不到注释的作用,那么在声

明时必须加以注释来说明物理含义。变量、常量、宏的注释应放在其上方相邻位置或右方。

示例：

```
/* active statistic task num */
#define MAX_ACT_TASK_NUMBER 1000
#define MAX_ACT_TASK_NUMBER 1000        /* active statistic task num */
```

⑤ 一目了然的语句不加注释。

例如：i++;   /* i 加 1,有意思吗? */

⑥ 全局数据(变量、常量定义等)必须要加注释,并且要详细,包括对其功能、取值范围、哪些函数或过程存取它以及存取时该注意的事项等。

⑦ 在代码的功能、意图层次上进行注释,提供有用、额外的信息。

说明:注释的目的是解释代码的目的、功能和采用的方法,提供代码以外的信息,帮助读者理解代码,防止没必要的重复注释。

示例：

```
if(receive_flag)        /* 如果 receive_flag 为真,有意义吗 NO */
if(receive_flag)        /* 如果 xxx 收到了一个什么信息,则有了额外的信息 */
```

⑧ 对一系列的数字编号给出注释,尤其在编写底层驱动程序的时候(比如引脚编号)。

⑨ 注释格式尽量统一,建议使用"/* ... ... */"。

⑩ 注释应考虑程序易读及外观排版的因素,使用的语言若是中英兼有,建议多使用中文,因为注释语言不统一,影响程序易读性和外观排版。

6.2 定时器和中断的点点滴滴

6.2.1 原理说明

1. 中 断

对于单片机来讲,在程序的执行过程中,由于某种外界的原因,必须终止当前执行的程序而去执行相应的处理程序,待处理结束后再回来继续执行被终止的程序,这个过程叫中断。对于单片机来说,突发的事情实在太多了。例如用户通过按键给单片机输入数据时,这对单片机本身来说是无法估计的事情,这些外部来的突发信号一般就由单片机的外部中断来处理。外部中断其实就是一个引脚的状态改变所引起的。流程如图 6-1 所示。

51 单片机有 6 个中断源,具有二个中断优先级,可实现二级中断服务程序的嵌套。每个中断源均可软件编程为高优先级或低优先级中断,允许或禁止向 CPU 请求中断。例如你现在正接着普通朋友的电话,这时你女朋友的电话响了,之后你会向你普通朋友说,我们就聊到这里吧,之后你会去接你女朋友的电话,在通话中BOSS又来电话了,这时你就会考虑哪个电话重要,这个考虑重要的过程就是中断优先级。若单片机同时有两个中断产生,单片机又是怎么执行的呢?

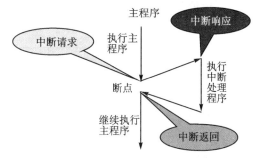

图 6-1 中断流程示意图

那就取决于单片机内部的一个特殊功能寄存器(中断优先级寄存器)的设置,通过设置它,就相当于告诉单片机哪个优先级高,哪个优先级低;若不操作,则按单片机默认的设置来执行(单片机自己有一套默认的优先级)。

51单片机的6个中断源:

> INT0:外部中断0,引入端口:P3.2,触发方式:低电平、下降沿。

> INT1:外部中断1,引入端口:P3.3,触发方式:低电平、下降沿。

> T0:定时/计数器0中断,触发方式;T0计数器记满归零。

> T1:定时/计数器1中断,触发方式;T1计数器记满归零。

> T2:定时/计数器2中断,触发方式;T2计数器记满归零。

> TI/RI:串口中断,触发方式;串口完成一帧字符发送或接收完。

单片机默认的优先级、C语言入口序号、中断向量地址具体如表6-1所列。

表 6-1　52 单片机中断源及优先级顺序

中断源	中断向量地址(汇编用)	优先级	序号(C语言用)	中断请求标志位	中断允许控制位
INT0	0003H	1(最高)	0	IE0	EX0/EA
定时器 0	000BH	2	1	TF0	ET0/EA
INT1	0013H	3	2	IE1	EX1/EA
定时器 1	001BH	4	3	TF1	ET1/EA
串口中断	0023H	5	4	RI/TI	—
定时器 2	002BH	6(最低)	5	TF2	ET2/EA

在使用单片机中断的过程中,首先需要设置两个与中断有关的寄存器:

1) IE:中断允许寄存器

中断允许寄存器就是控制各个中断是开是关,要使用哪个中断就必须将其对应位置1,即允许该中断。IE在特殊功能寄存器中字节地址为A8H,位地址分别是AFH～A8H(由高到低),由于该字节地址(A8)能被8整除(单片机中能被8整除的地址都可以位寻址),因而该地址可以位寻址,即可对该寄存器的每一位进行单独操作。IE 复位值为 0x00,各位定义如表 6 - 2 所列。

表 6 - 2　中断允许寄存器

位	D7	D6	D5	D4	D3	D2	D1	D0
名　称	EA	—	ET2	ES	ET1	EX1	ET0	EX0
地　址	AFH	—	ADH	ACH	ABH	AAH	A9H	A8H

其中,EA 为 CPU 的总中断允许控制位,EA＝1,CPU 开放总中断;EA＝0,CPU 屏蔽所有中断申请。ET2 为定时/计数器 T2 的溢出中断允许位。ET2＝1,允许 T2 中断;ET2＝0,禁止 T2 中断。ES 为串行口中断允许位。ES＝1,允许串行口中断;ES＝0,禁止串行口中断。ET1 为定时/计数器 T1 的溢出中断允许位。ET1＝1,允许 T1 中断;ET1＝0,禁止 T1 中断。EX1 为外部中断 1 允许位。EX1＝1,允许外部中断 1 中断;EX1＝0,禁止外部中断 1 中断。ET0 为定时/计数器 T0 的溢出中断允许位。ET0＝1,允许 T0 中断;ET0＝0,禁止 T0 中断。EX0 为外部中断 0 允许位。EX0＝1,允许外部中断 0 中断;EX0＝0,禁止外部中断 0 中断。

2) IP:中断优先级寄存器

前面说过 51 单片机具有两个中断优先级,即高级优先级和低级优先级,可以实现两级中断嵌套。中断优先级在特殊功能寄存器中可以通过设置实现各个中断属于中断的哪一级,该寄存器字节地址为 B8H,也能位寻址,即可对每一位单独操作。IP 复位值为 0x00,各位定义如表 6 - 3 所列。

表 6 - 3　中断优先级寄存器

位	D7	D6	D5	D4	D3	D2	D1	D0
名　称	—	—	—	PS	RT1	PX1	PT0	PX0
地　址				BCH	BBH	BAH	B9H	B8H

PS 为串行口中断优先级控制位。PS＝1,串行口中断为高优先级中断;PS＝0,串行口中断为低优先级中断。PT1 为定时/计数器 T1 中断优先级控制位。PT1＝1,T1 中断定义为高优先级中断;PT1＝0,T1 中断定义为低优先级中断。PX1 为外部中断 1 中断优先级控制位。PX1＝1,外部中断 1 中断定义为高优先级中断;PX1＝0,外部中断 1 中断定义为低优先级中断。PT0 为定时/计数器 T0 的溢出中断允许位。PT0＝1,T0 中断定义为高优先级中断;PT0＝0,T0 中断定义为低优先级中断。

2. 单片机定时器与计数器

说明一　定时器和计数器的实质都是加一计数器,一定不要理解为计数器是用来计时的,定时器是用来定时的。其实两个都是用来定时的,区别是定时器的加一触发源来自单片机内部,而计数器的加一触发源来自单片机外部。

说明二 在定时器和计数器中都有一个溢出的概念,那什么是溢出,笔者举个例子,水龙头下放一个喝水杯,这个水杯能装 65 535 mL 水,那么 1 μs 滴 1 mL,第一个问题:多少秒杯子会满?答案很简单。第二个问题:如果让水龙头以 1 mL/ μs 的速度滴,滴了 65 536 μs,那么杯中还有多少水?最后一滴水溢出了,这就叫溢出,定时/计数器里的数溢出叫中断。

说明三 以说明二为题,接着提第三个问题,上面提到的杯子的容量是多少?答案是:65 535 mL。那单片机中定时/计数器的容量是多少?

说明四 还是以杯子为例。第四个问题,杯子容量是 65 535 mL,里面已经装了 45 536 mL,要让杯子装满还需装多少?答案:19 999 mL。要有溢出,至少装多少 mL?答案:20 000 mL。第五个问题,杯子容量为 65 535 mL,笔者以 1 mL/μs 的速度滴,需要滴 20 000 μs,要有溢出则必须预先在杯中装多少 mL 水?

答案是:65 535 + 1(这 1 mL 是为了溢出)－20 000×1＝45 536,将这个值定义为初始值。

说明五 注意 C 语言的"/"和"％"。

说明六 MGMC - V1.0 开发板上搭载的晶振是 11.059 2 MHz,为了好算这里以 12 MHz 为例,前面提到过,STC89C52 单片机是 12T 的,意思是单片机将晶振 12 分频之后作为自己的主时钟,那么单片机运行的频率为 12 MHz/12＝1 MHz。机器周期＝1/1 MHz＝1 μs。

（1）定时/计数器工作方式寄存器 TMOD

该寄存器也属于特殊功能寄存器,字节地址为 89H,不能位寻址,复位值为 0x00。定时和计数功能由控制位 C/$\overline{T}$ 选择,TMOD 寄存器的各位意义如表 6 - 4 所列。可以看出,2 个定时/计数器有 4(2^2)种操作模式,通过 TMOD 的 M1 和 M0 来选择。2 个定时/计数器的模式 0、1 和 2 都相同,模式 3 不同,各个模式下的功能如表 6 - 4 所列。由表 6 - 4 可以知道,TMOD 寄存器的高 4 位用来设置定时器 1,定时器的后 4 位用来设置定时器 0。

表 6 - 4 TMOD 定时/计数器工作方式

位	D7	D6	D5	D4	D3	D2	D1	D0
名 称	GATE	C/$\overline{T}$	M1	M0	GATE	C/$\overline{T}$	M1	M0

定时器 1 ← → 定时器 0

GATE 为门控位。GATE＝0,定时/计数器的启动和禁止仅由 TRx(x＝0/1)决定;GATE＝1,定时/计数器的启动和禁止由 TRx(x＝0/1)和外部中断引脚(INT0/INT1)上的电平(必须是高电平)共同决定。

C/$\overline{T}$ 为计数器模式还是定时器模式选择位。C/$\overline{T}$＝1,设置为计数器模式; C/$\overline{T}$＝0,设置为定时器模式。

M1M0 为工作方式选择位。每个定时/计数器都有 4 种工作方式,就是通过设置 M1、M0 来设定,对应关系如表 6 - 5 所列。

表 6 - 5   TMOD 定时/计数器工作方式设置表

M1	M0	定时/计数器工作方式
0	0	设置为方式 0,为 13 位定时/计数器
0	1	设置为方式 1,为 16 位定时/计数器
1	0	设置为方式 2,8 位初值自动重装的 8 位定时/计数器
1	1	设置为方式 3,仅 T0 工作,分成两个 8 为计数器,T1 停止

(2) 定时/计数器控制寄存器 TCON

TCON 寄存器也是特殊功能寄存器,字节地址为 88H,位地址由低到高分别为 88H~8FH,可进行位寻址。TCON 的主要功能就是控制定时器是否工作、标志那个定时器产生中断或者溢出等。复位值为 0x00,其各位的定义如表 6 - 6 所列。

表 6 - 6   TCON 定时/计数器控制寄存器表

位	D7	D6	D5	D4	D3	D2	D1	D0
名 称	TF1	TR1	TF0	TR0	IE1	IT1	IE0	IT0
地 址	8FH	8EH	8DH	8CH	8BH	8AH	89H	88H

TF1 为定时/计数器 T1 溢出标志位。T1 被允许计数以后,从初值开始加 1 计数。当最高位产生溢出时由硬件置 1,此时向 CPU 发出请求中断,一直到 CPU 响应中断时才由硬件清 0,如果用中断服务程序来写中断,该位完全不用理睬;相反,若用软件查询方式来判断,则一定要软件清 0。

TR1 为定时器 1 运行控制位。该位完全由软件来控制(置"1"或清"0"),有两种条件:

➢ 当 GATE(TMOD.7)=0 时,TR1=1,就允许 T1 开始计数,TR1=0,禁止 T1 计数;

➢ 当 GATE(TMOD.7)=1 时,TR1=1 且外部中断引脚 INT1 为高电平时,才允许 T1 计数。

TF0/TR0 同上,只是用来设置 T0。

IE1 为外部中断 1 请求源(INT1/P3.3)标志。

IT1 为外部中断向 CPU 请求中断。CPU 响应(也就是进入外部中断服务函数)之后由硬件自动清 0。外部中断以哪种方式申请由下面 IT1 决定。

IT1 为外部中断 1 触发方式控制位。IT1=1,外部中断 1(INT1)端口由 1 到 0 的下降沿跳变时,置位中断请求标志位 IE1;IT1=0,外部中断 1(INT1)端口为低电平时,置位中断请求标志位 IE1。

IE0/IT0 同上,只是用来设置外部中断 0(INT0)。

这里主要以方式 1 为主来讲述定时器,只要方式 1 掌握了,其他的方式自然而然也就掌握了。单片机定时/计数器的结构如图 6-2 所示。

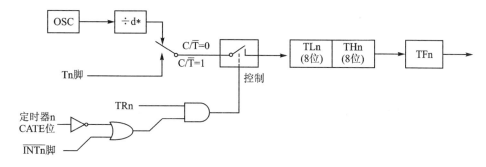

图 6-2　定时/计数器 0/1 方式 1 结构示意图

其中,OSC 框表示晶振频率,上面笔者说过,一个机器周期等于 12 个时钟周期,因此那个 d 就是 12 了。下面 GATE 右边的门是非门,再右侧是一个或门,再往右是一个与门电路,读者可以对照表 4-1 分析:

① TR0 和下面或门电路的结果要进行与运算,如果 TR0 是 0,与运算结果肯定是 0,那么要让定时器工作,TR0 必须为 1。

② 与门结果要想是 1,那或门出来的信号必须也得是 1。在 GATE 位为 1 的情况下,经过一个非门变成 0,或门电路结果要想是 1,那 INT0(即 P3.2 引脚)必须是 1 的情况下定时器才会工作,而 INT0 引脚是 0 的情况下定时器不工作,这就是 GATE 位的作用。

③ 当 GATE 位为 0 的时候,经过一个非门变成 1,不管 INT0 引脚是什么电平,经过或门电路后则肯定是 1,定时就开始工作了。

④ 要想让定时器工作,就是计数器加 1,从图上看有两种方式,第一种方式是那个开关打到上边的箭头,就是 C/T=0 的时候,一个机器周期 TL 就会加一次一;当开关打到下边的箭头,即 C/T=1 时,T0 引脚(即 P3.4 引脚,引脚关系如图 1-1 所示)来一个脉冲,TL 就会加一次一,这也就是计数器的功能。

⑤ 无论是在 OSC(定时器)的作用下,还是在 Tn 脚(计数器)的作用下,当 TL0/1、TH0/1 都计满以后就会有溢出。

前面提到的,说明三中提到了杯子容量为 65 535 mL,因为方式 1 是 16 位定时器,就是由图 6-2 所示的 TL1(0) 和 TH1(0) 组成(都为 8 位),$2^{16}-1=65\ 535$。

说明四中初始值:45 536 mL=(65 535+1−20 000)mL,具体初值的计算见后面软件分析部分。

重提"/"和"%"。在 C 语言中,前者为取整(取商),后者为取余。例如 45 536/256 和 45536%256 的运算结果分别为 177(0xB1)、224(0xE0)。假如读者想定时 20 ms,进而可计算出初始值为 45 536。可 51 单片机是 8 位的处理器,一次能运行的最大值为 2^8,这样就需将 45 536 这个数用"/"和"%"进行分离,之后分两次将 45 536

这个数装入 TL1(0) 和 TH1(0) 寄存器中。

定时和计数有关系。举个例子,假如要定时 4 小时,秒针需要走 4×3 600 次,于是将 4 小时的定时时间转化成了秒针所走的次数,即闹钟需要计数 4×3 600 次。单片机与闹钟不同的是,单片机每隔 1.085 μs 计数一次,闹钟每隔 1 s 计数一次。

接下来介绍"鬼火"的设计。这里的鬼火灯就是让 MGMC – V1.0 实验板上的 8 个灯每隔一秒闪烁一次。不过,这里要求用定时器来设计,具体设计过程见软件分析。

中断服务程序的写法如下:

```
void 函数名(void) interrupt 中断号(using 工作组)
{
    中断服务程序内容
}
```

说明:

➤ 中断函数无返回值,所以前面为 void。
➤ 中断函数命名随便,但一定不能是 C 语言的关键字,如 if、case 等,建议用 Timer0_ISR、EX0_ISR 等。
➤ 中断函数不带任何参数,所以小括号内写了 void。
➤ 中断函数的关键词 interrupt 一定要写且正确无误。
➤ 中断号见表 6 – 1,必须一一对应,不能错。
➤ 后面的 using 工作组()通常不写,具体依个人习惯。

可能读者读到这里,对定时器和中断反而模糊了,究竟中断和定时器有什么关系? 定时器只要一开启,它就会一直在初值的基础上开始以机器周期为间隔加一,满了就肯定有溢出(所以此时 TFx 溢出标志位就会被置1),但是否产生中断就看操作者是否打开了中断,若开了中断,就会产生中断,否则就不会有中断。所以定时器程序就有两种写法,一种是直接检测溢出标志位,另一种就是中断方法了。

（一）检测定时器溢出标志位法

第一步:配置定时器的工作模式(对 TMOD 赋于相应值);
第二步:装定时器的初值,即赋值 TH0 和 TL0;
第三步:通过设置 TCON 来启动定时器,让其开始计数;
第四步:判断 TCON 寄存器的 TFx(x=0/1)位,检测定时器的溢出情况。

（二）中断检测法

第一步:配置定时器的工作模式(对 TMOD 赋相应值);
第二步:装定时器的初值,即赋值 TH0 和 TL0;
第三步:设置中断允许寄存器(IE);
第四步:置位 TR0 或 TR1,启动定时/计数器来定时或计数。

6.2.2　硬件设计

定时/计数器都是单片机内一个看不见、摸不着的东西,其硬件设计由单片机生产厂商来完成。

6.2.3　软件分析

就以上面鬼火灯为例,并以检测溢出标志位法来写程序。写程序之前先来看看这个定时器初值究竟如何计算。前面提到,MGMC – V1.0 实验板上搭载的是 11.059 2 MHz 的晶振,且单片机为 12T 的 STC89C52,那么机器周期 $T = 1/F = 1/(11.059\ 2\ \text{MHz}/12) = 12/11.059\ 2\ \mu s$。现若要定时 10 ms(10 000 μs),那需要记多少次数了? 设为 x 次,则 $x \times (12/11.059\ 2) = 10\ 000$,则 $x = 9\ 216$,这个数是要在初值基础上累加的值,初始值$= 65\ 536 - 9\ 216 = 56\ 320$(0xDC00),这样 TH0 $= $0xDC,TL0 $=$0x00 或者 TH0 $= (65\ 536 - 9\ 216)/256$,TL0 $= (65\ 536 - 9\ 216)\%\ 256$。以后读者要注意着两种版本的写法。因此有初值寄存器里装各种版本的初值,则会有各种版本的定时基准(范围 0～71 ms)。

可见,初值的计算公式:$x \times (12/$晶振频率$) = $定时时间数 μs(这就是我们要找的时间基准)。当然,也可以用 STC_ISP V6.51 软件自带的定时器初值计算器很方便地算出需要定时的时间基准,如图 6 – 3 所示。

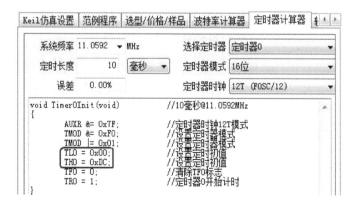

图 6 – 3　STC_ISP 的定时器计算器

实例 11　"鬼火"灯(一)

```
1.   # include <reg52.h>
2.   # define uInt16 unsigned int
3.   void Timer0Init(void)
4.   {
5.       TMOD = 0x01;            //设置定时器 0 工作在模式 1 下
6.       TH0 = 0xDC;             //定时 10 ms
```

```
7.          TL0 = 0x00；          //赋初始值
8.          TR0 = 1；            //打开定时器 0
9.      }
10.   void main(void)
11.   {
12.       uInt16 uiCounter；
13.       Timer0Init();
14.       for(;;)
15.       {
16.           if(TF0 == 1)        //该溢出标志位在有溢出时,由单片机硬件置"1"
17.                              //所以只需检测该位就行了。完了一定要软件清"0"
18.           {
19.               TF0 = 0；        //清零 TF0
20.               TH0 = 0xDC；      //定时 10 ms(这就是千里迢迢盼望已久的时间基准)
21.               TL0 = 0x00；      //这时要重新赋初值
22.               uiCounter ++ ；  //一次是 10 ms,那 100 次呢? 100×10 ms = 1 000 ms
23.               if(100 == uiCounter)
24.               {
25.                   uiCounter = 0；
26.                   P2 = ～ P2； //P2 取反,产生"鬼火"
27.               }
28.           }
29.       }
30.   }
```

其中,19、20 行为何还要赋初值? 笔者前面举的例子是杯子装水,杯子满了以后若继续装,多余的只会溢出,杯子还是满的。可是单片机不一样,只要一满,再装不但会溢出,还会将原先的都统统清掉,所以还得重新装一次。另外,细心的读者可能注意到两个 if 语句写法稍有不同,为何提到这个,因为新手们很容易写成 if(TF0＝1) 或者 if(100＝uiCounter),对于前者 Keil4 会给出警告"TIMER0LEDMAIN. C(16)：warning C276：constant in condition expression",虽然有警告但是还会编译成功,可是程序肯定是错的。而对于后者则直接是错误"TIMER0LEDMAIN. C(23)：error C213：left side of asn－op not an lvalue",导致无法生成可执行文件,所以笔者推荐用 22 行所示的写法,这样 Keil4 可以将读者的错误扼杀在萌芽阶段,根本不可能给读者犯错的机会。

6.3 实例诠释定时器和中断

实例 12 "鬼火"灯(二)

```
1.    # include ＜reg52. h＞
2.    # define uInt16 unsigned int
3.    void Timer0Init(void)
4.    {
```

```
5.        TMOD = 0x01;                        //设置定时器 0 工作在模式 1 下
6.        TH0 = (65536 - 9216)/ 256;          //定时 10 ms
7.        TL0 = (65536 - 9216)% 256;          //赋初始值
8.        EA = 1;                             //打开总中断
9.        ET0 = 1;                            //开定时器 0 中断
10.        TR0 = 1;                            //启动时器 0
11.   }
12.   void main(void)
13.   {
14.        Timer0Init();
15.        while(1);                           //等待 10 ms(每过 10 ms 发生一次)中断就发生了
16.   }
17.   void Timer0_ISR(void) interrupt 1
18.   {
19.        static uInt16 uiCounter = 0;
20.        TH0 = (65536 - 9216)/ 256;
21.        TL0 = (65536 - 9216)% 256;   //重新来过
22.        uiCounter ++ ;
23.        if(100 == uiCounter)             //100×10 ms = 1 s,说明 1 s 时间已到
24.        {
25.            uiCounter = 0;
26.            P2 = ~ P2;
27.        }
28.   }
```

其中,8、9 行要产生中断,则中断的各个控制位必须要使能;15 行,程序停止在这里,等待中断产生;17 行,中断函数比较特殊,即使写在主函数后面也不需要声明,并且不需要调用,但是格式必须遵循规定;17 行,局部变量,定义时要附初值,这个局部变量前面有个"static",后面会详细介绍。

实例 13 4 位计数器伴随 8 盏"鬼火"灯

前面已经提到过,数码管的动态显示实质是利用人的视觉暂留效应来产生的。例如有 4 个数码管要显示"0123",显示过程是先选中第一个数码管,让其显示"0";再选中第二个,让其显示"1";接着选中第三个,让其显示"2";最后选中第四个数码管,让其显示"3";只要这 4 个显示间隔足够短就可以达到动态的显示效果。那足够短,究竟多少是足够短呢?也就是说完成一次全部数码管扫描的时间是多少?

答案是:10 ms 以内。有读者问,那再快点行不行?行,只是再快就没意义了,因为刷新速度越快,CPU 运行的负荷就越重,从而增加了单片机的功耗。

接下来就以一个实例来说明如何用定时器来刷新数码管,又如何用另一个定时器来实现 8 个 LED 小灯的闪烁。最后实现 4 位数码管做类似于秒表的功能,即数码管上的数据每隔 1 s 加一,依次从 0000 显示到 9999,再从"0000"继续开始,同时 8 个灯每隔 1 s 闪烁一次。最后例程代码如下:

```
1.   #include <reg52.h>
2.   #define uInt16 unsigned int
3.   #define uChar8 unsigned char
4.   uChar8 code Disp_Tab[] = {0x3f,0x06,0x5b,0x4f,0x66,0x6d,0x7d,0x07,0x7f,0x6f};
5.   sbit SEG_SELECT = P1^7;
6.   sbit BIT_SELECT = P1^6;
7.   uInt16 g_uiNum = 0;                 //全局变量,存放秒的计数值
8.   uChar8 g_ucRefresh = 0;             //用于刷新数码管
9.   void TimerInit(void)
10.  {
11.      TMOD = 0x11;                    //设置定时器 0、1 工作在模式 1 下
12.      TH0 = 0xFC;                     //为定时器 0 赋初始值
13.      TL0 = 0x66;                     //定时 1 ms
14.      TH1 = 0x4C;                     //为定时器 1 赋初始值
15.      TL1 = 0x00;                     //定时 50 ms
16.      EA = 1;                         //打开总中断
17.      ET0 = 1;                        //开定时器 0 的中断
18.      TR0 = 1;                        //启动定时器 0
19.      ET1 = 1;                        //打开定时器 1 的中断
20.      TR1 = 1;                        //启动定时器 1
21.  }
22.  void main(void)
23.  {
24.      uChar8 QianNum,BaiNum,GeNum,ShiNum;
25.      TimerInit();
26.      while(1)
27.      {
28.          GeNum   = g_uiNum % 10;             /* 利用"/"和"%"来分离位 */
29.          ShiNum  = g_uiNum/10 % 10;
30.          BaiNum  = g_uiNum/100 % 10;
31.          QianNum = g_uiNum/1000;
32.          switch(g_ucRefresh)
33.          {
34.              case 0:
35.                  BIT_SELECT = 1;P0 = 0xef;BIT_SELECT = 0;
36.                  SEG_SELECT = 1;P0 = Disp_Tab[QianNum];SEG_SELECT = 0;
37.              break;
38.              case 1:
39.                  BIT_SELECT = 1;P0 = 0xdf;BIT_SELECT = 0;
40.                  SEG_SELECT = 1;P0 = Disp_Tab[BaiNum];SEG_SELECT = 0;
41.              break;
42.              case 2:
43.                  BIT_SELECT = 1;P0 = 0xbf;BIT_SELECT = 0;
44.                  SEG_SELECT = 1;P0 = Disp_Tab[ShiNum];SEG_SELECT = 0;
45.              break;
46.              case 3:
47.                  BIT_SELECT = 1;P0 = 0x7f;BIT_SELECT = 0;
48.                  SEG_SELECT = 1;P0 = Disp_Tab[GeNum];SEG_SELECT = 0;
49.              break;
50.              default:P0 = 0x00; break;
```

```
51.                  }
52.              }
53.      }
54.      void Timer0_ISR(void) interrupt 1
55.      {
56.              static uInt16 uiCounter = 0;
57.              TH0 = 0xFC; TL0 = 0x66;
58.              uiCounter ++ ;
59.              g_ucRefresh ++ ;
60.              if(4 == g_ucRefresh)           //总共 4 位数码管(0、1、2、3)
61.                  g_ucRefresh = 0;
62.              if(1000 == uiCounter)          //计 1 000 次数,说明 1 s 时间已到
63.              {
64.                  uiCounter = 0;
65.                  g_uiNum ++ ;
66.                  if(10000 == g_uiNum)       //4 位数码管最多能显示 9 999
67.                      g_uiNum = 0;
68.              }
69.      }
70.      void Timer1_ISR(void) interrupt 3
71.      {
72.              uChar8 ucCounter;
73.              TH1 = 0x4C; TL1 = 0x00;
74.              ucCounter ++ ;
75.              if(20 == ucCounter)            //定时 20×50 ms = 1 s
76.              {
77.                  ucCounter = 0;
78.                  P2 = ~ P2;
79.              }
80.      }
```

该程序分别用了定时器 0 和定时器 1 来控制数码管和 LED 灯,时间基准分别为 1 ms 和 50 ms。28～31 行用来分离 4 位数。其中数码管刷新并没有写成专门的函数,而是利用 1 ms 的时间基准来刷新,这样 4 个数码管占用的刷新周期为 4 ms(小于前面提到的 10 ms),这种思想能很好地解决由于延时函数带来的各种问题(如 4 位数码管亮暗不同等)。所以初学者不是把别人的 Demo 程序下载到板子看看效果就行了,一定要多思考、多总结别人的方法和经验。

仔细的读者可能会对此程序提出好多问题,例如,这里只用了后面 4 位数码管,可是前面的 4 位也会随机显示一些数值,同时,实例 10 中提到的"鬼影"现象还是伴随着此程序,接下来就带着这些问题再来深入研究一下此实例,看能不能得到更加完美的实验效果呢?

附加实例　请个大师来捉"鬼"——数码管的消隐

要消除数码管显示时的"鬼影"以及延时带来的种种问题,必须要从其产生的原理入手。数码管动态扫描中的"鬼影"现象主要是由段选和位选的瞬态产生的,这里

的瞬态也可理解为过渡状态。在理论上，每个数码管显示时持续的时间为 1 ms，1 ms 之后由于中断的原因，显示位会发生切换，如从第五个切换到第六个、第七个、第八个(前 4 个没用)。例如此时显示的数据为 1234，切换过程分析如下：

这里就从 34 行代码说起，在说之前读者须理清两个概念：

➤ C 语言代码是一句一句按顺序从前往后执行的；

➤ 单片机执行的速度很快，但再快还是需要时间的。

进入第一个 case 语句(g_ucRefresh＝0)之后，开"位"门，送位选数据，再关"位"门；之后开"段"门，送段选数据，再关"段"门，过程不是这么完美，因为执行完语句"SEG_SELECT＝1"后，"段"门已经开了，可此时 P0 口数据总线上的数值为 0xfe，这样，送出的段选数据就为 0xfe，而单片机运行需要时间，那这段时间内第一个数码管就会显示 8。之后送入段选数据 0x06，这样数码管才会显示 1。由此可见，扫描过程中所显示的数值"8"就不是我们想要的，因此在每次开"段"门之前加一句"P0＝0x00"(如下面代码中的 4、10、16、22 行)是很有必要的，这样，打开"段"门之后送过去的段选数据就是 0x00，即 8 段数码管都灭。

再来看看由 case"0"切换到 case"1"的过程。程序运行完"BIT_SELECT＝1"后，"位"门已经打开，可这时 P0 口数据总线上的数值显示"1"所用的段选数据，也就是 0x06，这样会选中 1、4、5、6、7、8 位数码管，同样程序运行到真正送位选数据需要时间，那这段时间除了 2、3 位数码管不显示以外，其他 6 个都显示数字 1。之后才会执行语句"P0＝0xdf"。为了解决以上这个 BUG，需要在开"位"门之前加 3 行代码"SEG_SELECT＝1;P0＝0x00;SEG_SELECT＝0"(如下面代码的 2、8、14、20)。

增加了消隐之后的数码管扫描程序：

```
1.   case 0:
2.       SEG_SELECT = 1;P0 = 0x00;SEG_SELECT = 0;
3.       BIT_SELECT = 1;P0 = 0xef;BIT_SELECT = 0;
4.       P0 = 0x00;
5.       SEG_SELECT = 1;P0 = Disp_Tab[QianNum];SEG_SELECT = 0;
6.   break;
7.   case 1:
8.       SEG_SELECT = 1;P0 = 0x00;SEG_SELECT = 0;
9.       BIT_SELECT = 1;P0 = 0xdf;BIT_SELECT = 0;
10.      P0 = 0x00;
11.      SEG_SELECT = 1;P0 = Disp_Tab[BaiNum];SEG_SELECT = 0;
12.  break;
13.  case 2:
14.      SEG_SELECT = 1;P0 = 0x00;SEG_SELECT = 0;
15.      BIT_SELECT = 1;P0 = 0xbf;BIT_SELECT = 0;
16.      P0 = 0x00;
17.      SEG_SELECT = 1;P0 = Disp_Tab[ShiNum];SEG_SELECT = 0;
18.  break;
19.  case 3:
20.      SEG_SELECT = 1;P0 = 0x00;SEG_SELECT = 0;
```

```
21.        BIT_SELECT = 1;P0 = 0x7f;BIT_SELECT = 0;
22.        P0 = 0x00;
23.        SEG_SELECT = 1;P0 = Disp_Tab[GeNum];SEG_SELECT = 0;
24.  break;
25.  default:P0 = 0x00;
26.  break;
```

程序经过修改之后,数码管显示亮度特别均匀,也没有一丝"鬼影",同时也避开了延时函数。

6.4 知识扩展——复位和晶振电路

1. 复位电路

复位电路是用于复位的电路,复位就是利用它把单片机当前的运行状态恢复到起始状态。复位电路如图 6-4 所示。

复位电路可分为:手动复位和自动复位。MGMC-V1.0 实验板上采用的是手动复位,当然该电路也包含了上电自动复位。

STC89C52 单片机是高电平复位,所以这里设计成了高电平复位电路,具体复位过程;上电的一瞬间电容 E1 正端为

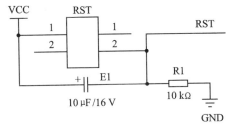

图 6-4 复位电路

高电平(5 V),负端为低电平(0 V),这样就会对电容充电,从而在 R1 上有电流流过,这样,在 RST 端就会有高电平出现,之后随着电容的充电,电流一直下降,当电容充满电后,电流变为 0,所以 RST 就一直保持低电平,单片机开始工作,复位时间大概是 250 ms(笔者用示波器在电容为 10 μF 时测得的数据),具体时间读者可以计算一下。以后在调试程序或者程序跑飞时就可以按一下复位按钮,PC 初始化为 0000H,使单片机从 0000H 单元开始执行程序。除 PC 之外,复位操作还会影响到别的寄存器,例如 P0~P3(寄存器的名称)的复位值都为 FFH,SP 的为 07H,剩余的寄存器全为 00H。

2. 晶振电路

晶振的作用是为单片机提供时钟,若没有晶振,单片机的程序就会乱跑,也有可能直接不跑。时钟电路如图 6-5 所示。接着说说那两个电容(C16、C17),电容在该电路中叫负载电容(或者起振电容),晶振上电启动后会振荡产生脉冲波形,相当于提供给单片机"大动脉",但往往伴随着谐波掺杂在主波形中,影响单片机的工作稳定性,所以加了电容将这些谐波滤掉。因而两电容都接地了,这样就可以起到一个并联谐振的作用,从而使它的脉冲更平稳与协调。

再说 3 个名词:时钟周期、机器周期、指令周期。

① 时钟周期,单片机的基本时间单位,即外接晶振的振荡周期。MGMC - V1.0 实验板使用的是 11.059 2 MHz,那么时钟周期就是 $1/11.059$ 2 μs。

② 机器周期,CPU 完成一个基本操作所需要的时间。STC89C52 是 12T 的单片机,意思是 12 个时钟周期为一个机器周期,即机器周期＝时钟周期×12＝12/ 11.059 2 μs。其实现在 STC 公司生产了很多 1T 的单片机,例如 STC12C5A60S2, 这样机器周期＝晶振周期。

③ 指令周期主要用在汇编中,所以这里不赘述。

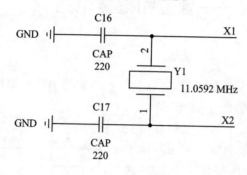

图 6 - 5　晶振电路

另类事件的引发者——按键

7.1 夯实基础——C 语言之数据

程序离不开数据,无论是简简单单的一个 LED,还是响个不停的蜂鸣器,之后到数码管,再到定时器、计数器,都在与数据打交道。

1. 变量与常量数据

变量是相对常量来说的。前面写过的程序中用过的常量太多了,例如:1、10、0b1010 1101、0x3f,这些数据从程序执行开始到程序结束,数据一直没有发生变化,这种数据就叫常量。相反,随程序执行而变化的数据就是变量了,例如 for 循环中的 i 变量,第一次执行行为 0,之后加加变为 1,再之后变为 5 等。

既然是变量,那么就得有个范围,否则越界了怎么办。接下来看看 C51 中变量的范围,仅仅是 C51,这与 C 语言在别的编译器中有些区别。C51 数据类型如表 7 - 1 所列。

表 7 - 1 C51 数据类型的分类和数值范围

数据类型	符 合	范 围
字符型	unsigned char	0～255
	signed char	−128～127
整型	unsigned int	0～65 535
	signed int	−32 768～32 767
长整型	unsigned long int	0～4 294 967 295
	signed long int	−2 147 483 648～2 147 483 647
浮点型	float	$−3.4×10^{-38}～3.4×10^{38}$
	double float	$−3.4×10^{-38}～3.4×10^{38}$(C51 中)

最后总结一句:读者以后编写程序时,对于变量只用小,不用大。能用 char 解决的变量问题,就不用 long int 型,否则既浪费资源,又会使程序跑的比较慢,但一定不要越界。例如,"unsigned char i;for(i=0;i<1000;i++)",这样程序会一直在 for

循环里跑,因为 i 怎么加也超不过 1 000。

2. 变量的作用域

C 语言中的每一个变量都有自己的生存周期和作用域,作用域是指可以引用该变量的代码区域,生命周期表示该变量在存储空间存在的时间。根据作用域来划分,C 语言变量可分为两类:全局变量和局部变量。根据生存周期又分为:动态存储和静态存储。

(1) 全局变量

全局变量也称为外部变量,是在函数外部定义的变量,作用域为当前源程序文件,即从定义该变量的当前行开始,直到该变量源程序文件的结束,在这个区间内所有的函数都可以引用该变量。

读者以后在用全局变量时需要注意几点:

① 对于局部变量的定义和说明,可以不加区分。而对于外部变量则不然,外部变量的定义和外部变量的说明并不是一回事。外部变量定义必须在所有的函数之外,且只能定义一次。

而外部变量说明出现在要使用该外部变量的各个函数内,在整个程序内可能出现多次。外部变量在定义时就已分配了内存单元,外部变量定义可作初始赋值,外部变量说明不能再赋初始值,只是表明在函数内要使用某外部变量。

② 外部变量可加强函数模块之间的数据联系,但是又使函数要依赖这些变量,因而使得函数的独立性降低。从模块化程序设计的观点来看这是不利的,因此能不用全局变量的地方就一定不要用。

③ 在同一源文件中,允许全局变量和局部变量同名。在局部变量的作用域内,全局变量不起作用。

(2) 局部变量

局部变量也称为内部变量,是定义在函数内部的变量,其作用域仅限于函数或者复合语句内,离开该函数或复合语句后将无法再引用该变量。注意,这里说的复合语句指包含在"{、}"内的语句,例如"if(条件 a){ int a=0;}",在该复合语句中变量 a 的作用域为定义 a 的那一行开始到大括号结束。

注意:

① 主函数中定义的变量只能在主函数中使用,不能在其他函数中使用。同时,主函数中也不能使用其他函数中定义的变量。因为主函数也是一个函数,与其他函数是平行的关系。

② 形参变量是属于被调函数的局部变量,实参变量是属于主调函数的局部变量。

③ 允许在不同的函数中使用相同的变量名,它们代表不同的对象,分配不同的单元,互不干扰,也不会发生混淆。虽然允许在不同的函数中使用相同的变量名,但是为了使程序明了易懂,不建议在不同的函数中使用相同的变量名。

3. 变量的存储类别

上面提到变量按作用的时间(生存周期)又可以分为:静态变量和动态变量。

(1) auto 自动变量

默认的存储类别。根据变量的定义位置决定变量的生命周期和作用域,如果定义在函数外,则为全局变量,定义在函数或复合语句内,则为局部变量。C 语言中如果忽略变量的存储类别,则编译器自动将其存储类型定义为自动变量。自动变量用关键字 auto 做存储类别的声明。关键字 auto 可以省略,不写 auto 则隐含定义为自动存储类别,属于动态存储方式。

(2) static 静态变量

用于限制作用域,无论该变量是全局还是局部变量,该变量都存储在数据段上。静态全局变量的作用域仅限于该文件,而静态局部变量的作用域限于定义该变量的复合语句内。静态局部变量可以延长变量的生命周期,其作用域没有改变,而静态全局变量生命周期没有改变,但其作用域却减小至当前文件内。有时希望函数中局部变量的值在函数调用结束后不消失而保留原值,这时就应该指定局部变量为静态局部变量,用关键字 static 进行声明。看了这些之后,读者可以理解实例 13 的 56 行代码前加了修饰词 static 的原因。中断函数每过 1 ms 就会执行一次,如果不定义成静态存储变量的形式,那么程序每过 1 ms 就会对该变量赋一次初值 0,这样程序无论如何执行 58 行的++,那也永远加不到 1 000;当然此时也可以将其定义为全局变量,但笔者说了,建议尽量不用全局变量,那么两全其美的做法就是将其定义为一个静态的局部变量,这样,当每次中断执行到 58 行"++"时,就会在原来的基础之上加1,这样就满足要求了。

最后对静态局部变量做几点小结,读者以后多加注意:

① 静态局部变量属于静态存储类别,在静态存储区内分配存储单元,在程序整个运行期间都不释放。而自动变量(即动态局部变量)属于动态存储类别,占用动态存储空间,函数调用结束后立即释放。

② 静态局部变量在编译时赋初值,即只赋初值一次。而对自动变量赋初值是在函数调用时进行,每调用一次函数重新赋一次初值,相当于执行一次赋值语句。

③ 如果在定义局部变量时不赋初值,则对静态局部变量来说,编译时自动赋初值 0(对数值型变量)或空字符(对字符变量)。而对自动变量来说,如果不赋初值,则它的值是一个不确定的值。

在 C51(也即 Keil4 编译器)中,无论全局变量还是局部变量,在定义时即使未初始化,编译器也将会自动将其初始化为 0,因此在使用这两种变量时,不用再考虑它的初始化问题。但为了防止在一些别的编译中出现不确定值或为了规范编程,笔者建议读者,无论是全局还是局部变量,定义之后赋初值 0,这样或许能在以后的编程路上少遇点麻烦。

（3）register 变量

为了提高效率，C 语言允许将局部变量的值放在 CPU 中的寄存器中，这种变量叫寄存器变量，用关键字 register 声明。

➤ 只有局部自动变量和形式参数可以作为寄存器变量；

➤ 一个计算机系统中的寄存器数目有限，不能定义任意多个寄存器变量；

➤ 局部静态变量不能定义为寄存器变量。

（4）extern 外部变量（全局变量）

该关键字扩展全局变量的作用域，让其他文件中的程序也可以引用该变量，并不会改变改变量的生命周期。它的作用域为从变量定义处开始，到本程序文件的末尾。如果在定义点之前的函数想引用外部变量，则应该在引用之前用关键字 extern 对该变量做外部变量声明，表示该变量是一个已经定义的外部变量。有了此声明，就可以从声明处起，合法地使用该外部变量。

4. 变量的命名规则

首先向读者声明两点：变量的命名好坏当然与程序的好坏没有直接的关系，且本书中的命名也不是太规范。但笔者还是建议读者能写出变量、函数命名规范，程序结构严谨、简洁、易懂、强大的好程序。

（1）命名的分类

在说变量命名之前，不得不提两种法则：匈牙利命名法、驼峰式大小写法。可能有人说还有帕斯卡命名法，严格地说，帕斯卡命名属于驼峰式大小的子集，这里就不说明了。无论哪种命名，在笔者看来，任何一个命名应该主要包含两层含义：望文知义、简单却信息量大。

1）驼峰命名法（Camel - Case）

该方法是电脑程序编写时的一套命名规则（惯例）。程序员们为了自己的代码能更容易在同行之间交流，所以才取统一的、可读性比较好的命名方式。例如：有些程序员喜欢全部小写，有些程序员喜欢用下划线，所以如果要写一个 my name 的变量，一般写法有 myname、my_name、MyName 或者 myName。这样的命名规则不适合所有程序员阅读，而利用驼峰命名法来表示则可以增加程序可读性。

驼峰命名法就是当变量名或函数名是由一个或多个单字连结在一起而构成的唯一识别字时，第一个单字以小写字母开始，第二个单字的首字母大写，这种方法统称为"小驼峰式命名法"，如 myFirstName；或每一个单字的首字母都采用大写字母，这种称之为"大驼峰式命名法"，如 MyLastName。

这样的变量名看上去就像骆驼峰一样此起彼伏，故得名。驼峰命名法的命名规则可视为一种惯例，并无绝对与强制，只是为了增加识别和可读性。

2）匈牙利（Hungary）命名法

同样也是一种编程时的命名规范，匈牙利命名法是一种编程时的命名规范，又称为 HN 命名法。基本原则是:变量名＝属性＋类型＋对象描述,其中每一对象的名称都要求有明确含义,可以取对象名字全称或名字的一部分。命名要基于容易记忆容易理解的原则,保证名字的连贯性是非常重要的。

据说这种命名法是一位叫 Charles Simonyi 的匈牙利程序员发明的,后来他在微软呆了几年,于是这种命名法就通过微软的各种产品和文档资料向世界传播开了。现在,大部分程序员或多或少都使用了这种命名法。这种命名法的出发点是把变量名按“属性＋类型＋对象描述”的顺序组合起来,以使程序员做变量时对变量的类型和其他属性有直观的了解,下面是 HN 变量命名规范。

ⓐ 属性部分

➢ 全局变量用 g_开头,如一个全局的长型变量定义为 g_lFailCount。

➢ 静态变量用 s_开头,如一个静态的指针变量定义为 s_plPerv_Inst。

➢ 成员变量用 m_开头,如一个长型成员变量定义为 m_lCount。

ⓑ 类型部分

指针:p;函数:fn;长整型:l;布尔:b;浮点型(有时也指文件):f;双字:dw;字符串:sz;短整型:n;双精度浮点;计数:c(通常用 cnt);字符:ch(通常用 c);整型:i(通常用 n);字节:by;字:w;无符号:u;位:bt。

ⓒ 对象描述

采用英文单词或其组合,不允许使用拼音。程序中的英文单词一般不要太复杂,用词应当准确。英文词尽量不缩写,特别是非常用专业名词;如果有缩写,在同一系统中对同一单词必须使用相同的表示法,并且注明其意思。

(2) 命名的补充规则

① 变量命名使用名词性词组,函数命名使用动词性词组(后面讲述)。

变量含义表示符构成:目标词＋动词(的过去分词)＋[状语]＋[目的地],例如 DataGotFromSD、DataDeletedFromSD。

② 所有宏定义、枚举常数、只读变量全用大写字母命名,用下划线分割单词,例如 const int MIN_LENGTH＝10。

7.2 工程图示按键

按键在电子设备中应用很广泛,主要作用就是人机交换,即通过按键来控制电子设备。按键在实际生活中是无处不在,从手机到电脑,如右图的机顶盒和遥控器。可是读者知道按键是如何检测的吗?那就借着单片机踏上按键之路吧。

7.3 按键的点点滴滴

7.3.1 原理说明

1. 键盘的分类

键盘分为编码键盘和非编码键盘。键盘上闭合键的识别由专用的硬件编码器实现,并产生键编码号或键值的称为编码键盘,如计算机键盘。而靠软件编程来识别的称为非编码键盘;单片机组成的各种系统中,用得最多的是非编码键盘,也有用到编码键盘的。非编码键盘又分为:独立键盘和行列式(又称为矩阵式)键盘。

(1)独立按键

每个按键单独占用一个 I/O 口,I/O 口的高低电平反映了对应按键的状态。独立按键的状态:未按下,对应端口为高电平;按下键,对应端口为低电平。独立按键的识别流程:

① 查询是否有按键按下?

② 查询是哪个按键按下?

③ 执行按下键的相应键处理。

现以 MGMC‑V1.0 实验板上的独立按键为例,如图 7‑1 所示,简述 4 个按键的检测流程。4 个按键分别连接在单片机的 P3.4(WR)、P3.5(RS)、P3.6(SCL)、P3.7(SDA)口上,按流程检测是否有按键按下,就是读取该 4 个端口的状态值,若 4 个口都为高电平,说明没有按键按下;若其中某个端口的状态值变为低电平(0 V),说明此端口对应的按键被按下,之后就是处理该按键按下的具体操作。

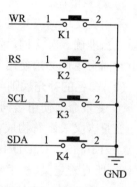

图 7‑1 独立按键接口图

(2)矩阵按键

在键盘中按键数量较多时,为了减少 I/O 口的占用,通常将按键排列成矩阵形式,即每条水平线和垂直线在交叉处不直接连通,而是通过一个按键加以连接。这样的设计方法在硬件上节省 I/O 口,可是在软件上会变得比较复杂,具体方法软件分析部分会详细讲解。

2. 键盘消抖的基本原理

通常的按键所用开关为机械弹性开关,由于机械触点的弹性作用,一个按键在闭合时不会马上稳定地接通,断开时也不会立即断开。按键按下时会有抖动,也就是说只按一次按键,可实际产生的按下次数却是多次的,因而在闭合和断开的瞬间均伴有一连串的抖动,如图 7‑2 所示,为了避免这种现象而做的措施就是按键消抖。消抖方法分为：硬件消抖和软件消抖。

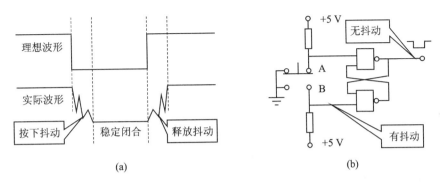

(a)

(b)

图 7 - 2 按键抖动和硬件消抖示意图

① 硬件消抖：在键数较少时可采用硬件方法消抖，如图 7 - 2(b)所示，用 RS 触发器来消抖。图中两个与非门构成一个 RS 触发器，当按键未按下时，输出 1；当按键按下时，输出为 0。除了 RS 触发器消抖电路外，有时还可采用 RC 消抖电路。工程设计中为了节省成本一般不采用硬件消抖。

② 软件消抖：如果按键较多，常用软件方法去抖，即检测到有按键按下时执行一段延时程序，具体延时时间依机械性能而定，常用的延时是 5～20 ms，即按键抖动的这段时间不进行检测，等到按键稳定时再读取状态；若仍然为闭合状态电平，则认为真正有按键按下。

笔者当初所在公司是做机顶盒的，其中参与了 METER 前控板的开发，该系统用 12 个按键和一个编码开关来控制。关于编码开关的知识，读者可以上网搜索或者关注笔者的博客。这里主要介绍 12 个按键的处理过程和控制处理器的选型。

说按键之前先简单介绍 METER。METER 就是寻星仪（手持电视和机顶盒的合体——笔者个人的定义），其实物如图 7 - 3 所示，主要用于电视接收锅的安装等。

图 7 - 3 METER 界面图

该 METER 的设计方案是：一款索尼的 32 位处理器＋3 个 TUNER(S/T/C)＋蓝牙＋传感器＋WIFI＋9 寸的 TFT＋前控板。3 个 TUNER(高频头)用 FPGA 做数据选择，前控板用 STM8 单片机控制。

　　笔者当初用的并不是按键扫描方法，而是 A/D 采样法，原理如图 7 - 4 所示。图中有 12 个按键，这里只贴了 3 个按键的电路图，后面的电路原理都是一样的，就是先串联一个 10 kΩ 的电阻，再对地并联一个按键。其中 KEY_VALUE 端子接单片机的 I/O 口(具有 A/D 功能)，这样没有按键按下时，I/O 口电压为 VDD(＋3.3 V)，第一个按键按下时 I/O 口的电压为 0 V，第二个按键按下时电压为 1/2VDD，这样电压依次为 2/3VDD、3/4VDD...11/12VDD，之后单片机通过采样 I/O 的电压值就可以判断是哪个按键被按下，只是这种接法具有优先级(左高右低)。该电路的优点是只须占用一个 I/O 口，缺点是所接的控制器必须有 A/D 转换功能，或者要接一块 A/D转换芯片，所以会增加成本，笔者当初选择的是 STM8S003F3p6，该单片机的价格不到 1.5 元，可以说是一款性价比很高的 MCU。

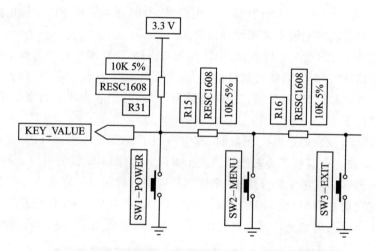

图 7 - 4　按键原理图

7.3.2　硬件设计

　　按键种类繁多，这里就不一一列举了，MGMC－V1.0 实验板上用的是 2 脚的轻触按键，原理就是按下导通，否则断开。这样就可以设计出如图 7-5 所示的矩阵按键原理图，这些最后连接在了单片机的 P3 口，如图 7-6 所示。MGMC－V1.0 实验板上的矩阵、独立按键的实物图，如图 7-7 所示。

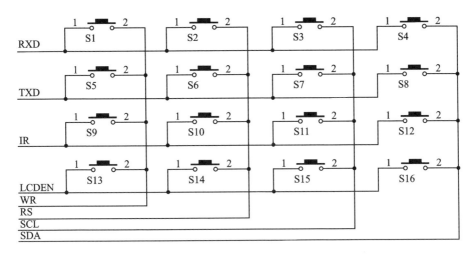

图 7-5　矩阵按键原理图

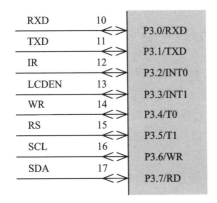

图 7-6　独立、矩阵按键与单片机接口图　图 7-7　MGMC-V1.0 实验板的独立和矩阵按键

7.3.3　软件分析

　　现在就看看这些软件如何实现。独立按键比较简单，就不专门讲解了，后面实例中直接附带，这里主要说明矩阵按键检测方法。

　　矩阵按键一般有两种检测法：行扫描法和高低电平翻转法。介绍之前，先说说一种关系。假如做这样一个"傻"电路，将 P3.0、P3.1、P3.2、P3.3 分别与 P3.4、P3.5、P3.6、P3.7 用导线相连，此时如果给 P3 口赋值 0xfe，那么读到的值就为 0xee。这是一种线"与"的关系，即 P3.0 的"0"与 P3.4 的"1"进行"与"运算，结果为"0"，因此 P3.4 也会变成"0"。

(1) 行扫描法

　　行扫描法就是先给 4 行中的某一行低电平，别的全给高电平，之后检测列所对应的端口,若都为高,则没有按键按下;相反有按键按下。也可以给 4 列中的某一列低电平,别的全给高电平,之后检测行所对应的端口,若都为高,则表明没有按键按下,相反有按键按下。具体如何检测,笔者来举例说明。

首先给 P3 口赋值 0xfe(0b1111 1110),这样只有第一行(P3.0)为低,别的全为高,之后读取 P3 的状态,若 P3 口电平还是 0xfe,则没有按键按下,若值不是 0xfe 则说明有按键按下,具体是哪个则由此时读到值决定,值为 0xee 则表明按下的是 S1,若是 0xde 则是 S2(同理 0xbe→S3、0x7e→S4);之后给 P3 口赋值 0xfd(0b1111 1101),这样第二行(P3.1)为低,同理读取 P3 口的状态值,若为 0xfd 表明没有按键按下,若为 0xed 则 S5 按下(同理 0xdd→S6、0xbd→S7、0x7d→S8);这样依次赋值 0xfb(检测第三行)、0xf7(检测第四行),从而就可以检测出 S9～S16。

(2)高低平翻转法

首先让 P3 口高 4 位为 1,低 4 位为 0。若有按键按下,则高 4 位中会有一个 1 翻转为 0,低 4 位不会变,此时即可确定被按下的键的列位置。然后让 P3 口高 4 位为 0,低 4 位为 1。若有按键按下,则低 4 位中会有一个 1 翻转为 0,高 4 位不会变,此时即可确定被按下的键的行位置。最后将两次读到的数值进行或运算,从而确定是哪个键被按下了。同样举例说明。

首先给 P3 口赋值 0xf0,接着读取 P3 口的状态值,若读到的值为 0xe0,表明第一列有按键按下;接着给 P3 口赋值 0x0f 并读取 P3 口的状态值,若值为 0x0e,则表明第一行有按键按下,最后把 0xe0 和 0x0e 按位或运算,结果为 0xee。方法一中 S1 按下对应的值也是 0xee。这样,一个被按下键既在第一列,又在第一行。由此可见,两种检测的过程有所不同,但结果还是统一的。

最后总结一下矩阵按键的检测过程:赋值(有规律)→读值(高低平翻转法还需运算)→判值(由值确定按键)。

7.4 实例诠释按键

实例 14 孤独的操作手——独立按键

实例:按下 MGMC - V1.0 实验板上的 K1 键则 LED1 亮,按下 K2 键 LED1 灭。代码如下:

```
1.   # include <reg52.h>
2.   typedef unsigned int uInt16;
3.   sbit LED1 = P2^0;
4.   sbit KEY1 = P3^4;
5.   sbit KEY2 = P3^5;
6.   void DelayMS(uInt16 ValMS)
7.   {    /* 走不出的两个 for 循环 */    }
```

```
8.    void main(void)
9.    {
10.       while(1)
11.       {
12.          if(0 == KEY1)                          //检测按键是否按下
13.          {
14.             DelayMS(10);                        //延时去抖
15.             if(0 == KEY1)                       //再次检测
16.             {
17.                LED1 = 0;                         //点亮 LED 灯
18.                while(!KEY1);                     //等待按键弹起
19.             }
20.          }
21.          if(!KEY2)                              //条件判断的另一种写法
22.          {
23.             DelayMS(10);                        //延时去抖
24.             if(!KEY2)
25.             {
26.                LED1 = 1;
27.                while(!KEY2);
28.             }
29.          }
30.       }
31.    }
```

实例 15　孕育生命的摇篮——矩阵(按键_行列扫描法)

实例:在依次按下矩阵按键 S1～S16 时,8 位数码管都依次显示 0、1…E、F。该程序先用行扫描的方式来写,具体代码如下:

```
1.    # include <reg52.h>
2.    # define uInt16 unsigned int
3.    # define uChar8 unsigned char
4.    # define DATA P0                             //数据口
5.    # define KEYPORT    P3                       //键盘接入端口
6.    sbit SEG_SELECT = P1^7;                      //段选控制端
7.    sbit BIT_SELECT = P1^6;                      //位选控制端
8.    uChar8 code SEG_Tab[] = {0x3f,0x06,0x5b,0x4f,0x66,0x6d,0x7d,0x07,
9.    0x7f,0x6f,0x77,0x7c,0x39,0x5e,0x79,0x71};    //段选显示表格
10.   uChar8 g_ucKeyNum = 16;                      //赋个初值
11.   void DelayMS(uInt16 ValMS)
12.   {    /* go on... */    }
13.   /***************************************************/
14.   //函数名称:ScanKey(void)
15.   //函数功能:矩阵按键扫描
16.   //入口参数:无
17.   //出口参数:无
18.   /***************************************************/
```

```
19.    void ScanKey(void)
20.    {
21.        uChar8 ucTemp;
22.        KEYPORT = 0xfe;                           //检测第一行
23.        ucTemp = KEYPORT;                         //读取键盘端口数值
24.        if(ucTemp != 0xfe)                        //若是不等于 0xFe 表示第一行有按键按下
25.        {
26.            DelayMS(5);                           //去抖
27.            ucTemp = KEYPORT;                      //读端口值
28.            if(ucTemp != 0xfe)                    //再次判断
29.            {
30.                ucTemp = KEYPORT;                  //取键值
31.                switch(ucTemp)                    //判断键值对应键码
32.                {
33.                    case 0xee:g_ucKeyNum = 0;break;     //第一行第一个按下
34.                    case 0xde:g_ucKeyNum = 1;break;     //第一行第二个按下
35.                    case 0xbe:g_ucKeyNum = 2;break;     //第一行第三个按下
36.                    case 0x7e:g_ucKeyNum = 3;break;     //第一行第四个按下
37.                }
38.                while(KEYPORT! = 0xfe);           //按键释放检测
39.            }
40.        }
41.        KEYPORT = 0xfd;                           //检测第二行
42.        ucTemp = KEYPORT;
43.        if(ucTemp != 0xfd)
44.        {
45.            DelayMS(5);
46.            ucTemp = KEYPORT;
47.            if(ucTemp != 0xfd)
48.            {
49.                ucTemp = KEYPORT;
50.                switch(ucTemp)
51.                {
52.                    case 0xed:g_ucKeyNum = 4;break;
53.                    case 0xdd:g_ucKeyNum = 5;break;
54.                    case 0xbd:g_ucKeyNum = 6;break;
55.                    case 0x7d:g_ucKeyNum = 7;break;
56.                }
57.                while(KEYPORT != 0xfd);
58.            }
59.        }
60.        KEYPORT = 0xfb;                           //检测第三行
61.        ucTemp = KEYPORT;
62.        if(ucTemp != 0xfb)
63.        {
64.            DelayMS(5);
65.            ucTemp = KEYPORT;
66.            if(ucTemp != 0xfb)
67.            {
68.                ucTemp = KEYPORT;
```

```
69.            switch(ucTemp)
70.              {
71.                    case 0xeb:g_ucKeyNum = 8;break;
72.                    case 0xdb:g_ucKeyNum = 9;break;
73.                    case 0xbb:g_ucKeyNum = 10;break;
74.                    case 0x7b:g_ucKeyNum = 11;break;
75.              }
76.            while(KEYPORT ! = 0xfb);
77.          }
78.      }
79.      KEYPORT = 0xf7;                          //检测第四行
80.      ucTemp = KEYPORT;
81.      if(ucTemp ! = 0xf7)
82.      {
83.          DelayMS(5);
84.          ucTemp = KEYPORT;
85.          if(ucTemp ! = 0xf7)
86.          {
87.              ucTemp = KEYPORT;
88.              switch(ucTemp)
89.              {
90.                    case 0xe7:g_ucKeyNum = 12;break;
91.                    case 0xd7:g_ucKeyNum = 13;break;
92.                    case 0xb7:g_ucKeyNum = 14;break;
93.                    case 0x77:g_ucKeyNum = 15;break;
94.              }
95.            while(KEYPORT ! = 0xf7);
96.          }
97.      }
98.  }
99.  /******************************************/
100. //函数名称:Display (void)
101. //函数功能:数码管显示函数
102. //入口参数:要显示的数值(ucVal)
103. //出口参数:无
104. /******************************************/
105. void Display(uChar8 ucVal)
106. {
107.    if(ucVal == 16)                    //若键值是16即没有按键按下,则不显示
108.    {
109.          BIT_SELECT = 1; DATA = 0xff; BIT_SELECT = 0;
110.    }
111.    else                              //若有按下,显示对应键值
112.    {
113.        BIT_SELECT = 1; DATA = 0x00; BIT_SELECT = 0;   //选中8位数码管
114.        SEG_SELECT = 1; DATA = SEG_Tab[ucVal]; SEG_SELECT = 0;   //送段选数据
115.        DelayMS(10);DATA = 0x00;
116.    }
117. }
118. void main(void)
```

```
119.  {
120.      while(1)
121.      {
122.          ScanKey();
123.          Display(g_ucKeyNum);
124.      }
125.  }
```

程序流程如图 7 - 8 所示。

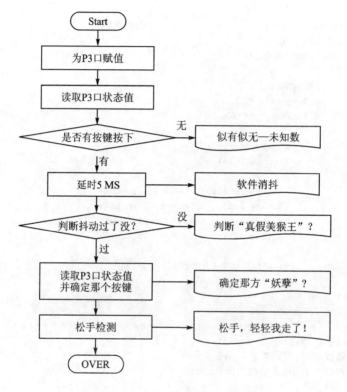

图 7 - 8　行列扫描法流程图

实例 16　孕育生命的摇篮——矩阵(按键_高低电平翻转法)

该实例与实例 15 相比,除了按键扫描函数以外,别的都相同,这里只贴按键扫描函数,其实现过程可参考软件分析部分。

```
1.  /**********************************************/
2.  //函数名称:ScanKey(void)
3.  //函数功能:矩阵按键扫描
4.  //入口参数:无
5.  //出口参数:无
6.  /**********************************************/
7.  void ScanKey(void)
```

```
8.   {
9.       uChar8 RowTemp,ColumnTemp,RowColTemp;
10.      KEYPORT = 0xf0;                              //先给高 4 位高电平
11.      RowTemp = KEYPORT & 0xf0;                    //读取行值,为确定是那一行用
12.      if(RowTemp ! = 0xf0)                         //判断是否有按键
13.      {
14.          DelayMS(5);                              //去抖动
15.          if(RowTemp ! = 0xf0)
16.          {
17.              RowTemp = KEYPORT & 0xf0;            //说明真的有键按下,那么读取行值
18.              KEYPORT = 0x0f;                       //接着给低 4 位高电平
19.              ColumnTemp = KEYPORT & 0x0f;          //读取列值,为确定是那一列用
20.              RowColTemp = RowTemp | ColumnTemp;
                 //行列值进行按位或运算,从而确定行列值
                 while((KEYPORT & 0x0f) ! = 0x0f);     //松手检测
21.          }
22.      }
23.      switch(RowColTemp)                            //确定按键
24.      {
25.          case 0xee:   g_ucKeyNum = 0; break;  //以下分别是按键 S1~S16 等按键被按下了
26.          case 0xde:   g_ucKeyNum = 1; break;
27.          case 0xbe:   g_ucKeyNum = 2; break;
28.          case 0x7e:   g_ucKeyNum = 3; break;
29.          case 0xed:   g_ucKeyNum = 4; break;
30.          case 0xdd:   g_ucKeyNum = 5; break;
31.          case 0xbd:   g_ucKeyNum = 6; break;
32.          case 0x7d:   g_ucKeyNum = 7; break;
33.          case 0xeb:   g_ucKeyNum = 8; break;
34.          case 0xdb:   g_ucKeyNum = 9; break;
35.          case 0xbb:   g_ucKeyNum = 10; break;
36.          case 0x7b:   g_ucKeyNum = 11; break;
37.          case 0xe7:   g_ucKeyNum = 12; break;
38.          case 0xd7:   g_ucKeyNum = 13; break;
39.          case 0xb7:   g_ucKeyNum = 14; break;
40.          case 0x77:   g_ucKeyNum = 15; break;
41.          default:     g_ucKeyNum = 16; break;
42.      }
43.  }
```

7.5 延时版的消抖背后埋藏着多少深思——状态机法

或许读者并没有注意到实例 14~16 的缺陷,但至少需要思考两个问题:

问题一:延时 10 ms 是长是短呢?要知道单片机在 10 ms 内能干好多事,这样势必会让单片机变成一个不守时的懒"人"。

问题二:判断按键释放对时使用 while(!Key1),若是自己开发自己用,或许知道按一下松手才会执行后面的,可是开发的产品大都不是自己用,如果别人按下再不松

手,等着数值加或者减,这一按就直接按"死"了,因为程序会死在 while(!Key1)这里。

鉴于以上情况,程序不得不重改。笔者这里要讲述的状态机扫描法也值得读者好好一学,至少从如何改进程序、如何让程序健壮、如何节省单片机的 CPU 等方面是有好处的。

7.5.1 状态机简介

有限状态机(FSM)思想广泛应用于硬件控制电路设计中,也是软件上常用的一种处理方法(软件上称为有限消息机。它把复杂的控制逻辑分解成有限个稳定状态,在每个状态上判断事件,将其变为离散数字处理,这样就符合计算机的工作特点。同时,因为有限状态机具有有限个状态,所以可以在实际的工程上实现。但这并不意味着其只能进行有限次的处理,相反,有限状态机是闭环系统,可以用有限的状态处理无穷的事务。

状态机有 4 个要素:现态、条件、动作、次态。这样主要是为了理解状态机内在的因果关系,其中"现态"、"条件"是因,"动作"、"次态"是果。

① 现态:指当前所处的状态。② 条件:又称"事件",触发状态转变的原因。

③ 动作:条件满足后执行的动作。④ 次态:条件满足后要迁往的新状态。

举个生活中最简单的例子。假如人有 3 种状态:健康、感冒、康复中。触发的条件有:淋雨(T1)、看医生(T2)、休息(T3)。所以状态机就是健康→T1→感冒;感冒→T2→康复中;康复中→T3→健康等。正如这样,状态在不同的条件下跳转到自己或不同的状态。

7.5.2 状态机法的按键检测

先来看一下图 7 - 9 所示的具有连发功能的按键检测状态图,最后再来讲述如何将状态图装换为 C 语言代码。

说明一:现态、次态是相对的。例如初始态相对于确认态是现态,相对于单次加一态(连续加一态)就是次态。

说明二:图中的 4 个圈表示 4 种状态,即按键就这 4 种有限状态。

说明三:带箭头的方向线指示状态转换的方向,当方向线的起点和终点都在同一个圆圈上时,则表示状态不变。

说明四:标在方向线旁斜线左、右两侧的二进制数分别表示状态转换前输入信号的逻辑值和相应的输出逻辑

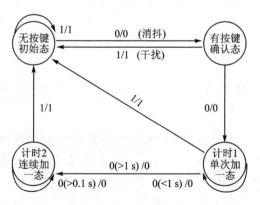

图 7 - 9 具有连发功能的按键检测状态图

值。图中斜线前的 0 表示按键按下,1 表示按键未按下(或者释放);斜线后的 0 表示按键按下后的电平状态为低电平,相反,1 表示高电平,即按键未按下。

程序开始运行时首先处于初始态(无按键按下),这时若按键未按下,则状态不变,一直处于初始态。若此时按键状态值变为 0(低电平),说明有按键按下,但抖动是否消除还需待定。但无论是否消除,肯定会进入确认态。进入之后,若没消除,则返回到初始态,若消除,则进入单次加一态,于是接着会判断按下的时间值,若时间小于 1 s,键值加一,并返回到初始态;若判断此时按下的时间值大于 1 s,则进入状态切换到连续加一态(连发态)。进入连发态后,键值每过 0.1 s 就会自动加一,若此时按键释放,则就会进入初始态。

实例 17 独立按键的检测——状态机法

实例:当按下 MGMC - V1.0 实验板上的 K1 按键时,若按下到释放的时间小于 1 s,则按一次,由 D1 亮变到 D2 亮,依次 D1~D8 循环点亮;若按下时间大于 1 s,则按下之后每过 100 ms,所亮灯有序变化一次。该实例用实例 14 的方法来写比较困难。这里结合上面的状态图分析来编程,可很容易地实现,具体源码如下:

```
1.   #include <reg52.h>
2.   typedef unsigned char uChar8;
3.   sbit KEY1 = P3^4;
4.   typedef enum KeyState{StateInit,StateAffirm,StateSingle,StateRepeat};
5.   /* * * * * * * * * * * * * * * * * * * * * * * * * * * * * * * */
6.   //函数名称:KeyScan(void)
7.   //函数功能:扫描按键
8.   //入口参数:无
9.   //出口参数:键值(num)
10.  /* * * * * * * * * * * * * * * * * * * * * * * * * * * * * * * */
11.  uChar8 KeyScan(void)
12.  {
13.      static uChar8 KeyStateTemp = 0,KeyTime = 0;
14.      uChar8 num;
15.      bit KeyPressTemp;
16.      KeyPressTemp = KEY1;                      //读取 I/O 口的键值
17.      switch(KeyStateTemp)
18.      {
19.          case StateInit:                       //按键初始状态
20.              if(!KeyPressTemp)                 //当按键按下,状态切换到确认态
21.                  KeyStateTemp = StateAffirm;
22.              break;
23.          case StateAffirm:                     //按键确认态
24.              if(!KeyPressTemp)                 //抖动已经消除
25.              {
26.                  KeyTime = 0;
27.                  KeyStateTemp = StateSingle;   //切换到单次触发态
28.              }
29.              else KeyStateTemp = StateInit;    //还处于抖动状态,切换到初始态
```

```
30.            break;
31.        case StateSingle:                    //按键单发态
32.            if(KeyPressTemp)                   //按下时间小于 1 s 且按键已经释放
33.            {
34.                KeyStateTemp = StateInit;     //按键释放,则回到初始态
35.                num ++ ;                       //键值加一
36.                if(8 == num)      num = 0;
37.            }
38.            else if( ++ KeyTime > 100)        //按下时间大于 1 s(100×10 ms)
39.            {
40.                KeyStateTemp = StateRepeat;   //状态切换到连发态
41.                KeyTime = 0;
42.            }
43.            break;
44.        case StateRepeat:                    //按键连发态
45.            if(KeyPressTemp)
46.                KeyStateTemp = StateInit;     //按键释放,则进初始态
47.            else                              //按键未释放
48.            {
49.                if( ++ KeyTime > 10)      //按键计时值大于 100 ms(10×10 ms)
50.                {
51.                    KeyTime = 0;
52.                    num ++ ;                   //键值每过 100 ms 加一次
53.                    if(8 == num)      num = 0;
54.                }
55.                break;
56.            }
57.            break;
58.        default:      KeyStateTemp = KeyStateTemp = StateInit; break;
59.        }
60.        return num;
61. }
62. void Timer0Init(void)
63. {
64.     TMOD = 0x01;                             //设置定时器 0 工作在模式 1 下
65.     TH0 = 0xDC;                              //定时 10 ms
66.     TL0 = 0x00;                              //赋初始值
67.     TR0 = 1;                                 //开定时器 0
68. }
69. /***********************************************/
70. //函数名称:ExecuteKeyNum(void)
71. //函数功能:按键值来执行相应的动作
72. //入口参数:无
73. //出口参数:无
74. /***********************************************/
75. void ExecuteKeyNum(void)
76. {
77.     static uChar8 KeyNum = 0;                //这里的 static 能不能省略?为什么
78.     if(TF0)
79.     {
80.         TF0 = 0;
```

```
81.            THO = 0xDC; TLO = 0x00;
82.            KeyNum = KeyScan();        //将 KeyScan()函数的返回值赋值给 KeyNum
83.        }
84.        switch(KeyNum)
85.        {
86.            case 0: P2 = 0xfe; break;
87.            case 1: P2 = 0xfd; break;
88.            case 2: P2 = 0xfb; break;
89.            case 3: P2 = 0xf7; break;
90.            case 4: P2 = 0xef; break;
91.            case 5: P2 = 0xdf; break;
92.            case 6: P2 = 0xbf; break;
93.            case 7: P2 = 0x7f; break;
94.            default:P2 = 0xff; break;
95.        }
96.    }
97.    void main(void)
98.    {
99.        Timer0Init();
100.       while(1)
101.       {
102.           executeKeyNum();
103.       }
104.   }
```

这里主要说明一下 KeyScan()函数中的各个条件判断。函数体中的各个判断条件(if、case、if...case)在这里统统可以理解为状态机中的条件,即触发条件。正在运行的状态就是现态,满足条件后待切换到的下一个状态就是次态。每个状态中执行的语句就是动作。这样就将状态机、定时器、按键结合到了一起,从而解决了该节刚开始提出的两个问题。当然以后应用中该按键扫描程序还需整合,这个可以参考实例 44。

7.6 知识扩展——存储器

存储器一直贯穿于嵌入式的开发中,单片机开发中也不例外。要让单片机按人为要求有序运行,必须首先要编写程序,同时,程序运行中又和数据在打交道。这样,既要存放程序,又要存放数据,因此单片机中也引入了程序存储器和数据存储器。

1. ROM(只读存储器)

ROM 是 Read - Only Memory 的英文简写。ROM 所存数据一般是装入整机前事先写好的,整机工作过程中只能读出,而不像随机存储器那样能快速地、方便地改写。ROM 所存数据稳定,断电后所存数据也不会改变。其结构较简单,读出较方便,因而常用于存储各种固定程序和数据。

ROM 的分类比较多,如 PROM、EPROM、OTPROM、EEPROM(这个在笔记 11

将会做详细的介绍)、Flash ROM 等,其中 Flash 又分 NOR Flash、NAND Flash。

2. RAM(随机存储器)

RAM 是 random access memory 的英文缩写。存储单元的内容可按需求随意取出或存入,且存取的速度与存储单元的位置无关。这种存储器在断电时将丢失其存储内容,主要用于存储短时间使用的程序。

按照存储信息的不同,随机存储器又分为静态随机存储器(Static RAM,SRAM)和动态随机存储器(Dynamic RAM,DRAM)。

3. 单片机的 ROM 和 RAM

(1) 单片机的 ROM(Flash)

单片机 Flash 主要用作程序存储器,就是代替上面提到的 ROM,最大的优点是降低了芯片的成本并且可以电擦写。目前市场上单片机的 Flash 寿命相差比较大,有的长达 40 年之久,擦写次数从 1 000~10 万不等。

在单片机中用来存储程序数据及常量数据或变量数据,凡是 c 文件以及 h 文件中所有代码、全局变量、局部变量、const 限定符定义的常量数据、startup.asm 文件中的代码(类似 ARM 中的 bootloader 或者 X86 中的 BIOS,一些低端的单片机是没有这个的)都存储在 ROM 中。

(2) 单片机的 RAM(SRAM)

SRAM 是数据存储器,跟计算机里面的内存差不多,主要用来存放程序运行中的过程数据,掉电后数据会丢失。所以程序在上电时需要初始化(即复位),否则上电后的数据是一个随机数,可能导致程序崩溃。

SRAM 用来存储程序中用到的变量。凡是整个程序中用到的、需要被改写的量都存储在 RAM 中,被改变的量包括全局变量、局部变量、堆栈段。

打开 STC 官方单片机(STC89C52)的数据手册第 2 页可知,该单片机的 Flash 为 8 KB,SRAM 为 512 字节。可见,该型号单片机的数据存储器(SRAM)不是很大,因此编写程序时在某些数组前一般加"code"关键词(前面实例中运用很多),就是将这些数组数据存储在程序存储器(Flash)中,以便腾出空间来运行程序。

程序经过编译、汇编、链接后生成 hex 文件。用专用的烧录软件通过烧录器(其实 STC 公司的单片机也可以不用烧录器,用串口就可以了)将 hex 文件烧录到 ROM 中,这时 ROM 中包含所有的程序内容:无论是一行一行的程序代码、函数中用到的局部变量、头文件中所声明的全局变量、const 声明的只读常量,都被生成了二进制数据,包含在 hex 文件中,全部烧录到了 ROM 里面,正是由于这些信息"指导"了 CPU 的所有动作。

可能有人会有疑问,既然所有的数据在 ROM 中,那 RAM 中的数据从哪里来?什么时候 CPU 将数据加载到 RAM 中?会不会是在烧录的时候,已经将需要放在 RAM 中数据烧录到了 RAM 中?

要回答这个问题,首先必须明确一条:ROM 是只读存储器,CPU 只能从里面读数据,不能往里面写数据,掉电后数据依然保存在存储器中;RAM 是随机存储器,CPU 既可以从里面读出数据,又可以往里面写入数据,掉电后数据不保存。

清楚了上面的问题,那么就很容易想到,RAM 中的数据不是在烧录的时候写入的,因为烧录完毕后拔掉电源,当再给 MCU 上电后,CPU 也能正常执行动作,RAM 中照样有数据,这就说明:RAM 中的数据不是在烧录的时候写入,同时也说明,在 CPU 运行时 RAM 中已经写入了数据。关键就在这里:这个数据不是人为写入的,那肯定是 CPU 写入的,那又是什么时候写入的呢?

上面说到,ROM 中包含所有的程序内容,在 MCU 上电时,CPU 开始从第 1 行代码处执行指令。这里所做的工作是为整个程序的顺利运行做好准备,或者说是对 RAM 的初始化,工作任务主要有下面几项:

① 为全局变量分配地址空间——如果全局变量已赋初值,则将初始值从 ROM 中复制到 RAM 中;如果没有赋初值,则这个全局变量对应地址下的初值为 0 或者是不确定的。当然,如果已经指定了变量的地址空间,则直接定位到对应的地址就行,那么这里分配地址及定位地址的任务由链接器完成。

② 设置堆栈段的长度及地址——用 C 语言开发的单片机程序里普遍都没有涉及堆栈段长度的设置,但这不意味着不用设置。堆栈段主要是用来在中断处理时起保存现场及现场还原的作用。

③ 分配数据段(data)、常量段(const)、代码段(code)的起始地址。代码段与常量段的地址可以不管,它们都是固定在 ROM 里面的,无论怎么排列,都不会对程序产生影响。但是数据段的地址就必须得关心。数据段的数据是要从 ROM 复制到 RAM 中去的,而 RAM 中既有数据段(data),也有堆栈段(stack),还有通用的工作寄存器组。通常,工作寄存器组的地址是固定的,这就要求在决定地址数据段时不能使数据段覆盖所有的工作寄存器组的地址,必须引起特别关注。

这里所说的"第一行代码处",并不一定是读者自己写的程序代码,绝大部分都是编译器代劳的,或者是编译器自带的 demo 程序文件。因为,读者自己写的程序(C 语言程序)里面并不包含这些内容。对于高级一点的单片机,这些内容都是在 startup 的文件里面。

通常的做法是:普通的 MCU 在上电时或复位时,PC 指针里面存放的是 0000,表示 CPU 从 ROM 的 0000 地址开始执行指令,在该地址处放一条跳转指令,使程序跳转到_main 函数中;然后根据不同的指令一条一条地执行,当中断发生时(中断数量也很有限,2~5 个中断),按照系统分配的中断向量表地址在中断向量里面放置一条跳转到中断服务程序的指令,这样整个程序就跑起来了。决定 CPU 这样做,是这种 ROM 结构所造成的。

其实,这里面 C 语言编译器做了很多的工作,仔细阅读编译器自带的 help 文件就会发现,这也是了解编译器最好的途径。

笔记 8

Hello Word——液晶

8.1 夯实基础——C 语言条件判断

8.1.1 if 语句

相信读者们在学完 7 个笔记以后应该对 if 语句并不陌生。与 if 语句有关的关键字只有两个：if 和 else，翻译成中文就是"如果"和"否则"。if 语句有 3 种格式，格式如下：

(1) if 语句的默认形式

if(条件表达式){语句 A;}

其执行过程是，if(如果)条件表达式的值为"真"，则执行语句 A；如果条件表达式的值为"假"，则不执行语句 1。

(2) if…else 语句

有些情况下，除了 if 的条件满足以后执行相应的语句以外，还须执行条件不满足情况下的相应语句，这时候就要用 if…else 语句了，基本语法形式是：

```
if(条件表达式)
    {语句 A;}
else
    {语句 B;}
```

(3) if…else if 语句

if…else 语句是一个二选一的语句，或者执行 if 条件下的语句，或者执行 else 条件下的语句。还有一种多选一的用法就是 if…else if 语句。它的基本语法格式是：

```
if(条件表达式 1)          {语句 A;}
else if(条件表达式 2)     {语句 B;}
else if(条件表达式 3)     {语句 C;}
……                      ……
else                     {语句 N;}
```

它的执行过程是:依次判断条件表达式的值,当出现某个值为"真"时,则执行相应的语句,然后跳出整个 if 的语句,执行"语句 N"后边的程序。如果所有的表达式都为"假",则执行"语句 N"后,再执行"语句 N"后边的程序。

其实以上写的不是笔者要说明的重点,真正要说的是 if 语句究竟该如何,或者说该注意哪些:

① if(i==100)与 if(100==i)的区别? 建议用后者,具体见实例 11。

② bool 变量与"零值"的比较该如何写,下面那种写法好? 定义"bool bTestFlag =FALSE;"为何一般初始化为 FALSE 比较好?

Ⓐ if(0==bTestFlag);   if(1==bTestFlag);

Ⓑ if(TRUE==bTestFlag);   if(FLASE==bTestFlag);

Ⓒ if(bTestFlag);   if(! bTestFlag);

现来分析一下这 3 种写法的好坏。

Ⓐ 写法:bTestFlag 是什么? 整型变量? 如果不是这个名字遵循了前面的命名规范,恐怕很容易让人误会成整型变量,所以这种写法不好。

Ⓑ 写法:FLASE 的值我们都知道,在编译器里定义为 0;但是 TRUE 的值呢? 答:不都是 1。Visual C++定义为 1,而 Visual Basic 就把 TRUE 定义为−1。很显然,这种写法也不好。

Ⓒ 写法:关于 if 的执行机理,上面说的很清楚了。显然,本组的写法很好,既不会引起误会,也不会由于 TRUE 或 FLASE 的不同定义值而出错。

③ if…else 的匹配不仅要做到心中有数,还要做到胸有成竹。C 语言规定:else 始终与同一括号内最近的未匹配的 if 语句结合。但读者写的程序一定要层次分明,让自己、别人一看就知道哪个 if 和哪个 else 相对应。

④ 先处理正常情况,再处理异常情况。

在编写代码时要使正常情况的执行代码清晰,确认那些不常发生的异常情况处理代码不会遮掩正常的执行路径,这样对于代码的可读性和性能都很重要。因为,if 语句总是需要做判断,而正常情况一般比异常情况发生的概率更大(否则就应该把异常和正常颠倒过来了),如果把执行概率更大的代码放到后面,也就意味着 if 语句将进行多次无谓的比较。另外,非常重要的一点是,把正常情况的处理放在 if 后面,而不要放在 else 后面。当然这也符合把正常情况的处理放在前面的要求。

8.1.2　switch…case 语句

这里单独提出 switch 语句是因为 switch 语句作为分支结构中的一种,使用方式及执行效果上与 if…else 语句完全不同。这种特殊的分支结构作用也是实现程序的条件跳转,不同的是其执行效率要比 if…else 语句高很多,原因是 switch 语句更具条件实现程序跳转,而不是一次判断每个条件。由于 switch 条件表达式为常量,所以在程序运行时其表达式的值为确定值,因此就会根据确定的值来执行特定条件,而无需再去判断其他情况。由于这种特殊的结构,提倡读者在自己的程序中尽量采用 switch 而避免过多使用 if…else 结构。switch…case 的格式如下:

```
switch(表达式)
{
    case  常量表达式 1:执行语句 A;break;
    case  常量表达式 2:执行语句 B;break;
    ……               ……
    case  常量表达式 n:执行语句 N;break;
    default:执行语句 N＋1;
}
```

在用 switch…case 语句时需要注意以下几点:

① break 一定不能少,否则麻烦重重(除非有意使多个分支重叠)。

② 一定要加 default 分支,不要理解为画蛇添足,即使真的不需要,也应该保留。

③ case 后面只能是整型或字符型的常量或常量表达式。像 0.1、3/2 等都不行,读者可以上机亲自调试一下。

④ case 语句排列顺序有关吗? 若语句比较少,可以不予考虑。若语句较多,就不得不考虑这个问题了,一般遵循以下 3 条原则:

ⓐ 按字母或数字顺序排列各条 case 语句,例如 A、B...Z,1、2..55 等。

ⓑ 把正常情况放在前面,而把异常情况放在后面。

ⓒ 按执行频率排列 case 语句,即执行越频繁的越往前放,越不频繁执行的越往后放。

8.2　工程图示 LCD

液晶(Liquid Crystal)在工程中的应用极其广泛,如右图所示,大到电视,小到手表,从个人到集体,再从家庭到广场,液晶的身影无处不在,处处在。虽然 LED 显示屏很"热",但 LCD 绝对不"冷"。

液晶是一种高分子材料,因为其特殊的物理、化学、光学特性,20 世纪中叶开始广泛应用在轻薄型显示器上。液晶显示器的主要原理是以电流刺激液晶分子产生点、线、面,并配合背光灯管构成画面。通常把各种液晶显示器都直接叫做液晶。

各种型号的液晶通常是按照显示字符的行数或液晶点阵的行、列数来命名的。例如:1602 的意思是每行显示 16 个字符,一共可以显示两行。类似的命名还有 1601、0802(读者可以参考深圳晶联讯电子有限公司的主页)等,这类液晶通常都是字符液晶,即只能显示字符,如数字、大小写字母、各种符号等;12864 液晶属于图形型液晶,意思是液晶有 128 列、64 行组成,即 128×64 个点来显示各种图形,这样就可以通过程序控制这 128×64 个点来显示各种图形。类似的命名还有 12832、19264、16032、240128 等,当然,根据客户需求,厂家还可以设计出任意组合的点阵液晶。

这里不得不提一下这几年特别流行的一种屏,TFT(Thin Film Transistor)即薄膜场效应晶体管。所谓薄膜晶体管,是指液晶显示器上的每一液晶像素点都是由集成在其后的薄膜晶体管来驱动,从而可以做到高速度、高亮度、高对比度显示屏幕信息。TFT 属于有源矩阵液晶显示器。TFT - LCD 液晶显示屏是薄膜晶体管型液晶显示屏,也就是"真彩"。

这里主要介绍两种液晶:1602 和 12864,其他屏原理相同。其中,TFT 彩屏用 8 位单片机来控制,实在有些"强人所难",这里不过多介绍,等读者学了 STM32 或者 FPGA 之后再去学 TFT 彩屏吧。

8.3 1602 液晶的点点滴滴

8.3.1 原理说明

1. 1602 液晶

工作电压为 5 V,内置 192 种字符(160 个 5×7 点阵字符和 32 个 5×10 点阵字符),具有 64 字节的 RAM,通信方式有 4 位、8 位两种并口可选。实物如图 8 - 1 所示。

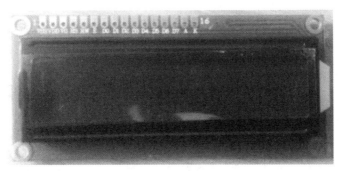

图 8 - 1　1602 液晶实物图

2. 液晶接口定义

液晶接口定义如表 8 - 1 所列。

3. RAM 地址映射图

控制器内部带有 80×8 位(80 字节)的 RAM 缓冲区,对应关系如图 8 - 2 所示。

表 8-1 1602 液晶的端口定义表

管教号	符 号	功 能
1	Vss	电源地(GND)
2	Vdd	电源电压(+5V)
3	VO	LCD驱动电压(可调)—般接一电位器来调节电压
4	RS	指令、数据选择端(RS=1→数据寄存器;RS=0→指令寄存器)
5	R/W	读、写控制端(R/W=1→读操作;R/W=0→写操作)
6	E	读写控制输入端(读数据:高电平有效;写数据:下降沿有效)
7~14	DB0~DB7	数据输入/输出端口(8位方式:DB0~DB7;4位方式:DB0~DB3)
15	A	背光灯的正端(+5 V)
16	K	背光灯的负端(0 V)

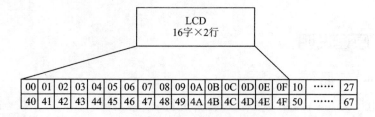

图 8-2 RAM 地址映射图

说明:

第一点,两行的显示地址分别为:00~0F、40~4F,隐藏地址分别为 10~27、50~67。意味着写在 00~0F、40~4F 地址的字符可以显示,10~27、50~67 地址的不能显示,显示一般通过移屏指令来实现。

第二点,该 RAM 是用什么来访问的? 液晶内部有个数据地址指针,因而就能很容易地访问内部这 80 字节的内容了。

4. 操作指令

① 基本的操作时序,如表 8-2 所列。

表 8-2 基本操作指令表

读/写操作	输 入	输 出
读状态	RS=L,RW=H,E=H	D0~D7(状态字)
写指令	RS=L,RW=L,D0~D7=指令,E=高脉冲	无
读数据	RS=H,RW=H,E=H	D0~D7(数据)
写数据	RS=H,RW=L,D0~D7=数据,E=高脉冲	无

② 读 BF 和 AC 地址,各个位分布如表 8－3 所列。

表 8－3　BF 和 AC 位分布表

位	DB7	DB6	DB5	DB4	DB3	DB2	DB1	DB0
名　称	BF	AC6	AC5	AC4	AC3	AC2	AC1	AC0

BF 为内部操作忙标志,BF＝1,表示模块正在进行内部操作,此时模块不接收任何外部指令和数据,直到 BF＝0 为止,即一般程序中见到的判断忙操作。

AC6～AC0:地址计数器 AC 内的当期内容,由于地址计数器 AC 被字符生成器、数据存储器等公用,因此当前 AC 内容所指区域由前一条指令操作区域决定。

③ 常用指令如表 8－4 所列。

表 8－4　常用指令表

指令名称	指令码								功能说明
	D7	D6	D5	D4	D3	D2	D1	D0	
清屏	L	L	L	L	L	L	L	H	清屏:1. 数据指针清零 2. 所有显示清零
归位	L	L	L	L	L	L	H	*	AC＝0,光标、画面回 HOME 位
输入方式设置	L	L	L	L	L	H	ID	S	ID＝1→AC 自动增一; ID＝0→AC 减一 S＝1→画面平移; S＝0→画面不动
显示开关控制	L	L	L	L	H	D	C	B	D＝1→显示开;D＝0→显示关 C＝1→光标显示;C＝0→光标不显示 B＝1→光标闪烁;B＝0→光标不闪烁
移位控制	L	L	L	H	SC	RL	*	*	SC＝1→画面平移一个字符; SC＝0→光标 R/L＝1→右移;R/L＝0→左移;
功能设定	L	L	H	DL	N	F	*	*	DL＝1→8 位数据接口; DL＝0→4 位数据接口; N＝1→两行显示;N＝0→一行显示 F＝1→5×10 点阵字符;F＝0→5×7

④ 数据地址指针设置。行地址设置具体见表 8－5。

表 8－5　数据地址指针设置表

指令码	功能(设置数据地址指针)
0x80＋(0x00～0x27)	将数据指针定位到:第一行(某地址)
0x80＋(0x40～0x67)	将数据指针定位到:第二行(某地址)

⑤ 写操作时序如图 8 - 3 所示。时序参数具体数值如表 8 - 6 所列。

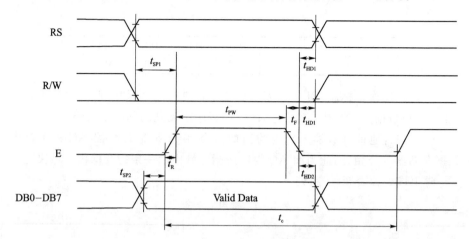

图 8 - 3 写操作时序图

表 8 - 6 时序参数表

时序名称	符 号	极限值			单 位	测试条件
		最小值	典型值	最大值		
E 信号周期	t_C	400	—	—	ns	引脚 E
E 脉冲宽度	t_{PW}	150	—	—	ns	
E 上升沿/下降沿时间	t_R、t_F	—		25	ns	
地址建立时间	t_{SP1}	30	—	—	ns	引脚 E、RS、R/W
地址保持时间	t_{HD1}	10	—	—	ns	
数据建立时间	t_{SP2}	40	—	—	ns	引脚 DB0～DB7
数据保持时间	t_{HD2}	10	—	—	ns	

液晶一般是用来显示的,所以这里主要讲解如何写数据和写命令到液晶,关于读操作(一般用不着)就留给读者自行研究了。

时序图与时间有关、顺序有关。这个顺序严格说应该是与信号在时间上的有效顺序有关,而与图中信号线是上是下没关系。我们知道程序运行是按顺序执行的,可是这些信号是并行执行的,就是说只要这些时序有效之后,上面的信号都会运行,只是运行与有效的时间不同罢了,因此有效时间不同就导致了信号的执行顺序不同。可厂家在做时序图时一般会把信号按照时间的有效顺序从上到下排列,所以操作的顺序也就变成了先操作最上边的信号,接着依次操作后面的。结合上述讲解来详细盘点图 8 - 3 所示的时序图。

★ 通过 RS 确定是写数据还是写命令。

写命令包括数据显示在什么位置、光标显示/不显示、光标闪烁/不闪烁、需/不需要移屏等。写数据是指要显示的数据是什么内容。若此时要写指令,结合表 8-6 和图 8-3 可知,就得先拉低 RS(RS＝0)。若是写数据,那就是 RS＝1。

★ 读/写控制端设置为写模式,那就是 RW＝0。注意,按道理应该是先写一句 RS＝0(1)之后延迟 t_{SP1}(最小 30 ns),再写 RW＝0,可单片机操作时间都在 μs 级,所以就不用特意延迟了;如果以后用 FPGA 来操作,则要根据情况加延迟了。

★ 将数据或命令送到数据线上,可以理解为此时数据在单片机与液晶的连线上,没有真正到达液晶内部。事实肯定并不是这样,而是数据已经到达液晶内部,只是没有被运行罢了,执行语句为 P0＝Data(Commend)。

★ 给 EN 一个下降沿,将数据送入液晶内部的控制器,这样就完成了一次写操作,便可理解为此时单片机将数据完完整整地送到了液晶内部。为了让其有下降沿,一般在 P0＝Data(Commend)之前先写一句 EN＝1,待数据稳定以后,稳定需要多长时间,这个最小的时间就是图中的 t_{PW}(150ns),流行的程序里面加了 DelayMS(5),说是为了液晶能稳定运行,笔者在调试程序时最后也加了 5 ms 的延迟。

这里使★就是怕读者误解认为上面时序图中的那些时序线条是按顺序执行,其实不是,每条时序线都是同时执行的,只是每条时序线有效的时间不同。在此读者只须理解:时序图中每条命令、数据时序线同时运行,只是有效的时间不同。一定不要理解为哪个信号线在上就是先运行那个信号,哪个在下面就是后运行。因为硬件的运行是并行的,不像软件按顺序执行。这里只是在用软件来模拟硬件的并行,所以有了这样的顺序语句"RS＝0;RW＝0;EN＝1;_nop_();P0＝Commend;EN＝0"。

不同厂家生产的液晶延时不同,但大多为 ns 级,一般 51 单片机运行的最小单位为 μs 级,按道理,这里不加延时都可以或者说加几个 μs 就可以,可是笔者调试程序时发现行不通,至少要有 1～5 ms 才行。

8.3.2　硬件设计

硬件设计就是搭建 1602 液晶的硬件运行环境,参考数据手册可以设计出如图 8-4 所示的电路,具体接口定义如下:

① 液晶 1(16)、2(15)分别接 GND(0V)和 VCC(5 V)。

② 液晶 3 端为液晶对比度调节端,MGMC-V1.0 实验板用一个 10 kΩ 电位器来调节液晶对比度。第一次使用时,在液晶上电状态下调节至液晶上面一行显示出黑色小格为止。经笔者测试,此时该端电压一般为 0.5 V 左右。简单接法:可以直接接一个 2 kΩ 的电阻到 GND,读者可以自行焊接电路调试。

③ 液晶 4 端为向液晶控制器写数据、命令选择端,接单片机的 P3.5 口。

④ 液晶 5 端为读、写选择端,接单片机的 P3.4 口。

⑤ 液晶 6 端为使能信号端,接单片机的 P3.3 口。

⑥ 液晶 7～14 为 8 位数据端口,依次接单片机的 P0 口。

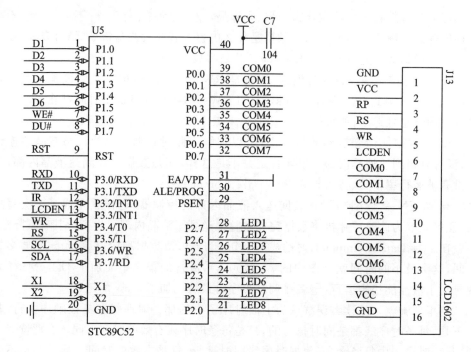

图 8 - 4　MGMC - V1.0 实验板 1602 液晶与单片机的接口图

8.3.3　软件分析

实例:让 1602 液晶第一、二行分别显示 "^_^ Welcome ^_^"、" I LOVE MGMC -
V1.0"。

实例 18　Welcome - MGTECH

1.　# include＜reg52.h＞
2.　typedef unsigned char uChar8;
3.　typedef unsigned int uInt16;
4.　uChar8 code TAB1[] = "^_^ Welcome ^_^ ";
5.　uChar8 code TAB2[] = "I LOVE MGMC - V1.0";
6.　sbit RS = P3^5;　　　　　　　　//数据/命令选择端(H/L)
7.　sbit RW = P3^4;　　　　　　　　//读/写选择端(H/L)
8.　sbit EN = P3^3;　　　　　　　　//使能信号
9.　void DelayMS(uInt16 ValMS)
10.　{　　/* 无限地复制、粘贴 */　　}
11.　/***/
12.　//函数名称:DectectBusyBit()
13.　//函数功能:检测状态标志位(判断是忙/闲)
14.　//入口参数:无
15.　//出口参数:无
16.　/***/

```
17.    void DectectBusyBit(void)
18.    {
19.        P0 = 0xff;                        //读状态值时,先赋高电平
20.        RS = 0;
21.        RW = 1;
22.        EN = 1;
23.        DelayMS(1);
24.        while(P0 & 0x80);                 //若 LCD 忙,停止到这里,否则走起
25.        EN = 0;                           //之后将 EN 初始化为低电平
26.    }
27.    /*************************************/
28.    //函数名称:WrComLCD()
29.    //函数功能:为 LCD 写指令
30.    //入口参数:指令(ComVal)
31.    //出口参数:无
32.    /*************************************/
33.    void WrComLCD(uChar8 ComVal)
34.    {
35.        DectectBusyBit();
36.        RS = 0;
37.        RW = 0;
38.        EN = 1;
39.        P0 = ComVal;
40.        DelayMS(1);
41.        EN = 0;
42.    }
43.    /*************************************/
44.    //函数名称:WrDatLCD()
45.    //函数功能:为 LCD 写数据
46.    //入口参数:数据(DatVal)
47.    //出口参数:无
48.    /*************************************/
49.    void WrDatLCD(uChar8 DatVal)
50.    {
51.        DectectBusyBit();
52.        RS = 1;
53.        RW = 0;
54.        EN = 1;
55.        P0 = DatVal;
56.        DelayMS(1);
57.        EN = 0;
58.    }
59.    /*************************************/
60.    //函数名称:LCD_Init()
61.    //函数功能:初始化 LCD
62.    //入口参数:无
63.    //出口参数:无
64.    /*************************************/
65.    void LCD_Init(void)
66.    {
```

```
67.        WrComLCD(0x38);              //16×2 行显示、5×7 点阵、8 位数据接口
68.        DelayMS(1);                  //稍作延时
69.        WrComLCD(0x38);              //重新设置一遍
70.        WrComLCD(0x01);              //显示清屏
71.        WrComLCD(0x06);              //光标自增、画面不动
72.        DelayMS(1);                  //稍作延时
73.        WrComLCD(0x0C);              //开显示、关光标并不闪烁
74.    }
75.    void main(void)
76.    {
77.        uChar8 ucVal;
78.        LCD_Init();
79.        DelayMS(5);
80.        WrComLCD(0x80);              //选择第一行
81.        while(TAB1[ucVal] != '\0')   //字符串数组的最后还有个隐形的"\0"
82.        {
83.            WrDatLCD(TAB1[ucVal]);
84.            ucVal ++ ;
85.        }
86.        ucVal = 0;                   //语句简单,功能重要
87.        WrComLCD(0xC0);              //选择第二行(0x80 + 0x40)
88.        while(TAB2[ucVal] != '\0')
89.        {
90.            WrDatLCD(TAB2[ucVal]);
91.            ucVal ++ ;
92.        }
93.        while(1);
94.    }
```

该程序所对应的效果图,如图 8-5 所示。

图 8-5 1602 液晶静态显示效果图

对于检测状态标志位函数(DectectBusyBit()),由表 8-3 可知,若 STA7 为高电平,则液晶禁止(也就是忙),STA7 为低电平,则使能液晶。所以有了 while(P0 & 0x80)这行代码,意思就是若液晶忙;则 while 判断的条件为真,于是程序停止到这里,等液晶不忙时去操作。

之后是写命令和写数据子函数,这两个函数其实只有一行代码的区别,那就是 40、56 两行中的 RS,RS=1 意味着写数据,RS=0 则为写指令。

8.4 实例诠释 LCD1602

实例 19 舞动的字母

若要显示的内容多于 32 个字符,或者要美化一下液晶,让液晶显示的内容能滚动起来,那该如何实现? 代码如下:

```
1.   # include <reg52.h>
2.   # include <intrins.h>
3.   typedef unsigned char uChar8;
4.   typedef unsigned int uInt16;
5.   sbit RS = P3^5 ;                              //数据/命令选择端(H/L)
6.   sbit RW = P3^4 ;                              //数/写选择端(H/L)
7.   sbit EN = P3^3 ;                              //使能信号
8.   sbit SEG_SELECT = P1^7;                       //段选
9.   sbit BIT_SELECT = P1^6;                       //位选
10.  uChar8 code * String1 = "Welcome to ";        //待显示字符串
11.  uChar8 code * String2 = "www.mgtech.taobao.com";
12.  void DelayMS(uInt16 ValMS)
13.  {     /* 谁都会!!! */     }
14.  void DectectBusyBit(void)
15.  {     /* 同上 */     }
16.  void WrComLCD(uChar8 ComVal)
17.  {     /* 同上 */     }
18.  void WrDatLCD(uChar8 DatVal)
19.  {     /* 同上 */     }
20.  void LCD_Init(void)
21.  {     /* 同上 */     }
22.  void ClearDisLCD(void)
23.  {
24.      WrComLCD(0x01);                           //发送清屏指令
25.      DelayMS(1);
26.  }
27.  /*******************************************/
28.  //函数名称:WrStrLCD()
29.  //函数功能:向液晶写字符串数据
30.  //入口参数:行(Row)、列(Column)、字符串(* String)
31.  //出口参数:无
32.  /*******************************************/
33.  void WrStrLCD(bit Row,uChar8 Column,uChar8 * String)
34.  {
35.      if (!Row)    WrComLCD(0x80 + Column);      //第1行第1列起始地址 0x80
36.      else         WrComLCD(0xC0 + Column);      //第2行第1列起始地址 0xC0
37.      while ( * String)                          //发送字符串
38.      {
39.          WrDatLCD( * String);    String ++ ;
40.      }
```

```
41.    }
42.    /*********************************************/
43.    //函数名称:WrCharLCD()
44.    //函数功能:向液晶写字节数据
45.    //入口参数:行(Row)、列(Column)、字节数据(Dat)
46.    //出口参数:无
47.    /*********************************************/
48.    void WrCharLCD(bit Row,uChar8 Column,uChar8 Dat)
49.    {
50.        if (!Row)  WrComLCD(0x80 + Column);        //第 1 行第 1 列起始地址 0x80
51.        else  WrComLCD(0xC0 + Column);             //第 2 行第 1 列起始地址 0xC0
52.        WrDatLCD( Dat);                            //发送数据
53.    }
54.    void CloseDigTube(void)
55.    {
56.        BIT_SELECT = 1; P0 = 0xff; BIT_SELECT = 0; //连一位都不选中
57.        SEG_SELECT = 1; P0 = 0x00; SEG_SELECT = 0; //关闭数码管(免打扰模式)
58.    }
59.    void main(void)
60.    {
61.        uChar8 i;                                  //循环变量
62.        uChar8 * Pointer;                          //指针变量
63.        CloseDigTube();                            //关闭数码管显示
64.        LCD_Init();                                //初始化
65.        while(1)
66.        {
67.            i = 0;
68.            ClearDisLCD();                         //清屏
69.            Pointer = String2;                     //指针指向字符串 2 首地址
70.            WrStrLCD(0,3,String1);                 //第 1 行第 3 列写入字符串 1
71.            while ( * Pointer)                     //按字节方式写入字符串 2
72.            {
73.                WrCharLCD(1,i, * Pointer);         //第 2 行第 i 列写入一个字符
74.                i ++ ;                             //写入的列地址加一
75.                Pointer ++ ;                       //指针指向字符串中下一个字符
76.                if(i > 16)                         //是否超出能显示的 16 个字符
77.                {
78.                    WrStrLCD(0,3,"  ");//将 String1 用空字符串代替;清空第 1 行显示
79.                    WrComLCD(0x18);                //光标和显示一起向左移动
80.                    WrStrLCD(0,i - 13,String1);//原来位置重新写入字符串 1
81.                    DelayMS(1000);                 //为了移动后清晰显示
82.                }
83.                else DelayMS(250);                 //控制两字之间显示速度
84.            }
85.            DelayMS(2500);                         //显示完全后等待
86.        }
87.    }
```

程序分析如下:

① 关闭数码管函数,因为 MGMC - V1.0 实验板上的液晶和数码管共用了 P0,

所以在操作液晶时数码管也会随之乱显示,从而影响液晶正常显示,这不是我们想看到的,因而需要关闭。

② 写字符串到液晶函数是通过指针来操作字符串的,具体就是先通过 if…else 来判断是将字符串写到哪一行,之后就一个字符一个字符写进液晶。

该程序的效果图如图 8-6 所示,因为该例中显示全是动态的,一张图片肯定不能显示其效果,这里只是一个简单的效果图,全程演示效果读者自己试验。

图 8-6　1602 液晶动态显示效果图

8.5　12864 液晶的点点滴滴

常用的人机交互界面中,除了数码管、LED 显示屏,还有液晶显示屏。提到液晶,前面讲解了 LCD1602,这里接着再学习一种可以显示汉字的液晶,那就是 LCD12864 液晶。笔者大学参加竞赛的作品"校园路灯控制系统",具体控制界面如图 8-7 所示,校园界面如图 8-8 所示,细节内容可以联系笔者。

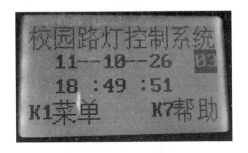

图 8-7　控制界面显示图

图 8-8　虚拟校园模型图

8.5.1　原理说明

顾名思义,12864 表示其横向可以显示 128 个点,纵向可显示 64 个点。常用的 12864 液晶模块中有黄绿背光的、蓝色背光的,有带字库的、有不带字库的,其控制芯片也有很多种,如 KS0108、T6863、ST7920,这里以 ST7920 为控芯片的 12864 液晶屏为例来介绍其驱动原理,笔者使用的是深圳亚斌显示科技有限公司的带中文字库、蓝色背光液晶显示屏(YB12864-ZB)。

1. 液晶显示屏特性

硬件特性有提供 8 位、4 位并行接口及串行接口可选、64×16 位字符显示 RAM（DDRAM 最多 16 字符）等；软件特性有：文字与图形混合显示功能、可以自由设置光标、显示移位功能、垂直画面旋转功能、反白显示功能、休眠模式等。

2. 液晶引脚定义

液晶引脚定义如表 8−7 所列。

表 8−7　12864 液晶引脚定义

引脚号	名　称	型　态	电　平	功能描述	
				并　口	串　口
1	VSS	I	—	电源地	
2	VCC	I		电源正极	
3	Vo	I	—	LCD 驱动电压（可调）一般接一电位器来调节电压	
4	RS(CS)	I	H/L	寄存器选择：H→数据；L→命令	片选（低有效）
5	RW(SIO)	I	H/L	读写选择：H→读；L→写	串行数据线
6	E(SCLK)	I	H/L	使能信号	串行时钟输入
7～10	DB0～DB3	I	H/L	数据总线低 4 位	—
11～14	DB4～DB7	I/O	H/L	数据总线高 4 位，4 位并口时空	—
15	PSB	I/O	H/L	并口/串口选择：H→并口	L→串口
16、18	NC	I	—	空脚（NC）	
17	/RST	I	—	复位信号，低电平有效	
19	BLA	I	—	背光负极	
20	BLK	I	—	背光正极	

3. 操作指令简介

其实 12864 的操作指令与 1602 的操作指令相似，只要掌握了 1602 的操作方法，就能很快掌握 12864 的操作方法。

① 基本的操作时序，如表 8−8 所列。

表 8−8　4 种基本操作时序表

RS	R/W	功能描述
L	L	MPU 写指令到指令寄存器（IR）
L	H	读出忙标志（BF）及地址计数器（AC）的状态
H	L	MPU 写入数据到数据寄存器（DR）
H	H	MPU 从数据寄存器（DR）中读出数据

② 状态字说明如表 8-9 所列。

对控制器每次进行读/写操作之前都必须进行读/写检测,确保 STA7 为 0,即一般程序中见到的判断忙操作。

表 8-9　状态寄存器分布表

位名称	STA7 D7	STA6 D6	STA5 D5	STA4 D4	STA3 D3	STA2 D2	STA1 D1	STA0 D0	
功能描述	当前地址指针的数值							标志位	1:禁止
									0:使能

③ 基本指令如表 8-10 所列。

表 8-10　基本指令表

指令名称	指令码								指令说明
	D7	D6	D5	D4	D3	D2	D1	D0	
清屏	L	L	L	L	L	L	L	H	清屏:1. 数据指针清零 2. 所有显示清零
归位	L	L	L	L	L	L	H	*	AC=0,光标、画面回 HOME 位
输入方式设置	L	L	L	L	L	H	ID	S	ID=1→AC 自动增一; ID=0→AC 减一 S=1→画面平移 S=0→画面不动
显示开关控制	L	L	L	L	H	D	C	B	D=1→显示开;D=0→显示关 C=1→游标显示;C=0→游标不显示 B=1→游标反白;B=0→光标不反白
移位控制	L	L	L	H	SC	RL	*	*	SC=1→画面平移一个字符; SC=0→光标 R/L=1→右移;R/L=0→左移
功能设定	L	L	H	DL	*	RE	*	*	DL=1→8 位数据接口; DL=0→4 位数据接口; RE=1→扩充指令; RE=0→基本指令
设定CGRAM地址	L	H	A5	A4	A3	A2	A1	A0	设定 CGRAM 地址到地址计数器(AC),AC 范围为 00H~3FH 需确认扩充指令中 SR=0
设定DDRAM地址	H	L	A5	A4	A3	A2	A1	A0	设定 DDRAM 地址计数器(AC) 第一行 AC 范围:80H~8FH 第二行 AC 范围:90H~9FH

④ 扩充指令如表 8-11 所列。

表 8-11 扩充指令表

指令名称	指令码								指令说明
	D7	D6	D5	D4	D3	D2	D1	D0	
待命模式	L	L	L	L	L	L	L	H	进入待命模式后,其他指令都可以结束待命模式
卷动 RAM 地址选择	L	L	L	L	L	L	H	SR	SR＝1→允许输入垂直卷动地址 SR＝0→允许输入 IRAM 地址(扩充指令)及设定 CGRAM 地址
反白显示	L	L	L	L	L	H	L	R0	R0＝1→第二行反白;R0＝0→第一行反白(与执行次数有关)
睡眠模式	L	L	L	L	H	SL	L	L	D＝1→脱离睡眠模式; D＝0→进入睡眠模式
扩充功能	L	L	H	DL	*	RE	G	*	DL＝1→8 位数据接口; DL＝0→4 位数据接口 RE＝1→扩充指令集; RE＝0→基本指令集 G＝1→绘图显示开; G＝0→绘图显示关
设定 IRAM 地址 卷动地址	L	H	A5	A4	A3	A2	A1	A0	SR＝1→A5～A0 为垂直卷动地址 SR＝0→A3～A0 为 IRAM 地址
设定 绘图 RAM 地址	H	L	L	L	A3	A2	A1	A0	垂直地址范围:AC6～AC0
		A6	A5	A4	A3	A2	A1	A0	水平地址范围:AC3～AC0

4. 操作时序图简介

① 8 位并口操作模式图,如图 8-9 所示。

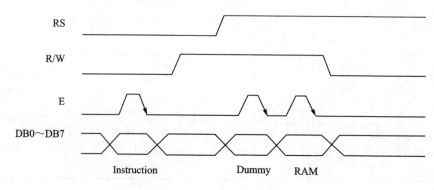

图 8-9 8 位并行操作模式图

② 4 位并口操作模式图,如图 8 - 10 所示。

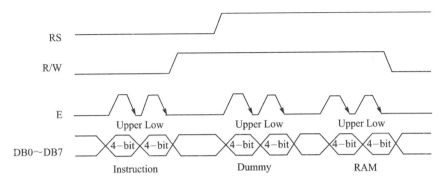

图 8 - 10　4 位并行操作模式图

③ 串行操作模式图,如图 8 - 11 所示。

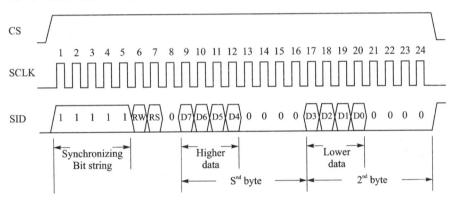

图 8 - 11　串行操作模式图

④ 写操作时序图,如图 8 - 12 所示。

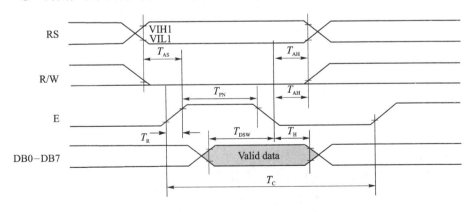

图 8 - 12　写数据到液晶时序图

时序的读/写过程请读者参考 1602 液晶部分的时序图说明。

5. 显示坐标设置

① 字符(汉字)显示坐标具体如表 8－12 所列。

表 8－12　字符显示定义表

行名称	列地址							
第一行	80H	81H	82H	83H	84H	85H	86H	87H
第二行	90H	91H	92H	93H	94H	95H	96H	97H
第三行	88H	89H	8AH	8BH	8CH	8DH	8EH	8FH
第四行	98H	99H	9AH	9BH	9CH	9DH	9EH	9FH

② 绘图坐标分布图，如图 8－13 所示。

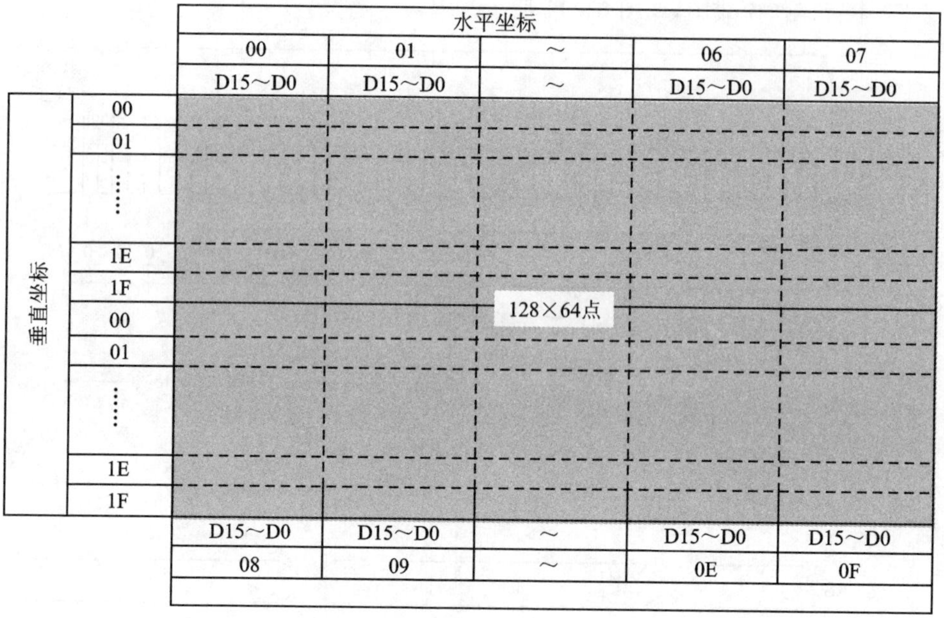

水平坐标				
00	01	～	06	07
D15～D0	D15～D0	～	D15～D0	D15～D0

（垂直坐标）
00
01
⋮
1E
1F
00
01
⋮
1E
1F

128×64点

D15～D0	D15～D0	～	D15～D0	D15～D0
08	09	～	0E	0F

图 8－13　绘图坐标分布图

　　由图 8－13 可知，水平方向有 128 个点，垂直方向有 64 个点，在更改绘图 RAM 时，由扩充指令设置 GDRAM 地址，设置顺序为先垂直后水平地址(连续 2 个字节的数据来定义垂直和水平地址)，最后是 2 个字节的数据给绘图 RAM(先高 8 位，后低 8 位)。

　　最后总结一下 12864 液晶绘图的步骤，步骤如下：

　　ⓐ 关闭图形显示，设置为扩充指令模式。

　　ⓑ 写垂直地址，分上下半屏，地址范围为 0～31。

　　ⓒ 写水平地址，两起始地址范围分别为 0x80～0x87(上半屏)、0x88～0x8F(下半屏)。

ⓓ 写数据,一帧数据分两次写,先写高 8 位,后写低 8 位。

ⓔ 开图形显示,并设置为基本指令模式。

这里还需强调一点,ST7920 可控制 256×32 点阵(32 行 256 列),而 12864 液晶实际的行地址只有 0～31 行,12864 液晶的 32～63 行是从 0～31 行的第 128 列划分出来的。也就是说,12864 的实质是 256×32,只是这样的屏"又长又窄",不适用,所以将后半部分截下来拼装到下面,因而有了上下两半屏之说。通俗点说,第 0 行和第 32 行同属一行,行地址相同;第 1 行和第 33 行同属一行,依此类推。

8.5.2 硬件设计

硬件设计就是搭建 12864 液晶的硬件运行平台,12864 提供了两种连接方式:串行和并行。串行(SPI)连接方式优点是可以节省数据连接线(即处理器的 I/O 口),缺点是显示更新速度与稳定性比并行连接方式差,所以一般用并行 8 位的方式来操作液晶。MGMC-V1.0 实验板设计时兼顾了这几种操作方式,以使读者练习。MGMC-V1.0 实验板上 12864 液晶连接图如图 8-14 所示,具体接口定义如下:

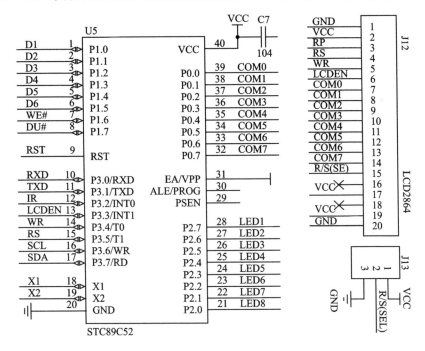

图 8-14　12864 液晶与单片机的连接图

➢ 液晶 1、2 为电源接口;19、20 为背光电源。

➢ 液晶 3 端为液晶对比度调节端,MGMC-V1.0 实验板上搭载一个 10 kΩ 电位器来调节液晶对比度。第一次使用时,在液晶上电状态下调节至液晶上面一行显示出黑色小格为止。

➤ 液晶 4 端为向液晶控制器写数据,命令选择端接单片机的 P3.5 口。

➤ 液晶 5 端为读/写选择端,接单片机的 P3.4 口。

➤ 液晶 6 端为使能信号端,接单片机的 P3.3 口。

➤ 液晶 15 端为串、并口选择端,此处接了 3 个排针,用于跳线帽来选择串并方式。

➤ 液晶 16、18 为空,在硬件上不做连接。

➤ 由于液晶具有自动复位功能,所以此处直接接 VCC,即不需要复位。

➤ 液晶 7～14 为 8 位数据端口,依次接单片机的 P0 口。

8.5.3 软件分析

有了操作 1602 液晶的基础,12864 液晶操作起来就变得很简单了。倘若要简单显示字符,完全可以借鉴操作 1602 的方法来操作 162864 液晶,即把给 1602 液晶烧录的 HEX 下载到单片机中,插上 12864 液晶,此时,在 1602 液晶中第一行能显示的字符,也能显示在 12864 液晶中。

实例 20 王勃,您好

此例要求是显示几句"王勃"的名言警句,源代码如下:

```
1.   #include<reg52.h>
2.   typedef unsigned char uChar8;
3.   typedef unsigned int uInt16;
4.   uChar8 code TAB1[] = "  Hello  王勃      ";
5.   uChar8 code TAB2[] = "麦光电子工作室  ";
6.   uChar8 code TAB3[] = "落霞与孤鹜齐飞;";
7.   uChar8 code TAB4[] = "秋水共长天一色。";
8.   sbit RS = P3^5;          //数据/命令选择端(H/L)
9.   sbit RW = P3^4;          //数/写选择端(H/L)
10.  sbit EN = P3^3;          //使能信号
11.  void DelayMS(uInt16 ValMS)
12.  {    /* 同上 */    }
13.  void DectectBusyBit(void)
14.  {    /* 同上 */    }
15.  void WrComLCD(uChar8 ComVal)
16.  {    /* 同上 */    }
17.  void WrDatLCD(uChar8 DatVal)
18.  {    /* 同上 */    }
19.  /******************************************************/
20.  //函数名称:PosLCD()
21.  //函数功能:行列(位置)选择
22.  //入口参数:X(行)、Y(列)
23.  //出口参数:无
24.  /******************************************************/
25.  void PosLCD(uChar8 X,uChar8 Y)
26.  {
```

```
27.      uChar8 ucPos;
28.      if(X == 1) { X = 0x80; }                      //第一行
29.      else if(X == 2) { X = 0x90; }                 //第二行
30.      else if(X == 3) { X = 0x88; }                 //第三行
31.      else if(X == 4) { X = 0x98; }                 //第四行
32.      ucPos = X + Y;                                //计算地址
33.      WrComLCD(ucPos);                              //显示地址
34.  }
35.  void LCD_Init(void)
36.  {
37.      WrComLCD(0x30);                               // 8位数据端口、选择基本指令
38.      WrComLCD(0x01);                               //显示清屏
39.      WrComLCD(0x06);                               //光标自增、画面不动
40.      WrComLCD(0x0C);                               //显示设定:整体显示、游标关、不反白
41.  }
42.  void main(void)
43.  {
44.      uChar8 ucVal   = 0;
45.      LCD_Init();
46.      DelayMS(5);
47.      PosLCD(1,0);                                  //选择第一行、第一列
48.      while(TAB1[ucVal] != '\0')
49.      {
50.          WrDatLCD(TAB1[ucVal]);
51.          ucVal ++ ;
52.      }
53.      ucVal = 0;
54.      PosLCD(2,0);                                  //选择第二行、第一列
55.      while(TAB2[ucVal] != '\0')
56.      {
57.          WrDatLCD(TAB2[ucVal]);
58.          ucVal ++ ;
59.      }
60.      ucVal = 0;
61.      PosLCD(3,0);                                  //选择第三行、第一列
62.      while(TAB3[ucVal] != '\0')
63.      {
64.          WrDatLCD(TAB3[ucVal]);
65.          ucVal ++ ;
66.      }
67.      ucVal = 0;
68.      PosLCD(4,0);                                  //选择第四行、第一列
69.      while(TAB4[ucVal] != '\0')
70.      {
71.          WrDatLCD(TAB4[ucVal]);
72.          ucVal ++ ;
73.      }
74.      while(1);
75.  }
```

其中,27～33 行是行列选择函数。该函数有两个参数,X 用来定位写的是哪一行,Y 用来确定写的是哪一列,具体实现过程是通过 if… else 来实现的。

还有一点就是初始化函数,这里的初始化与 1602 液晶稍微有别,读者注意一下。运行效果如图 8 - 15 所示。

图 8 - 15　显示效果图

8.6　实例诠释 LCD12864

实例 21　新春快乐——LCD12864

实例简介:上例是用来 12864 来显示字符,该例用 12864 来显示图片,具体代码如下:

```c
1.   #include<reg52.h>
2.   typedef unsigned char uChar8;
3.   typedef unsigned int uInt16;
4.   uChar8 code gImage[1024] = {
5.   0x00,0x00,0x00,0x2A,0x00,0x18,0x18,0x18,0x03,0x00,0x04,0x00,0x15,0x00,
     0x00,0xFE,
6.   0x0C,0x02,0x01,0x08,0x00,0x00,0x00,0x00,0x00,0x00,0x00,0x00,0x00,0x01,
     0xFE};
7.   sbit RS = P3^5;              //数据/命令选择端(H/L)
8.   sbit RW = P3^4;              //数/写选择端(H/L)
9.   sbit EN = P3^3;              //使能信号
10.  void DelayMS(uInt16 ValMS)
11.  {    /* 同上 */    }
12.  void DectectBusyBit(void)
13.  {    /* 同上 */    }
14.  void WrComLCD(uChar8 ComVal)
15.  {    /* 同上 */    }
16.  void WrDatLCD(uChar8 DatVal)
17.  {    /* 同上 */    }
18.  /*****************************************************/
19.  //函数功能:LcdDrawPicture()
20.  //函数功能:LCD 绘制图片
21.  //输入参数:图片数据(*pPicture)
22.  //输出参数:无
23.  /*****************************************************/
24.  void LcdDrawPicture(uChar8 *pPicture)
25.  {
26.      uChar8 i,j;
```

```
27.        WrComLCD(0x34);                    //写数据时,关闭图形显示
28.        /* ==== 先操作上半屏 ====*/
29.        for(i=0;i<32;i++)                   //i用来控制垂直地址(0~31)
                                               //水平地址是写入数据之后自动增加的
30.        {
31.            WrComLCD(0x80 + i);             //先写垂直坐标值
32.            WrComLCD(0x80);                 //再写水平坐标值
33.            for(j=0;j<16;j++)               //一帧数据分两次写
34.                WrDatLCD( * pPicture ++ );  //先高8位,后低8位
35.        }
36.        /* ==== 后操作下半屏 ====*/
37.        for(i=0;i<32;i++)
38.        {
39.            WrComLCD(0x80 + i);
40.            WrComLCD(0x88);
41.            for(j=0;j<16;j++)
42.                WrDatLCD( * pPicture ++ );
43.        }
44.        WrComLCD(0x36);                     //写完数据,开图形显示
45.    }
46.    void LCD_Init(void)
47.    {
48.        WrComLCD(0x30);                     // 8位数据端口、选择基本指令
49.        DelayMS(10);
50.        WrComLCD(0x01);                     //显示清屏
51.        DelayMS(10);
52.        WrComLCD(0x0C);                     //显示设定:整体显示、游标关、不反白
53.        DelayMS(10);
54.    }
55.    void main(void)
56.    {
57.        LCD_Init();
58.        DelayMS(5);
59.        LcdDrawPicture(gImage);
60.        while(1);
61.    }
```

说明:

第一点:数组 gImage[1024]。如何得到组中的数据可参考实例25。12864 液晶共有 128×64 位,即 1 024 字节。这里只贴出 32 个元素,完整的可以参见配套资料。

第二点:函数 LcdDrawPicture()。在 for 循环中,i 为 0 时,先写一次垂直地址(行地址),之后写水平地址(列地址)。水平地址会随着数据的写入而自动增加,这里写了 16 个字节的数据,那说明水平地址增加了 8 次(2 个字节才只一帧数据)。之后就是写数据,先写高 8 位,后写低 8 位。之后 i 自增,写第二行,依次写入 32 行。下半屏同理。最后实验效果如图 8-16 所示。

图 8-16　12864 液晶图片显示效果图

实例 22　BirdsLOVE＆＆ 简易计算器——基于 LCD12864

源码参见配套资料,计算器的加法(减、乘、除同理)演示效果如图 8-17 所示。

实例 23　12864 液晶的点、线、面

实例简介:首先该例结合 12864 液晶的内部结构,运用"与"、"或"、"移位"等运算计算出要显示点的行、列位置,之后通过读/写操作来点亮一个点("1"→亮、"0"→灭)。具体源码如下:

```
1.    #include<reg52.h>
2.    #include<intrins.h>
3.    typedef unsigned char uChar8;
4.    typedef unsigned int uInt16;
5.    sbit RS = P3^5;          //数据/命令选择端(H/L)
6.    sbit RW = P3^4;          //数/写选择端(H/L)
.7.   sbit EN = P3^3;          //使能信号
8.    void DelayMS(uInt16 ValMS)
9.    {    /* 一直复制、粘贴 */    }
10.   void DectectBusyBit(void)
11.   {    /* 同上 */    }
12.   void WrComLCD(uChar8 ComVal)
13.   {    /* 同上 */    }
14.   void WrDatLCD(uChar8 DatVal)
15.   {    /* 同上 */    }
16.   uChar8 RdDatLCD(void)
17.   {
18.       uChar8 RdTemp = 0;
19.       DectectBusyBit();
20.       P0 = 0xff;
```

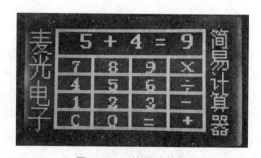

图 8-17　简易计算器

```
21.          RS = 1;
22.          RW = 1;
23.          EN = 1;
24.          RdTemp = P0;
25.          _nop_();_nop_();
26.          EN = 0;
27.          return (RdTemp);
28.     }
29.     void LCD_Init(void)
30.     {      /* 同上 */      }
31.     /* * * * * * * * * * * * * * * * * * * * * * * * * * * * * * */
32.     //函数名称:DrawDotLCD12864()
33.     //函数功能:为 LCD12864 液晶画一个点
34.     //入口参数:列地址(X<0~127>)、行地址(Y<0~63>)、点(Color)1:有点 0:无点
35.     //出口参数:无
36.     /* * * * * * * * * * * * * * * * * * * * * * * * * * * * * * */
37.     void DrawDotLCD12864(uChar8 X,uChar8 Y,bit Color)
38.     {
39.          uChar8 x_Byte,x_Bit;
40.          // x_Byte 表示大列(共 8(上半屏) + 8(下半屏)列)x_Bit 小列(共 16 列)
41.          uChar8 y_Byte,y_Bit;
42.          // y_Byte 表示屏(0:上半屏 1:下半屏)y_Bit 行(一个半屏有 32 行)
43.          uChar8 RdOldH,RdOldL;           //读到的原先 RAM 中的高低字节数据
44.          x_Byte = X >> 4;                //计算出大列(等价于 X/16)
45.          x_Bit   = X & 0x0f;             //计算出小列(等价于 X % 16)
46.          y_Byte = Y >> 5;                //确定上下屏(等价于 X/32)
47.          y_Bit   = Y & 0x1f;             //确定行   (等价于 X % 32)
48.          WrComLCD(0x34);                 //关显示、扩展指令
49.          WrComLCD(0x80 + y_Bit);         //写垂直地址(0x80 + y_Bit)
50.          WrComLCD(0x80 + x_Byte + 8 * y_Byte);
51.          //写水平地址(0x80 + x_Byte + 8 * y_Byte)、下半屏地址为 0x88
52.          RdDatLCD();                     //空读一次(不加不行、加两次也不行)
53.          RdOldH = RdDatLCD();            //读高位
54.          RdOldL = RdDatLCD();            //读低位
55.          //由于读/写过程会改变 AC 的值,所以从新设置:垂直、水平地址
56.          WrComLCD(0x80 + y_Bit);
57.          WrComLCD(0x80 + x_Byte + 8 * y_Byte);
58.          if(x_Bit < 8)
59.          {
60.               if(Color)
61.                    WrDatLCD(RdOldH | (0x01 << (7 - x_Bit)));     //写高字节
62.               else
63.                    WrDatLCD(RdOldH);
64.               WrDatLCD(RdOldL);           //写低字节
65.          }
66.          else
67.          {
68.               WrDatLCD(RdOldH);           //写高字节
69.               if(Color)
70.                    WrDatLCD(RdOldL | (0x01 << (15 - x_Bit)));    //写低字节
```

```
71.          else
72.               WrDatLCD(RdOldL);
73.          }
74.      WrComLCD(0x36);      //开显示、回到基本指令,毕竟 ST7920 是以字符为主的
75. }
76. /******************************************************/
77. //函数名称:DrawHorLineLCD12864()
78. //函数功能:画水平直线函数
79. //入口参数:直线起点(Xs)、直线终点(Xe)、行位置(Y0)、点(Color)
80. //出口参数:无
81. /******************************************************/
82. void DrawHorLineLCD12864(uChar8 Xs,uChar8 Xe,uChar8 Y0,bit Color)
83. {
84.      uChar8 Temp;
85.      if(Xs > Xe)      //如果终点坐标小于起始坐标,则先交换后参与循环
86.      {
87.          Temp = Xe;
88.          Xe = Xs;
89.          Xs = Temp;
90.      }
91.      for( ; Xs < = Xe; Xs ++ )
92.      {
93.          DrawDotLCD12864(Xs,Y0,Color);
94.      }
95. }
96. /******************************************************/
97. //函数名称:DrawVerLineLCD12864()
98. //函数功能:画垂直直线函数
99. //入口参数:列位置(X0)、直线起点(Ys)、直线终点(Ye)
100. //出口参数:无
101. /******************************************************/
102. void DrawVerLineLCD12864(uChar8 X0,uChar8 Ys,uChar8 Ye,bit Color)
103. {
104.      uChar8 Temp;
105.      if(Ys > Ye)          //如果终点坐标小于起始坐标,则先交换后参与循环
106.      {
107.          Temp = Ye;
108.          Ye = Ys;
109.          Ys = Temp;
110.      }
111.      for( ; Ys < = Ye; Ys ++ )
112.      {
113.          DrawDotLCD12864(X0,Ys,Color);
114.      }
115. }
116. /******************************************************/
117. //函数名称:ClearScreen()
118. //函数功能:清 LCD 显示屏
119. //入口参数:无
120. //出口参数:无
```

```
121.    /***********************************************/
122.    void ClearScreen(void)
123.    {
124.        uChar8 i,j;
125.        WrComLCD(0x34);                    //功能设定:8位控制方式,使用扩充指令
126.        for(i = 0;i < 32;i ++ )           //i用来控制行(0~31)
127.        {
128.            WrComLCD(0x80 + i);            //写行地址(垂直地址)
129.            WrComLCD(0x80);                //写列地址(水平地址)
130.            for(j = 0;j < 32;j ++ )        //j用来控制字节数,一行有 32 字节的数据
131.            WrDatLCD(0x00);                //清屏(写数据 0x00)
132.        }
133.        WrComLCD(0x36);                    //使用扩充指令,绘图显示控制
134.    }
135.    void main(void)
136.    {
137.        uChar8 ucVal;
138.        LCD_Init();
139.        ClearScreen();
140.        DrawHorLineLCD12864(0,127,0,1);//画第一条横线
141.        for(ucVal = 7;ucVal < 64;ucVal = ucVal + 8)    //每隔 8 小列画一条横线
142.        {
143.            DrawHorLineLCD12864(0,127,ucVal,1);
144.        }
145.        DrawVerLineLCD12864(0,1,63,1);  //画第一条竖线
146.        for(ucVal = 7;ucVal < 128;ucVal = ucVal + 8)    //每隔 8 小列画一条竖线
147.        {
148.            DrawVerLineLCD12864(ucVal,1,63,1);
149.        }
150.        while(1);
151.    }
```

首先通过各种算法(注意,这里的">>4"、"&0x0f"、"/16"、"%16"等很值得读者研究)计算出要显示"点"的位置;接着告诉液晶"点"的位置(同样先垂直后水平);之后是读操作,并将读到的数据保存,而后,画"点"处改变数据,不画"点"处保留;最后就是写数据(先高位后低位),"1"对应处有点,"0"对应处无点。实例显示效果如图 8 - 18 所示。

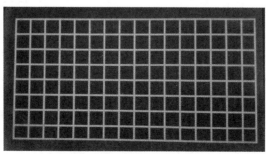

图 8 - 18　12864 液晶的点、线、面研究效果图

实例 24   12864 液晶的串口操作法

12864 液晶的串口操作方法虽然受到速度和稳定性的影响,但是这种方式能节省液晶与单片机的连接线,或者说能节约单片机的 I/O 口,在有些工程中还是比较实用的,具体代码参见配套资料。

8.7   知识扩展——Keil4 的软仿真

仿真的步骤其实很简单,由编程界面进入仿真界面之前须检查一个选项设置,具体操作是:单击 Target Options 按钮,打开 Options for Target 'Targer 1' 对话框,如图 2-12 所示。选项卡 Target 中的 Xtal 处一定要设置为 11.0592,否则后续时间的参数值会不同。接着选择 Debug 选项卡,如图 8-19 所示。需要注意图中箭头所指的两个单选框,其意义大不相同。

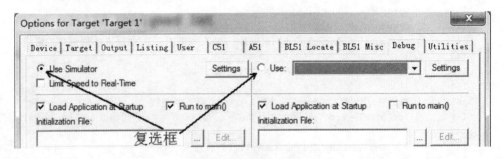

图 8-19 Debug 选项卡设置对话框

第一个(Use Simulator):意思是软件模拟仿真,就是只在软件上做一些动作,与硬件无关。

第二个(Use):这里是用硬件仿真,意思是软件上面的仿真动作也会对应到硬件上。51 单片机需要借助一块特殊单片机芯片或仿真器,C8051F 系列需要借助 EC6 等仿真器,STM32 需要借助 J-link 等。这里需要进行软件模拟仿真,因此选择软件默认的第一个就可以了。其他的选择默认项,最后单击 OK 按钮。

接着选择 Debug→Start/Stop Debug Session 菜单项(或者选择如图 2-11 所示的 7 按钮),由编辑界面进入仿真界面,这时若 Keil4 软件没破解,则有一个 2K 的代码限制,软件的破解参见笔记 2。进入仿真界面的 Keil4 如图 8-20 所示。

接下来主要说明图 8-20 中所标识的 13 个选项,其中 12、13 只是为了好说明,没有操作的地方不多。

① Reset CPU:复位选项,意思是当程序执行一段以后,读者想让其重新开始,单击此处程序执行点就会回到开始处,即 main 函数的开头处。

② Run:程序从头开始全速执行。有断点时运行到断点处停止,没有时按程序

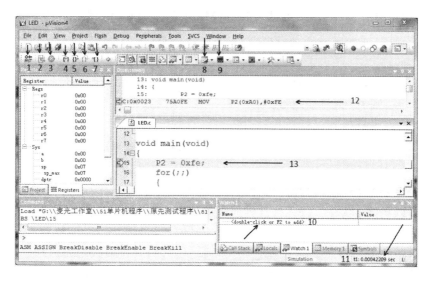

图 8 - 20 Keil4 的仿真界面图

规定一直运行。

③ Stop:停止运行的程序。

④ Step:单步运行。当碰见子函数时,则进入子函数。

⑤ Step Over:单步运行。碰见子函数时不进入,将子函数当作一个整体来运行。

⑥ Step Out:单步运行。程序若在子函数内部运行,则跳出子函数。

⑦ Run to Cursor Line:运行到光标处。

⑧ Serial Windows:串口输出窗口。

⑨ Analysis Windows:逻辑分析窗口。该窗口下有 3 个子选项,这里以 Logic Analyzer 为例来讲解。另外两个读者自行研究。

⑩ 变量等数值的观察窗口。

⑪ 程序运行的时间。

⑫ 反汇编窗口。

⑬ C 语言程序窗口,可以观察程序此时运行到什么地方了。

1. Keil4 的 I/O 口仿真

这里以实例 4 为例来仿真 P2 口的状态值。进入仿真界面后选择 Peripherals→I/O - Ports→Port 2 菜单项,则弹出一个如图 8 - 21 所示界面。由于此时程序未运行,因此 P2 口的状态值都为高电平,因此界面显示 0xFF。当单击 Step 或者 Step Over 按钮时程序运行 P2=0xfe,这时就变为 0xFE,如图 8 - 22 所示。之后就会依次变为 0xFD、0xFB...0x7F。其他端口仿真类似。

当程序运行到 DelayMS(50)时有两种选择,一种是单击 Step 按钮进入 DelayMS( )

函数,一种是单击 Step Over 不进入 DelayMS()函数,直接将函数当作整体运行。

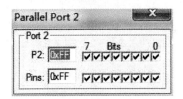
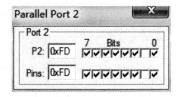

图 8 - 21　程序未运行是 P2 口的状态值　　**图 8 - 22　程序运行后 P2 口的状态值**

2. Keil4 的逻辑分析仪

同样以实例 4 为例。进入仿真界面以后单击 Analysis Windows(如图 8 - 23 的 1 处),则默认选中第一个 Logic Analyzer,这时仿真界面如图 8 - 23 所示。

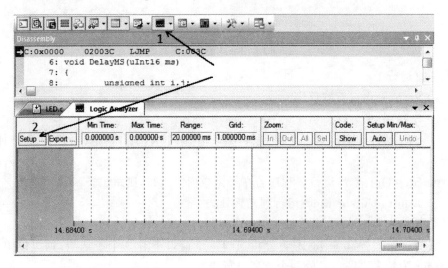

图 8 - 23　Logic Analyzer 界面图

接着单击 Setup 按钮(图 8 - 23 所示的序号 2 处),打开 Setup Logic Analyzer 对话框,如图 8 - 24 所示。

具体操作为:先单击图 8 - 24 中 "1"处的 New 选项,之后在"2"所示的地方填"PORT2.0",接着再单击 New 按钮,再在"2"填"PORT2.1",这样依次再新建 6 个,在"2"处分别填 PORT2.2,PORT2.3...PORT2.7,最后如图 8 - 24 所示。

其中,序号 3 用于以什么方式显

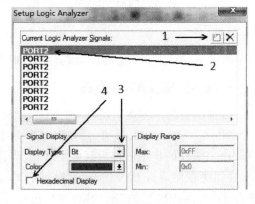

图 8 - 24　Setup Logic Analyzer 对话框

示,这里选择 Bit,当然还可以选择 Analog 和 State。选中序号 4 的复选框时数值以十六进制方式显示。

以上设置好之后单击 Close 按钮,接着选择如图 8 - 20 所示的 Run 按钮(全速运行),几秒钟之后再单击 Stop 按钮停止运行,这时就可得到如图 8 - 25 所示的波形图。

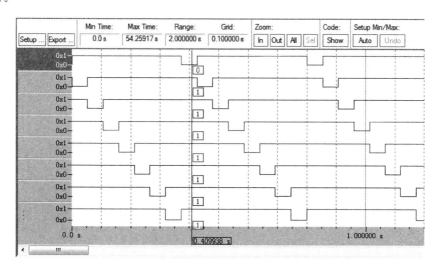

图 8 - 25　Logic Analyzer 的仿真波形图

3. Keil4 的变量值仿真

通过 Keil4 来观察程序运行中各个变量的数值变化是否正确,这里还是以实例 4 来介绍。

回到仿真主界面,先在图 8 - 20 所示的序号 10 处添加两个变量 i、j,方法:双击或者按键盘上的 F2,之后填写 i、j,添加完变量之后 Watch1 窗口如图 8 - 26 所示。接着分别右击 i、j 行,在弹出的级联菜单中选择 Number Base→Decimal,意思是数值以十进制的形式显示。

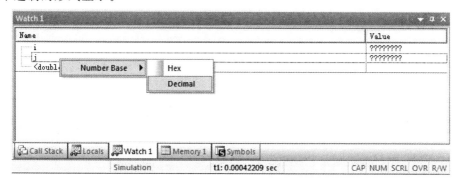

图 8 - 26　Watch1 窗口中添加完变量后的界面图

用 Step Ove 运行程序到 DelayMS(50)时改为 Step 运行程序,这样就可以进入到 DelayMS( )函数,这时细心的读者已经注意到变量后面的 Value 已经由"????????"变为了 0,接着再单击 Step 运行程序,这时 i、j 就是在有规律地变化;其实 j 变为 113 后就再不会变化了,而 i 则一直在自增(肯定是有范围的)。这时读者还可以观察下面的 t1 时间如何变化,当读者单击 50 次 Step 之后,这里的时间是 0.050 312 50,读者可以想一想,这个时间与我们想要延时的 50 ms 有没有联系,若有的话,又是怎么联系到一起的,或者说起到了延时的作用没? 带着这些问题,就可以进入下一章的学习了。

笔记 9

夜晚需要它点缀——LED 点阵

9.1 夯实基础——C 语言之循环

C 语言中的循环分为 3 种形式,分别是 while 循环、do…while 循环和 for 循环。这 3 种循环在功能上存在细微的差别,但共同的特点是实现一个循环体,可以使程序反复执行一段代码。

1. while 循环

while 循环:执行循环之前,先判断条件的真假,条件为真,则执行循环体内的语句,为假则不执行循环体内的语句,直接结束该循环。

```
while(条件表达式)
{
    语句;
}
```

2. do…while 循环

do…while 循环:先执行一次循环体再判断条件真假,为真则继续执行循环体内的语句,为假则循环结束。

```
do
{
    语句;
}
while(条件表达式);
```

读者注意区别 while,do…while 若条件表达式为假,会至少执行一次循环体,而 while 若条件为假就一次都不执行。

3. for 循环

for 循环:先求解表达式 1,再判断表达式 2 的真假,若为真,则执行 for 循环的内部语句,再执行表达式 3,第一次循环结束(若为假,则整个循环结束,执行 for 循环之后的语句)。第二次循环开始时不再求解表达式 1,直接判断条件表达式,再执行循环体内的语句。之后再执行表达式 3,这样依次循环。

```
for(表达式 1;表达式 2;表达式 3)
{
    语句;
}
```

单片机中,只需注意两点。

➢ while(1)等价于 for(;;)。

➢ for 循环的 3 点说明。

① 建议 for 语句中循环控制变量的取值采用半开半闭区间写法,原因在于这种写法比闭区间直观,如表 9-1 所列。

表 9-1 for 循环区间写法区别

半开半闭的写法	闭区间写法

for(i=0; i < 10; i++)
{
    语句;
}
	for(i=0; i <=9; i++)
	{
	    语句;
	}

② 在多重循环中,将最长的循环放在最内层,最短的循环放在最外层,以减少 CPU 跨切循环层的次数,如表 9-2 所列。

表 9-2 for 循环层写法区别

长循环在最内层(效率高)	长循环在最外层(效率低)

for(i=0; i<10; i++)
{
    for(j=0; j<100; j++)
    {
        语句;
    }
}
	for(j=0; j<100; j++)
	{
	    for(i=0; i<10; i++)
	    {
	        语句;
	    }
	}

③ 不能在 for 循环体内修改循环变量,防止循环失控。

```
for(iVal = 0; iVal < 10; iVal ++)
{
    ...
    iVal = 6;     //千万不可,可能会违背自己的意愿
}
```

9.2 LED 点阵的点点滴滴

LED 点阵显示屏作为一种现代电子媒体,具有灵活的显示面积(可任意分割和瓶装),具有高亮度、工作电压低、功耗小、小型化、寿命长、耐冲击和性能稳定等特点,所以应用极为广阔,目前正朝着高亮度、更高耐气候性、更高的发光密度、更高的发光均匀性,可靠性、全色化发展。MGMC - V1.0 实验板上搭载的是一个 8×8 的红色点阵(HL - M0788BX),其实物如图 9 - 1 所示。

图 9 - 1 8×8 点阵实物图

9.2.1 原理说明

前面已经学习了如何控制一个 LED 灯的亮灭,之后又学习了数码管(一个数码管由 8 个 LED 组成),还有今天要学习的 8×8LED 点阵,其实都是控制发光二极管,只是或多或少、排列不同罢了,8×8 点阵内部原理图如图 9 - 2 所示。

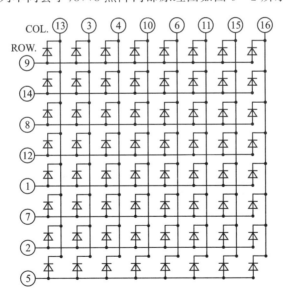

图 9 - 2 8×8 点阵内部结构原理图

8×8 的 LED 点阵就是按行列的方式将其阳极、阴极有序连接起来,那什么是有序? 就是将第一、二…八行 8 个灯的阳极都连在一起,作为行选择端(高电平有效),接着将第一、二…八列 8 个灯的阴极连在一起,作为列选择端(低电平有效),从而通过控制这 8 行、8 列数据端来控制每个 LED 灯的亮灭。例如,要让第一行的第一个灯亮,只需给 9 引脚高电平(其余行为低电平),给 13 引脚低电平(其余列为高电平);再如,要点亮第六行的第五个灯,那就是给 7 引脚(第六行)高电平,再给 6 引脚(第五列)低电平。同理,可以任意控制这 64 个 LED 的亮灭。

细心的读者可能发现了,MGMC - V1.0 实验板有很多外设,倘若这些外设都单独占用一个 I/O 口,那么总共得要七八十个 I/O 口,可是 STC89C52 单片机只有 32 个口,所以得借助一些 IC 来扩展端口,例如前面学过的数码管驱动芯片(74HC573)以及这里即将讲解的 74HC595 都是既用于扩展端口,又用于扩流。笔者为何要说 74HC595,因为实际工程项目中的 LED 显示屏就是用该芯片来做的,此芯片可以用 3 个 I/O 口扩展无数个 I/O 口(当然是理论上的,现实中也能扩展很多)。

9.2.2 简述 74HC595

74HC595 是硅结构的 COMS 器件,兼容低电压 TTL 电路,遵守 JEDEC 标准。74HC595 具有 8 位移位寄存器和一个存储器,具有三态输出功能。移位寄存器和存储寄存器的时钟是分开的。数据在 SHCP(移位寄存器时钟输入)的上升沿输入到移位寄存器中,在 STCP(存储器时钟输入)的上升沿输入到存储寄存器中去。如果两个时钟连在一起,则移位寄存器总是比存储器早一个脉冲。移位寄存器有一个串行移位输入端(DS)、一个串行输出端(Q_H')及一个异步低电平复位;存储寄存器有一个并行 8 位且具备三态的总线输出,使能 OE 时(为低电平)存储寄存器的数据输出到总线。

① 74HC595 引脚说明如表 9 - 3 所列。

表 9 - 3　74HC595 引脚说明表

引脚号	符号(名称)	端口描述	引脚号	符号(名称)	端口描述
15,1~7	$Q_A \sim Q_H$	8 位并行数据输出口	11	SHCP	移位寄存器时钟输入
8	GND	电源地	12	STCP	存储寄存器时钟输入
16	VCC	电源正极	13	OE	输出使能端(低电平有效)
9	Q_H'	串行数据输出	14	SER	串行数据输入
10	MR	主复位(低电平有效)			

② 74HC595 真值表如表 9 - 4 所列。

③ 74HC595 内部功能如图 9 - 3 所示。

表 9 - 4　74HC595 真值表

STCP	SHCP	MR	OE	功能描述
*	*	*	H	QA~QH 输出为三态
*	*	L	L	清空移位寄存器
*	↑	H	L	移位寄存器锁定数据
↑	*	H	L	存储寄存器并行输出

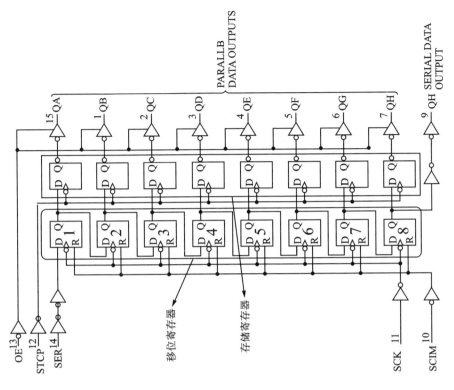

图 9-3　74HC595 内部结构图

④ 74HC595 操作时序如图 9-4 所示。

如图 9-3 所示,首先数据的高位从 SER(14 脚)引脚进入,伴随的是 SHCP(11 脚)一个上升沿,这样数据就移入到了移位寄存器,接着送数据第二位,注意,此时数据的高位也受到上升沿的冲击,从第一个移位寄存器的 Q 端到达了第二个移位寄存器的 D 端,而数据第二位就被锁存在了第一个移位寄存器中;依次类推,8 位数据就锁存在了 8 个移位寄存器中。

由于 8 个移位寄存器的输出端分别和后面的 8 个存储寄存器相连,因此这时的 8 位数据也会在后面 8 个存储器上,接着 STCP(12 脚)上出现一个上升沿,这样,存储寄存器的 8 位数据就一次性并行输出了,从而达到了串行输入、并行输出的效果。

图 9-4 中 SHCP 的作用是产生时钟,在时钟的上升沿将数据一位一位地移进移位寄存器。可以用这样的程序来产生:"SHCP=0;SHCP=1",这样循环 8 次,就是 8 个上升沿、8 个下降沿。SER 是串行数据,由上可知,时钟的上升沿有效,那么串行数据为 0b0100 1011,即 a~h 虚线对应的 SER 此处的值(高为"1",低为"0");之后就是 STCP 了,它是 8 位数据并行输出脉冲,也是上升沿有效,因而在它的上升沿之前,Qa ~Qh 的值是多少读者并不清楚,所以笔者就画成了一个高低不确定的值(实质是可以确定,但这里不予理睬),那 STCP 的上升沿产生之后会发生什么呢? 就是从 SER

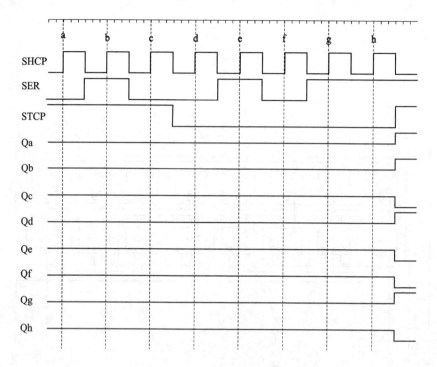

图 9 - 4　74HC595 操作时序图

输入的 8 位数据会并行输出到 8 条总线上,但这里一定要注意对应关系,Qh 对应串行数据的最高位,依次数据为"0",之后依次对应关系为 Qg(数值"1")…Qa(数值"1")。再来对比时序图中的 Qh…Qa,数值为 0b0100 1011,这个数值刚好是串行输入的数据。

　　当然还可以利用此芯片来级联,就是一片接一片,这样 3 个 I/O 口就可以扩展无数个 I/O 口,此芯片的移位频率由数据手册可知是 30 MHz,因而可以满足一般的设计需求,细节不过多介绍了,若读者感兴趣,可以随便下载一个显示屏的电路图去分析,具体级联代码可以向笔者索取。有了这些基础,操作 MGMC - V1.0 实验板上的 8×8 LED 点阵就变得相当简单了。

9.2.3　硬件设计

　　这里详细分析电路的设计。先说 74HC595,该芯片按数据手册可以设计出如图 9-5所示的电路,其中 SCLR(10 脚)是复位脚,低电平有效,因而这里接 VCC,意味着不对该芯片复位;之后 OE(13 脚)输出使能端,故接 GND,表示该芯片可以输出数据;接下来是 SER、STCP、SHCP,分别接单片机的 P1.0、P1.1、P1.2,用于控制74HC595;QH'用于级联,由于这里没有级联,故没有电器连接;最后是 15、1~7,分别接点阵的 R1~R8,用来控制其点阵的行(高电平有效);点阵的 8 列(C1~C7)分别接单片机的 P0.0~P0.7 口,用于控制点阵的列。

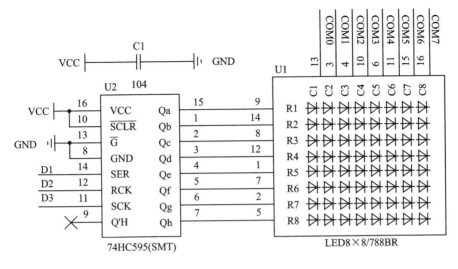

图 9 - 5　74HC595 驱动点阵电路图

9.2.4　软件分析

实例 25　点亮 LED 点阵的第一行

实例分析:首先分析列,要点亮第一行的 8 个灯,意味着 8 列(C1～C7)都为低电平,那么有 P0=0x00。接着分析行,只需第一行亮,那么就是只有第一行为高电平,别的都为低电平,这样 74HC595 输出的数据就是 0x01,由上述原理可知,Qh 为高位,Qa 为低位,这样串行输入的数据就为 0x01 于是第一行的 8 个 LED 的正极为高电平,负极为低电平。

这样接下来的主要任务就是让 595 输出 0b0000 0001。其实对于 SPI 这种操作,一般遵循一个原则,那就是在 SCL 时钟信号的上升沿锁存数据,在其下降沿设置数据。有了这个规则,利用 for 循环很容易写出以下的 SerialInputAndParallelOutputOneByte()函数,源代码如下:

```
1.  # include <reg52. h>
2.  # include <intrins. h>
3.  # define uChar8 unsigned char
4.  sbit SEG_SELECT = P1^7;        //段选
5.  sbit BIT_SELECT = P1^6;        //位选
6.  / * * * * * * * * * * * * * * * * * * * * * * * * * * * * * * * *
7.  * SH595 ---- 595(11 脚)SHCP 移位时钟 8 个时钟移入一个字节
8.  * ST595 ---- 595(12 脚)STCP 锁存时钟 1 个上升沿所存一次数据
9.  * DA595 ---- 595(14 脚)SER 数据输入引脚
10.     * * * * * * * * * * * * * * * * * * * * * * * * * * * * * * */
11. sbit SH595 = P1^2;
12. sbit ST595 = P1^1;
```

```
13.    sbit DA595 = P1^0;
14.    /* * * * * * * * * * * * * * * * * * * * * * * * * * * * * * * * * * * * * * */
15.    //函数名称:SerialInputAndParallelOutputOneByte()
16.    //函数功能:串行输入一个字节,并行输出一个字节
17.    //入口参数:串行输入的数据(uSerDat)
18.    //出口参数:无
19.    /* * * * * * * * * * * * * * * * * * * * * * * * * * * * * * * * * * * * * * */
20.    void SerialInputAndParallelOutputOneByte(uChar8 uSerDat)
21.    {
22.        uChar8 cBit;
23.        /* 通过 8 循环将 8 位数据一次移入 74HC595 */
24.        SH595 = 1;
25.        for(cBit = 0; cBit < 8; cBit ++ )
26.        {
27.            if(uSerDat & 0x80)
28.                DA595 = 1;
29.            else
30.                DA595 = 0;
31.            uSerDat = uSerDat << 1;
32.            SH595 = 0;
33.            _nop_();_nop_();
34.            SH595 = 1;
35.        }
36.        /* 数据并行输出(借助上升沿) */
37.        ST595 = 0;
38.        _nop_();  _nop_();
39.        ST595 = 1;
40.    }
41.    void main()
42.    {
43.        SEG_SELECT = 1;  P0 = 0x00; SEG_SELECT = 0;
44.        BIT_SELECT = 1;  P0 = 0xff;  BIT_SELECT = 0;
45.    /* ============= 以上是一段关数码管的程序 =============*/
46.        while(1)
47.        {
48.            P0 = 0x00;
49.            SerialInputAndParallelOutputOneByte(0x01);
50.        }
51.    }
```

uSerDat 是串行输入的数据(形式参数),传进来的是一个字节的数据,既然是一个字节,那肯定就是 8 位,所以这里有一个 for 循环,循环 8 次,依次将这 8 位数据一个一个送进 74HC595 中。具体过程就是一个字节数据进来,先与 0x80 进行"与"运算,若"与"的结果为"真",说明这一个字节的数据高位为"1",那么单片机给 595 的数据端一个高电平(DA595=1;),否则给低电平(DA595=0;)。这一过程中还伴随着一个数据处理的过程,那就是将这个字节的数据左移一位,这时候的时钟是由高到低(注意,第一个由高到低是由 24→32 行形成的,之后的 7 个是由 34→32 行形成的)。

接着给移位寄存器时钟一个上升沿(由 32→34 行形成),这样,一位数据的最高位就移入 74HC595 的移位寄存器中,之后重复 7 次,就会依次将一个字节的后 7 位数据由高到低移入移位寄存器。由图 9-3 可知,移位寄存器的输出端连接在存储寄存器的输入端,所以 8 位移位寄存器中所存的数据等于 8 位存储寄存器输入端的数据,此时若给存储寄存器一个上升沿,这些数据就会并行(同时)输出,从而到达 LED 点阵的行端(R1~R8)来驱动 LED 点阵。

9.3　实例诠释 LED 点阵

实例 26　显示"I LOVE YOU"

实例:编程效果如图 9-6 所示界面。

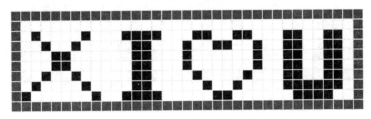

图 9-6　I♡U 效果图

第一个问题,如何将图形转换成单片机中能存储的数据,这里要借助取模软件。字模提取软件如图 9-7 所示。网上流行的取模软件很多,笔者这里推荐两款,一款

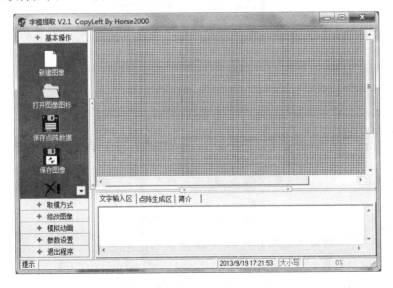

图 9-7　字模提取软件界面图

是这里要介绍的,还有一款是 PCtoLCD2002。接下来详细介绍该取模软件的使用,步骤如下:

① 单击如图 9-7 所示界面中的"新建图像",则弹出一个对话框,要求输入图像的"宽度"和"高度",因为 MGMC-V1.0 实验板中的点阵是 8×8 的,所以这里宽、高都输入 8,然后单击"确定"。

② 这时就能看到图形框中出现一个白色的 8×8 格子块,可是有点小,不好操作,接着单击"模拟动画",接着单击"放大格点",一直放大到最大。此时就可以用鼠标来单击出读者想要的图形了,如图 9-8 所示。当然还可以对刚绘制的图形进行保存,以便以后调用。

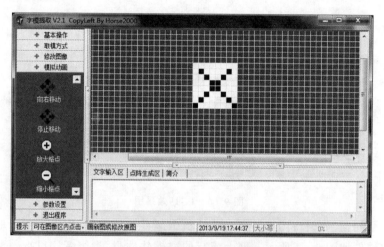

图 9-8　字模软件画图界面图

③ 选择图 9-8 的"参数设置→其他选项",则弹出如图 9-9 所示的对话框。取摸方式选择"纵向取模",选中"字节倒序"复选项,因为 MGMC-V1.0 实验板上是用 74HC595 来驱动的,也就是说串行输入的数据最高位对应的是点阵的第八行,所以要让字节数倒过来。其他选项依情况而定,最后单击"确定"。

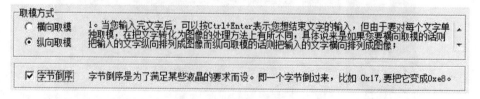

图 9-9　选项设置界面

④ 最后单击"取模方式",并选择"C51 格式",此时右下角点阵生成区就会出现该图形所对应的数据,如图 9-10 所示。

至此一张图的点阵数据完成了,直接复制到数组中显示就可以了。可是,为何第一个数是 0x80,而不是 0x90 呢?分析如下:

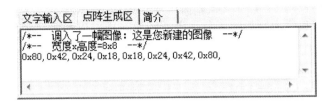

图 9-10　点阵生成区界面图

在该取模软件中，黑点表示"1"，白点表示"0"。前面设置取模方式时选了"纵向取模"，那么此时就是按从上到下的方式取模（软件默认的），可笔者选中了"字节倒序"复选项，这样就变成了从下到上取模。接着对应图 9-8 来分析数据，第一列的点色为 1 黑 7 白，那么数据就是 0b1000 0000（0x80），用同样的方式可以算出第 2～8 列的数据，看是否与取模软件生成的相同。

最后，取出这些图形的字模数据如图 9-11 所示。

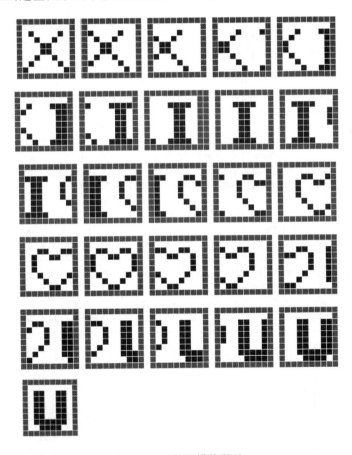

图 9-11　待取摸的图形

这样,就可以得到 26 个图形的字模数据,最后将其写成一个 26 行、8 列的二维数组(笔者在下面程序中所加的部分是为了增加花样),以便后续程序调用。具体源码如下:

```
1.    # include <reg52.h>
2.    # include <intrins.h>
3.    typedef unsigned char uChar8;
4.    typedef unsigned int   uInt16;
5.    sbit SH595 = P1^2;
6.    sbit ST595 = P1^1;
7.    sbit DA595 = P1^0;
8.    sbit SEG_SELECT = P1^7;              //段选
9.    sbit BIT_SELECT = P1^6;              //位选
10.   /********说明(选择列所用的数组)*****************
11.   * 1.最低位控制第一列
12.   * 2.该数组的意思是从第一列开始,依次选中第 1...8 列
13.   **************************************************/
14.   uChar8 code ColArr[8] = {0xfe,0xfd,0xfb,0xf7,0xef,0xdf,0xbf,0x7f};
15.   /**********心图案 1******************************
16.   * 该数组用于存储图案
17.   * 取模方式 纵向取模 方式:由下到上
18.   **************************************************/
19.   uChar8 code RowArr1[32][8] = {
20.   {0x80,0x42,0x24,0x18,0x18,0x24,0x42,0x80},  //第 1 帧图画数据
21.   {0x42,0x24,0x18,0x18,0x24,0x42,0x80,0x00},  //第 2 帧图画数据
22.   {0x24,0x18,0x18,0x24,0x42,0x80,0x00,0x00},  //第 3 帧图画数据
23.   {0x18,0x18,0x24,0x42,0x80,0x00,0x00,0x82},  //第 4 帧图画数据
24.   {0x18,0x24,0x42,0x80,0x00,0x00,0x82,0xFE},  //第 5 帧图画数据
25.   {0x24,0x42,0x80,0x00,0x00,0x82,0xFE,0xFE},  //第 6 帧图画数据
26.   {0x42,0x80,0x00,0x00,0x82,0xFE,0xFE,0x82},  //第 7 帧图画数据
27.   {0x80,0x00,0x00,0x82,0xFE,0xFE,0x82,0x00},  //第 8 帧图画数据
28.   {0x00,0x00,0x82,0xFE,0xFE,0x82,0x00,0x00},  //第 9 帧图画数据
29.   {0x00,0x82,0xFE,0xFE,0x82,0x00,0x00,0x1C},  //第 10 帧图画数据
30.   {0x82,0xFE,0xFE,0x82,0x00,0x00,0x1C,0x22},  //第 11 帧图画数据
31.   {0xFE,0xFE,0x82,0x00,0x00,0x1C,0x22,0x42},  //第 12 帧图画数据
32.   {0xFE,0x82,0x00,0x00,0x1C,0x22,0x42,0x84},  //第 13 帧图画数据
33.   {0x82,0x00,0x00,0x1C,0x22,0x42,0x84,0x84},  //第 14 帧图画数据
34.   {0x00,0x00,0x1C,0x22,0x42,0x84,0x84,0x42},  //第 15 帧图画数据
35.   {0x00,0x1C,0x22,0x42,0x84,0x84,0x42,0x22},  //第 16 帧图画数据
36.   {0x1C,0x22,0x42,0x84,0x84,0x42,0x22,0x1C},  //第 17 帧图画数据
37.   {0x1C,0x3E,0x7E,0xFC,0xFC,0x7E,0x3E,0x1C},  //第 18 帧图画数据
38.   {0x1C,0x3E,0x7E,0xFC,0xFC,0x7E,0x3E,0x1C},  //重复心形,停顿效果
39.   {0x22,0x42,0x84,0x84,0x42,0x22,0x1C,0x00},  //第 19 帧图画数据
40.   {0x42,0x84,0x84,0x42,0x22,0x1C,0x00,0x00},  //第 20 帧图画数据
41.   {0x84,0x84,0x42,0x22,0x1C,0x00,0x00,0x7E},  //第 21 帧图画数据
42.   {0x84,0x42,0x22,0x1C,0x00,0x00,0x7E,0xFE},  //第 22 帧图画数据
43.   {0x42,0x22,0x1C,0x00,0x00,0x7E,0xFE,0xC0},  //第 23 帧图画数据
44.   {0x22,0x1C,0x00,0x00,0x7E,0xFE,0xC0,0xC0},  //第 24 帧图画数据
45.   {0x1C,0x00,0x00,0x7E,0xFE,0xC0,0xC0,0xFE},  //第 25 帧图画数据
46.   {0x00,0x00,0x7E,0xFE,0xC0,0xC0,0xFE,0x7E},  //第 26 帧图画数据
```

```
47.    {0x00,0x7E,0xFE,0xC0,0xC0,0xFE,0x7E,0x00},  //第 27 帧图画数据
48.    {0x00,0x7E,0xFE,0xC0,0xC0,0xFE,0x7E,0x00},  //重复 U,产生停顿效果
49.    {0x00,0x7E,0xFE,0xC0,0xC0,0xFE,0x7E,0x00},  //若要停顿时间长,多重复几次即可
50.    {0x00,0x7E,0xFE,0xC0,0xC0,0xFE,0x7E,0x00},
51.    {0x00,0x7E,0xFE,0xC0,0xC0,0xFE,0x7E,0x00}
52.  };
53.  void CloseSMG(void)
54.  {
55.      SEG_SELECT = 1; P0 = 0x00; SEG_SELECT = 0;
56.      BIT_SELECT = 1; P0 = 0xff; BIT_SELECT = 0;
57.  }
58.  void SerialInputAndParallelOutputOneByte(uChar8 uSerDat)
59.  {
60.      uChar8 cBit;
61.      /* 通过 8 循环将 8 位数据一次移入 74HC595 */
62.      SH595 = 0;
63.      for(cBit = 0; cBit < 8; cBit ++ )
64.      {
65.          if(uSerDat & 0x80)
66.              DA595 = 1;
67.          else
68.              DA595 = 0;
69.          uSerDat = uSerDat << 1;
70.          SH595 = 0;
71.          _nop_();_nop_();
72.          SH595 = 1;
73.      }
74.      /* 数据并行输出(借助上升沿) */
75.      ST595 = 0;
76.      _nop_();
77.      _nop_();
78.      ST595 = 1;
79.  }
80.  void Tiemr0Init(void)
81.  {
82.      TMOD = 0x01;                    //定时器 0 方式一
83.      TH0 = 0xFC; TL0 = 0x67;        //定时 1ms
84.      TR0 = 1;                       //启动定时器 0
85.      ET0 = 1;                       //开定时器 0 中断
86.      EA = 1;                        //开总中断
87.  }
88.  void main(void)
89.  {
90.      CloseSMG();
91.      Tiemr0Init();
92.      while(1);
93.  }
94.  void Timer0Int(void) interrupt 1
95.  {
96.      static uChar8 jCount = 0;
97.      static uInt16 iShift = 0;
```

```
98.      static uChar8 nMode = 0;
99.      TH0 = 0xFC; TL0 = 0x67;
100.     iShift ++ ;
101.     if(100 == iShift)              //定时 100 ms,调节流动速度
102.     {
103.         iShift = 0;
104.         nMode ++ ;                 //选择 32 帧数据
105.         if(32 == nMode)
106.             nMode = 0;
107.     }
108.     P0 = 0xff;                      //消影
109.     switch(jCount)                  //选择一帧数据的 8 个数据
110.     {
111.       case 0: SerialInputAndParallelOutputOneByte(RowArr1[nMode][jCount]); 0:
112.       break;
113.       case 1: SerialInputAndParallelOutputOneByte(RowArr1[nMode][jCount]); 1:
114.       break;
115.       case 2: SerialInputAndParallelOutputOneByte(RowArr1[nMode][jCount]); 2:
116.       break;
117.       case 3: SerialInputAndParallelOutputOneByte(RowArr1[nMode][jCount]); 3:
118.       break;
119.       case 4: SerialInputAndParallelOutputOneByte(RowArr1[nMode][jCount]); 4:
120.       break;
121.       case 5: SerialInputAndParallelOutputOneByte(RowArr1[nMode][jCount]); 5:
122.       break;
123.       case 6: SerialInputAndParallelOutputOneByte(RowArr1[nMode][jCount]); 6:
124.       break;
125.       case 7: SerialInputAndParallelOutputOneByte(RowArr1[nMode][jCount]); 7:
126.       break;
127.     }
128.     P0 = ColArr[jCount ++ ];         //选择列
129.     if(8 == jCount) jCount = 0;
130. }
```

这里主要说明 3 点：

第一点：变量的定义。中断函数中用到了 3 个变量，其定义比较特殊：就严谨性来说，局部变量定义的同时最好能初始化；就功能而言，必须要能保存上一次操作结束后的变量值。全局变量当然可以实现这样的功能，但是可移植性差，尽量不要用，所以这里定义成了静态的局部变量，既满足了功能要求，又增加了程序可移植性。

第二点：刷新。刷新在单片机程序中经常用到，例如前面学过的数码管刷新等，笔者将这种在函数中通过硬性调用子函数来刷新的方法定义为"硬刷新"，而将在中断中随定时器刷新的方式定义为"软刷新"。

第三点：图形的调用过程。这里运用的方式是先用取模软件对其要显示的图形取模，然后对其图形一张一张地调用，这种方式肯定是最笨、最不易扩展、移植的方式，那笔者为何这么写，就是为了衬托后面几个程序。

实例 27 "心"动

接下来是一个笔者自创的"心"符号,让其上下、左右移动。首先也是用取模软件来对其取模(如何取模请参考实例 26),之后就是实现其运动,源代码如下:

```
1.   # include <reg52.h>
2.   # include <INTRINS.H>
3.   # define NOP     _nop_()              //空指令宏定义
4.   # define DATA P0                      //数据端口宏定义
5.   typedef unsigned char uChar8;
6.   typedef unsigned int   uInt16;
7.   sbit SH595 = P1^2;
8.   sbit ST595 = P1^1;
9.   sbit DA595 = P1^0;
10.  sbit SEG_SELECT = P1^7;               //段选
11.  sbit BIT_SELECT = P1^6;               //位选
12.  /********说明(选择列所用的数组)****************
13.  * 1.最低位控制第一列
14.  * 2.该数组的意思是从第一列开始,依次选中第1~8列
15.  ***********************************************/
16.  uChar8 code ColArr[8] = {0xfe,0xfd,0xfb,0xf7,0xef,0xdf,0xbf,0x7f};
17.  /********心图案1**********************
18.  *  该数组用于存储图案
19.  *  取模方式:纵向取模;方式:由下到上
20.  ***********************************************/
21.  uChar8 RowArr1[8] = {0x1C,0x22,0x42,0x84,0x84,0x42,0x22,0x1C};
22.  /***********************************************/
23.  void CloseSMG(void)
24.  {    /* 同上 */    }
25.  void SerialInputAndParallelOutputOneByte(uChar8 u8Dat)
26.  {    /* 同上 */    }
27.  /***********************************************/
28.  //函数名称:CircularUpMovementDisplayBuf()
29.  //函数功能:当前画面循环上移
30.  //入口参数:无
31.  //出口参数:无
32.  /***********************************************/
33.  void CircularUpMovementDisplayBuf(void)
34.  {
35.      uChar8 iCtr;
36.      for(iCtr = 0; iCtr < 8; iCtr ++)
37.      {
38.          RowArr1[iCtr] = _cror_(RowArr1[iCtr],1);
39.      }
40.  }
41.  /***********************************************/
42.  //函数名称:CircularDownMovementDisplayBuf()
43.  //函数功能:当前画面下移
44.  //入口参数:无
```

```
45.     //出口参数:无
46.     /* * * * * * * * * * * * * * * * * * * * * * * * * * * * * * * * * * * * * */
47.     void CircularDownMovementDisplayBuf(void)
48.     {
49.         uChar8 iCtr;
50.         for(iCtr = 0; iCtr < 8; iCtr ++)
51.         {
52.             RowArr1[iCtr] = _crol_(RowArr1[iCtr],1);
53.         }
54.     }
55.     /* * * * * * * * * * * * * * * * * * * * * * * * * * * * * * * * * * * * * */
56.     //函数名称:CircularLeftMovementDisplayBuf()
57.     //函数功能:当前画面左移
58.     //入口参数:无
59.     //出口参数:无
60.     /* * * * * * * * * * * * * * * * * * * * * * * * * * * * * * * * * * * * * */
61.     void CircularLeftMovementDisplayBuf(void)
62.     {
63.         uChar8 TempVal;
64.         uChar8 iCtr;
65.         TempVal = RowArr1[0];
66.         for(iCtr = 0; iCtr < 7; iCtr ++)
67.         {
68.             RowArr1[iCtr] = RowArr1[iCtr + 1];
69.         }
70.         RowArr1[7] = TempVal;
71.     }
72.     /* * * * * * * * * * * * * * * * * * * * * * * * * * * * * * * * * * * * * */
73.     //函数名称:CircularRightMovementDisplayBuf()
74.     //函数功能:当前画面右移显示
75.     //入口参数:无
76.     //出口参数:无
77.     /* * * * * * * * * * * * * * * * * * * * * * * * * * * * * * * * * * * * * */
78.     void CircularRightMovementDisplayBuf(void)
79.     {
80.         uChar8 TempVal;
81.         uChar8 iCtr;
82.         TempVal = RowArr1[7];
83.         for(iCtr = 0; iCtr < 7; iCtr ++)
84.         {
85.             RowArr1[7 - iCtr] = RowArr1[7 - iCtr - 1];
86.         }
87.         RowArr1[0] = TempVal;
88.     }
89.     void Tiemr0Init(void)
90.     {
91.         TMOD = 0x01;                  //工作方式 1
92.         TH0 = 0xFC; TL0 = 0x66;       //定时 1 ms
93.         TR0 = 1;                      //定时器 0 启动
94.         ET0 = 1;                      //开定时器中断
```

```
95.      EA = 1;                          //开总中断
96.  }
97.  void main()
98.  {
99.      CloseSMG();                      //关闭数码管显示
100.     Tiemr0Init();                    //定时器 0 初始化
101.     while(1);                        //循环等待,使用定时器控制点阵显示
102. }
103. void Timer0Int(void) interrupt 1
104. {
105.     static uChar8 jCount = 0;        //行、列号
106.     static uInt16 iShift = 0;        //移动时间计数变量
107.     static uChar8 kCount = 0;        //移动次数计数变量
108.     static uChar8 nMode    = 0;      //模式控制变量
109.     TH0 = 0xFC; TL0 = 0x66;          //定时 1 ms
110.     iShift ++ ;
111.     if(70 == iShift)                 //移动时间为 70 ms 移动一次
112.     {
113.         iShift = 0;                  //移动时间计数变量清零
114.         /* 要求 kCount 为 8 的倍数,若不是 8 的倍数则会出现多移或者少移现象 */
115.         if(24 == kCount)             //移动 24 次也就是移屏 3 次
116.         {
117.             kCount = 0;              //1 s 计数变量清零
118.             nMode ++ ;               //模式改变
119.             if(8 == nMode) nMode = 0;
120.         }
121.         switch(nMode)
122.         {
123.             case 0: CircularRightMovementDisplayBuf(); break;  //模式 0 右移
124.             /模式 1 空 停顿效果
125.             case 2: CircularLeftMovementDisplayBuf(); break;   //模式 2 左移
126.             //模式 3 空 停顿效果
127.             case 4: CircularUpMovementDisplayBuf(); break;     //模式 4 上移
128.             //模式 5 空 停顿效果
129.             case 6: CircularDownMovementDisplayBuf();break;    //模式 6 下移
130.             //模式 7 空 停顿效果
131.         }
132.         kCount ++ ;
133.     }
134.     P0 = 0xff;                                               //消影
135.     SerialInputAndParallelOutputOneByte(RowArr1[jCount]);    //送行值
136.     P0 = ColArr[jCount ++ ];                                 //送列值
137.     if(8 == jCount) jCount = 0;
138. }
```

实例 28　流星雨

```
1.   # include <reg52.h>
2.   # include <stdlib.h>            //包含随机函数头文件
```

```
3.    # include <intrins.h>
4.    # define uChar8 unsigned char
5.    # define uInt16 unsigned int
6.    # define DATA P0
7.    sbit SEG_SELECT = P1^7;                              //段选
8.    sbit BIT_SELECT = P1^6;                              //位选
9.    uChar8 ColumnTab[] = {0xfe,0xfd,0xfb,0xf7,0xef,0xdf,0xbf,0x7f}; //列选显示表格
10.   uChar8 RowTab[]    = {0x01,0x02,0x04,0x08,0x10,0x20,0x40,0x80};//行选显示表格
11.   uChar8 DelayTab[] = {25,21,16,12,8,5,2,0};                    //仿流星雨延时时间
12.   sbit SH595 = P1^2;
13.   sbit ST595 = P1^1;
14.   sbit DA595 = P1^0;
15.   void DelayMS(uInt16 ValMS)
16.   {    /* 同上 */    }
17.   void SerialInputAndParallelOutputOneByte(uChar8 uSerDat)
18.   {    /* 同上 */    }
19.   /**************************************************/
20.   //函数名称:Shower()
21.   //函数功能:产生流星雨效果
22.   //入口参数:列值(ColumnVal)
23.   //出口参数:无
24.   /**************************************************/
25.   void Shower(uChar8 ColumnVal)
26.   {
27.       uChar8 i;
28.       for(i = 0;i < 8;i++)
29.       {
30.           SerialInputAndParallelOutputOneByte(RowTab[i]);    //对应一行
31.           P0 = ColumnVal;                        //对应一列
32.           DelayMS(DelayTab[i]);                   //产生由慢到快的效果
33.       }
34.       SerialInputAndParallelOutputOneByte(0x00);
35.       DelayMS(1000);                            //停顿
36.   }
37.   void main()
38.   {
39.       uChar8 uRandNum;
40.       SEG_SELECT = 1;P0 = 0x00;SEG_SELECT = 0;  //关数码管显示
41.       BIT_SELECT = 1;P0 = 0xff;BIT_SELECT = 0;
42.       P1 = 0x3f;                                //关闭两个锁存器的大门
43.       while(1)
44.       {
45.           uRandNum = rand() % 8;                //为变量产生一个随机值
46.           Shower(ColumnTab[uRandNum]);          //显示随机列值所在列的流星雨效果
47.       }
48.   }
```

解释:该程序首先由 rand()函数来产生一个随机变量,用来确定选中哪一列,实现代码为 9、31、45、46 行;在选择列的同时,需要选择行,由 10、30 行程序所得;最后

就是由 11、32 行来产生一个由慢到快的流动过程。

实例 29　山寨版交通指示灯

通过本例,除了进一步掌握其 LED 点阵的控制原理以外,希望读者能理解、并运用算法去解决一些多维数组的调用,从而拓展编程思路和提高编程能力,最后达到如图 9-12 所示的效果。详细代码参见配套资料。

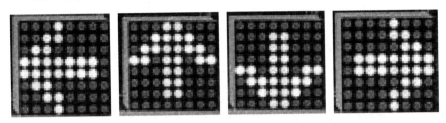

图 9-12　交通指示灯演示效果图

9.4　知识扩展——各种版本的延时

在玩单片机的过程中,有一种"功能"一直陪伴在左右,那就是延时。这里将延时分为两类:不精确的延时和精确的延时,这两者在概念和实现的方法上大不相同。

9.4.1　续 Keil4 的时间仿真

这里还是以实例 4 为例来讲解 Keil4 软件的时间仿真,其中读者须考虑一个问题,为什么执行 DelayMS( )函数就能起到延时的作用,难道执行别的函数就起不到延时作用吗?

这里从仿真入手来看个究竟。读者按第 8 章介绍的操作方法让其 Keil4 软件进入到仿真界面,这时记下右下角(如图 8-20 的序号 11 处)的时间值为 t1=0.000 000 00 s,接着单击一次 Step Over 按钮运行程序,这时程序运行之进入了 main( )函数,则时间变为 t1=0.000 422 09 s;再单击 Step Over,程序运行了:P2=0xfe 和 for(;;),时间变为 t1=0.000 424 26 s,这样运行时间为 t=0.000 424 26 s−0.000 422 09 s≈2 μs;再运行程序 P2=_crol_(P2,1),时间变为 t1=0.000 438 37 s,则程序运行的时间:t=0.000 438 37 s−0.000 424 26 s=0.000 014 11 s≈14 μs。由此可得出以下 3 条结论:

① 任何程序执行是需要时间的,例如这里的 2 μs、14 μs 等。

② C 语言编写的程序,每条语句运行的时间是不确定的(2 μs≠14 μs)。

③ 程序编写中一般将这些时间忽略不计。

接着再说"DelayMS(50)"为何能起到延时 50 ms 的作用。操作步骤是先在 DelayMS(50)和倒数第二个大括号后打两个断点(两行后面双击就可以打上断点),

之后单击 Run 按钮,此时如图 8-20 所示的标号 11 处的时间值为 0.000 438 37 s,即 4 μs 多一点,再单击 Run 按钮,这时时间变为 0.050 314 67 s,这样就可以算出执行程序 DelayMS(50)所用的时间,时间值为 0.0503 146 7 s—0.000 438 37 s＝0.049 876 3 s≈50 ms。为何上面的程序执行时间可以忽略,而这里又要借助程序执行的时间来达到延时的目的呢?那是因为上面的程序执行次数少(先不考虑 while (1)),而这里的 DelayMS(50)执行了 5 650(50×113)次,这个时间就要算了,因为其花了 50 ms,比较长。

9.4.2　真实的时间判定

这里借助逻辑分析仪或者示波器来抓取其时间值,两者得到时间值分别如图 9-13 和 9-14 所示。对比一下这 3 个值,软件仿真得到的为 49.87 ms,逻辑分析仪抓取的时间为 49.88 ms,示波器获取的时间为 50 ms,接近我们想要的理论值 50 ms,但还是一个不精确的延时,要想有精确的延时,那就看下面精确延时的讲述了。

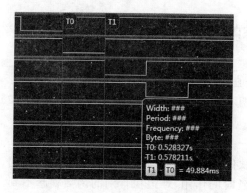

图 9-13　逻辑分析仪抓取的时间值

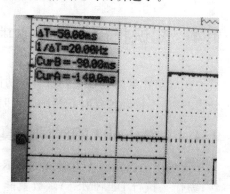

图 9-14　示波器抓取的时间值

9.4.3　精确的延时时间

这里的精确也是相对于上面的不精确而言的,举个例子,这里所谓的精确的是用定时器和库函数_nop_()来产生,但这两者最终的参考源都是外部晶振,可晶振也是人生产的,不可能做到绝对准确,如 MGMC-V1.0 实验板上搭载的 11.059 2 MHz 晶振的实际频率为 11.045 MHz。即使有些高级的单片机内部集成了晶振,也是靠 RC 来产生的,这些也会受到温度等影响而不稳定。另外,定时器在装初值、产生中断等时也需要时间,这些时间都是无法估算到里面的。

小桥流水——串口通信

10.1 夯实基础——C 语言之数组、字符串

1. 数　组

(1) 数组的基本概念

数组就是相同数据类型的元素按一定顺序排列的集合,就是把有限个类型相同的变量用一个名字命名,然后用编号区分它们变量的集合,这个名字成为数组名,编号成为下标。组成数组的各个变量称为数组的分量,也称为数组的元素,有时也称为下标变量。

从概念上讲,数组是具有相同数据类型的有序数据的组合,一般来讲,数组定义后满足以下 3 个条件:

➢ 具有相同的数据类型;

➢ 具有相同的名字;

➢ 在存储器中是被连续存放的。

现以实例 26 的第一个数组(16 行)ColArr 为例来考证这 3 点,数组如下:

```
uChar8 code ColArr[8] = {0xfe,0xfd,0xfb,0xf7,0xef,0xdf,0xbf,0x7f};
```

该数组具有相同的数据类型 uChar8(unsigned char);具有相同的名字 ColArr,无论数组加了关键词"code"将其存于 Flash 中,还是去掉"code"将数组存于 SRAM 中,它们都是存放在一块连续的存储空间中。

这里需要注意一点,数组有 8 个元素,但是下标是从 0 开始到 7,这点一定要与实际生活的习惯(我们一般从 1 开始计数)区别开。这是一个一维数组,而实例 25 中的 uChar8 code RowArr1[32][8]为二维数组,表示是一个 32 行 8 列的数组。这里笔者以一维数组为主来讲解。

(2) 数组的声明和初始化

数组的声明很简单,格式为:数据类型　数组名[数组长度],例如:int Tab[10]。

说到初始化,若能确定数组的各个元素,数组当然可以在声明的时候直接初始化,例如:

uChar8 code ColArr[8] = {0xfe,0xfd,0xfb,0xf7,0xef,0xdf,0xbf,0x7f};

若数组声明时还不能确定其数组元素,而是以后要读/写,这时可以先声明一个数组并赋值 0,例如:int ArrLED[32]={0},这时前面一定不能加修饰词"code"。

这里需要注意一点,若已经给数组赋了所有的初值,即数组的元素已经确定,这时数组的长度可以省略,例如:char Arr[]={1,2,3},数组的长度为 3,此时的 3 可以省略不写。

(3) 数组的使用和赋值

数组的使用要用下标法来索取,那就很简单了,例如上面的 uChar8 ColArr[8]数组,直接可以将 ColArr[0]、ColArr[1]... ColArr[7]当作一个变量(或常量)赋值给想要操作的变量。其实前面的大部分程序都是这么做的,笔者就再不说了。

数组如何赋值,读者先自己想一想,之后思考一个问题:下面 3 个选项,那种赋值是正确的?

定义两个数组:int OK[5]={1,2,3,4}; int ERR[5];

Ⓐ ERR=OK; Ⓑ ERR[5]=OK[5]; Ⓒ ERR[5]={1,2,3,4};

C 不支持把数组作为一个整体来赋值,也不支持用花括号括起来的列表进行赋值(初始化的时候除外)。这样一来,3 种都不正确。

2. 字符串

字符串就是以空字符(\0)结尾的 char 数组。可见,字符串属于数组,且末尾有个隐形的"\0"。因此读者可以用操作数组的方法来操作字符串。对于字符串除了用数组的方式来操作以外,还可以用大量的库函数来操作字符串。

字符串的声明和赋值格式如 uChar8 code TAB1[]="^_^ Welcome ^_^",看上去和数组区别不大,但有个隐形的"\0",意味着多了一种操作的方法,如 while(TAB1[i] !='\0')。

10.2　工程图示串口

电脑通过什么将 HEX 文件下载到单片机中?做 A/D 采样实验时,要将实时采样到的数据显示到电脑,需要借助什么来通信?右图又是通过什么来与设备连接起来的呢?蓝牙小车又是如何实现的?以后复杂系统的调试中又将借助什么来调试?带着这些问题,让我们走进串口世界。

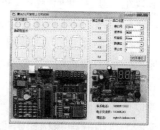

10.3　串口的点点滴滴

串口即串行接口(Serial Interface),是指数据一位一位地按顺序传送,最后达到两个设备通信的目的。例如单片机与别的设备就是通过该方式来传送数据的,特点是通信线路简单,只要一对传输线就可以实现双向通信,从而降级了成本,特别适用于远距离通信,但传送速度较慢。

10.3.1　原理说明

1. 串口通信的基本概念

(1) 通信的基本方式:并行通信和串行通信

1)并行通信

数据的每位同时在多根数据线上发送或者接收,示意图如图 10-1 所示。

并行通信的特点:各数据位同时传送,传送速度快,效率高,有多少数据位就需要多少根数据线,传送成本高。在集成电路芯片的内部、同一插件板上各部件之间、同一机箱内部插件之间等的数据传送是并行的,并行数据传送的距离通常小于 30 米。

2)串行通信

数据的每一位在同一根数据线上按顺序逐位发送或者接收,其通信示意图如图 10-2 所示。

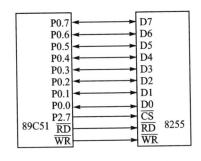

图 10-1　并行通信方式示意图

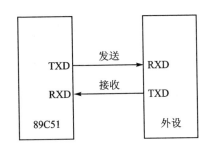

图 10-2　串行通信方式示意图

串行通信的特点:数据传输按位顺序进行,最少只需一根传输线即可完成,成本低,速度慢。计算机与远程终端、远程终端与远程终端之间的数据传输通常都是串行的。与并行通信相比,串行通信还有较为显著的特点:传输距离较长,可以从几米到几千米;串行通信的通信时钟频率较易提高;串行通信的抗干扰能力十分强,其信号间的互相干扰完全可以忽略,但是串行通信传送速度比并行通信慢得多。

所以,串行通信在数据采集和控制系统中得到了广泛的应用,产品种类也是多种多样的。

(2) 串行通信的工作模式

通过单线传输信息是串行数据通信的基础。数据通常是在两个站(点对点)之间进行传输,按照数据流的方向可分为 3 种传输模式(制式)。

1) 单工模式(SIMPLEX)

单工模式的数据传输是单向的。通信双方中,一方为发送端,另一方则固定为接收端。信息只能沿一个方向传输,使用一根数据线,如图 10-3 所示。

单工模式一般用在只向一个方向传输数据的场合。例如收音机,只能接收发射塔给它的数据,它并不能给发射塔数据。

2) 半双工模式(HALF DUPLEX)

半双工模式是指通信双方都具有发送器和接收器,双方既可发射也可接收,但接收和发射不能同时进行,即发射时就不能接收,接收时就不能发送,如图 10-4 所示。

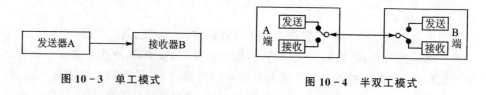

图 10-3 单工模式　　　　　　　　图 10-4 半双工模式

半双工一般用在数据能在两个方向传输的场合,例如对讲机。

3) 全双工模式(FULL DUPLEX)

全双工数据通信分别由两根可以在两个不同的站点同时发送和接收的传输线进行传输,通信双方都能在同一时刻进行发送和接收操作,如图 10-5 所示。

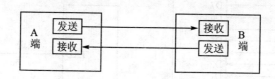

图 10-5 全双工模式

在全双工模式下,每一端都有发送器和接收器,有两条传输线,可在交互式应用和远程监控系统中使用,信息传输效率较高,例如手机。

(3) 异步传输和同步传输

在串行传输中,数据是一位一位地按照到达的顺序依次进行传输的,每位数据的发送和接收都需要时钟来控制。发送端通过发送时钟确定数据位的开始和结束,接收端需在适当的时间间隔对数据流进行采样来正确识别数据。接收端和发送端必须保持步调一致,否则就会在数据传输中出现差错。为了解决以上问题,串行传输可采用以下两种方式:异步传输和同步传输。

1) 异步传输

在异步传输方式中,字符是数据传输单位。在通信的数据流中,字符之间异步,字符内部各位间同步。异步通信方式的异步主要体现在字符与字符之间通信没有严格的定时要求。在异步传输中,字符可以是连续地、一个个地发送,也可以是不连续地、随机地单独发送。在一个字符格式的停止位之后,立即发送下一个字符的起始位,开始一个新字符的传输,这叫连续地串行数据发送,即帧与帧之间是连续的。断续的串行数据传输是指在一帧结束之后维持数据线的"空闲"状态,新的起始位可在任何时刻开始。一旦传输开始,组成这个字符的各个数据位将被连续发送,并且每个数据位持续时间是相等的。接收端根据这个特点与数据发送端保持同步,从而正确地恢复数据。收发双方则以预先约定的传输速度,在时钟的作用下,传输这个字符中的每一位。

2)同步传输

同步通信是一种连续传送数据的通信方式,一次通信传送多个字符数据,称为一帧信息。数据传输速率较高,通常可达 56 000 bps 或更高,其缺点是要求发送时钟和接收时钟保持严格同步。例如,可以在发送器和接收器之间提供一条独立的时钟线路,由线路的一端(发送器或者接收器)定期地在每个比特时间中向线路发送一个短脉冲信号,另一端则将这些有规律的脉冲作为时钟。这种方法在短距离传输时表现良好,但在长距离传输中定时脉冲可能会和信息信号一样受到破坏,从而出现定时误差。另一种方法是通过采用嵌有时钟信息的数据编码位向接收端提供同步信息。格式如图 10-6 所示。

同步字行	数据字符 1	数据字符 2	...	数据字符 n-1	数据字符 n	校验字符	(校验字符)

图 10-6　同步通信数据传送格式

(4) 串口通信的格式说明

前面已经说过,在异步通信中,数据通常以字符(char)或者字节(byte)为单位组成字符帧传送。既然要双方要以字符传输,一定要遵循一些规则,否则双方肯定不能正确传输数据,或者什么时候开始采样数据,什么时候结束数据采样,这些都必须事先预定好。

① 字符帧:由发送端一帧一帧地发送,通过传输线被接收设备一帧一帧地接收。发送端和接收端可以有各自的时钟来控制数据的发送和接收,这两个时钟源彼此独立。

② 异步通信中,接收端靠字符帧格式判断发送端何时开始发送、何时结束发送。平时,发送先为逻辑 1(高电平),每当接收端检测到传输线上发送过来的低电平逻辑 0 时,就知道发送端开始发送数据了,每当接收端接收到字符帧中的停止位时,就知道一帧字符信息发送完毕了。具体格式如图 10-7 所示。

ⓐ 起始位。在没有数据传输时,通信线上处于逻辑 1 状态。当发送端要发送一个字符数据时,首先发送一个逻辑 0,这个低电平便是帧格式的起始位,作用是向接

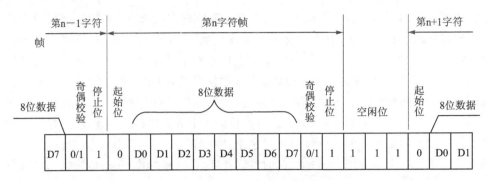

图 10 - 7 异步通信格式帧

收端表示发送端开始发送一帧数据了。接收端检测到这个低电平后就准备接收数据。

　　ⓑ 数据位。在起始位之后,发送端发出(或接收端接收)的是数据位,数据的位数没有严格的限制,5~8 位均可,由低位到高位逐位发送。

　　ⓒ 奇偶校验位。数据位发送完(接收完)之后,可发送一位用来验证数据在传送过程中是否出错的奇偶校验位。奇偶校验是收发双发预先约定的有限差错校验方法之一。有时也可不用奇偶校验。

　　ⓓ 停止位。字符帧格式的最后部分是停止位,逻辑"高(1)"电平有效,可占 1/2 位、1 位或 2 位。停止位表示传送一帧信息的结束,也为发送下一帧数据做好了准备。

(5) 串行通信的校验

　　串行通信的目的不只是传送数据信息,更重要的是应确保准确无误地传送。因此必须考虑在通信过程中对数据差错进行校验,因为差错校验是保证准确无误通信的关键。常用差错校验方法有奇偶校验、累加和校验以及循环冗余码校验等。

　　1) 奇偶校验

　　奇偶校验的特点是按字符校验,即在发送每个字符数据之后都附加一位奇偶校验位(1 或 0),当设置为奇校验时,数据中 1 的个数与校验位 1 的个数之和应为奇数;反之则为偶校验。收发双方应具有一致的差错校验设置,当接收 1 帧字符时,对 1 的个数进行校验,若奇偶性(收、发双方)一致则说明传输正确。奇偶校验只能检测到那种影响奇偶位数的错误,一般只用在异步通信中。

　　2) 累加和校验

　　累加和校验是指发送方将所发送的数据块求和,并将校验和附加到数据块末尾。接收方接收数据时先对数据块求和,将所得结果与发送方的校验和进行比较,若两者相同,表示传送正确,若不同则表示传送除了差错。校验和的加法运算可用逻辑加,也可用算术加。累加和校验的缺点是无法校验出字节或位序的错误。

　　3) 循环冗余码校验(CRC)

　　循环冗余码校验的基本原理是将一个数据块看成一个位数很长的二进制数,然后用一个特定的数去除它,将余数作为校验码附在数据块之后再一起发送。接收端收到数据块和校验码后进行同样的运算来校验传输是否出错。目前 CRC 已广泛用于数据存储和数据通信中,并在国际上形成规范,市面上已有不少现成的 CRC 软件算法。

2. 单片机的串行接口

STC89C52 单片机内部有一个可编程的全双工串行通信接口。该部件不仅能同时进行数据的发送和接收,也可作为一个同步移位寄存器使用。其内部结构如图 10-8 所示。

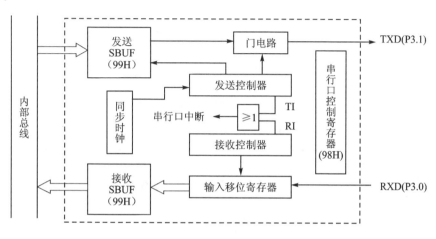

图 10-8　STC89C52 单片机串行接口内部结构图

(1) 串行数据缓冲器 SBUF

SBUF 是串行口缓冲寄存器,包括发送寄存器和接收寄存器,以便能以全双工方式进行通信。此外,在接收寄存器之前还有移位寄存器,从而构成了串行接收的双缓冲结构,这样可以避免在数据接收过程中出现重叠错误。发送数据时,由于 CPU 是主动的,不会发生帧重叠错误,因此发送电路不需要双重缓冲结构。

在逻辑上,SBUF 只有一个,既表示发送寄存器,又表示接收寄存器,具有同一个单元地址 99H。但在物理结构上,则有两个完全独立的 SBUF,一个是发送缓冲寄存器 SBUF,另一个是接收缓冲寄存器 SBUF。如果 CPU 写 SBUF,数据就会被送入发送寄存器准备发送;如果 CPU 读 SBUF,则读入的数据一定来自接收缓冲器。即 CPU 对 SBUF 的读/写,实际上是分别访问上述两个不同的寄存器。

(2) 串行控制寄存器 SCON

串行控制寄存器 SCON 用于设置串行口的工作方式、监视串行口的工作状态、控制发送与接收的状态等,是一个既可以以字节寻址又可以以位寻址的 8 位特殊功能寄存器,格式如图 10-9 所示。

① SM0 SM1:串行口工作方式选择位。其状态组合所对应的工作方式如表 10-1 所列。

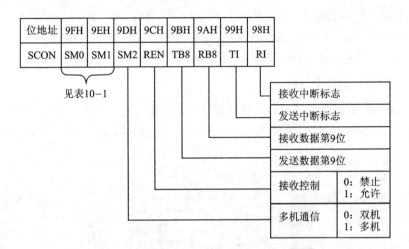

图 10-9 串口控制寄存器格式

表 10-1 串行口工作方式

SM0	SM1	工作方式	功能说明
0	0	0	同步移位寄存器输入/输出,波特率固定为 $F_{osc}/12$
0	1	1	10 位异步收发,波特率可变($T1$ 溢出率$/n, n=32$ 或 16)
1	0	2	11 位异步收发,波特率固定为 $F_{osc}/n(n=64$ 或 32)
1	1	3	11 位异步收发,波特率可变($T1$ 溢出率$/n, n=32$ 或 16)

② SM2:多机通信控制器位。在方式 0 中,SM2 必须设成 0。在方式 1 中,当处于接收状态时,若 SM2=1,则只有接收到有效的停止位 1 时,RI 才能被激活成 1(产生中断请求)。在方式 2 和方式 3 中,若 SM2=0,串行口以单机发送或接收方式工作,TI 和 RI 以正常方式被激活并产生中断请求;若 SM2=1,RB8=1 时,RI 被激活并产生中断请求。

③ REN:串行接收允许控制位。该位由软件设置或复位。REN=1,允许接收;REN=0,禁止接收。

④ TB8:方式 2 和方式 3 中要发送的第 9 位数据。该位由软件置位或复位。在方式 2 和方式 3 时,TB8 是发送的第 9 位数据。在多机通信中,以 TB8 位的状态表示主机发送的是地址还是数据,TB8 还可用作奇偶校验位。TB8=1,表示地址;TB8=0,表示数据。

⑤ RB8:接收数据第 9 位。在方式 2 和方式 3 时,RB8 存放接收到的第 9 位数据。RB8 也可作为奇偶校验位。在方式 1 中,若 SM2=0,则 RB2 是接收到的停止位。在方式 0 中,该位未用。

⑥ TI:发送中断标志位。TI=1,表示已结束一帧数据发送,可由软件查询 TI 为标志,也可以向 CPU 申请中断。注意:TI 在任何方式下都必须有软件清 0。

⑦ RI:接收中断标志位。RI=1,表示一帧数据接收结束。可由软件查询 RI 位标志,也可以向 CPU 申请中断。注意:RI 在任何方式下都必须由软件清 0。

3. 串行通信的波特率

波特率(Baud Rate)是串行通信中一个重要的概念,是指传输数据的速率,亦称比特率。波特率的定义是每秒传输二进制数码的位数。例如,波特率为 9 600 bps 是指每秒中能传输 9 600 位二进制数码。

波特率的倒数即为每位数据传输时间。例如:波特率为 9 600 bps,每位的传输时间为:

$$T_d = 1/9\ 600 = 1.042 \times e^{-4}(s)$$

波特率和字符的传输速率不同,若采用图 10-7 的数据帧格式,并且数据帧连续传送(无空闲位),则实际的字符传输速率为 9 600/11=872.73 bps。

波特率也不同于发送时钟和接收时钟频率。同步通信的波特率和时钟频率相等,而异步通信的波特率通常是可变的。

其实说到波特率,还有一个很重要的寄存器需要讲解,那就是电源控制寄存器(PCON)。电源管理寄存器(PCON)也在特殊功能寄存器中,字节地址为 87H,不可位寻址,复位值为 0x00,具体内容如表 10-2 所列。

表 10-2　电源管理寄存器(PCON)

位序号	D7	D6	D5	D4	D3	D2	D1	D0
位符号	SMOD	(SMOD0)	(LVDF)	(POF)	GF1	GF0	PD	IDL

SMOD——设置波特率是否倍增:

SMOD=0,串口方式 1、2、3 时,波特率正常;

SMOD=1,串口方式 1、2、3 时,波特率加倍。

SMOD0、LVDF 及 POF 这 3 个位与所用单片机有关,读者可查看相关数据手册,这里不统一介绍。

GF1、GF0——两个通用工作标志位,用户可以自由使用。

PD——掉电模式设定位:

PD=0,单片机处于正常工作状态;

PD=1,单片机进入掉电(Power Down)模式,可由外部中断低电平触发或由下降沿触发或者硬件复位模式唤醒,进入掉电模式后,外部晶振停振,CPU、定时器、串行口全部停止工作,只有外部中断继续工作。

IDL——空闲模式设定位:

IDL=0,单片机处于正常工作状态;

IDL=1,单片机进入空闲(Idle)模式,除 CPU 不工作外,其余的继续工作,在空闲模式下可由任意一个中断或硬件复位唤醒。

以下是 4 种方式波特率的计算公式：

➢ 方式 0 的波特率 $= f_{osc}/12$。

➢ 方式 1 的波特率 $= (2^{SMOD}/32)\times$（T1 溢出率）。

➢ 方式 2 的波特率 $= (2^{SMOD}/64)\times f_{osc}$。

➢ 方式 3 的波特率 $= (2^{SMOD}/32)\times$（T1 溢出率）。

其中，SMOD 就是电源管理寄存器中最高位，用来设置波特率是否倍增；f_{osc} 是系统晶振频率，MGMC - V1.0 实验板上是 11.059 2 MHz。T1 溢出率即定时器 T1 溢出的频率。这样，计算波特率就等价于计算 T1 的溢出率了。接下来看具体如何计算。

T1 溢出率就是 T1 定时器溢出的频率，只要算出 T1 定时器每溢出一次所需的时间 T，那么 T 的倒数 $1/T$ 就是它的溢出率。笔记 6 详细讲解了定时器 0 和定时器 1 的操作方法，例如要让定时器 1 每过 10 ms 溢出一次，只须在初值寄存器里赋一定的初值（读者可以自己计算）。既然 10 ms 溢出一次，代入上述公式就可以算出波特率了。若确定了通信波特率，当然也可以推算出溢出率了，进而算出定时所需的初值。

一般单片机通信的速度比较快，也就是说波特率比较高，若用前面所学的定时器方式一，采用中断里面重装初值的方法来定时，这样在进入中断、赋初值、输出中断等过程中会产生微小的时间误差，可当执行数次之后，误差会无限积累，最后导致通信失败。这里有个解决办法那就是用定时器 1 的方式二来定时，它是 8 位自动重装的，这样误差会降到最低，从而确保通信准确无误。

如何将定时器 1 设置到方式二，请读者参考笔记 6。其实方式二还比方式一简单，区别就是赋初值时两个寄存器都赋相同的值，例如 TH1 = 0xFD，TL1 = 0xFD，之后不用再重新装初值，因为它是自动重装的。举个例子，前面说过，杯子装满水后，若继续装则会溢出，但是杯子还是满的。可单片机不一样，只要溢出就会将原先的统统倒掉，所以要重新装初值，可这里不需要读者来完成，而是由它"哥哥"完成。方式二有两个"儿子"（TH1、TL1），大"儿子"（TH1）比较"乖"，小"儿子"（TL1）和单片机脾气一样不是太好。他们的母亲给每人 0xFD 个苹果，大"儿子"睡觉，小"儿子"计数，一计满就发脾气，将自己的 0xFF 个苹果统统扔掉了，这样"大哥"一看，小弟没苹果了，就会自动将自己的 0xFD 个苹果给小弟，弟弟就会接着开始计数。老大会特殊的"魔法"，那就是自己的苹果一直是 0xFD 个（取之不尽、用之不竭，不多不少）。方式二结构如图 10 - 10 所示。

举个例子，已知波特率时如何计算定时器初值 X？已知串口通信工作在方式 1 下，波特率为 9 600 bps，系统晶振频率为 11.059 2 MHz，求 TH1 和 TL1 中应装如的初始值？

解：设初值为 X，那么定时器每计（256－X）个数就溢出一次。前面说过，计一次数需要一个机器周期，一个机器周期为（12/11 059 200）s，这样，溢出一次的时间就为

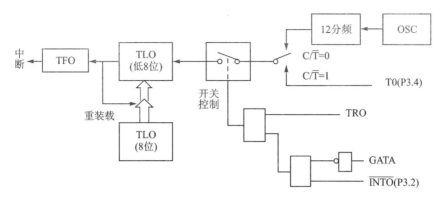

图 10 - 10　定时器方式 2 结构图

$[(256-X)\times(12/11\,059\,200)]$s,T1 的溢出率就是它的倒数,即 T1 溢出率=11 059 200/$(256-X)\times12$。这里取 SMOD=0(即波特率不倍增),最后将这些数值代入公式:串行通信的方式 1 的波特率=$(2^{SMOD}/32)\times$(T1 溢出率),即 9 600=$(2^0/32)\times$ $[11\,059\,200/(256-X)\times12]$,解出 X=253,十六进制数为 0xFD。同理,也可以算出波特率 2 400,4 800,19 200 等对应的 X 初值。

　　也可以用 STC-ISP 软件自带的波特率计算器来计算,只须设置好相应的选项就可以自动算出需求波特率所对应的定时器初值,具体操作如图 10 - 11 所示。

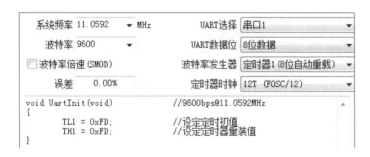

图 10 - 11　STC-ISP 软件的波特率计算界面图

　　细心的笔者注意到了,图 10 - 11 显示此时误差为 0.00%,若笔者将系统频率(晶振频率)改为 12 MHz,再来看看此时的误差。这时误差为 8.51%,如图 10 - 12 所示。

图 10 - 12　系统频率为 12 MHz 时所对应的误差值

有了上面的误差分析,读者应该能明白实验板上为何用 11.059 2 MHz 的晶振了。接着笔者给出几种常用波特率所对应的的初值和误差,以便读者参考,如表 10 - 3 所列。

表 10 - 3　常用波特率所对应的初值和误差

晶振频率/MHz	波特率/Hz	SMOD	T1 方式二定时器初值	误差/(%)
12.00	9 600	1	0xF9	6.99
12.00	9 600	0	0xFD	8.51
12.00	4 800	1	0xF3	0.16
12.00	4 800	0	0xF9	6.99
12.00	2 400	1	0XE6	0.16
12.00	2 400	0	0xF3	0.16
11.059 2	9 600	1	0xFA	0.00
11.059 2	9 600	0	0xFD	0.00
11.059 2	4 800	1	0xF4	0.00
11.059 2	4 800	0	0xFA	0.00
11.059 2	2 400	1	0xE8	0.00
11.059 2	2 400	0	0xF4	0.00

10.3.2　硬件设计

1. RS - 232C 串口通信标准与接口定义

(1) RS - 232C 的简介

RS - 232C 是美国电子工业协会(Electronic Industry Association,EIA)于 1962 年公布并与 1969 年修订的串行接口标准,已经成为了国际上通用的标准。1987 年 1 月,RS - 232C 经修改后正式改名为 EIA - 232D。由于标准修改并不多,因此现在很多厂商仍用旧的名称。

(2) 接口连接器

由于 RS - 232C 并未定义连接器的物理特性,因此,出现了 DB - 25 和 DB - 9 各种类型的连接器,其引脚的定义也各不相同。现在计算机上一般只提供 DB - 9 连接器,都为公头。相应连接线上的串口连接器也有公头和母头之分,如图 10 - 13 所示(图左为公头、图右为母头)。

作为多功能 I/O 卡或主板上提供的 COM1 和 COM2 两个串行接口的 DB - 9 连接器,它只提供异步通信的 9 个信号引脚,如图 10 - 14 所示,各引脚的信号功能描述见表 10 - 4。

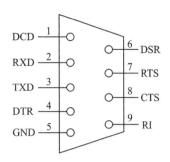

图 10 - 13 串口的公头与母头接口示意图　　　图 10 - 14　DB9 个引脚定义图

　　RS - 232 的每一个引脚都有它的作用,也有信号流动的方向。原来的 RS - 232 是用来连接调制解调器的,因此它的引脚位意义通常也和调制解调器传输有关。

　　从功能上来看,全部信号线分为 3 类,即数据线(TXD、RXD)、地线(GND)和联络控制线(DSR、DTR、RI、DCD、RTS、CTS)。

表 10 - 4　9 针串口的引脚功能

引脚号	符　号	通信方向	功　能
1	DCD	计算机→调制解调器	载波信号检测
2	RXD	计算机←调制解调器	接收数据
3	TXD	计算机→调制解调器	发送数据
4	DTR	计算机→调制解调器	数据终端准备好
5	GND	计算机=调制解调器	信号地线
6	DSR	计算机←调制解调器	数据装置准备好
7	RTS	计算机→调制解调器	请求发送
8	CTS	计算机←调制解调器	清除发送
9	RI	计算机←调制解调器	振铃信号提示

以下是这 9 个引脚的相关说明:

　　DCD:此引脚是由调制解调器(或其他 DCE,以下同)控制的,当电话接通之后,传输的信号被加载在载波信号上面,调制解调器利用此引脚通知计算机检测到载波,而当载波检测到时才可保证此时处于连接的状态。

　　RXD:此引脚负责将传输过来的远程信息进行接收。在接收的过程中,由于信息是以数字形式传输的,用户可以在调制解调器的 RXD 指示灯上看到明灭交错,这是 0、1 交替导致的结果,也就是高低电平所产生的现象。

　　TXD:此引脚负责将计算机即将传输的信息传输出去。在传输过程中,由于信息是以数字形式传输的,读者可以在调制解调器的 TXD 指示灯同样看到明灭交替的现象。

DTR:此引脚由计算机(或其他 DTE,以下同)控制,用以通知调制解调器可以进行传输。高电平时表示计算机已经准备就绪,随时可以接收信息。

GND:此引脚为地线,作为计算机和调制解调器之间的参考基准。两端设备的地线准位必须一样,否则会产生地回路,使得信号因参考基准的不同而产生偏移,也会导致结果失常。RS‐232 信息在传输上采用单向式的信号传输方式,特点是信号的电压基准由参考地线提供,因此传输双方的地线必须连接在一起,以避免基准不同而造成信息的错误。

DSR:此引脚由调制解调器控制。调制解调器用该引脚的高电位通知计算机一切均准备就绪,可以把信息传输过来了。

RTS:此引脚由计算机控制,用以通知调制解调器马上传输信息到计算机。而当调制解调器收到此信号后,便会将它在电话线上收到的信息传输给计算机,在此之前若有信息传输到调制解调器则会暂存在缓冲区中。

CTS:此引脚有调制解调器控制,用以通知计算机打算传输的信息已经到达调制解调器。当计算机收到此引脚的信息后,便把准备传输的信息送到调制解调器,而调制解调器则将计算机传输过来的信息通过电话线路送出。

RI:调制解调器通知计算机有电话进来,是否接听电话则由计算机决定。如果计算机设置调制解调器为自动应答模式,则调制解调器在听到铃响便会自动接听电话。

上述控制信号线何时有效、何时无效的顺序表示了接口信号的传输过程。例如,只有当 DSR 和 DTR 都处于有效(ON)状态时,才能在 DTE 和 DCE 之间进行传输操作。若 DTE 要发送数据,则预先将 DTR 线置成有效(ON)状态,等 CTS 线上收到有效(ON)状态的回答后,才能在 TXD 线上发送串行数据。这种顺序的规定对半双工的通信线路特别有用,因为半双工的通信确定 DCE 已由接收端向改为发送端向,这时线路才能开始发送。

可以从表 10‐4 了解到硬件线路上的数据流向。另外值得一提的是,如果从计算机的角度来看这些引脚的通信状况,流进计算机端的可以看作数字输入;而流出计算机端的,则可以看作数字输出。

数字输入与数字输出的关系是什么呢?从工业应用的角度来看,所谓的输入就是用来"检测"的,而输出就是用来"控制"的。

2. RS232 电平与 TTL 电平的转换

RS‐232C 对电气特性、逻辑电平和各种信号线功能都进行了规定,这里详细说明一下 RS232 电平。

在 TXD 和 TXD 上:逻辑 1 为−3~−15 V;逻辑 0 为+3~+15 V。在 RTS、CTS、DSR、DTR 和 DCD 等控制线上信号有效(接通,ON 状态,正电压)为+3~+15 V;信号无效(断开,OFF 状态,负电压)为−3~−15 V。

以上规定说明了 RS-232C 标准对逻辑电平的定义。对于数据(信息码):逻辑 1 的电平低于 -3 V,逻辑 0 的电平高于 $+3$ V。对于控制信号:接通状态(ON)即信号有效的电平高于 $+3$ V,断开状态(OFF)即信号无效的电平低于 -3 V,也就是当传输电平的绝对值大于 3 V 时,电路可以有效地检查出来,介于 $-3\sim+3$ V 之间的电压无意义,低于 -15 V 或高于 $+15$ V 的电压也认为无意义,因此,实际工作时,应保证电平在 $\pm(3\sim15)$ V 之间。

RS-232C 用正负电压来表示逻辑电平,与 TTL 以高低电平表示逻辑状态的规定不同,因此,为了能够同计算机接口或终端的 TTL 器件连接,必须在 RS-232C 与 TTL 电路之间进行电平和逻辑关系的转换,实现这种转换的方法可用分立元件,也可用集成电路芯片。目前较为广泛使用集成电路转换器件,如 MC1448、SN75150 芯片可完成 TTL 电平到 RS232 电平的转换,而 MC1489、SN75154 可实现 RS232 电平到 TTL 电平的转换,由于这些芯片的局限性,现在常用的 RS-232C/TTL 转换芯片是 MAX232。其实在一些电子消费类产品,为了节省成本,最常用的方法是用分立元件来搭建,因为这样搭建的电路成本还不到 0.1 元,若用 MAX232 至少也得 0.3 元左右。

① 分立元件实现 RS-232 电平与 TTL 电平的转换。上面已经提到,该电路成本较低,适合对成本要求严格的地方用,其电路原理如图 10-15 所示。

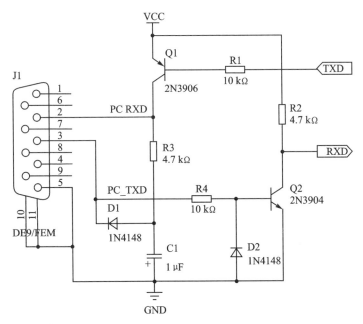

图 10-15　用分立元件搭建的 RS-232 与 TTL 电平的转换电路图

接着来分析一下该电路的工作原理。第一步,RS232 到 TTL 的转换过程。首先若 PC 发送逻辑电平 1,此时 PC_TXD 为高电平(电压为 $-3\sim-15$ V,也是默认电压),那么此时 Q2 截止,由于 R2 上拉的作用,RXD 此时就为高电平(逻辑电平 1);若 PC 发送逻辑电平 0,此时 PC_TXD 为低电平(电压为 +3～+15 V),那么 Q2 导通,则 RXD 为低电平(逻辑电平 0),这样就实现了 RS-232 到 TTL 的电平转换。第二步,TTL 到 RS-232 的转换过程。若 TTL 该端发送逻辑电平 1,那么此时 Q1 截止,但由于 PC_TXD 端默认电平为高(电压为 -3～-15 V),这样会通过 D1 和 R3 将 PC_RXD 拉成高电平(电压为 -3～-15 V);若发送逻辑电平 0,那么 Q1 导通,则 PC_RXD 端就为低电平(电压为 5 V 左右),这样就实现了 TTL 到 RS-232 电平的转换。此电路成本低,很适合消费类产品的应用。

② MAX232 实现 RS-232 电平与 TTL 电平的转换。MAX232 是 MAXIM 公司生产的,内部有电压倍增电路和转换电路。其中,电压倍增电路可以将单一的 5 V 转换成 RS-232 所需的 ±10 V。转换电路原理与上面分立元件原理相同,这里就不过多介绍了。

注意:由于 RS232 电平较高,接通时产生的瞬时电涌非常高,很有可能击毁 MAX232,所以使用中应尽量避免热插拔。其实不仅仅 MAX232,好多器件也有这种特殊的要求,因此,读者从一开始养成一个良好的习惯,不要热插拔器件(除非有热插拔需求),也不要手触摸芯片的金属引脚,防止静电击毁芯片。

MGMC-V1.0 实验板上是用 MAX232 来实现 RS-232 电平和 TTL 电平转换,原理如图 10-16 所示。其中,C2、C3、C4、C5 用于电压转换部分,由官方数据手册可知,这 4 个电容得用 1 μF 的电解电容,但经大量实验和实际应用分析可知,这 4 个电容完全可以由 0.1 μF 的非极性瓷片电容代替,因为这样可以节省 PCB 的面积和降低成本。C6 是用来滤波的。这几个电容在绘制 PCB 时,一定要靠近芯片的引脚放置,这样可以大大地可以提高抗干扰能力。至于芯片 7、8、9、10 这 4 个引脚,原理同上。

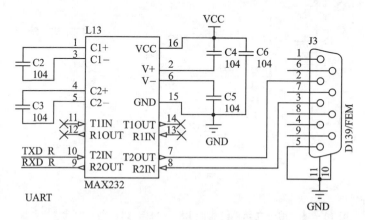

图 10-16 MGMC-V1.0 实验板 MAX232 原理图

最后再介绍一点与串口有关的硬件知识,那就是 USB 到 RS-232 的转换。由于读者大多都用的是笔记本电脑，一般没有串行接口，所以要掌握 USB 转 RS－232 的方法。USB 到 RS－232 的转换常用的芯片有 FT232RL、CP2102/CP2103、CH340、PL2303HX，这 4 款按性能好坏(其实价格与性能也是对应的，即价格高的性能好)排列为：FT232RL＞CP2102/CP2103＞CH340＞PL2303HX，笔者在综合性能和成本考虑之下选择了 CH340T 实现 USB 和 RS－232 的转换。该电路的原理设计只要参考 CH340 的数据数据手册就能很轻松实现，但是其 PCB 的绘制一定要注意，还有滤波电容一定不能少，原理图如图 10－17 所示。

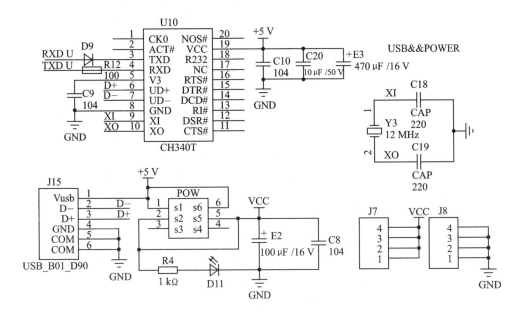

图 10－17　USB 下载和外扩电源接口电路图

其中，CH340T 是南京沁恒公司的产品，是一个 USB 总线的转换芯片，可以实现 USB 转串口、USB 转 IrDA 红外或者 USB 转打印口。在串口方式下，CH340 提供常用的 MEDEM 联络信号，用于为计算机扩展异步串口或者将普通的串口设备直接升级到 USB 总线。

该芯片特点又兼容 USB2.0，外围元件只需晶振和电容；完全兼容 Windows 操作系统下的串口应用程序；硬件全双工串口，内置收发缓冲区，支持通信波特率 10 bps～2 Mbps；支持常用的 MODEM 联络信号；通过外加电平转换器件，提供 RS232、RS485、RS422 等接口；软件兼容 CH341；提供 SSOP20 和 SOP16 无铅封装，兼容 RoHS。鉴于以上特点，对于单片机开发来说完全足够了。该芯片也是 STC 公司官方推荐产品，其引脚分配图及实物图如图 10－18 所示。

关于该芯片的细节，读者可以参考官方的数据手册，笔者这里简述几点：

① CH340 芯片内置了 USB 上拉电阻，所以 UD＋(6)和 UD－(7)引脚应该直接

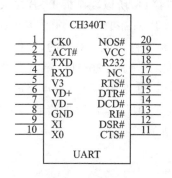

(a) 引脚分配图   (b) 实物图

图 10 - 18　CH340T 封装图和实物图

连接到 USB 总线上。这两条线是差分线,走线一定要严格,尽量短且等长,并且阻抗一定要匹配。还有一点,两条线的周围一定要严格包地,并且要多加地孔(当然不是越多越好)。

②　CH340 芯片正常工作时需要外部向 XI(9)引脚提供 12 MHz 的时钟信号。一般情况下,时钟信号有 CH340 内置的反相器通过晶体稳频振荡产生。外围电流只需要在 XI 和 XO 引脚连接一个 12 MHz 的晶振,并且分别为 XI 和 XO(10)引脚对地连接振荡电容。笔者要说明的是绘制 PCB 时这两条连接线要短,周围一定要环绕地线或者覆铜。两端工作电压一般为 2.4 V 左右。

③　CH340 芯片支持 5 V 或者 3.3 V 电压电压。当使用 5 V 工作电压时,CH340芯片的 VCC 引脚输入外部 5 V 电源,并且 V3(5)引脚应该外接容量为 4 700 pF 或者 0.01 μF 的电源退耦电容。当使用 3.3 V 工作电压时,CH340 芯片的 V3 引脚应该与 VCC 引脚相连,同时输入外部 3.3 V 电源,并且与 CH340 芯片相连的其他电路的工作电压不能超过 3.3 V。

④　数据传输引脚包括 TXD(3)引脚和 RXD(4)引脚。串口输入空闲时,RXD 应该为高电平,如果 RS232 引脚为高电平启用辅助 RS232 功能,那么 RXD 引脚内部自动插入一个反相器,默认为低电平。串口输出空闲时,CH340T 芯片的 TXD 为高电平。这两个引脚的高低电平很重要,在设计电路时一定要考虑进去。

原理图如图 10 - 16 所示。CH340T 和 MAX232 的实物如图 10 - 19(左半部分)所示。

可见,USB 接口(J15)不仅有为实验板供电的功能,还有串口通信功能。既然能通信,肯定就能给单片机下载程序,因此,一根 USB 线就可以实现单片机的供电、程序下载、串口调试。当然,笔者保留了 DB9 接口(J3),以便用 DB9 来调试串口。这两者之间用 J1、J6 处的跳线帽来选择,短接左端,选择 USB 来通信;短接右端,则选择 DB9 来通信。

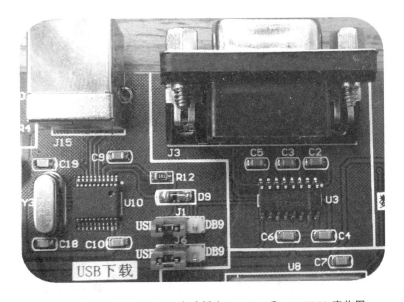

图 10 - 19　MGMC - V1.0 实验板上 CH340T 和 MAX232 实物图

10.3.3　软件分析

这小节只讲解几个子函数,以后读者直接应用就可以了。

第一个子函数:串口初始化函数。这里只说一点:寄存器的赋值。赋值方法如 TMOD＝0x20、SCON＝0x50,肯定没错,那为何要像下面函数的 3、4、9 行那样赋值呢? 这样赋值的好处是能保留别的位,且能防止误操作。通俗地说,就是只改变想改变的位,保留不想改变。

```
1.   void UART_Init(void)
2.   {
3.       TMOD & = 0x0f;        //清空定时器 1
4.       TMOD | = 0x20;        //定时器 1 工作于方式 2
5.       TH1 = 0xfd;           //为定时器 1 赋初值
6.       TL1 = 0xfd;           //等价于将波特率设置为 9 600
7.       ET1 = 0;             //防止中断产生不必要的干扰
8.       TR1 = 1;             //启动定时器 1
9.       SCON | = 0x50;        //串口工作于方式 1,并允许接收数据
10.  //    EA = 1;            //开总中断
11.  //    ES = 1;            //开串口中断
12.  }
```

第二个函数:发送一个字节函数:

```
1.   void UART_SendOneByte(uChar8 uDat)
2.   {
3.       SBUF = uDat;      //将待发送的数据放到发送缓冲器中
```

```
4.    while(!TI);      //等待发送完毕(未发送完时"TI"为:0,发送完之后为:1)
5.    TI = 0;          //既然硬件置"1"了,那必须软件清"0"
6.  }
```

第三个函数:发送字符串函数。该函数通过调用发送一个字节函数来实现,只是参数是字符串,这里为了方便操作,用指针来作形参。

```
1.  void UART_SendString(uChar8 * upStr)
2.  {
3.      while( * upStr)                    //检测是否发送完毕(别忘了隐形的"\0")
4.      {
5.          UART_SendOneByte( * upStr ++ );
6.          //调用 UART_SendOneByte 函数一个字节一个字节发送数据
7.      }
8.  }
```

第四个函数:printf()函数,不过单片机中的 printf()函数与 C 语言中的有别,最后加几句修饰词。这里提供两种写法,一种中断法用;另一种是非中断法用,如表 10－5 所列。

表 10－5　单片机中 printf()函数的用法

第一种:中断法下的 printf()函数	第二种:非中断法下的 printf()函数
1.　ES=0;　　//关闭串口中断	
2.　TI=1;　　//置位发送中断标志位	A.　TI=1;　　//置位发送中断标志位
3.　printf("麦光电子工作室!");	B.　printf("麦光电子工作室!");
4.　while(!TI);	C.　while(!TI);
5.　TI=0;　　//清除发送中断标志位	D.　TI=0;　　//清除发送中断标志位
6.　ES=1;　　//打开串口中断	

要解释清楚 printf()函数,必须得从该函数的本质入手,那该函数的本质又是什么？答案是:putchar()函数。putchar()函数在 Keil4 软件安装目录下的 LIB 文件夹里(笔者的路径:D:\PRO_XYMB\keil4\C51\LIB),这个路径在讲 C 语言和汇编语言混合编程时提过,打开 LIB 文件下的 PUTCHAR.c 文件,里面有很重要的一句:"while(!TI);",意思是等待 TI 变为 1 之后才发送出去,否则一直等待。这就是前面要加 TI=1 的原因,如果不加,程序会死在 putchar()函数中。那为何 printf()函数之后又要加 TI=0,这是由于串口发送完数据之后硬件会将其置 1,这样程序会进入中断,若不清 0,那么又会死在中断里面。这时其实已经解释了为何要关闭中断(ES=0;),答案是:否则程序会死在中断里面。既然关闭了,为了后续能用中断,又得打开。

10.4 实例诠释串口

实例 30 调试的第三只手——串口调试

```
1.   #include <reg52.h>
2.   #include <stdio.h>
3.   #define uChar8 unsigned char
4.   #define uInt16 unsigned int
5.   void DelayMS(uInt16 ValMS)
6.   {    /* 同上 */   }
7.   void UART_Init(void)
8.   {    /* 见软件分析部分 */   }
9.   void UART_SendOneByte(uChar8 uDat)
10.  {    /* 见软件分析部分 */   }
11.  void UART_SendString(uChar8 * upStr)
12.  {    /* 见软件分析部分 */   }
13.  /************************************************/
14.  //函数名称:Arithmetic()
15.  //函数功能:四则运算
16.  //入口参数:待运算的两个数:a、b
17.  //出口参数:无
18.  /************************************************/
19.  void Arithmetic(uInt16 a,uInt16 b)
20.  {
21.      float fTemp;
22.      uInt16 uTemp;
23.      UART_SendString("  现在演示的是四则运算 \n");
24.      UART_SendString("/*====================*/\n");
25.      TI = 1; printf("\ta 的值为:% d\t\n",a); while(!TI); TI = 0;
26.      UART_SendString("/*====================*/\n");
27.      TI = 1; printf("\tb 的值为:% d\t\n",b); while(!TI); TI = 0;
28.      UART_SendString("/*====================*/\n");
29.      uTemp = a + b;
30.      TI = 1; printf("\ta + b = % d\t\n",uTemp); while(!TI); TI = 0;
31.      UART_SendString("/*====================*/\n");
32.      uTemp = a - b;
33.      TI = 1; printf("\ta - b = % d\t\n",uTemp); while(!TI); TI = 0;
34.      UART_SendString("/*====================*/\n");
35.      uTemp = a * b;
36.      TI = 1; printf("\ta    b = % d\t\n",uTemp); while(!TI); TI = 0;
37.      UART_SendString("/*====================*/\n");
38.      fTemp = (float)a/b;
39.      TI = 1; printf("\ta    b = % f \t\n",fTemp); while(!TI); TI = 0;
40.      UART_SendString("/*====================*/\n");
41.  }
42.  void main(void)
```

```
43.    {
44.        UART_Init();DelayMS(10);      //初始化完之后,稍作等待。
45.        UART_SendString("/* ===================== */\n");
46.        UART_SendString("   欢迎使用 MGMC-V1.0 实验板\n");
47.        UART_SendString("/* ===================== */\n");
48.        while(1)
49.        {
50.            Arithmetic(13,7);
51.            DelayMS(1000);
52.        }
53.    }
```

运行效果如图 10 - 20 所示。

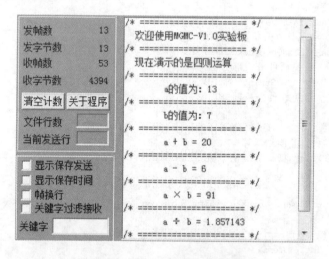

图 10 - 20 四则运算串口调试界面图

实例 31 通信的桥梁——收发必须统一

实例简述:运用 MGMC-V1.0 实验板实现 PC 机与单片机的互相通信。具体实验过程是编写程序,当 PC 机给单片机发送一个字符后,单片机回传 PC 机发送给它的字符的十六进制数。例如 PC 机向单片机发送一个字符"3",则单片机向 PC 机回传:"你给了我了一个:3;I give you it's ASCII 0x33"。

```
1.   # include <reg52.h>
2.   # include <stdio.h>
3.   # define uChar8 unsigned char
4.   # define uInt16 unsigned int
5.   bit bStatusFlag = 0;            //接收与发送共用标志位
6.   void DelayMS(uInt16 ValMS)
7.   {   /* 同上 */   }
8.   void UART_Init(void)
9.   {
10.      TMOD & = 0x0f;              //清空定时器 1
```

```
11.        TMOD | = 0x20;              //定时器 1 工作于方式 2
12.        TH1 = 0xfd;                 //为定时器 1 赋初值
13.        TL1 = 0xfd;                 //等价于将波特率设置为 9 600
14.        ET1 = 0;                    //防止中断产生不必要的干扰
15.        TR1 = 1;                    //启动定时器 1
16.        SCON | = 0x50;              //串口工作于方式 1,允许接收
17.    }
18.    void UART_SendOneByte(uChar8 uDat)
19.    {    /* 见实例 30 */    }
20.    void UART_SendString(uChar8 * upStr)
21.    {    /* 见实例 30 */    }
22.    uChar8 UART_RecDat(void)
23.    {
24.        static uChar8 uReceiveData;
25.        if(RI)                      //等待 RI 置"1",接收完硬件会自动置"1"
26.        {
27.            uReceiveData = SBUF;    //读取接收缓冲寄存器中的数据
28.            RI = 0;                 //必须清"0",否则你懂得,呵呵
29.            bStatusFlag = 1;        //将状态标志置"1",表示一帧数据接收完毕
30.        }
31.        return (uReceiveData);
32.    }
33.    void UART_SendDat(void)
34.    {
35.        uInt16 uTemp = 0;
36.        uTemp = UART_RecDat();      //将接收到的数据暂时保存在零时变量 uTemp 中
37.        if(bStatusFlag)             //判断是否接收完一个字节数据
38.        {
39.            UART_SendString("你给我了一个:");
40.            UART_SendOneByte(uTemp);        //回传接收到的数据
41.            UART_SendString("\n");
42.            TI = 1; printf("I give you it's ASCII 0x%x\n",uTemp); while(!TI); TI = 0;
43.            UART_SendString("/* ==================== */\n");
44.            bStatusFlag = 0;        //清除标志位,以便跳出条件判断
45.        }
46.    }
47.    void main(void)
48.    {
49.        UART_Init();
50.        DelayMS(10);                //稍作等待
51.        UART_SendString("/* ==================== */\n");
52.        UART_SendString("  欢迎使用 MGMC - V1.0 实验板\n");
53.        UART_SendString("/* ==================== */\n");
54.        while(1)
55.        {
56.            UART_SendDat();
57.            P2 = UART_RecDat();     //用 8 个 LED 灯来指示接收到的数据,以便观察
58.        }
59.    }
```

最后程序运行效果图如图 10 - 21 所示。

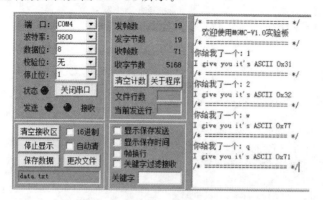

图 10 - 21　收发调试界面图

实例 32　上位机与下位机通信载体——串口

这部分源码可以参考本书配套资料,实验板上运行的效果如图 10 - 22 所示,上位机运行效果如图 10 - 23 所示。

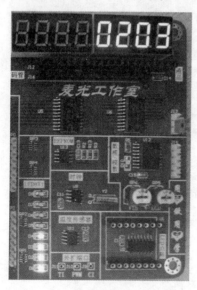

图 10 - 22　下位机运行效果图

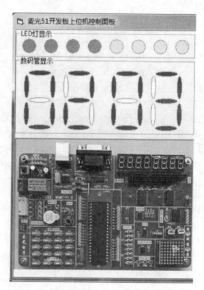

图 10 - 23　上位机运行效果图

10.5　知识扩展——上拉电阻和下拉电阻

在说上、下拉电阻之前,不得不提两个电流的概念,这两个电流的概念笔者以前也提过,只是没有系统说明。

10.5.1 拉电流与灌电流

1. 拉电流和灌电流的概念

拉电流和灌电流是衡量电路输出驱动能力的参数,这种说法一般用在数字电路中。特别注意:拉、灌都是对输出端而言的,所以是驱动能力。这里首先要说明,芯片手册中的拉、灌电流是一个参数值,是芯片在实际电路中允许输出端拉、灌电流的上限值(所允许的最大值)。而下面要讲的这个概念是电路中的实际值。

由于数字电路的输出只有高、低(0、1)两种电平值,高电平输出时,一般是输出端对负载提供电流,其提供电流的数值叫"拉电流";低电平输出时,一般是输出端要吸收负载的电流,其吸收电流的数值叫"灌(入)电流"。

对于输入电流的器件而言:灌入电流和吸收电流都是输入的,灌入电流是被动的,吸收电流是主动的。如果外部电流通过芯片引脚向芯片内流入称为灌电流(被灌入);反之如果内部电流通过芯片引脚从芯片内流出称为拉电流(被拉出)。

2. 为什么能够衡量输出驱动能力

当逻辑门输出端是低电平时,灌入逻辑门的电流称为灌电流,灌电流越大,输出端的低电平就越高。由三极管输出特性曲线也可以看出,灌电流越大,饱和压降越大,低电平越大。然而,逻辑门的低电平是有一定限制的,有一个最大值 UOLMAX。在逻辑门工作时,不允许超过这个数值,TTL 逻辑门的规范规定 UOLMAX$\leqslant$0.4~0.5 V(STC89C52 的 UOLMAX 为 0.7 V)。所以,灌电流有一个上限。

当逻辑门输出端是高电平时,逻辑门输出端的电流是从逻辑门中流出,这个电流称为拉电流。拉电流越大,输出端的高电平就越低。这是因为输出级三极管是有内阻的,内阻上的电压降会使输出电压下降。拉电流越大,输出端的高电平越低。然而,逻辑门的高电平是有一定限制的,有一个最小值 UOHMIN。在逻辑门工作时,不允许超过这个数值,TTL 逻辑门的规范规定 UOHMIN$\geqslant$2.4 V(STC89C52 的 UOLMAX 为 1.8 V)。所以,拉电流也有一个上限。

可见,输出端的拉电流和灌电流都有一个上限,否则高电平输出时,拉电流会使输出电平低于 UOHMIN;低电平输出时,灌电流会使输出电平高于 UOLMAX。所以,拉电流与灌电流反映了输出驱动能力(芯片的拉、灌电流参数值越大,意味着该芯片可以接更多的负载,因为灌电流是负载给的,负载越多,被灌入的电流越大)。

由于高电平输入电流很小,在微安级,一般可以不必考虑,低电平电流较大,在毫安级,所以,往往低电平的灌电流不超标就不会有问题。用扇出系数来说明逻辑门驱动同类门的能力,扇出系数 No 是低电平最大输出电流和低电平最大输入电流的比值。

在集成电路中,吸电流、拉电流输出和灌电流输出是一个很重要的概念。拉即泄,主动输出电流,是从输出口输出电流;灌即充,被动输入电流,是从输出端口流入;

吸则是主动吸入电流,是从输入端口流入。

吸电流和灌电流就是从芯片外电路通过引脚流入芯片内的电流,区别在于吸收电流是主动的,从芯片输入端流入的叫吸收电流。灌入电流是被动的,从输出端流入的叫灌入电流。拉电流是数字电路输出高电平时给负载提供的输出电流,灌电流时输出低电平是外部给数字电路的输入电流,它们实际就是输入、输出电流的能力。

吸收电流是对输入端(输入端吸入)而言的;而拉电流(输出端流出)和灌电流(输出端被灌入)是相对输出端而言的。

10.5.2 上拉电阻和下拉电阻

笔者在讲述三极管时提到过上拉电阻和下拉电阻,但并没有详细讲解上下拉电阻究竟有何用,或者说电阻究竟取多大为宜,接下来围绕这几个问题来讲述一下上下拉电阻。

1. 上、下拉电阻的概念

上拉电阻就是把不确定的信号通过一个电阻嵌位在高电平,此电阻还起到限流的作用。同理,下拉电阻是把不确定的信号嵌位在低电平。上拉电阻是针对器件的输入电流(也即灌电流),而下拉电阻针对的是输出电流(也即拉电流)。

2. 上、下拉电阻的作用

① 上拉就是将不确定的信号通过一个电阻嵌位在高电平,以此来给芯片引脚一个确定的电平,以免使芯片引脚悬空发生逻辑错乱。

② 上拉为加大输出引脚的驱动能力。下拉同理。

3. 上、下拉电阻的应用总结

① 当 TTL 电路驱动 CMOS 电路时,如果 TTL 电路输出的高电平低于 CMOS 电路的最低高电平(一般为 3.5 V),这时就需要在 TTL 的输出端接上拉电阻,以提高输出高电平的值。

② OC 门电路必须加上拉电阻,以提高输出的高电平值。

③ 为加大输出引脚的驱动能力,有的单片机引脚上也常使用上拉电阻。

④ 在 CMOS 芯片上,为了防止静电造成损坏,不用的引脚不能悬空,一般接上拉电阻以降低输入阻抗,提供泄荷通路。

⑤ 芯片的引脚加上拉电阻来提高输出电平,从而提高芯片输入信号的噪声容限,以提高增强干扰能力。

⑥ 提高总线的抗电磁干扰能力,引脚悬空就比较容易接受外界的电磁干扰。

⑦ 长线传输中电阻不匹配容易引起反射波干扰,加下拉电阻是为了电阻匹配,从而有效抑制反射波干扰。

4. 上、下拉电阻的选取原则

① 从节约功耗及芯片的灌电流能力考虑应当足够大;电阻大,电流小。

② 从确保足够的驱动电流考虑应当足够小;电阻小,电流大。

③ 对于高速电路,过大的上拉电阻可能会使边沿变平缓。

综合考虑以上 3 点,通常在 $1 \sim 10 \text{ k}\Omega$ 之间选取,笔者一般选用 $4.7 \text{ k}\Omega$ 或 $10 \text{ k}\Omega$。下拉电阻也有类似的道理。

笔记 **11**

有一种总线叫 I²C 总线

11.1 夯实基础——C 语言之函数

如何组织一个程序呢？在 C 语言的设计原则上把函数作为程序的构成模块。例如前面用过的库函数 printf( )、_nop_( )等，还有自己编写的 DelayMS( )、Timer0Init( )等函数。

1. 什么是函数

函数（function）是用于完成特定任务的程序代码的自包含单元。尽管 C 中的函数和其他语言中的函数、子程序或子过程等扮演着相同的角色，但是在细节上会有所不同。某些函数会导致执行某些动作，比如 printf( )可使数据呈现在屏幕上；还有一些函数能返回一个值以供程序使用，如 strlen( )将制定字符串的长度传递给程序。一般来讲，一个函数可同时具备以上两种功能。

2. 为什么使用函数

第一，函数的使用可以省去重复代码的编写。如果程序中需要多次使用某种特定的功能，那么只须编写一个合适的函数即可。程序可以在任何需要的地方调用该函数，并且一个函数可以在不同的程序中调用，就像在许多程序中需要使用 DelayMS( )函数一样。

第二，即使某种功能在程序中只使用一次，将其以函数的形式实现也是有必要的，因为函数使得程序更加模块化，从而有利于程序的阅读、修改和完善。

3. 函数的分类

一、从函数定义的角度看，函数可分为库函数和用户定义函数两种。

① 库函数。系统提供，用户无需定义，也不必在程序中做类型说明，只需在程序前包含有该函数原型的头文件即可在程序中直接调用。例如包含＜stdio. h＞之后就可以调用 printf( )函数。

② 用户定义函数。由用户按需要写的函数。对于用户自定义函数，不仅要在程序中定义函数本身，而且在主调函数模块中还必须对该被调函数进行类型说明，然后

才能使用。

二、C 语言的函数兼有其他语言中的函数和过程两种功能,从这个角度看,又可把函数分为有返回值函数和无返回值函数两种。

① 有返回值函数。此类函数被调用执行完后将向调用者返回一个执行结果,称为函数返回值。如数学函数即属于此类函数。由用户定义的这种要返回函数值的函数,必须在函数定义和函数说明中明确返回值的类型。

② 无返回值函数。此类函数用于完成某项特定的处理任务,执行完成后不向调用者返回函数值。

三、从主调函数和被调函数之间数据传送的角度看又可分为无参函数和有参函数两种。

① 无参函数。函数定义、函数说明及函数调用中均不带参数。主调函数和被调函数之间不进行参数传送。此类函数通常用来完成一组指定的功能,可以返回或不返回函数值。

② 有参函数,也称为带参函数。在函数定义及函数说明时都有参数,称为形式参数(简称为形参)。在函数调用时也必须给出参数,称为实际参数(简称为实参)。进行函数调用时,主调函数将把实参的值传送给形参,供被调函数使用。前面程序中见过的无参函数和有参函数就很多了,例如无参函数 Timer0Init( )、有参函数 DelayMS(uInt16 ms)。

这里读者需要注意以下几点:

① 实参可以是变量,也可以是表达式,或者是最直接的值,目的都是把实参的值传递给自定义函数中的形参。

② 函数的值只能通过 return 语句返回主调函数。return 语句一般形式为 return 表达式,或者为 return(表达式)。该语句的功能是计算表达式的值,并返回给主调函数。在函数中允许有多个 return 语句,但每次调用只能有一个 return 语句被执行,因此只能返回一个函数值。

③ 函数值的类型和函数定义中函数的类型应保持一致。

④ 不返回函数值的函数,可以明确定义为"空类型",类型说明符为"void"。

举例:综合说明函数的执行和各个参数的传递过程,程序源码如下:

```
1.   char AddXYZ(char a,char b,char x);
2.   void main(void)
3.   {
4.       char x = 10;
5.       char y = 20;
6.       char z = 30;
7.       char xyz = 0;
8.       xyz = AddXYZ(x,y,z);
9.   }
10.  char AddXYZ(char a,char b,char c)
```

11.   {
12.   char abc = 0;
13.   abc = a + b + c;
14.   return(abc);
15.   }

程序说明:第 1 行,由于函数 AddXYZ()定义于主函数的后面,所以需要声明此函数,若定义在主函数前就不需要声明了;第 8 行,调用函数 AddXYZ(),并且将实参 x(10)、y(20)、z(30)传递给形参 a、b、c,之后运行第 13 行程序,计算 a + b + c,并将值赋给 abc,接着执行第 14 行程序,将 abc 返回,再赋值给 xyz,这样 xyz 的值就为 60。剩余的关于函数的编码风格等内容可参考《C 语言深度解剖》第 6 章。

4. 函数的命名规则

函数的命名没有变量那么多规则,但没规则不意味着函数的命名可以随便。例如计算两个数的和,若写成这样的函数 jia(int x,int y),或许读者现在能明白,时间一长只看函数名很难知道该函数的功能,因此函数的命名还是一样,望文知义很重要,书写格式很重要。

前面说过,变量的命名只有两种方法:匈牙利命名法和驼峰大小式命名法。笔者认为,函数的命名主要是利用驼峰大小写中的大驼式命名,例如 MyFirstName、WrDataToLCD。

同样在讲述变量命名时最后笔者补充了两点,其中一点是说变量命名使用名词性词组,一般结构为:目标词+动词(的过去分词)+[状语]+[目的地]。例如 DataGotFromSD、DataDeletedFromSD。那函数如何命名呢?

函数的格式稍微有变,先来两个例子做对比。例如:GetDataFromSD、DeleteDataFromSD,两者大致意思都是从 SD 中取得、删除数据,但结构有别,现将函数的命名一般结构总结为:动词(一般现在时)+目标词 +[状语]+[目的地]。

11.2　工程图示 EEPROM

从下图可以看到,单片机通过 I^2C 可以和很多器件通信。现在的很多芯片(从复杂的 DSP 到一般的测控芯片)都集成了 I^2C 通信协议,I^2C 总线是各种总线中使用信

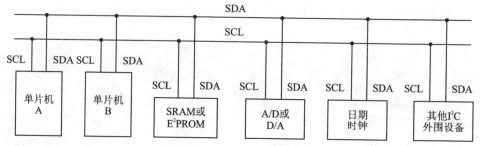

号线比较少且通信比较可靠的总线之一。使用具有 I²C 功能的芯片可以使系统方便灵活,减少电路板的空间,降低系统成本。

11.3 I²C 总线和 AT24C02 的点点滴滴

采用串行总线技术可以使系统的硬件设计大大简化、系统的体积减小、可靠性提高。同时系统的更改和扩充极为容易。常用的串行总线有 I²C 总线、单总线(1 - WIRE BUS)、SPI(Serial Peripheral Interface)总线即 Microwire/PLUS 等。本书主要以 AT24C02 为例来介绍 I²C 总线。

11.3.1 原理说明

1. I²C 总线

I²C 总线是 PHLIPS 公司于 20 世纪 80 年代推出的一种串行总线,是具备多主机系统所需的包括总线裁决和高低器件同步功能的高性能串行总线,主要优点是其简单性和有效性。由于接口直接在组件之上,因此 I²C 总线占用的空间非常小,减少了电路板的空间和芯片引脚的数量,降低了互联成本。I²C 总线的另一个优点是支持多主控,其中任何能够进行发送和接收的设备都可以成为主总线。一个主控能够控制信号的传输和时钟频率。当然,在任何时间点上只能有一个主控。

I²C 总线具备以下特性:

➢ 只要求两条总线线路:一条串行数据线(SDA)及一条串行时钟线(SCL)。

➢ 每个连接到总线的器件都可以通过唯一的地址和一直存在的简单主机/从机关联,并由软件设定地址,主机可以作为主机发送器或主机接收器。

➢ 它是一个真正的多主机总线,如果两个或更多主机同时初始化数据传输,则可以通过冲突检测和仲裁防止数据被破坏。

➢ 串行的 8 位双向数据传输位速率在标准模式下可达 100 kbps,快速模式下可达 400 kbps,高速模式下可达 3.4 Mbps。

➢ 片上的滤波器可以滤去总线数据线上的毛刺波,保证数据完整。

➢ 连接到相同总线的 IC 数量只受到总线的最大电容 400 pF 限制。

再来说明几个 I²C 总线中常用的名词,如表 11 - 1 所列。

表 11 - 1 I²C 总线常用术语

术　语	功能描述
发送器	发送数据到总线的器件
接收器	从总线接收数据的器件
主机	初始化发送、产生时钟信号和终止发送的器件

续表 11 - 1

术　语	功能描述
从机	被主机寻址的器件
多主机	同时有多于一个主机尝试控制总线,但不破坏报文
仲裁	是一个在有多个主机同时尝试控制总线,但只允许其中一个控制总线并使报文不被破坏的过程
同步	两个或多个器件同步时钟信号的过程

(1) I²C 总线硬件结构图

I²C 总线通过上拉电阻接正电源。当总线空闲时,两根线均为高电平。连到总线上的任一器件输出的低电平都将使总线的信号变低,即各器件的 SDA 和 SCL 都是线与的关系,硬件关系如图 11 - 1 所示。

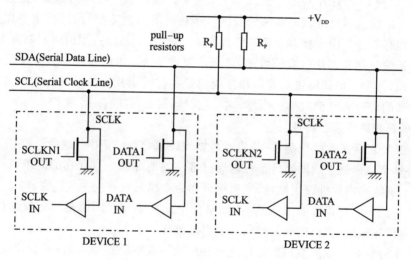

图 11 - 1　I²C 总线连接示意图

每个连接到 I²C 总线上的器件都有唯一的地址。主机与其他器件间的数据传送可以是由主机发送数据到其他器件,这时主机即为发送器。由总线上接收数据的器件则为接收器。在多主机系统中,可能同时有几个主机企图启动总线传输数据。为了避免混乱,I²C 总线要通过总线仲裁,以决定由哪一台主机控制总线。

(2) I²C 总线的数据传送

1) 数据位的有效性规定

I²C 总线进行数据传送时,时钟信号为高电平期间,数据线上的数据必须保持稳定,只有在时钟线上的信号为低电平期间,数据线上的高、低电平状态才允许变化,如图 11 - 2 所示。

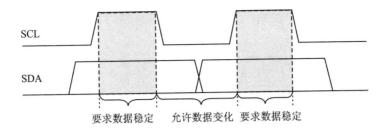

要求数据稳定　允许数据变化　要求数据稳定

图 11 - 2　I²C 总线数据位的有效性规定

2）起始和终止信号

SCL 线为高电平期间，SDA 线由高电平向低电平的变化表示起始信号；SCL 线为高电平期间，SDA 线由低电平向高电平的变化表示终止信号，如图 11 - 3 所示。

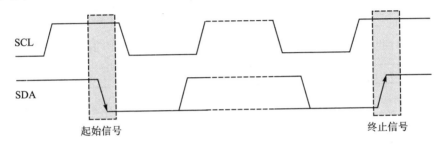

起始信号　　　　　　　　　　　　　　　　终止信号

图 11 - 3　起始和终止信号图

起始和终止信号都是由主机发出的，在起始信号产生后，总线就处于被占用的状态；在终止信号产生后，总线就处于空闲状态。

对于连接到 I²C 总线上的器件，若具有 I²C 总线的硬件接口，则很容易检测到起始和终止信号。对于不具备 I²C 总线硬件接口的有些单片机来说，为了检测起始和终止信号，必须保证在每个时钟周期内对数据线 SDA 采用两次。

接收器件接收到一个完整的数据字节后，有可能需要完成一些其他工作，如处理内部中断服务等，可能无法立刻接收下一个字节，这时接收器件可以将 SCL 线拉成低电平，从而使主机处于等待状态。直到接收器件准备好接收下一个字节时，再释放 SCL 线使之为高电平，从而使数据传送可以继续进行。

3）数据传送格式

ⓐ **字节传送与应答**

每一个字节必须保证是 8 位长度。数据传送时，先传送最高位（MSB），每一个被传送的字节后面都必须跟随一位应答位（即一帧共有 9 位），如图 11 - 4 所示。

ⓑ **数据帧格式**

I²C 总线上传送的数据信号是广义的，既包括地址信号，又包括真正的数据信号。在起始信号后必须传送一个从机的地址（7 位），第 8 位是数据的传送方向（R/

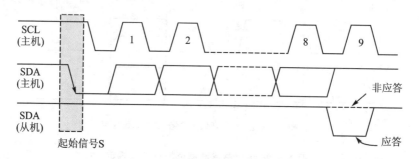

图 11－4　数据传送格式与应答示意图

T)，用"0"表示主机发送数据（T），"1"表示主机接收数据（R）。每次数据传送总是由主机产生的终止信号结束。但是，若主机希望继续占用总线进行新的数据发送，则可以不产生终止信号，马上再次发出起始信号对另一从机进行寻址。

　　在总线的一次数据传送过程中，可以有以下几种组合方式：

　　① 主机向从机发送数据，数据传送方向在整个传送过程中不变，格式如下：

S	从机地址	0	A	数据	A	数据	A/$\overline{A}$	P

　　注：有阴影部分表示数据由主机向从机传送，无阴影部分则表示数据由从机向主机传送。A 表示应答，$\overline{A}$ 表示非应答。S 表示起始信号，P 表示终止信号。

　　② 主机在第一个字节后，立即由从机读数据格式如下：

S	从机地址	1	A	数据	A	数据	$\overline{A}$	P

　　③ 在传送过程中，当需要改变传送方向时，起始信号和从地址都被重复产生一次，但两次读/写方向位正好相反。

S	从机地址	0	A	数据	A/$\overline{A}$	S	从机地址	1	A	数据	$\overline{A}$	P

　　4）I^{2}C 总线的寻址

　　I^{2}C 总线协议有明确的规定：有 7 位和 10 位的两种寻址字节，这里主要讲解 7 位的寻址字节（寻址字节是起始信号后的第一个字节）。

　　寻址字节的位定义如表 11－2 所列。

表 11－2　寻址字节位定义表

位	7	6	5	4	3	2	1	0
说　明	从机地址							R/W

　　D7～D1 位组成从机的地址。D0 位是数据传送方向位，"0"时表示主机向从机写数据，"1"时表示主机由从机读数据。

　　说明一：主机发送地址时，总线上的每个从机都将这 7 位地址码与自己的地址进行比较，如果相同，则认为自己正被主机寻址，之后根据 R/W 位来确定自己是发送器还是接收器。例如老师喊一个学号(34 号),之后每个同学都会将 34 与自己的学号对比,若张三发现自己的学号是 34,那说明老师叫的是张三。

说明二:从机的地址由固定部分和可编程部分组成。在一个系统中可能希望接入多个相同的从机,从机地址中可编程部分决定了可接入总线该类器件的最大数目。如一个从机的 7 位寻址位有 4 位固定,3 位可编程,那么这条总线上最大能接 8(2³)个从机。

2. AT24C02 概述

(1) AT24C02 概述

AT24C02 是一个 2K 位串行 CMOS EEPROM,内部含有 256 个 8 位字节。该器件有一个 16 字节页写缓冲器。器件通过 I²C 总线接口进行操作,有一个专门的写保护功能。

(2) AT24C02 的特性

工作电压:1.8～5.5 V;输入/输出引脚兼容 5 V;输入引脚经施密特触发器滤波抑制噪声;兼容 400 kHz;支持硬件写保护;读/写次数:1 000 000 次,数据可保存 100年。综合这些特性,完全能满足日常设计应用。

(3) AT24C02 的封装及引脚定义

封装形式有 6 种,MGMC - V1.0 实验板上选用的是 SOIC8P 的封装,其引脚定义图与 SOIC8P 封装实物图分别如图 11 - 5 及表 11 - 3 所示。

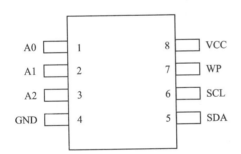

图 11 - 5　AT24C02 引脚图和实物图

表 11 - 3　AT24C02 引脚描述表

引脚名称	功能描述
A2、A1、A0	器件地址选择
SCL	串行时钟
SDA	串行数据
WP	写保护(高电平有效。0→读写正常;1→只能读,不能写)
VCC	电源正端(+1.6～6 V)
GND	电源地

（4）AT24C02 的时序

时序如图 11-6 所示。

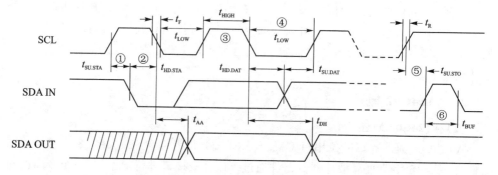

图 11-6　AT24C02 的时序图

实现图上当然有很多时间要求,但这里只说明①~⑥,其他的请查阅官方数据手册:

① 在 100 kHz 下,至少需要 4.7 μs;在 400 kHz 下,至少要 0.6 μs。

② 在 100 kHz 下,至少需要 4.0 μs;在 400 kHz 下,至少要 0.6 μs。

③ 在 100 kHz 下,至少需要 4.0 μs;在 400 kHz 下,至少要 0.6 μs。

④ 在 100 kHz 下,至少需要 4.7 μs;在 400 kHz 下,至少要 1.2 μs。

⑤ 在 100 kHz 下,至少需要 4.7 μs;在 400 kHz 下,至少要 0.6 μs。

⑥ 在 100 kHz 下,至少需要 4.7 μs;在 400 kHz 下,至少要 1.2 μs。

（5）存储器与寻址

AT24C02 的存储容量为 2 KB,内部分成 32 页,每页为 8 字节,那么共 32×8 字节＝256 字节,操作时有两种寻址方式:芯片寻址和片内子地址寻址。

这里需要注意一点,芯片的容量。在说容量之前,先来复习一下计算机的基础中的两个概念。

> bit:位。二进制数中,一个 0 或 1 就是一个 bit。

> Byte:字节。8 个 bit 为一个字节,这与 ASCII 的规定有关,ASCII 用 8 位二进制数来表示 256 个信息码,所以 8 个 bit 定义为一个字节。

接着说容量,一般芯片给出的容量为字节,例如上面的 2 KB。还有以后读者可能接触到的 Flash、DDR 都是一样的。还有一点,这里的 2 KB 将零头未写,确切说应该是 256 B×8＝2 048 bit。

① 芯片地址。AT24C02 的芯片地址前面固定的为 1010,那么其地址控制字格式就为 1010A2A1A0R/W。其中,A2、A1、A0 为可编程地址选择位。R/W 为芯片读写控制位,"0"表示对芯片进行写操作;"1"表示对芯片进行读操作。

② 片内子地址寻址。芯片寻址可对内部 256 字节中的任一个进行读/写操作,寻址范围为 00~FF,共 256 个寻址单元。

(6) 读/写操作时序

串行 E²PROM 一般有两种写入方式：一种是字节写入方式，另一种是页写入方式。页写入方式可提高写入效率，但容易出错。AT24C 系列片内地址在接收到每一个数据字节后自动加 1，故装载一页以内数据字节时只须输入首地址；如果写到此页的最后一个字节，主器件继续发送数据，则数据重新从该页的首地址写入，进而造成原来的数据丢失，这也就是地址空间的"上卷"现象。

解决"上卷"的方法是：在第 8 个数据后将地址强制加 1，或是给下一页重新赋首地址。

① 字节写入方式。单片机在一次数据帧中只访问 E²PROM 的一个单元。该方式下，单片机先发送启动信号，然后送一个字节的控制字，再送一个字节的存储器单元子地址，上述几个字节都得到 E²PROM 响应后再发送 8 位数据，最后发送一位停止信号，表示一切操作正确。发送格式如图 11-7 所示。

图 11-7 字节写入方式格式

② 页写入方式。单片机在一个数据周期内可以连续访问一页 E²PROM 存储单元。在该方式中，单片机先发送启动信号，接着送一个字节的控制字，再送一个字节的存储器起始单元地址。上述几个字节都得到 E²PROM 应答后就可以发送一页（最多）的数据，并将顺序存放在以指定起始地址开始的相继单元中，最后以停止信号结束。页写入帧格式如图 11-8 所示。

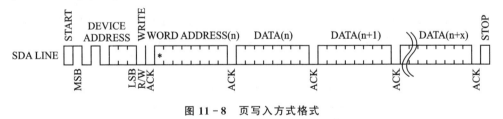

图 11-8 页写入方式格式

读操作和写操作的初始化方式和写操作时一样，仅把 R/W 位置为 1，有 3 种不同的读操作方式：立即/当前地址读、选择/随机读和连续读。

ⓐ 立即/当前地址读。读地址计数器内容为最后操作字节的地址加 1。也就是说，如果上次读/写的操作地址为 N，则立即读的地址从地址 N+1 开始。在该方式下读数据，单片机先发送启动信号，然后送一个字节的控制字，待应答后就可以读数据了。读数据过程中，主器件不需要发送一个应答信号，但要产生一个停止信号，格式如图 11-9 所示。

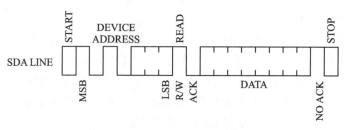

图 11 - 9　立即/当前地址读格式图

ⓑ 选择/随机读。读指定地址单元的数据。单片机发出启动信号后接着发送控制字,该字节必须含有器件地址和写操作命令,等 E² PROM 应答后再发送一个(对于 2 KB 的范围为 00～FFh)字节的指定单元地址,E² PROM 应答后再发送一个含有器件地址的读操作控制字。此时如果 E² PROM 做出应答,被访问单元的数据就会按 SCL 信号同步出现在 SDA 上,主器件不发送应答信号,但要产生一个停止信号。这种读操作格式如图 11 - 10 所示。

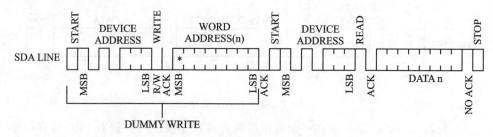

图 11 - 10　选择/随机读格式图

ⓒ 连续读。连续读操作可通过理解读或选择性读操作启动。单片机接收到每个字节数据后应做出应答,只要 E² PROM 检测到应答信号,其内部的地址寄存器就自动加 1(即指向下一单元),并顺序将指向单元的数据送达到 SDA 串行数据线上。当需要结束操作时,单片机接收到数据后在需要应答的时刻发生一个非应答信号,接着再发送一个停止信号即可。其中帧格式如图 11 - 11 所示。

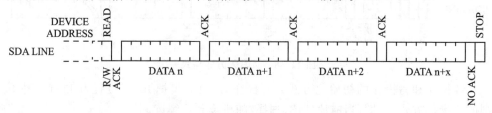

图 11 - 11　连续读数据帧格式图

11.3.2　硬件设计

I²C 总线只是一种协议,肯定谈不上什么硬件设计。这里以 AT24C02 为例来讲述 I²C 总线协议。MGMC - V1.0 实验板上 AT24C02 的硬件原理及实物图如图 11 - 12

所示。

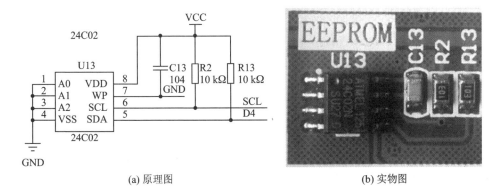

(a) 原理图　　　　　　　　　(b) 实物图

图 11 - 12　MGMC - V1. 0 实验板上 AT24C02 原理图和实物图

① WP 直接接地,意味着不写保护;SCL、SDA 分别接了单片机的 P3.6、P1.3;由于 AT24C02 内部总线是漏极开路形式的,所以必须要接上拉电阻(R2、R13)。

② A2、A1、A0 全部接地。前面原理说明中提到了器件的地址组成形式为 1010 A2A1A0 R/W(R/W 由读写决定),既然 A2、A1、A0 都接地了,因此该芯片的地址就是 1010 000 R/W。

11.3.3　软件分析

假设有了这样的位定义:"sbit SCL＝P3ˆ6;sbit SDA＝P1ˆ3;",有了这样的枚举:"typedef enum{FALSE,TRUE} BOOL;"以及一个通过调用_nop_()函数来实现的短延时函数。经过测试可知,在晶振为 11.059 2 MHz 时,Delay5US()函数的延时大概为 5 μs,所以以后读者可以直接用,注意要加入 INTRINS. H 头文件。源代码如下:

```
1.  void Delay5US(void)
2.  {
3.      _nop_(); _nop_();_nop_();_nop_();
4.  }
```

① 由图 11 - 3、11 - 7 可以写出以下的开始和停止函数:

```
1.  void IIC_Start(void)
2.  {
3.      SDA = 1;Delay5US();
4.      SCL = 1;Delay5US();
5.      SDA = 0;Delay5US();
6.  }
```

解释:在时钟总线(SCL)为高电平的情况下,给数据总线(SDA)一个下降沿,此时表明主器件要开始操作从器件了。该操作类似于老师提问前说的一句:接下来叫个同学来回答问题,让学生做好开始回答问题的准备。

```
1.   void IIC_Stop(void)
2.   {
3.       SDA = 0;Delay5US();
4.       SCL = 1;Delay5US();
5.       SDA = 1;
6.   }
```

解释:在 SCL 为高电平的情况下,给 SDA 一个上升沿,表明所有的操作结束。这个操作类似于老师说:提问完毕。

② 再来看应答与非应答,如图 11-4 所示。也就是说,老师叫了学生,看学生理不理老师,或者说学生回答完问题,看老师满不满意?

```
1.   void IIC_Ack(void)
2.   {
3.       SCL = 0;                  //为产生脉冲准备
4.       SDA = 0;                  //产生应答信号
5.       Delay5US();              //延时你懂得
6.       SCL = 1;  Delay5US();
7.       SCL = 0;  Delay5US();     //产生高脉冲
8.       SDA = 1;                  //释放总线
9.   }
```

由图 11-4 可知,在 SCL 为高脉冲期间,若 SDA 为"0",则表示从器件应答;若在 SCL 为高脉冲期间,SDA 为"1",表示从器件没有应答。

```
1.   void IIC_Nack(void)
2.   {
3.       SDA = 1;
4.       SCL = 0;  Delay5US();
5.       SCL = 1;  Delay5US();
6.       SCL = 0;
7.   }
```

这里再来说说非应答信号的产生。非应答信号的产生过程与应答信号的产生类似,因为过程刚好相反,这里不赘述。

③ 再来看看读应答:

```
1.   BOOL IIC_RdAck(void)
2.   {
3.       BOOL AckFlag;
5.       uChar8 uiVal = 0;
6.       SCL = 0;  Delay5US();
7.       SDA = 1;
8.       SCL = 1;  Delay5US();
9.       while((1 == SDA) && (uiVal < 255))
10.      {
11.          uiVal ++;
```

```
12.          AckFlag = SDA;
13.       }
14.       SCL = 0;
15.       return AckFlag;              //应答返回:0;不应答返回:1
16.   }
```

读应答信号即主器件,判断从器件是否产生了应答信号,若从器件正常产生了,则只须读取即可;若从器件由于某种特殊原因一直没有产生应答信号,这时主器件等待某段时间(执行 255 的加一操作的时间)之后,默认从器件已经收到了数据而不再等待应答信号,所以这里加入 8～12 行程序。

④ 接着看如何给 I²C 器件输入一个字节:

```
1.    void InputOneByte(uChar8 uByteVal)
2.    {
3.       uChar8 iCount;
4.       for(iCount = 0;iCount < 8;iCount ++ )
5.       {
6.          SCL = 0;Delay5US();
7.          SDA = (uByteVal & 0x80) >> 7;
8.          Delay5US();
9.          SCL = 1;Delay5US();
10.         uByteVal << = 1;
11.      }
12.      SCL = 0;
13.   }
```

解释:该程序是 LED 点阵章节实例 24 的变体。

⑤ I²C 器件中输出一个字节:

```
1.    uChar8 OutputOneByte(void)
2.    {
3.       uChar8 uByteVal = 0;
4.       uChar8 iCount;
5.       SDA = 1;
6.       for ( iCount = 0;iCount < 8;iCount ++ )
7.       {
8.          SCL = 0;   Delay5US();
9.          SCL = 1;   Delay5US();
10.         uByteVal << = 1;
11.         if(SDA)
12.            uByteVal | = 0x01;
13.      }
14.      SCL = 0;
15.      return(uByteVal);
16.   }
```

同理,串行输出(也即读)一个字节时需要 8 次一位一位地输出。先定义一个变量 uByteVal,若读到数据总线(SDA)的"1"那就该"或"一个 0x01;若读到"0",那直接移位(后面补"0")就可以了,这样 8 次就会读完一个字节。

注意,InputOneByte()函数先操作高位(MSB),而 OutputOneByte()函数先操作低位(LSB)。

⑥ 结合图 11-8 前半部分,可以有以下写器件地址和写数据地址子函数:

```
1.   BOOL IIC_WrDevAddAndDatAdd(uChar8 uDevAdd,uChar8 uDatAdd)
2.   {
3.       IIC_Start();                      //发送开始信号
4.       InputOneByte(uDevAdd);            //输入器件地址
5.       IIC_RdAck();                      //读应答信号
6.       InputOneByte(uDatAdd);            //输入数据地址
7.       IIC_RdAck();                      //读应答信号
8.       return TRUE;
9.   }
```

⑦ 关于该函数,概括地讲是向地址写数据,具体过程如图 11-8 所示,源码如下:

```
1.   void IIC_WrDatToAdd(uChar8 uDevID, uChar8 uStaAddVal, uChar8 * p, uChar8 ucLenVal)
2.   {
3.       uChar8 iCount;
4.       IIC_WrDevAddAndDatAdd(uDevID | IIC_WRITE,uStaAddVal);
5.       for(iCount = 0;iCount < ucLenVal;iCount ++ )
6.       {
7.           InputOneByte( * p ++ );
8.           IIC_RdAck();
9.       }
10.      IIC_Stop();
11.  }
```

解释:uDevID 为器件的 ID(特征地址,例如 AT24C02 的为 0xa0);IIC_WRITE 为写命令后缀符。ucLenVal 为连续写入的数据长度,这里需要注意,长度是有范围的(AT24C02 的范围为 1~8);* p 为写入的数据,只是以指针来表示的。由图 11-8 可知,每写入一个数据之后须应答一下,因此有了第 8 行代码。最后发送一个停止信号(10 行),则整个过程完成。

⑧ 从特定的首地址开始读取数据,过程如图 11-11 和图 11-12 所示。

```
1.   void IIC_RdDatFromAdd(uChar8 uDevID, uChar8 uStaAddVal, uChar8 * p, uChar8 uiLenVal)
2.   {
3.       uChar8 iCount;
4.       IIC_WrDevAddAndDatAdd(uDevID | IIC_WRITE,uStaAddVal);
5.       IIC_Start();
6.       InputOneByte(uDevID | IIC_READ);
7.       // IIC_READ 为读命令后缀符
8.       IIC_RdAck();
9.       for(iCount = 0;iCount < uiLenVal;iCount ++ )
10.      {
```

```
11.        * p + + = OutputOneByte();
12.           if(iCount ! = (uiLenVal - 1))
13.            IIC_Ack();
14.        }
15.     IIC_Nack();
16.     IIC_Stop();
17.  }
```

解释:该函数与上面的 IIC_WrDatToAdd()函数有好多相同之处,不同点有 5、6、11、12、14 行。5、6 行的意思是重新发送一个开始信号,之后就是读操作指令,表示后面的操作是从 I²C 器件中读取数据。11、12 行的意思是在读取前 N−1 个数据时,需要在每次读取操作之后加一个应答信号,当读到第 N 个时加非应答(14)和停止信号(15)。

11.4 实例诠释 I²C 总线的操作方法

实例 33 读/写必须统一——AT24C02

实例简介:向 MGMC-V1.0 实验板上的 AT24C02 写入 4 个数据再读出,最后通过对比写入与读出的数据来判定读/写 AT24C02 的程序是否正确。源码如下:

```
1.  # include <reg52.h>
2.  # include <stdio.h>
3.  # include <INTRINS.H>
4.  typedef unsigned char uChar8;
5.  typedef unsigned int  uInt16;
6.  sbit SCL = P3^6;                    // EEPROM 时钟线
7.  sbit SDA = P1^3;                    // EEPROM 数据线
8.  typedef enum{FALSE,TRUE} BOOL;
9.  # define AT24C02DevIDAddr 0xA0
10. # define IIC_WRITE 0x00
11. # define IIC_READ   0x01
12. uChar8 code InputData[4] = {0x12,0x34,0x56,0xab};
13. uChar8 OutputData[4] = {0};
14. void Delay5US(void)
15. {   /* 见软件分析部分 */    }
16. void DelayMS(uInt16 ValMS)
17. {   /* 见软件分析部分 */    }
18. void IIC_Start(void)
19. {   /* 见软件分析部分 */    }
20. void IIC_Stop(void)
21. {   /* 见软件分析部分 */    }
22. void IIC_Ack(void)
23. {   /* 见软件分析部分 */    }
24. BOOL IIC_RdAck(void)
25. {   /* 见软件分析部分 */    }
```

```
26.    void IIC_Nack(void)
27.    {      /* 见软件分析部分 */      }
28.    uChar8 OutputOneByte(void)
29.    {      /* 见软件分析部分 */      }
30.    void InputOneByte(uChar8 uByteVal)
31.    {      /* 见软件分析部分 */      }
32.    BOOL IIC_WrDevAddAndDatAdd(uChar8 uDevAdd,uChar8 uDatAdd)
33.    {      /* 见软件分析部分 */      }
34.    void IIC_WrDatToAdd(uChar8 uDevID, uChar8 uStaAddVal, uChar8 * p, uChar8 ucLenVal)
35.    {      /* 见软件分析部分 */      }
36.    void IIC_RdDatFromAdd(uChar8 uDevID, uChar8 uStaAddVal, uChar8 * p, uChar8 uiLenVal)
37.    {      /* 见软件分析部分 */      }
s38.   /************************************************/
39.    /* 函数名称:AT24C02_WriteReg()
40.    /* 函数功能:写 AT24C02 任意寄存器值;
41.    /* 入口参数:addr,AT24C02 寄存器地址;val;待写入的数据；uLenVal:数据的长度
42.    /* 出口参数:无;
43.    /************************************************/
44.    void AT24C02_WriteReg(uChar8 addr, uChar8 * val, uChar8 uLenVal)
45.    {
46.        IIC_WrDatToAdd(AT24C02DevIDAddr, addr, val, uLenVal);
47.    }
48.    /************************************************/
49.    /* 函数名称:AT24C02_ReadReg()
50.    /* 函数功能:读 AT24C02 任意寄存器值;
51.    /* 入口参数:addr,AT24C02 寄存器地址,* Val,读出的数值,uLenVal 数据的长度
52.    /* 出口参数:无
53.    /************************************************/
54.    void AT24C02_ReadReg(uChar8 addr, uChar8 * val, uChar8 uLenVal)
55.    {
56.        IIC_RdDatFromAdd(AT24C02DevIDAddr, addr, val, uLenVal);
57.    }
58.    void UART_Init(void)
59.    {
60.        TMOD &= 0x0f;              //清空定时器 1
61.        TMOD |= 0x20;              //定时器 1 工作于方式 2
62.        TH1 = 0xfd;                //为定时器 1 赋初值
63.        TL1 = 0xfd;                //等价于将波特率设置为 9600
64.        ET1 = 0;                   //防止中断产生不必要的干扰
65.        TR1 = 1;                   //启动定时器 1
66.        SCON |= 0x40;              //串口工作于方式 1,不允许接收
67.    }
68.    void main(void)
69.    {
70.        uInt16 i;
71.        UART_Init();
72.        TI = 1;
73.        printf("\r/* ============================== */");
74.        printf("\r\t----麦光电子工作室----");
```

```
75.      printf("\r\t 以下是 AT24C02 测试程序 ^_^");
76.      printf("\r/* ============================== * /\n");
77.      while(!TI);TI = 0;
78.      AT24C02_WriteReg(0x37,InputData,4);  //从地址 0x37 开始连续写入 4 个数据
79.      TI = 1;
80.      printf(" 写入 AT24C02 的 Data...\n");
81.      printf(" 1st:%x;",(uInt16)InputData[0]);
82.      printf(" 2st:%x;",(uInt16)InputData[1]);
83.      printf(" 3st:%x;",(uInt16)InputData[2]);
84.      printf(" 4st:%x;",(uInt16)InputData[3]);
85.      printf("\r/* ============================== * /\n");
86.      while(!TI);TI = 0;
87.      DelayMS(10);                          //稍延时,之后开始读取数值
88.      AT24C02_ReadReg(0x37,OutputData,4);  //从地址 0x37 开始连续读出 4 个数据
89.      TI = 1;
90.      printf(" 读出 AT24C02 的 Data...\n");
91.      printf(" 1st:%x;",(uInt16)OutputData[0]);
92.      printf(" 2st:%x;",(uInt16)OutputData[1]);
93.      printf(" 3st:%x;",(uInt16)OutputData[2]);
94.      printf(" 4st:%x;",(uInt16)OutputData[3]);
95.      printf("\r/* ============================== * /\n");
96.      while(!TI);TI = 0;
97.      for(i = 0; i < 4; i++)   //比较写入和读出的数据是否相同
98.      {
99.          if(InputData[i] == OutputData[i])
100.         {TI = 1;printf("%d:Test OK!   ",i);while(!TI);TI = 0;}
101.         else
102.         {TI = 1;printf("%d:Test ERROR!   ",i);while(!TI);TI = 0;}
103.     }
104.     while(1);
105. }
```

其中,38~57 行为 AT24C02 的读/写函数。通过调用函数 AT24C02_WriteReg( )将数组 InputData[]的 4 个数据写入 AT24C02 中,相反,通过调用 AT24C02_ReadReg( )函数将写入 AT24C02 中的 4 个数读入数组 OutputData[]中。其中,输入、输出数组名前的"(uInt16)"为数据类型的强制转换。97~103 行为写入和读出的数据比较运算,若相等则打印"Test OK!",否则打印"Test ER-ROR!",具体效果如图 11 - 13 所示。

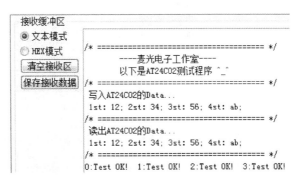

图 11 - 13　AT24C02 的读/写实例效果图

实例 34 单片机开关机多少次

实例:利用 AT24C02 来记录单片机的开关次数,源码如下:

```
1.   # include <reg52.h>
2.   # include <INTRINS.H>
3.   typedef unsigned char uChar8;
4.   typedef unsigned int   uInt16;
5.   sbit SEG_SELECT = P1^7;
6.   sbit BIT_SELECT = P1^6;
7.   sbit SCL = P3^6;      // EEPROM 时钟线
8.   sbit SDA = P1^3;      // EEPROM 数据线
9.   typedef enum{FALSE,TRUE} BOOL;
10.  # define AT24C02DevIDAddr 0xA0
11.  # define IIC_WRITE 0x00
12.  # define IIC_READ   0x01
13.  uChar8 code DuanArr[] = {0x3f,0x06,0x5b,0x4f,0x66,0x6d,0x7d,0x07,0x7f,0x6f};
14.  void Delay5US(void)
15.  {    /* 见软件分析部分 */    }
16.  void DelayMS(uInt16 ValMS)
17.  {    /* 见软件分析部分 */    }
18.  void Display(unsigned char Dis_Value)
19.  {
20.      BIT_SELECT = 1; P0 = 0xfe; BIT_SELECT = 0;
21.      SEG_SELECT = 1; P0 = DuanArr[Dis_Value/10]; SEG_SELECT = 0; DelayMS(2);
22.      BIT_SELECT = 1; P0 = 0xfd; BIT_SELECT = 0;
23.      SEG_SELECT = 1; P0 = DuanArr[Dis_Value%10]; SEG_SELECT = 0; DelayMS(2);
24.  }
25.  void IIC_Start(void)
26.  {    /* 见软件分析部分 */    }
27.  void IIC_Stop(void)
28.  {    /* 见软件分析部分 */    }
29.  void IIC_Ack(void)
30.  {    /* 见软件分析部分 */    }
31.  BOOL IIC_RdAck(void)
32.  {    /* 见软件分析部分 */    }
33.  void IIC_Nack(void)
34.  {    /* 见软件分析部分 */    }
35.  uChar8 OutputOneByte(void)
36.  {    /* 见软件分析部分 */    }
37.  void InputOneByte(uChar8 uByteVal)
38.  {    /* 见软件分析部分 */    }
39.  BOOL IIC_WrDevAddAndDatAdd(uChar8 uDevAdd,uChar8 uDatAdd)
40.  {    /* 见软件分析部分 */    }
41.  void IIC_WrDatToAdd(uChar8 uDevID, uChar8 uStaAddVal, uChar8 * p, uChar8 ucLenVal)
42.  {    /* 见软件分析部分 */    }
43.  void IIC_RdDatFromAdd(uChar8 uDevID, uChar8 uStaAddVal, uChar8 * p, uChar8 uiLenVal)
44.  {    /* 见软件分析部分 */    }
45.  void AT24C02_WriteReg(uChar8 addr, uChar8 * val, uChar8 uLenVal)
```

```
46.    {    IIC_WrDatToAdd(AT24C02DevIDAddr, addr, val, uLenVal);    }
47.    void AT24C02_ReadReg(uChar8 addr, uChar8 * val, uChar8 uLenVal)
48.    {    IIC_RdDatFromAdd(AT24C02DevIDAddr, addr, val, uLenVal);    }
49.    void main()
50.    {
51.        uChar8 * pBootTimes = 0;
52.        AT24C02_ReadReg(0x00,pBootTimes,1);
53.        ( * pBootTimes)++;
54.        AT24C02_WriteReg(0x00,pBootTimes,1);
55.        while(1)
56.        {
57.            Display( * pBootTimes);
58.        }
59.    }
```

解释:该例程用数码管来显示开关机次数,显示程序如 18～24 行所示;51 行定义了一个临时指针变量,用于记录开关机的次数;53 行就是开机一次该变量加一次,之后将次数存入 AT24C02,下次开机在上次的基础上再加一。

11.5 知识扩展——单片机的 I/O 口

玩单片机就是玩 32 个 I/O 口,让其在合适的时间出现合适的高低电平。无论单片机对外界进行何种控制,或接受外部的何种控制,都是通过 I/O 口进行的。51 单片机总共有 P0、P1、P2、P3 这 4 个 8 位双向输入输出端口,每个端口都有锁存器、输出驱动器和输入缓冲器。4 个 I/O 端口都能做输入输出口用,其中 P0 和 P2 通常用于对外部存储器的访问。

51 系列单片机有 4 个 I/O 端口,每个端口都是 8 位准双向口,共占 32 根引脚。每个端口都包括一个锁存器(即专用寄存器 P0～P3)、一个输出驱动器和输入缓冲器。通常把 4 个端口笼统的表示为 P0～P3。

在无片外扩展存储器的系统中,这 4 个端口的每一位都可以作为准双向通用 I/O 端口使用。在具有片外扩展存储器的系统中,P2 口作为高 8 位地址线,P0 口分时作为低 8 位地址线和双向数据总线。

51 单片机 4 个 I/O 端口线路设计得非常巧妙,学习 I/O 端口逻辑电路,不但有利于正确合理地使用端口,而且会给设计单片机外围逻辑电路有所启发。下面分别介绍一下输入/输出端口的结构。

11.5.1 P0 口的内部结构

1. P0 口的内部结构

图 11-14 为 P0 口的某位 P0.n(n＝0～7)结构图,由一个输出锁存器、两个三态输入缓冲器和输出驱动电路及控制电路组成。从图中可以看出,P0 口既可以作为

I/O用,也可以作为地址/数据线用。

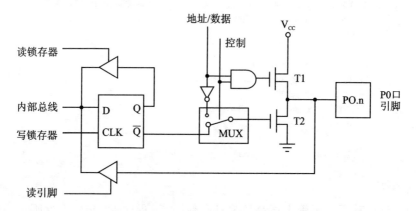

图 11 - 14　P0 口的内部结构图

2. P0 口作为普通 I/O 口

输出时,CPU 发出控制电平"0"封锁"与"门,则输出的上拉场效应管 T1(N 沟道的)截止,同时使多路开关 MUX 把锁存器与输出驱动场效应管 T2 栅极接通,故内部总线与 P0 口相通。由于输出驱动级是漏极开路电路的,若驱动 NMOS 或其他拉电流负载,则需要外接上拉电阻;若不接就只能输出低电平,而输不出高电平。P0 的输出级可驱动 8 个 LSTTL 负载。

输入时,分为读引脚和读锁存器。

① 读引脚。图 11 - 14 下面的一个缓冲器用于读端口引脚数据。当执行一条由端口输入的指令时,读脉冲把该三态缓冲器打开,这样端口引脚上的数据经过缓冲器读入到内部总线。

② 读锁存器。图 11 - 14 上面的一个缓冲器用于读端口锁存器数据。

读锁存器的原因:如果此时该端口的负载是一个晶体管(NPN 型)基极,且原端口输出值为1,那么导通了的 PN 结会把端口引脚高电平拉低。若此时直接读端口引脚的信号,则会把原端口输出的高电平误读为低电平。现采用读输出锁存器代替读引脚,这样就等价于通过上面的三态缓冲器读锁存器 Q 端的信号,过程如图 11 - 14 所示。因而通过读输出锁存器可避免上述可能发生的错误。

这里说明两点,望读者注意:

Ⓐ P0 口必须接上拉电阻。

Ⓑ 在读信号数据之前,先要向相应的锁存器做写 1 操作,建议在读操作之前写一句 P0＝0xFF。

3. P0 作为地址/数据总线

在系统扩展时,P0 端口作为地址/数据总线使用时,分为:

① P0 引脚输出地址/数据信息:CPU 发出控制电平"1",打开"与"门,又使多路

开关 MUX 把 CPU 的地址/数据总线与 T2 栅极反相接通,输出地址或数据。由图 11-14 可以看出,上下两个 FET 处于反相,构成了推拉式的输出电路,其带负载能力大大增强。P0 作为地址/数据总线,即真正的双向口。

② P0 引脚输出地址/输入数据:输入信号从引脚通过输入缓冲器进入内部总线。此时,CPU 自动使 MUX 向下,并向 P0 口写"1","读引脚"控制信号有效,下面的缓冲器打开,外部数据读入内部总线。

11.5.2　P2 的内部结构

图 11-15 为 P2 口某一位的内部结构示意图。

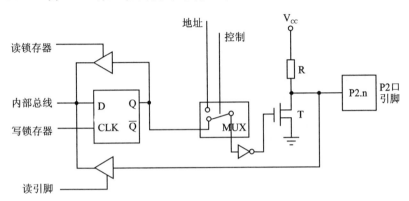

图 11-15　P2 口内部结构示意图

P2 口作为普通 I/O 口时,CPU 发出控制电平"0",使多路开关 MUX 倒向锁存器输出 Q 端,构成一个准双向口。其功能与 P1 相同。P2 口作为地址总线时,在系统扩展片外存储器时,CPU 发出控制电平"1",使多路开关 MUX 倒向内部地址线,此时 P2 输出高 8 位地址。

11.5.3　P1 及 P3 口的内部结构

1. P1 口的内部结构

它由一个输出锁存器、两个三态输入缓冲器和输出驱动电路组成,标准的准双向 I/O 口,内部结构如图 11-16 所示。

2. P3 口的内部结构

① 作为通用 I/O 口与 P1 口类似,标准的准双向 I/O 口(W=1),内部结构如图 11-17 所示。

② P3 第二功能(Q=1),此时引脚部分输入(Q=1、W=1),部分输出(Q=1、W 输出)。

P3 第二功能各引脚功能定义:

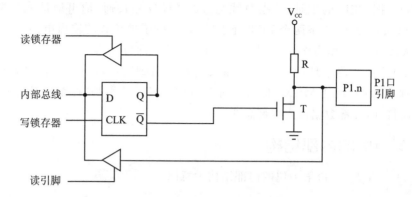

图 11 - 16 P1 口内部结构图

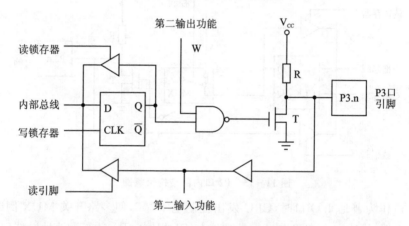

图 11 - 17 P3 口内部结构图

➤ P3.0(RXD):串行口输入;

➤ P3.1(TXD):串行口输出;

➤ P3.2(INT0):外部中断 0 输入(下降沿中断或低电平中断);

➤ P3.3(INT1):外部中断 1 输入(下降沿中断或低电平中断);

➤ P3.4(T0):定时器/计数器 0 外部输入;

➤ P3.5(T1):定时器/计数器 1 外部输入;

➤ P3.6(WR):外部写控制;

➤ P3.7(RD):外部读控制。

综上所述:当 P0 作为 I/O 口使用时,特别是作为输出时,输出端属于开漏电路,必须外接上拉电阻才会有高电平输出;如果作为输入,必须先向相应的锁存器写"1",才不会影响输入电平。当 CPU 内部控制信号为"1"时,P0 作为地址/数据总线使用,这时,P0 口就无法再作为 I/O 口使用了。

P1、P2 和 P3 口为准双向口,在内部差别不大,但使用功能有所不同。

P1 口是用户专用 8 位准双向 I/O 口,具有通用输入/输出功能,每一位都能独立设定为输入或输出。当由输出方式变为输入方式时，该位的锁存器必须写入"1"，然后才能进入输入操作。

P2 口是 8 位准双向 I/O 口。外接 I/O 设备时，可作为扩展系统的地址总线，输出高 8 位地址，与 P0 口一起组成 16 位地址总线。对于 8031 而言，P2 口一般只作为地址总线使用，而不作为 I/O 线直接与外部设备相连。

P3 口也是 8 位准双向 I/O 口，只是该端口除了 I/O 口应有的功能以外，还具有第二种特殊功能，例如串口通信、外部中断、计数器输入、外部存储器控制端子。

笔记 12

探究数模、模数的奥秘

12.1 夯实基础——运算放大器

运算放大器,简称"运放",英文描述为 Operation Amplifier(OP),是一种运用很广泛的线性集成电路;其种类繁多,在运用方面不但可以对微弱信号进行放大,还可作为反相器、电压比较器、电压跟随器、积分器、微分器等,并可对信号做加、减运算,所以被称为运算放大器。其符合表示如图 12-1 所示。

1. 负反馈

说到运放,其实有好多特性和参数,限于篇幅就不一一列举了。这里有一个重要的概念——负反馈。这里结合电路图来说明什么是负反馈,引入负反馈有何意义?

电路如图 12-2 所示,输入信号电压 $V_i(=V_p)$ 加到运放的同相输入端"+"和地之间,输出电压 V_o 通过 R_1 和 R_2 的分压作用,得 $V_n = V_f = R_1 V_o/(R_1+R_2)$,作用于反相输入端"−",所以 V_f 在此称为反馈电压。

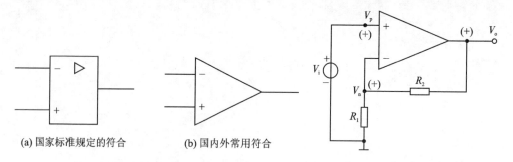

(a) 国家标准规定的符合   (b) 国内外常用符合

图 12-1 运算放大器的代表符合

图 12-2 同相放大电路

当输入信号电压 V_i 的瞬时电位变化极性如图中的+号所示时,由于输入信号电压 $V_i(V_p)$ 加到同相端,输出电压 V_o 的极性与 V_i 相同。反相输入端的电压 V_n 为反馈电压,其极性亦为+,而静输入电压 $V_{id} = V_i - V_f = V_p - V_n$ 比无反馈时减小了,即 V_n 抵消了 V_i 的一部分,使放大电路的输出电压 V_o 减小了,因而这时引入的反馈是负反馈。

综上,负反馈作用是利用输出电压 V_o 通过反馈元件(R_1、R_2)对放大电路起自动调节作用,从而牵制了 V_o 的变化,最后达到输出稳定平衡。

2. 同相放大电路

提供正电压增益的运算放大电路称为同相放大,如图 12-2 所示。在图 12-2 中,输出通过负反馈的作用使 V_n 自动地跟踪 V_p,使 $V_p \approx V_n$,或 $V_{id} = V_p - V_n \approx 0$。这种现象称为虚假短路,简称虚短。

由于运放输入电阻的阻值很高,所以,运放两输入端的 $I_p = -I_n = (V_p - V_n)/R_i \approx 0$,这种现象称为虚断。注意:虚短是本质的,而虚断则是派生的。

3. 反相放大电路

提供负电压增益的运算放大电路称为反相放大,如图 12-3 所示。图 12-3 中,输入电压 V_i 通过 R_1 作用于运放的反相端,R_2 跨接在运放的输出端和反相端之间,同相端接地。由虚短的概念可知,$V_n \approx V_p = 0$,因此反相输入端的电位接近于地电位,故称虚地。虚地的存在是反相放大电路在闭环工作状态下的重要特征。

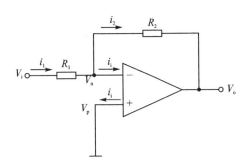

图 12-3 反相放大电路

12.2 工程图示 A/D 及 D/A

实际生活中,A/D、D/A 的应用很频繁,但又不那么直接。例如,在 KTV 中 K 歌过程中这两种物理量就在频繁转换。麦克风采样得到连续变化的模拟量,之后经 A/D 转换器转换为时间上离散的数字量,处理器再对这些数字量进行处理,之后再经 D/A 转换器转换成模拟量去驱动扬声器发声。但这些过程人是看不见,摸不着的。

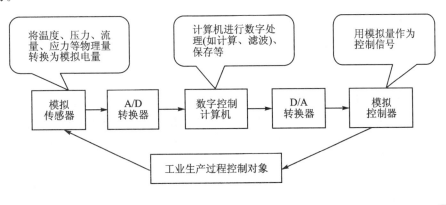

12.3 D/A 及 A/D 的点点滴滴

数模转换即将数字量转换为模拟量（电压或电流），使输出的模拟电量与输入的数字量成正比。实现数模转换的电路称为数模转换器（Digital – Analog Converter），简称 DAC。模数转换是将模拟量（电压或电流）转换成数字量。这种模数转换的电路成为模数转换器（Analog – Digital Converter），简称 ADC。

12.3.1 原理说明

1. D/A 转换

D/A 转换就是将数字量转换成模拟量的转换器，其转换的基本原理简述如下：

① 实现 D/A 转换的基本思想：将二进制数 $N_D = (110011)_B$ 转换为十进制数。

$$N_D = 1 \times 2^5 + 1 \times 2^4 + 0 \times 2^3 + 0 \times 2^2 + 1 \times 2^1 + 1 \times 2^0 = 51$$

数字量是用代码按数位组合而成的，对于有权码，每位代码都有一定的权值，如能将每一位代码按其权的大小转换成相应的模拟量，然后，将这些模拟量相加，即可得到与数字量成正比的模拟量，从而实现数字量——模拟量的转换。

② D/A 的转换结构如图 12-4 所示。

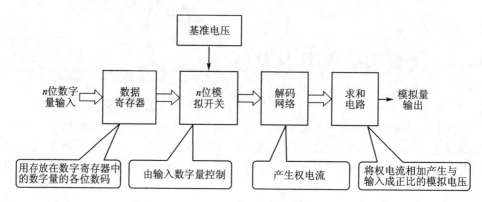

图 12-4 D/A 转换结构图

③ 实现 D/A 转换的原理电路如图 12-5 所示。

其中，$i_0 = \dfrac{V_{REF} D_0}{R}$，$i_1 = \dfrac{2V_{REF} D_1}{R}$，$i_2 = \dfrac{4V_{REF} D_2}{R}$，$i_3 = \dfrac{8V_{REF} D_3}{R}$

$$V_o = -R_f(i_0 + i_1 + i_2 + i_3) = V_{REF}(D_3 2^3 + D_2 2^2 + D_1 2^1 + D_0 2^0)$$

④ D/A 转换器的种类很多，例如 T 型电阻网络、倒 T 型电阻网络、权电流、权电流网络、CMOS 开关型等。这里以倒 T 型电阻网络和权电流法为例来讲述 D/A 转换器的原理。

4 位倒 T 型电阻网络 D/A 转换器如图 12-6 所示。$D_i = 0$，则 S_i 将电阻 $2R$ 接

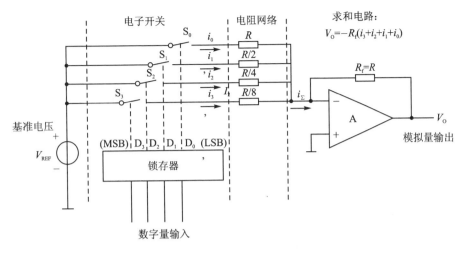

图 12－5　D/A 转换原理电路图

地；$D_i = 1$，S_i 接运算放大器的反向端，电流 I_i 流入求和电路。根据运放线性运用时虚地的概念可知，无论模拟开关 S_i 处于何种位置，与 S_i 相连的 $2R$ 电阻将接地或虚地。这样，就可以算出各个支路的电流以及总电流。电流分别为：$I_3 = V_{REF}/2R$、$I_2 = V_{REF}/4R$、$I_1 = V_{REF}/8R$、$I_0 = V_{REF}/16R$、$I = V_{REF}/R$。所以流入运放的总的电流为：$i_{\Sigma} = I_0 + I_1 + I_2 + I_3 = V_{REF}/R\,(D_0/2^4 + D_1/2^3 + D_2/2^2 + D_3/2^1)$，输出的模拟电压为：

$$V_o = - i_{\Sigma} R_f = - \frac{R_f}{R} \cdot \frac{V_{REF}}{2^4} \sum_{i=0}^{3} (D_i \cdot 2^i)$$

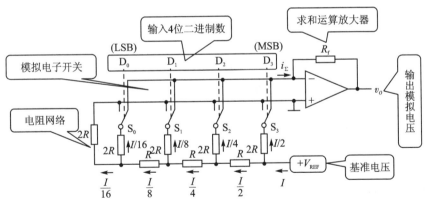

图 12－6　倒 T 型网络原理图

电路特点：

➤ 电阻种类少，便于集成；

➤ 开关切换时，各点电位不变。因此速度快。

权电流 D/A 转换器如图 12-7 所示。$D_i = 1$ 时,开关 S_i 接运放的反相端;$D_i = 0$ 时,开关 S_i 接地。

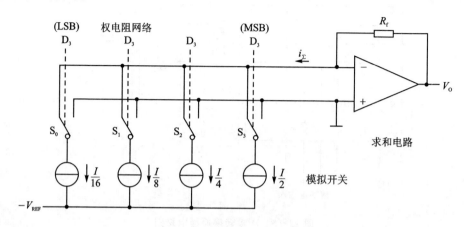

图 12-7 权电流 D/A 转换图

$$V_o = -I_\Sigma R_f = -R_f(D_3 I/2 + D_2 I/4 + D_1 I/8 + D_0 I/16)$$

此时令 $R_0 = 2^3 R$、$R_1 = 2^2 R$、$R_2 = 2^1 R$、$R_1 = 2^0 R$、$R_f = 2^{-1} R$。代入上式有:

$$V_o = -V_{REF}/2^4 (D_3 2^3 + D_2 2^2 + D_1 2^1 + D_0 2^0)$$

电路特点:

➤ 电阻数量少,结构简单;

➤ 电阻种类多,差别大,不易集成。

D/A 转换的主要技术指标:

分辨率

分辨率:其定义为 D/A 转换器模拟输出电压可能被分离的等级数。n 位 DAC 最多有 2^n 个模拟输出电压。位数越多,则 D/A 转换器的分辨率越高。分辨率也可以用能分辨的最小输出电压($V_{REF}/2^n$)与最大输出电压($(V_{REF}/2^n)(2^n - 1)$)之比给出。n 位 D/A 转换器的分辨率可表示为 $1/(2^n - 1)$。

转换精度

转换精度是指对给定的数字量,D/A 转换器实际值与理论值之间的最大偏差。

产生原因:由于 D/A 转换器中各元件参数值存在误差,如基准电压不够稳定或运算放大器的零漂等各种因素的影响。

几种转换误差:比例系数误差、失调误差和非线性误差等。

2. A/D 转换

(1) A/D 是能将模拟电压成正比地转换成对应的数字量

A/D 转换器分类和特点如下:

1)并联比较型

特点:转换速度快,转换时间 10 ns～1 μs,但电路复杂。

2）逐次逼近型

特点:转换速度适中,转换时间为几 $\mu s \sim 100$ μs,转换精度高,在转换速度和硬件复杂度之间达到一个很好的平衡。

3）双积分型

特点:转换速度慢,转换时间几百 $\mu s \sim$ 几 ms,但抗干扰能力最强。

(2) A/D 的一般转换过程

由于输入的模拟信号在时间上是连续量,所以一般的 A/D 转换过程为采样、保持、量化和编码,其过程如图 12 - 8 所示。

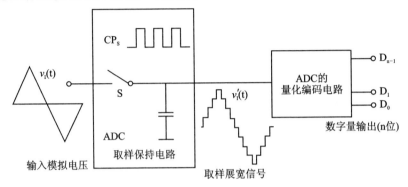

图 12 - 8　A/D 转换的一般过程

1）采　样

采样是将随时间连续变化的模拟量转换为在时间上离散的模拟量。理论上来说,肯定是采样频率越高越接近真实值,但是实际上肯定做不到,那由什么来决定采样频率? 答案是:采样定理。从而有了如图 12 - 9 所示的采样原理图。

采样定理:设采样信号 $S(t)$ 的频率为 f_s,输入模拟信号 $v_1(t)$ 的最高频率分量的频率为 f_{imax},则 $f_s \geqslant 2f_{imax}$。

2）取　样

采到的模拟信号转换为数字信号

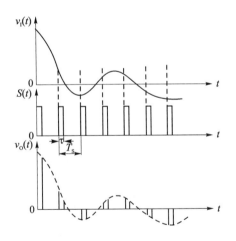

图 12 - 9　对模拟信号的采样图

都需要一定时间,为了给后续的量化编码过程提供一个稳定的值,取样电路后要求将所采样的模拟信号保持一段时间,如图 12 - 10 所示。

电路分析,取 $R_i = R_f$。N 沟道 MOS 管 T 作为开关用。当控制信号 v_L 为高电平时,T 导通,v_1 经电阻 R_i 和 T 向电容 C_h 充电,充电结束后 $v_o = -v_1 = v_c$;当控制信号

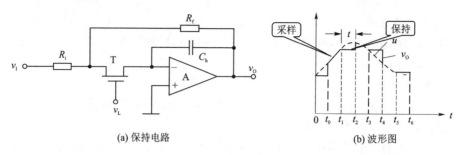

(a) 保持电路   (b) 波形图

图 12-10　保持电路与波形图

返回低电平后，T 截止。C_h 无放电回路，所以 v_o 的数值可被保存下来。

　　3）量化和编码

　　数字信号在数值上是离散的。采样-保持电路的输出电压还需按某种近似方式归化到与之相应的离散电平上，任何数字量只能是某个最小数量单位的整数倍。

　　量化后的数值最后还需通过编码过程用一个代码表示出来。经编码后得到的代码就是 A/D 转换器输出的数字量。

　　两种近似量化方式：只舍不入量化方式、四舍五入量化方式。

> 只舍不入量化方式。量化过程将不足一个量化单位部分舍弃，对于等于或大于一个量化单位部分按一个量化单位处理。

> 四舍五入量化方式。量化过程将不足半个量化单位部分舍弃，对于等于或大于半个量化单位部分按一个量化单位处理。

　　例：将 0～1 V 电压转换成 3 位二进制码，过程如图 12-11 所示。为了减小误差，显然后者优于前者。

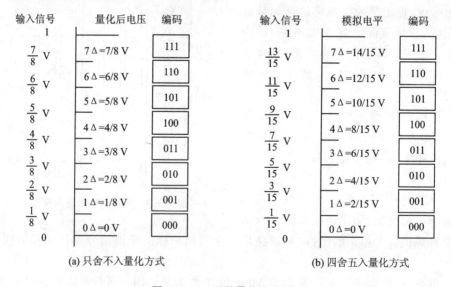

(a) 只舍不入量化方式   (b) 四舍五入量化方式

图 12-11　两种量化方式图

(3) A/D 转换器简介

1）并行比较型 A/D 转换器

电路如图 12 - 12 所示。这样,根据各比较器的参考电压,可以确定输入模拟电压值与各比较器输出状态的关系。比较器的输出状态由 D 触发器存储,经优先编码器编码得到数字量输出。其真值表如表 12 - 1 所列。

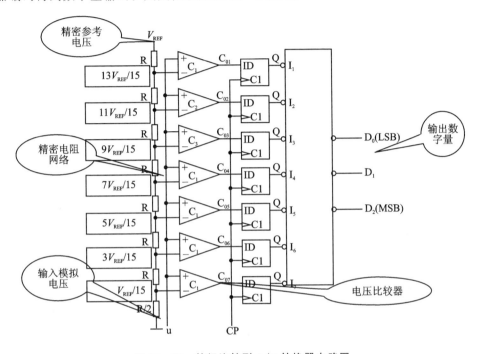

图 12 - 12　并行比较型 A/D 转换器电路图

表 12 - 1　3 位并行 A/D 转换输入与输出对应表

输入模拟电压	代码转换器输入							数字量		
V_i	Q7	Q6	Q5	Q4	Q3	Q2	Q1	D2	D1	D0
$(0 \leqslant v_i \leqslant 1/15)V_{REF}$	0	0	0	0	0	0	0	0	0	0
$(1/15 \leqslant v_i \leqslant 3/15)V_{REF}$	0	0	0	0	0	0	1	0	0	1
$(3/15 \leqslant v_i \leqslant 5/15)V_{REF}$	0	0	0	0	0	1	1	0	1	0
$(5/15 \leqslant v_i \leqslant 7/15)V_{REF}$	0	0	0	0	1	1	1	0	1	1
$(7/15 \leqslant v_i \leqslant 9/15)V_{REF}$	0	0	0	1	1	1	1	1	0	0
$(9/15 \leqslant v_i \leqslant 11/15)V_{REF}$	0	0	1	1	1	1	1	1	0	1
$(11/15 \leqslant v_i \leqslant 13/15)V_{REF}$	0	1	1	1	1	1	1	1	1	0
$(13/15 \leqslant v_i \leqslant 1)V_{REF}$	1	1	1	1	1	1	1	1	1	1

单片集成并行比较型 A/D 转换器的产品很多,如 AD 公司的 AD9012(TTL 工艺 8 位)、AD9002（ECL 工艺,8 位)、AD9020（TTL 工艺,10 位)等。优点是转换速

度快,缺点是电路复杂。

2) 逐次比较型 A/D 转换器

逐次逼近转换过程与用天平秤物重非常相似。转换原理如图 12 - 13 所示。其过程和输出结果如图 12 - 14 所示。

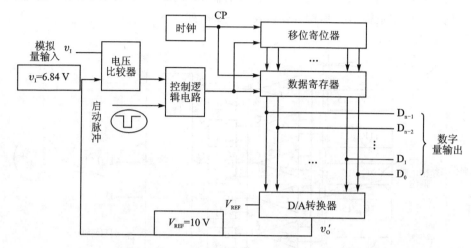

图 12 - 13　逐次比较型 A/D 转换原理图

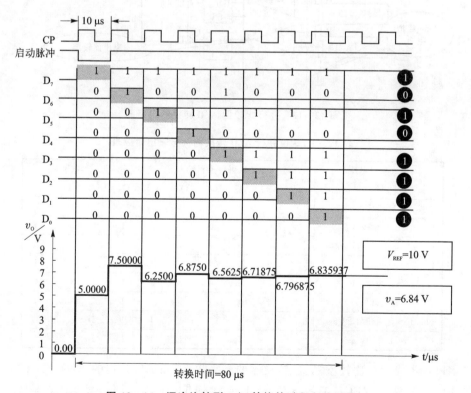

图 12 - 14　逐次比较型 A/D 转换的过程和结果图

逐次比较型 A/D 转换器输出数字量的位数越多转换精度越高;逐次比较型 A/D 转换器完成一次转换所需时间与其位数 n 和时钟脉冲频率有关,位数愈少,时钟频率越高,转换所需时间越短。

3) 间接型 A/D 转换器(略)

这里不再介绍,读者可参考相关资料。

(4) A/D 转换器的参数指标

① 转换精度。

分辨率:说明 A/D 转换器对输入信号的分辨能力。一般以输出二进制(或十进制)数的位数表示。因为,在最大输入电压一定时,输出位数越多,量化单位越小,分辨率愈高。

转换误差:表示 A/D 转换器实际输出的数字量和理论上的输出数字量之间的差别,常用最低有效位的倍数表示。

例如,相对误差≤±LSB/2,则表明实际输出的数字量和理论上应得到的输出数字量之间的误差小于最低位的半个字。

② 转换时间:指 A/D 转换器从转换控制信号到来后开始,到输出端得到稳定的数字信号所经过的时间。

并行比较 A/D 转换器转换速度最高,逐次比较型 A/D 转换器次之,间接 A/D 转换器的速度最慢。

12.3.2　硬件设计

D/A、A/D 的硬件设计范围很广,不能一一列举,这里以 MGMC - V1.0 实验板上搭载的 PCF8591 为例来讲述其硬件设计。

PCF8591 是 Philips 公司的产品,是一个单片集成、单独供电、低功耗、8 bit CMOS 数据获取器件,具有 4 路模拟输入、1 路模拟输出和 1 个串行 I^2C 总线接口。在 PCF8591 器件上输入输出的地址、控制和数据信号都是通过双线双向 I^2C 总线以串行的方式进行传输,功能包括多路模拟输入、内置跟踪保持、8 bit 模数转换和 8 bit 数模转换,最大转化速率由 I^2C 总线的最大速率决定。

MGMC - V1.0 实验板上的原理图和实物图如图 12 - 15 所示。其中,引脚 1~4 为模拟输入端口,都分别接 1 个排针(J14),其中 AIN0(电压范围 0~5 V)还接了电位器 RP6。5~7 为器件地址选择端,这里将 A2、A1、A0 设置成了"001"。15 脚为模拟输出端,其范围为 0~0.9VCC。14 脚为电压参考端,直接接 VCC(5 V)。12 脚为此芯片时钟选择端。高电平选择外部振荡器;低电平选择内部振荡器。这里接低电平,意味着选择内部振荡器。9、10 分别为数据总线和时钟总线,分别接单片机的 P3.7、P3.6。

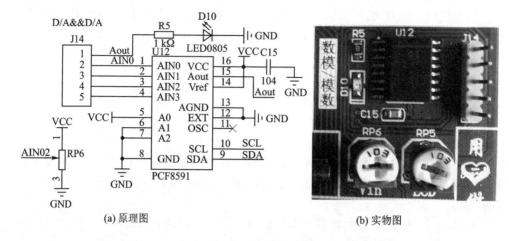

(a) 原理图　　　　　　　　　　　(b) 实物图

图 12 - 15　MGMC - V1.0 实验板上 PCF8591 原理及实物图

12.3.3　软件分析

1. PCF8591 功能简介

(1) 地址(Adressing)

I^2C 总线系统中的每一片 PCF8591 通过发送有效地址到该器件来激活。该地址和 AT24C02 一样，也包括固定部分和可编程部分。其格式如图 12 - 16 所示。

上面在介绍硬件时已经说过，A2、A1、A0 被定义为"001"，而 R/W 由具体操作过程中的读/写来决定，所以地址为 0b1001 001R/W。

图 12 - 16　PCF8591 的地址格式

(2) 控制字(Control byte)

发送到 PCF8591 的第二个字节将被存储在控制寄存器，用于控制器件功能。控制寄存器的高半字节用于允许模拟输出和将模拟输入编程为单端或差分输入。低半字节选择一个由高半字节定义的模拟输入通道，如图 12 - 17 所示。

如果自动增量(auto - increment)标志置 1，每次 A/D 转换后通道号将自动增加。如果自动增量模式是使用内部振荡器，那么控制字中模拟输出允许标志应置"1"。这要求内部振荡器持续运行，因此要防止振荡器启动延时导致的转换错误结果。模拟输出允许标志可以在其他时候清 0 以减少静态功耗。

选择一个不存在的输入通道将导致分配最高可用的通道号。所以，如果自动增量被置 1，下一个被选择的通道将总是通道 0。两个半字节的最高有效位(即 bit 7 和 bit 3)是留给未来的功能，必须设置为逻辑 0。控制寄存器的所有位在上电复位后被复位为逻辑 0。D/A 转换器和振荡器在节能时被禁止，模拟输出被切换到高阻态。

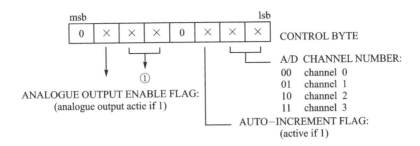

图 12 - 17 PCF8591 控制字格式图

其中,①是模拟输入控制位。限于篇幅,本书默认设置为"00",若读者想用其他功能,请自行查阅数据手册(第 6 页)。

(3) D/A 转换

发送给 PCF8591 的第三个字节被存储到 DAC 数据寄存器中,并使用片上 D/A 转换器转换成对应的模拟电压。这个 D/A 转换器由连接至外部参考电压的具有 256 个接头的电阻分压电路和选择开关组成。接头译码器切换一个接头至 DAC 输出线,如图 12 - 18 所示。

模拟输出电压由自动清零增益放大器缓冲。这个缓冲放大器可通过设置控制寄存器的模拟输出允许标志来开启或关闭。在激活状态,输出电压将保持到新的数据字节被发送。

片上 D/A 转换器也可用于逐次逼近 A/D 转换。为释

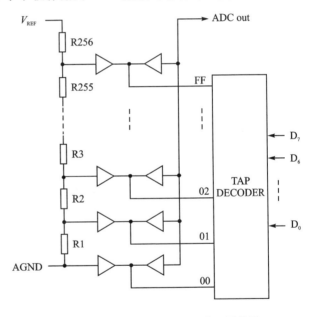

图 12 - 18 PCF8591 的 DAC 电阻网络图

放用于 A/D 转换周期的 DAC,单位增益放大器还配备了一个跟踪和保持电路。在执行 A/D 转换时该电路保持输出电压。

其电压输出公式为: $V_{AOUT} = V_{AGND} + \dfrac{V_{REF} - V_{AGND}}{256} \sum\limits_{i=0}^{7} (D_i \cdot 2^i)$

I^2C 总线的控制格式如图 12 - 19 所示。

(4) A/D 转换

A/D 转换器采用逐次逼近转换技术。在 A/D 的一个转换周期内会临时使用芯片的 D/A 转换器和高增益比较器。一个 A/D 转换周期总是开始于发送一个有效读

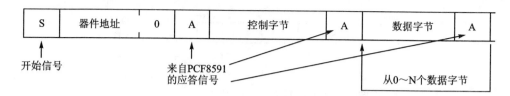

开始信号　　　　　　　　来自PCF8591
　　　　　　　　　　　　的应答信号　　　　　　　　　　　　　　　　　　从0～N个数据字节

图 12 - 19　写模式总线协议图(D/A 转换)

模式地址给 PCF8591 之后。A/D 转换周期在应答时钟脉冲的后沿被触发,并在传输前一次转换结果时执行。

一旦一个转换周期被触发,所选通道的输入电压采样将保存到芯片并被转换为对应的 8 位二进制码。取自差分输入的采样将被转换为 8 位二进制补码,转换结果被保存在 ADC 数据寄存器等待传输。如果自动增量标志被置 1,则将选择下一个通道。

在读周期传输的第一个字节包含前一次读周期的转换结果代码。上电复位之后读取的第一个字节是 0x80。I^2C 总线协议的读周期如图 12 - 20 所示。

最高 A/D 转换速率取决于实际的 I^2C 总线速度。

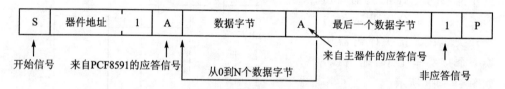

开始信号　　来自PCF8591的应答信号　　　　　　　　　　　　来自主器件的应答信号　　　　　非应答信号
　　　　　　　　　　　　　　　从0到N个数据字节

图 12 - 20　读模式总线协议图(A/D 转换)

2. PCF8591 的 A/D 和 D/A 编程简介

(1) 写数据函数

结合图 12 - 19 的前半部分和 11 章的 I^2C 线协议,很容易就能将如下的数据写入子函数,具体代码如下:

```
1.  /*************************************************/
2.  /* 函数名称: PCF8591_WriteReg()
3.  /* 函数功能: 写字节[命令]数据函数(ADC);
4.  /* 入口参数: 控制字节数据(ConByte)
5.  /* 出口参数: BOOL
6.  /*************************************************/
7.  BOOL PCF8591_WriteReg(uChar8 ConByte)
8.  {
9.      IIC_Start();                        //启动总线
10.     InputOneByte(PCF8591DevIDAddr);     //发送器件地址
11.     IIC_RdAck();                        //读应答信号
12.     InputOneByte(ConByte);              //发送数据
13.     IIC_RdAck();                        //读应答信号
```

```
14.        IIC_Stop();                                    //结束总线
15.        return(TRUE);                                  //写入数据则返回"1"
16.    }
```

解释:基本思路就是发送开始信号→发送器件地址(用了宏定义)→读应答→再发送数据、读应答→结束总线(其中用到的函数见上一章)。

(2) 读数据函数

结合图 12 - 20,同样可以写出从 PCF8591 中读一个字节的函数,具体源码如下:

```
1.    /********************************************/
2.    /* 函数名称:PCF8591_ReadReg()
3.    /* 函数功能:读字节数据函数(ADC);
4.    /* 入口参数:无
5.    /* 出口参数:读到的数据值(val)
6.    /********************************************/
7.    uChar8 PCF8591_ReadReg(void)
8.    {
9.        uChar8 val;
10.       IIC_Start();                                    //启动总线
11.       InputOneByte(PCF8591DevIDAddr | 0x01);          //发送器件地址
12.       IIC_RdAck();                                    //读应答信号
13.       val = OutputOneByte();                          //读取数据
14.       IIC_Stop();                                     //结束总线
15.       return val;
16.   }
```

(3) DAC 转换函数

函数过程如图 12 - 19,代码实现部分如下:

```
1.    /********************************************/
2.    /* 函数名称:PCF8591_DAC_Conversion()
3.    /* 函数功能:DAC 变换,转化函数;
4.    /* 入口参数:控制字节数据(ConByte)、待转换的数值(Val)
5.    /* 出口参数:BOOL
6.    /********************************************/
7.    BOOL PCF8591_DAC_Conversion(uChar8 ConByte,uChar8 Val)
8.    {
9.        IIC_Start();                                    //启动总线
10.       InputOneByte(PCF8591DevIDAddr);                 //发送器件地址
11.       IIC_RdAck();                                    //读应答信号
12.       InputOneByte(ConByte);                          //发送控制字节
13.       IIC_RdAck();                                    //读应答信号
14.       InputOneByte(Val);                              //发送 DAC 的数值
15.       IIC_RdAck();                                    //读应答信号
16.       IIC_Stop();                                     //结束总线
17.       return(TRUE);
18.   }
```

12.4　实例诠释 A/D 和 D/A

实例 35　互换的代价——A/D&&D/A

实例:运用 MGMC - V1.0 实验板编写程序,当拧动电位器 RP6 时,数码管上显示此时电位器转头端所对应的电压,并通过串口打印到计算机上。同时将这时所对应的十六进制数通过 D/A 转换成电压输出。由于器件和转换过程的误差,输入 PCF8591 的电压肯定和输出的电压不相等,最后计算误差是多少?

分析以上实验要求可知,该程序主要有 4 部分:A/D 转换、数码管显示、D/A 转换、串口打印。

```
1.   #include <reg52.h>
2.   #include <intrins.h>
3.   #include <stdio.h>
4.   typedef unsigned char uChar8;
5.   typedef unsigned int  uInt16;
6.   sbit SEG_SELECT = P1^7;
7.   sbit BIT_SELECT = P1^6;
8.   sbit SCL = P3^6;
9.   sbit SDA = P3^7;
10.  typedef enum{FALSE,TRUE} BOOL;
11.   #define PCF8591DevIDAddr 0x92          //器件地址
12.  uChar8 code DuanArr[] = {0xbf,0x86,0xdb,0xcf,0xe6,0xed,0xfd,0x87,0xff,0xef};
13.  //有小数点的编码
14.  uChar8 code Disp_Tab[] = {0x3f,0x06,0x5b,0x4f,0x66,0x6d,0x7d,0x07,0x7f,0x6f};
15.  //无小数点的编码
16.  void Delay5US(void)
17.  {_nop_();_nop_();_nop_();_nop_();}
18.  void DelayMS(uInt16 ValMS)
19.  {     /* 同上 */      }
20.  void Display(uInt16 Dis_Value)
21.  {
22.      BIT_SELECT = 1;P0 = 0xfe;BIT_SELECT = 0;
23.      SEG_SELECT = 1;P0 = DuanArr[(Dis_Value/100)];SEG_SELECT = 0; DelayMS(2);
24.      BIT_SELECT = 1;P0 = 0xfd;BIT_SELECT = 0;
25.      SEG_SELECT = 1;P0 = Disp_Tab[Dis_Value/10 % 10];SEG_SELECT = 0; DelayMS(2);
26.      BIT_SELECT = 1;P0 = 0xfb;BIT_SELECT = 0;
27.      SEG_SELECT = 1;P0 = Disp_Tab[Dis_Value % 10];SEG_SELECT = 0; DelayMS(2);
28.  }
29.  void IIC_Start(void)
30.  {     /* 同上 */      }
31.  void IIC_Stop(void)
32.  {     /* 同上 */      }
33.  BOOL IIC_RdAck(void)
34.  {     /* 同上 */      }
```

```
35.  uChar8 OutputOneByte(void)
36.  {     /* 同上 */        }
37.  void InputOneByte(uChar8 uByteVal)
38.  {     /* 同上 */        }
39.  BOOL PCF8591_WriteReg(uChar8 ConByte)
40.  {     /* 同上 */        }
41.  uChar8 PCF8591_ReadReg(void)
42.  {     /* 同上 */        }
43.  BOOL PCF8591_DAC_Conversion(uChar8 ConByte,uChar8 Val)
44.  {     /* 同上 */        }
45.  void UART_Init(void)
46.  {     /* 见实例 33    }
47.  void main(void)
48.  {
49.      uChar8 uiADC_Val = 0;
50.      float fADC_Val;
51.      uChar8 i;                    //串口打印用
52.      UART_Init();
53.      while(1)
54.      {
55.          /* -------------- A/D 转换部分 -------------- */
56.          PCF8591_WriteReg(0x40);        //置位 D/A 转换标志位并选择通道"0"
57.          uiADC_Val = PCF8591_ReadReg();
58.          /* -------------- 计算、显示部分 --------------
  - */
59.          fADC_Val = (float)uiADC_Val * 4.96/256.0//实验板的参考电压为 4.96 V
60.          Display((uInt16)(fADC_Val * 100));
61.          //将浮点数转换成无符号整型,以便数码管显示
62.          /* -------------- D/A 转换部分 -------------- */
63.          PCF8591_DAC_Conversion(0x40,uiADC_Val);
64.          /* -------------- 串口打印部分 -------------- */
65.          i++;
66.          if(200 == i)
67.          {
68.              i = 0;
69.              TI = 1;printf("此时电压为:%.2fV\n",fADC_Val);while(!TI);TI = 0;
70.          }
71.      }
72.  }
```

上面已经提到,该程序需要 4 部分:

① A/D 部分,该部分只须写一个控制字(0x40),由于 A/D 转换是自动的,所以之后读取 A/D 转换的结果就可以了;

② 将二进制数转换成数码管能显示的数据,这个就很简单了;

③ D/A 转换部分,同样是先设置控制字(0x40),之后送待转换的数值,此时观察 D10 的亮度或者用万用表测试 A_{OUT} 引脚的电压值,笔者此时测得数据为 3.61 V,看来 D/A 的转换误差还是比较大,这就需要补偿或者做别的处理;

④ 串口打印应该也不难，只须按笔者总结的复制、粘贴就是。数码管演示效果如图 12 - 21 所示，串口打印如图 12 - 22 所示。

接收缓冲区	
⊙ 文本模式	此时电压为：3.68V
○ HEX模式	此时电压为：3.68V
[清空接收区]	此时电压为：3.68V
[保存接收数据]	此时电压为：3.68V
	此时电压为：3.68V

图 12 - 21　A/D 得到的电压值(数码管显示)　　图 12 - 22　A/D 得到的电压值(串口打印值)

实例 36　简易多波形发生器

实例：运用 MGMC - V1.0 实验板编写程序。上电未按下任何键时 A_{OUT} 输出 "0"V，之后第一次按下实验板 K1 时产生正弦波，第二次按下时产生三角波，第三次按下时产生锯齿波，第四次按下时产生矩形波，依次循环。当按 K2 时顺序相反。

分析程序可知，此例不涉及 A/D 转换，主要是 D/A 转换，难点就是如何编写上述要求的 4 种波形函数。对于矩阵波来说，只需简单调用 PCF8591_DAC_Conversion()函数，分别送 0xFF 和 0x00 就行。别的函数可能要用到"算法"，就是 i++ 或 i——。这里唯独要注意的是后面 3 种函数需要发送的值比较多，这里不需要多次调用 DAC 转换函数，而是结合图 12 - 19 重新编写了 D/A 转换函数，即 3 种波形函数，具体代码如下：

```
1.   # include <reg52.h>
2.   # include <intrins.h>
3.   typedef unsigned char uChar8;
4.   typedef unsigned int  uInt16;
5.   sbit key1 = P3^4;
6.   sbit key2 = P3^5;
7.   sbit SCL = P3^6;
8.   sbit SDA = P3^7;
9.   typedef enum{FALSE,TRUE} BOOL;
10.  # define PCF8591DevIDAddr 0x92
11.  uChar8 code Tosin[256] = { 0x80, ... /* 删掉了 254 个元素，源码见配套资料 */
...,0x7C};
12.  void Delay5US(void)
13.  {    /* 同上 */    }
14.  void DelayMS(uInt16 ValMS)
15.  {    /* 同上 */    }
16.  void IIC_Start(void)
17.  {    /* 同上 */    }
18.  void IIC_Stop(void)
19.  {    /* 同上 */    }
20.  BOOL IIC_RdAck(void)
21.  {    /* 同上 */    }
22.  void InputOneByte(uChar8 uByteVal)
```

```
23.    {      /* 同上 */      }
24.  BOOL PCF8591_DAC_Conversion(uChar8 Val)
25.    {     /* 见软件分析部分 */      }
26.  /*********************************************/
27.  //函数名称:SquareWave()
28.  //函数功能:产生矩形波
29.  //入口参数:无
30.  //出口参数:无
31.  /*********************************************/
32.  void SquareWave(void)
33.  {
34.      PCF8591_DAC_Conversion(0xff);       //产生高脉冲
35.      PCF8591_DAC_Conversion(0x00);       //产生低脉冲
36.  }
37.  /*********************************************/
38.  //函数名称:SawtoothWave()
39.  //函数功能:产生锯齿波
40.  //入口参数:无
41.  //出口参数:无
42.  /*********************************************/
43.  void SawtoothWave(void)
44.  {
45.      uChar8 i;
46.      IIC_Start();                        //启动总线
47.      InputOneByte(PCF8591DevIDAddr);     //发送器件地址
48.      IIC_RdAck();                        //读应答信号
49.      InputOneByte(0x40);                 //发送控制字节
50.      IIC_RdAck();                        //读应答信号
51.      for(i = 255; i >= 0; i--)
52.      {
53.          InputOneByte(i);                //发送 DAC 的数值
54.          IIC_RdAck();                    //读应答信号
55.      }
56.      IIC_Stop();                         //结束总线
57.  }
58.  /*********************************************/
59.  //函数名称:TriangularWave()
60.  //函数功能:产生三角波
61.  //入口参数:无
62.  //出口参数:无
63.  /*********************************************/
64.  void TriangularWave(void)
65.  {
66.      uChar8 i;
67.      IIC_Start();                        //启动总线
68.      InputOneByte(PCF8591DevIDAddr);     //发送器件地址
69.      IIC_RdAck();                        //读应答信号
70.      InputOneByte(0x40);                 //发送控制字节
71.      IIC_RdAck();                        //读应答信号
72.      for(i = 0; i < 256; i++)
```

```
73.          {
74.              InputOneByte(i);                        //发送 DAC 的数值
75.              IIC_RdAck();                            //读应答信号
76.          }
77.          for(i = 255; i > = 0; i--)
78.          {
79.              InputOneByte(i);                        //发送 DAC 的数值
80.              IIC_RdAck();                            //读应答信号
81.          }
82.          IIC_Stop();                                 //结束总线
83.    }
84.    /* ************************************************ */
85.    //函数名称:SinWave()
86.    //函数功能:产生正弦波
87.    //入口参数:无
88.    //出口参数:无
89.    /* ************************************************ */
90.    void SinWave(void)
91.    {
92.          uChar8 i;
93.          IIC_Start();                                //启动总线
94.          InputOneByte(PCF8591DevIDAddr);             //发送器件地址
95.          IIC_RdAck();                                //读应答信号
96.          InputOneByte(0x40);                         //发送控制字节
97.          IIC_RdAck();                                //读应答信号
98.          for(i = 255; i > = 0; i--)
99.          {
100.              InputOneByte(Tosin[i]);                 //发送 DAC 的数值
101.              IIC_RdAck();                            //读应答信号
102.          }
103.          IIC_Stop();                                 //结束总线
104.    }
105.    uChar8 KeyScan(void)
106.    {
107.          static uChar8 KeyNum = 0;
108.          if(key1 == 0)
109.          {
110.              DelayMS(10);
111.              if(key1 == 0)
112.              {
113.                  while(!key1);
114.                  KeyNum ++ ;
115.                  if(KeyNum == 5)
116.                      KeyNum = 0;
117.              }
118.          }
119.          if(key2 == 0)
120.          {
121.              DelayMS(10);
122.              if(key2 == 0)
```

```
123.              {
124.                  while(!key2);
125.                  KeyNum -- ;
126.                  if(KeyNum == 0)
127.                      KeyNum = 4;
128.              }
129.          }
130.      return KeyNum;
131.  }
132.  void main()
133.  {
134.      uChar8 uKeyTemp = 0;
135.      while(1)
136.      {
137.          uKeyTemp = KeyScan();               //获取键值
138.          switch(uKeyTemp)                    //按键值选择波形图
139.          {
140.              case 1：SinWave();              break;
141.              case 2：TriangularWave();       break;
142.              case 3：SawtoothWave();         break;
143.              case 4：SquareWave();           break;
144.              default:     break;
145.          }
146.      }
147.  }
```

注意,这里为了省事就直接用延时版的按键扫描方法了,读者可以将此例写成状态机按键检测。实验效果如图12-23所示。

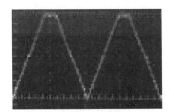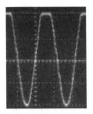

图 12-23　4 种简易波形图

12.5　知识扩展——10 种软件滤波算法

这里讲述电源的滤波,电源的滤波一般是靠一些"硬件",如电容、电感等。这里先介绍网上广为流传的 10 种软件滤波方法,这里只介绍第一种,其他的可以到网络搜索。

在 C 语言的教学中,经常会用到类似于排序、求最大值、求均值的算法,这 10 种软件滤波很好地运用了 C 语言中这些算法,再将这些滤波算法运用到单片机工程项目中。

1. 限幅滤波法

```
1.  /*********************************************************
2.  * 函数名称:AmplitudeLimiterFilter()-限幅滤波法
3.  * 优点:能有效克服因偶然因素引起的脉冲干扰
4.  * 缺点:无法抑制周期性的干扰,且平滑度比较差
5.  * 说明:1. 调用函数:GetAD(),利用该函数读取当前采用到的 A/D 值
6.          2. 变量说明:Value:最近一次有效采样的值,该变量为全局变量
7.                      NewValue:当前采样的值
8.                      ReturnValue:返回值
9.          3. 常量说明:两次采样的最大误差值,该值需要使用者根据实际情况设置
10. * 入口:Value,上一次有效的采样值,在主程序里赋值
11. * 出口:ReturnValue,返回值,本次滤波结果
12. *********************************************************/
13. #define  A   10
14. unsigned char Value;
15. unsigned char AmplitudeLimiterFilter(void)
16. {
17.     unsigned char NewValue;
18.     unsigned char ReturnValue;
19.     NewValue = GatAD();
20.     if(((NewValue － Value) ＞ A)) || ((Value－NewValue) ＞ A)))
21.     {
22.             ReturnValue = Value;
23.     }
24.     else
25.     {
26.             ReturnValue = NewValue;
27.     }
28.     return(ReturnValue);
29. }
```

解释:例如在某些系统中要用到某些 A/D 的采样值,可是这些值会随环境的温度、电源的纹波等干扰出现一些"稀奇古怪"的数值,可如果将这些值纳入计算则势必会影响计算的结果,这样就必须要加以处理,将这些"突变"的数值"扼杀"掉,因此这里引入了软件滤波。

软件的滤波方式多种多样,也各有优缺点,这样在系统的设计中还会涉及滤波方法的选择,这里简单介绍限幅滤波法。该方法主要可以滤掉超过一定幅值的采样值,具体幅值由宏定义的常量 A 来决定,若某一次采样到的数值没在 2A 这个振幅范围内,则将该值滤掉,即不纳入以后的运算。需要注意的是振幅为 2A 而不是 A。

感知冷热的神秘仪器——温度传感器

13.1　夯实基础——C语言之指针

指针是一个数值为地址的变量（更一般地说是一个数据对象）。正如char类型的变量用字符作为其数值，而int类型变量的数值是整数一样，指针变量的数值表示的是地址。

1. 小试牛刀——指针

如果将某个指针变量命名为ptr，就可以使用如下语句：

```
ptr = & pooh;          /* 把 pooh 的地址赋给 ptr */
```

对于这个语句，我们称ptr"指向"pooh。ptr和&pooh的区别在于前者为一个变量，而后者是一个常量。当然，ptr可以指向任何地方。如ptr＝&abc，这时ptr的值是abc的地址。

要创建一个指针变量，首先需要声明其类型，这就需要下面介绍的新运算符来帮忙了。

假如ptr指向abc，例如ptr＝&abc，这时就可以使用间接运算符"＊"（也称作取值运算符）来获取abc中存放的数值（注意与二元运算符＊的区别）。

```
val = * ptr;          /* 得到 ptr 指向的值 */
```

这样就会有val＝abc。由此看出，使用地址运算符和间接运算符可以间接完成上述语句的功能，这也正是"间接运算符"名称的由来。因此就有了我们常听到的：所谓的指针就是用地址去操作变量。

2. 指针的声明

前面章节用了大量的基本变量，同时也掌握了变量的声明，那应该如何声明指针变量呢？或许读者会这样声明一个指针：pointer ptr，笔者要说这样声明一个指针变量是不正确的。因为这对于声明一个变量为指针是远远不够的，还需要说明指针所指向变量的类型。原因是不同的变量类型占用的存储空间大小不同，而有些指针操作需要知道变量类型所占用的存储空间。同时，程序也需要了解地址中存储的是哪种数据。例如,long 和 float 两种类型的数值可能使用相同大小的存储空间,但是它们的数据存储方式完全不同。指针的声明形式如下:

```
int * abc;                    /* abc 是只需一个整数变量的指针 */
float * bcd, * cde;           /* bcd 和 cde 是指向浮点变量的指针 */
```

读到这里,每位读者都知道,上面的 abc、bcd 等都是一个定义的指针,那这个指针究竟是一个什么东西,或者说在内存中占多大的空间,用 sizeof 测试一下(32 位系统):sizeof(abc)、sizeof(bcd),它们的值都为 4。这说明一个基本的数据类型(包括结构体等自定义类型)加上"＊"号就构成了一个指针类型的变量,这个变量的大小是一定的,与"＊"号前面的数据类型无关。"＊"号前面的数据类型只是说明指针所指向的内存里存储的数据类型。所以 32 位系统下,不管什么样的指针类型,其大小都为 4 字节。读者当然可以测试一下 sizeof(void ＊)。

3. 指针与数组的藕断丝连

关于数组笔者前面简单讲述了一下,细心的读者发现了,在有些例程中,用下标法操作数组比较麻烦,若用指针来操作数组,或许能起到事半功倍的效果,例如实例 32 就是指针和数组的完美结合了。

(1) 数　组

这里定义一个数组:int a[5],其包含了 5 个 int 型的数据,可以用 a[0]、a[1]等来访问数组里面的每一个元素,那么这些元素的名字就是 a[0]、a[1]...吗?先看如图 13-1 所示的示意图。

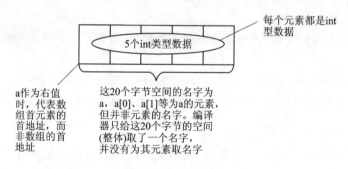

图 13-1　数组示意图

如图 13-1 所示,当定义了一个数组 a 时,编译器根据指定的元素个数和元素的类型分配确定大小(元素类型大小×元素个数)的一块内存,并把这块内存的名字命名为 a。名字 a 一旦与这块内存匹配就不能改变。a[0]、a[1]等为 a 的元素,但并非元素的名字。数组的每一个元素都是没有名字的。笔记 10 的夯实基础部分还留下了两个问题,那现在就来回答那 3 个问题吧:

sizeof(OK)的值为 sizeof(int)＊5,32 位系统下为 20。

sizeof(OK[0])的值为 sizeof(int),32 位系统下为 4。

sizeof(OK[5])的值在 32 位系统下为 4。这里并没有出错,因为 sizeof 是关键字,不是函数。函数求值是在运行的时候,而关键字 sizeof 求值是在编译的时候。虽然并不存在 OK[5]这个元素,但是这里也并没有去真正访问 OK[5],而仅仅是根据数组元素的类型来确定其值,所以这里使用 OK[5]并不会出错。

现在回过头来继续讲解上面的数组 a[5]。sizeof(&a[0])的值在 32 位系统下为 4,这个意思是取元素 a[0]的首地址。sizeof(&a)的值在 32 位系统下也为 4,意思当然是取数组 a 的首地址。

(2)&a[0]和 &a 的区别

a[0]是一个元素,a 是整个数组,虽然 &a[0]和 &a 的值一样,但其意义不一样。前者是数组首元素的首地址,而后者是数组的首地址。举个例子:甘肃省的省政府在兰州,而兰州市的市政府也在兰州。两个政府都在兰州,但其代表的意义完全不同。这里也是同一个意思。

(3)数组名 a 作为左值和右值的区别

简单而言,出现在赋值符"="右边的就是右值,出现在赋值符"="左边的就是左值。比如 a=b,则 a 为左值,b 为右值。

① 当 a 作为右值时,其意义与 &a[0]一样,代表的是数组首元素的首地址,而不是数组的首地址。但注意这仅仅是一种代表。

② a 不能作为左值。当然可以将 a[i]当作左值,这时就可以对其操作了。

(4)数组与指针

读者需要注意,笔者将数组和指针放到这里讲解,是为了区分它们,而不是为了将它们联系起来。请读者铭记:数组就是数组,指针就是指针,是完全不同的两码事!

以指针的形式访问和以下标的形式访问:

在函数内部有两个定义:A. char * p="abcdef";　B. char a[]="123456";

① 以指针的形式访问和以下标的形式访问指针。

例子 A 定义了一个指针变量 p,p 本身在栈上占 4 字节,p 里存储的是一块内存的首地址。这块内存在静态区,其空间大小为 7 字节,这块内存也没有名字。对这块内存的访问完全是匿名的访问。比如现在需要读取字符'e',我们有两种方式:

ⓐ 以指针的形式:*(p+4)。先取出 p 里存储的地址值,假设为 0x0000FF00,然后加上 4 个字符的偏移量,得到新的地址 0x0000FF04,然后取出 0x0000FF04 地址上的值。

ⓑ 以下标的形式:p[4]。编译器总是把以下标形式的操作解析为以指针的形式的操作。p[4]这个操作会被解析成:先取出 p 里存储的地址值,然后加上中括号里 4 个元素的偏移量,计算出新的地址,然后从新的地址中取出值。也就是说,以下标的形式访问在本质上与以指针的形式访问没有区别,只是写法上不同罢了。

② 以指针的形式访问和以下标的形式访问数组。

例子 B 定义了一个数组 a,a 拥有 7 个 char 类型的元素,其空间大小为 7。数组 a

本身在栈上面。对 a 元素的访问必须先根据数组的名字 a 找到数组首元素的首地址,然后根据偏移量找到相应的值。这是一种典型的"具名＋匿名"访问。比如现在需要读取字符'5',则有两种方式:

> 以指针的形式:＊(a＋4)。a 这时候代表的是数组首元素的首地址,假设为 0x0000FF00,然后加上 4 个字符的偏移量,得到新的地址 0x0000FF04。然后取出 0x0000FF04 地址上的值。

> 以下标的形式:a[4]。编译器总是把以下标形式的操作解析为以指针形式的操作。a[4]这个操作会被解析成 a 作为数组首元素的首地址,然后加上中括号里 4 个元素的偏移量,计算出新的地址,然后从新的地址中取出值。

可以看到,指针和数组根本就是两个完全不一样的东西,只是它们都可以"以指针形式"或"以下标形式"进行访问,一个是完全的匿名访问,一个是典型的具名＋匿名访问。

另外一个需要强调的是:上面所说的偏移量 4 代表的是 4 个元素,而不是 4 字节。只不过这里刚好是 char 类型,数据 1 个字符的大小就为 1 字节。记住这个偏移量的单位是元素的个数而不是 byte 数,计算新地址时千万别弄错!

4. 指针与函数

这里以指针如何在函数间通信为例来说说指针的在函数中的作用,具体源码如下:

```
1.   # include <stdio.h>
2.   void interchange(int * u,int * v);
3.   int main(void)
4.   {
5.       int x = 5,y = 10;
6.       printf("Originally x = % d and y = % d.\n",x ,y);
7.       interchange(&x,&y);      /* 向函数传送地址 */
8.       printf("Now x = % d and y = % d.\n",x,y);
9.       return 0;
10.  }
11.  void interchange(int * u, int * v)
12.  {
13.      int temp;
14.      temp = * u;     /* temp 得到 u 指向的值 */
15.      * u = * v;
16.      * v = temp;
17.  }
```

由第 7 行可以看出,函数传递的是 x 和 y 的地址而不是它们的值。这就意味着 interchange()函数原型声明和定义中的形式参数 u 和 v 将使用地址作为它们的值。因此,它们应该声明为指针。由于 x 和 y 都是整数,所以 u 和 v 是指向整数的指针,因而有了 11 行所示的函数声明;第 14 行,因为 u 的值是 ＆x,所以 u 指向 x 的地址。

这就意味着＊u代表了x的值,而这正是我们需要的数值,一定不要写成 temp＝u,因为赋值给变量 temp 的值是 x 的地址而不是 x 的值,所以不能实现数值的交换。这时读者再回过头去看看实例 18 的 75 行,是不是也用指针作为桥梁呢?

13.2　工程图示温度传感器

实际生活中,关于温度测量的应用真是太广了。如右图所示,感冒之后,医生会先拿个体温计测体温,从而判断你是否发烧;家里空调实时显示着温度,为你提供着最舒适的环境等。可读者想过没有,这些温度都是利用什么原理来测量的,或者说测量过程又是怎么进行的,最后又是如何将这些温度显示出来的,带着这些问题走进温度传感器的世界一探究竟。

13.3　温度传感器的点点滴滴

温度测量的方法同样很多,接触式的、非接触式的;温度传感器式的、热电偶的、热敏电阻的;数字式的、模拟式的。这里以 MAXIM 公司的 LM75A 为例,讲解温度测量原理、过程和最后对温度的处理、应用等,以后再扩展一种 DALLAS 公司的 DS18B20。

13.3.1　原理说明

1. LM75A 概述

LM75A 是一款内置带隙温度传感器和 $\sum - \Delta$ 模数转换功能的温度数字转换器,也是温度检测器,可提供过热输出功能。LM75A 包含多个数据寄存器:配置寄存器(Conf)用来存储器件的某些设置,如器件的工作模式、OS 工作模式、OS 极性和 OS 错误队列等;温度寄存器(Temp)用来存储读取的数字温度;设定点寄存器(Tos&Thyst)用来存储可编程的过热关断和滞后限制,器件通过两线的串行 I^2C 总线接口与控制器通信。LM75A 还包含一个开漏输出(OS)引脚,当温度超过编程限制的值时该引脚输出有效电平。LM75A 有 3 个可选的逻辑地址引脚,使得同一总线上可同时连接 8 个器件而不发生地址冲突。

LM75A 可配置成不同的工作模式,可设置成在正常工作模式下周期性地对环境温度进行监控,或进入关断模式来将器件功耗降至最低。OS 输出有 2 种可选的工作模式:OS 比较器模式和 OS 中断模式。OS 输出可选择高电平或低电平有效。错误队列和设定点限制可编程,可以激活 OS 输出。

温度寄存器通常存放着一个 11 位的二进制数的补码,用来实现 0.125℃ 的精度,在需要精确地测量温度偏移或超出限制范围的应用中非常有用。当 LM75A 在转换过程中不产生中断(I^2C 总线部分与 $\Sigma-\Delta$ 转换部分完全独立)或 LM75A 不断被访问时,器件将一直更新温度寄存器中的数据。

正常工作模式下,当器件上电时,OS 工作在比较器模式,温度阈值为 80℃,滞后 75℃,这时,LM75A 就可用作独立的温度控制器,预定义温度设定点。

2. LM75A 特性

➢ 器件可以完全取代工业标准的 LM75,并提供了良好的温度精度(0.125℃)。

➢ 电源电压范围:2.8～5.5 V,具有 I^2C 总线接口。

➢ 环境温度范围:Tamb＝－55～＋125℃,提供 0.125℃ 的精度的 11 位 ADC。

➢ 为了减低功耗,关断模式下消耗的电流仅为 3.5 μA。

(1) 功能概述

LM75A 有两种工作模式:正常工作模式或关断模式。在正常工作模式中,每隔 100 ms 执行一次温度-数字的转换,Temp 寄存器的内容在每次转换后更新。在关断模式中,器件变成空闲状态,数据转换禁止,Temp 寄存器保存着最后一次更新的结果;但是,在该模式下,器件的 I^2C 接口仍然有效,寄存器的读/写操作继续执行。器件的工作模式通过配置寄存器的可编程位 B0 来设定。当器件上电或从关断模式进入正常工作模式时启动温度转换。

另外,为了设置器件 OS 输出的状态,在正常模式下的每次转换结束时,Temp 寄存器中的温度数据(或 Temp)会自动与 Tos 寄存器中的过热关断阈值数据(或 Tos)以及 Thyst 寄存器中存放的滞后数据(或 Thyst)相比较。Tos 和 Thyst 寄存器都是可读/写的,两者都是针对一个 9 位的二进制数进行操作。为了与 9 位的数据操作相匹配,Temp 寄存器只使用 11 位数据中的高 9 位进行比较。

OS 输出和比较操作的对应关系取决于配置位 B1 选择的 OS 工作模式和配置位 B3、B4 用户定义的故障队列。

在 OS 比较器模式中,OS 输出的操作类似一个温度控制器。当 Temp 超过 Tos 时,OS 输出有效;当 Temp 降至低于 Thyst 时,OS 输出复位。读器件的寄存器或使器件进入关断模式都不会改变 OS 输出的状态。这时,OS 输出可用来控制冷却风扇或温控开关。

在 OS 中断模式中,OS 输出用来产生温度中断。当器件上电时,OS 输出在 Temp 超过 Tos 时首次激活,然后无限期地保持有效状态,直至通过读取器件的寄存器来复位。一旦 OS 输出已经在经过 Tos 时被激活然后又被复位,它就只能在 Temp 降至低于 Thyst 时才能再次激活,然后,它就无限期地保持有效,直至通过一个寄存器的读操作被复位。OS 中断操作以这样的序列不断执行:Tos 跳变、复位、

Thyst 跳变、复位、Tos 跳变、复位、Thyst 跳变、复位等。器件进入关断模式也可复位 OS 输出。

在比较器模式和中断模式两种情况下，只有碰到器件故障队列定义的一系列连续故障时 OS 输出才能被激活，所以故障队列可编程存放在配置寄存器的 2 个位(B3 和 B4)中。而且，通过设置配置寄存器位 B2，OS 输出还可选择高电平还是低电平有效。

上电时，器件进入正常工作模式，Tos 设为 80℃，Thyst 设为 75℃，OS 有效状态选择为低电平，故障队列等于 1。从 Temp 读出的数据不可用，直至第一次转换结束。

(2) 简化的功能框图

简化的功能框图如图 13 - 2 所示。

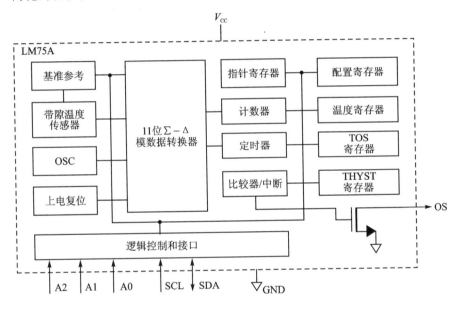

图 13 - 2   LM75A 功能框图

(3) I²C 接口

在控制器或主控器的控制下，利用两个端口 SCL 和 SDA，LM75A 可以作为从器件连接到兼容 2 线串行接口的 I²C 总线上。控制器必须提供 SCL 时钟信号，并通过 SDA 端读出器件的数据或将数据写入到器件中。

(4) 从地址

LM75A 在 I²C 总线从地址的一部分由应用到器件地址引脚 A2、A1 和 A0 的逻辑来定义。这 3 个地址引脚连接到 GND(逻辑 0)或 Vcc(逻辑 1)，代表了器件 7 位地址中的低 3 位。地址的高 4 位由 LM75A 内部的硬连线预先设置为'1001'。表 13 - 1 给出了器件的完整地址。从表中可以看出，同一总线上可连接 8 个器件而不会产生地址冲突。由于输入 A2～A0 内部无偏置,因此在任何应用中它们都不能悬空(这一点很重要)。

表 13-1　LM75A 从地址表

位名称	B7(MSB)	B6	B5	B4	B3	B2	B1(LSB)
描　述	1	0	0	1	A2	A1	A0

注:地址表中 1 表示高电平,0 表示低电平。

(5) 寄存器列表

除了指针寄存器外,LM75A 还包含 4 个数据寄存器,如表 13-2 所列。表中给出了寄存器的指针值、读/写能力和上电时的默认值。

表 13-2　寄存器列表

寄存器名称	指针值	R/W	POR 状态	描　　述
Conf	01h	R/W	00h	配置寄存器 包含 1 个 8 位的数据字节。用来设置器件的工作条件。默认值＝0
Temp	00h	只读	N/A	温度寄存器 包含 2 个 8 位的数据字节。用来保存测得的 Temp 数据
Tos	03h	R/W	50 00h	过热关断阈值寄存器 包含 2 个 8 位的数据字节。用来保存过热关断 Tos 限制值。默认值＝80℃
Thyst	02h	R/W	4B 00h	滞后寄存器 包含 2 个 8 位的数据字节。用来保存滞后 Thyst 限制值。默认值＝75℃

1) 指针寄存器

指针寄存器包含一个 8 位的数据字节,低 2 位是其他 4 个寄存器的指针值,高 6 位等于 0,如表 13-3 及表 13-4 所列。指针寄存器对于用户来说是不可访问的,但通过将指针数据字节包含到总线命令中可选择进行读/写操作的数据寄存器。

表 13-3　指针寄存器表

位	B7	B6	B5	B4	B3	B2	B[1:0]
说明	0	0	0	0	0	0	指针值

表 13-4　指针值

B1	B0	选择的寄存器
0	0	温度寄存器(Temp)
0	1	配置寄存器(Conf)
1	0	滞后寄存器(Thyst)
1	1	过热关断寄存器(Tos)

当包含指针字节的总线命令执行时指针值被锁存到指针寄存器中,因此读 LM75A 操作的语句中可能包含,也可能不包含指针字节。如果要再次读取一个刚被读取且指针已经预置好的寄存器,指针值必须重新包含。要读取一个不同寄存器的内容,指针字节也必须包含。但是,写 LM75A 操作的语句中必须一直包含指针字节。

上电时,指针值等于 0,选择 Temp 寄存器;这时,用户无需指定指针字节就可以读取 Temp 数据。

2) 配置寄存器(Conf)

配置寄存器是一个读/写寄存器,包含一个 8 位的非补码数据字节,用来配置器件不同的工作条件。配置寄存器表(见表 13 - 5)给出了寄存器的位分配。

表 13 - 5 配置寄存器表

位	名　称	R/W	POR	描　　述
B7～B5	保留	R/W	00	保留给制造商使用
B4～B3	OS 故障队列	R/W	00	用来编程 OS 故障队列。 可编程的队列数值=0,1,2,3,分别对应队列值 =1,2,4,6。默认值=0
B2	OS 极性	R/W	0	用来选择 OS 极性。 OS=1 高电平有效,OS=0 低电平有效(默认)
B1	OS 比较器/中断	R/W	0	用来选择 OS 工作模式。 OS=1 中断,OS=0 比较器(默认)
B0	关断	R/W	0	用来选择器件工作模式。 =1 关断,=0 正常工作模式(默认)

3) 温度寄存器(Temp)

Temp 寄存器存放着每次 A/D 转换测得的或监控到的数字结果。它是一个只读寄存器,包含 2 个 8 位的数据字节,由一个高数据字节(MS)和一个低数据字节(LS)组成。但是,这两个字节中只有 11 位用来存放分辨率为 0.125℃ 的 Temp 数据(以二进制补码数据的形式)。Temp 寄存器表(表 13 - 6)给出了数据字节中 Temp 数据的位分配。

表 13 - 6 Temp 寄存器

Temp MSB 字节								Temp LSB 字节							
MS							LS	MS							LS
B7	B6	B5	B4	B3	B2	B1	B0	B7	B6	B5	B4	B3	B2	B1	B0
Temp 数据(11 位)								未使用							
MS							LS								
D10	D9	D8	D7	D6	D5	D4	D3	D2	D1	D0	X	X	X	X	X

注意：当读 Temp 寄存器时，所有的 16 位数据都提供给总线，而控制器会收集全部的数据来结束总线的操作，但是，只有高 11 位被使用，LS 字节的低 5 位为 0 应当被忽略。根据 11 位的 Temp 数据来计算 Temp 值的方法如下：

① 如果 Temp 数据的 MSB 位 D10＝0，则温度是一个正数温度值（℃）＝＋（Temp 数据）×0.125℃。

② 如果 Temp 数据的 MSB 位 D10＝1，则温度是一个负数温度值（℃）＝－（Temp 数据的二进制补码）×0.125℃。

表 13 - 7 给出了一些 Temp 数据和温度值的例子。

表 13 - 7　Temp 表

Temp 数据			温度值/（℃）
11 位二进制数（补码）	3 位十六进制	十进制值	
0111 1111 000	3F8h	1016	＋127.000
0111 1110 111	3F7h	1015	＋126.875
0111 1110 001	3F1h	1009	＋126.125
0111 1101 000	3E8h	1000	＋125.000
0001 1001 000	0C8h	200	＋25.000
0000 0000 001	001h	1	＋0.125
0000 0000 000	000h	0	0.000
1111 1111 111	7FFh	－1	－0.125
1110 0111 000	738h	－200	－25.000
1100 1001 001	649h	－439	－54.875
1100 1001 000	648h	－440	－55.000

显然，对于代替工业标准的 LM75 使用 9 位的 Temp 数据的应用，只需要使用 2 个字节中的高 9 位，低字节的低 7 位丢弃不用。其实下面要描述的 Tos 和 Thyst 也类似。

4）滞后寄存器（Thyst）

滞后寄存器是读/写寄存器，也称为设定点寄存器，提供了温度控制范围的下限温度。每次转换结束后，Temp 数据（取其高 9 位）将会与存放在该寄存器中的数据相比较，当环境温度低于此温度的时候，LM75A 将根据当前模式（比较、中断）控制 OS 引脚做出相应反应。

该寄存器包含 2 个 8 位的数据字节，但 2 个字节中只有 9 位用来存储设定点数据（分辨率为 0.5℃ 的二进制补码），其数据格式如表 13 - 8 所列，默认为 75℃。

5）过温关断阈值寄存器（Tos）

过温关断寄存器提供了温度控制范围的上限温度。每次转换结束后，Temp 数据(取其高 9 位)将会与存放在该寄存器中的数据相比较,当环境温度高于此温度的时候,LM75A 将根据当前模式(比较、中断)控制 OS 引脚做出相应反应。其数据格式表 13 - 7 所列,默认为 80℃。

表 13 - 8　高/低报警温度寄存器数据格式

位	D15				D14～D8				D7	D6～D0
说　明	T8	T7	T6	T5	T4	T3	T2	T1	T0	未定义

关于 4、5 两个寄存器,其实是一个提供上限、一个提供下限,当需要配置的寄存器设置好之后,若在范围之内就可以,否则不可以且 OS 端有相应的反应。

(6) OS 输出和极性

OS 输出是一个开漏输出,其状态是器件监控器工作得到的结果。为了观察到这个输出的状态,需要一个外部上拉电阻。电阻的阻值应当足够大(高达 200 kΩ),目的是减少温度读取误差,该误差是由高 OS 吸入电流产生的内部热量造成的。

通过编程配置寄存器的位 B2,OS 输出有效状态可选择高或低有效:B2 为 1 时 OS 高有效;B2 为 0 时 OS 低有效。上电时,B2 位为 0,OS 低有效。

(7) 数据通信

主机和 LM75A 之间的通信必须严格遵循 I^2C 总线管理定义的规则。LM75A 寄存器读/写操作的协议通过下列描述之后的各个图来说明。

① 通信开始之前,I^2C 总线必须空闲或者不忙。这就意味着总线上的所有器件都必须释放 SCL 和 SDA 线,并且 SCL 和 SDA 线被总线的上拉电阻拉高。

② 由主机来提供通信所需的 SCL 时钟脉冲。在连续的 9 个 SCL 时钟脉冲作用下,数据(8 位的数据字节以及紧跟其后的 1 个应答状态位)被传输。

③ 在数据传输过程中,除起始和停止信号外,SDA 信号必须保持稳定,而 SCL 信号必须为高。这就表明 SDA 信号只能在 SCL 为低时改变。

④ S:起始信号,主机启动一次通信的信号,SCL 为高电平,SDA 从高电平变成低电平。

⑤ RS:重复起始信号,与起始信号相同,用来启动一个写命令后的读命令。

⑥ P:停止信号,主机停止一次通信的信号,SCL 为高电平,SDA 从低电平变成高电平,然后总线变成空闲状态。

⑦ W:写位,在写命令中写/读位=0。

⑧ R:读位,在读命令中写/读位=1。

⑨ A:器件应答位,由 LM75A 返回。当器件正确工作时该位为 0,否则为 1。为了使器件获得 SDA 的控制权,这段时间内主机必须释放 SDA 线。

⑩ A:主机应答位,不是由器件返回,而是在读 2 字节的数据时由主控器或主机设置的。在这个时钟周期内,为了告知器件的第一个字节已经读完并要求器件将第二个字节放到总线上,主机必须将 SDA 线设为低电平。

⑪ NA:非应答位。在这个时钟周期内,数据传输结束时器件和主机都必须释放 SDA 线,然后由主机产生停止信号。

⑫ 在写操作协议中,数据从主机发送到器件,由主机控制 SDA 线,但在器件将应答信号发送到总线的时钟周期内除外。

⑬ 在读操作协议中,数据由器件发送到总线上,在器件正在将数据发送到总线和控制 SDA 线的这段时间内,主机必须释放 SDA 线,但在主器件将应答信号发送到总线的时间周期内除外。

读取温度的时序如图 13 - 3 所示,若读者想更深入地研究 LM75A,可参考相关数据手册。

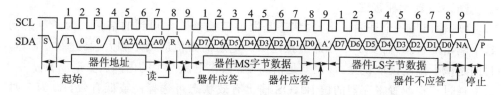

图 13 - 3 读预置指针的 Temp、Tos 或 Thyst 寄存器(2 字节)

13.3.2 硬件设计

这里的硬件设计就是将器件 LM75A 当作单片机外围电路接在单片机,接入方法可以参考 LM75A 的数据手册。MGMC - V1.0 实验板上 LM75A 的原理图和实物图分别如图 13 - 4 和图 13 - 5 所示。

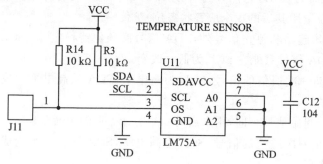

图 13 - 4 LM75A 的原理图   图 13 - 5 LM75A 的实物图

这里对 LM75A 引脚做简要说明。1、2 分别为数据、时钟总线,都需要接上拉电阻(10 kΩ),由于 SCL 已经在 AT24C02 中接了,所以这里不接。3 引脚为 OS 端,也需要接上拉电阻,最后还用一个端子引出,以便读者做扩展实验。5、6、7 为从器件地址选择端,都接地,则 A2、A1、A0 就为"000"。

13.3.3 软件分析

```
1.  /**************************************************/
2.  /* 函数名称:LM75A_TempConv()
3.  /* 函数功能:温度转换
4.  /* 入口参数:无;
5.  /* 出口参数:无;
6.  /**************************************************/
7.  void LM75A_TempConv(void)
8.  {
9.      uChar8 TempML[2] = {0};              //临时数值,用于存放 Temp 的高低字节
10.     uInt16 uiTemp;                       //用于存放 Temp 的 11 位字节数据
11.     LM75A_ReadReg(0x00,TempML,2);        //读出温度,并存于数组 TempHL 中
12.     uiTemp = (uInt16)TempML[0];          //将高字节存入变量 uiTemp 中
13.     uiTemp = (uiTemp << 8 | TempML[1]) >> 5;
14.     //接着并入后 3 位,最后右移 5 位就是 11 位补码数(8 + 3 共 11 位)
15.     /****** 首先判断温度是"0 上"还是"0 下" ******/
16.     if(!(TempML[0] & 0x80))              //最高位为"0"则为"0 上"
17.     {
18.         p_bHOL_Flag = 0;
19.         p_fLM75ATemp = uiTemp * 0.125;
20.     }
21.     else                                 //这时为"0 下"(p_fLM75ATemp)℃
22.     {
23.         p_bHOL_Flag = 1;
24.         p_fLM75ATemp = (0x800 - uiTemp) * 0.125;
25.         //由于计算机中负数是以补码形式存在的,所以有这样的算法
26.     }
27. }
```

其中,第 8 行定义了一个数组,包含两个元素,TempML[0]、TempML[1],分别用来存放表 13-6 中 Temp 的高低字节。这样做的好处是函数 LM75A_ReadReg()中读出的变量值是以指针形式存在的,所以调用函数时直接给数组的首地址,且函数是连续读取数值的。第 10 行调用函数,读取 LM75A 的实时温度值。第 12 行目的是将温度的高字节(8 位)和低字节(有用的是 3 位)合并,合并之后右移 5 位,从而得到表 13-7 所列的二进制补码。15 行用于判断此时温度为"正"还是为"负"(确切地说应该是 0℃以"上"还是以"下")。若为"正",那就直接计算(乘以 0.125),相反稍微难点,计算中,负数是以补码的形式存在的。例如,温度为"－1",则存储形式为"0b1111 1111 111",因此,这里用 0x800(1000 0000 0000)一减,刚好就是"1",这里只需明知此时的"1"是负数就可以,笔者这里没有把"－"号代入运算,取而代之的是"正"、"负"标志位(p_bHOL_Flag)。源码详见实例 37。

13.4　实例诠释温度传感器

实例 37　基于 LM75 的温度测试仪

实例:以 MGMC – V1.0 实验板为例编写程序,将此时环境的温度显示到数码管上,并通过串口将其温度值打印到计算机上,源码如下:

```
1.   # include <reg52.h>
2.   # include <INTRINS.H>
3.   # include <stdio.h>
4.   typedef unsigned char uChar8;
5.   typedef unsigned int   uInt16;
6.   # define LM75ADevIDAddr 0x90
7.   # define IIC_WRITE 0x00
8.   # define IIC_READ   0x01
9.   sbit SCL = P3^6;
10.  sbit SDA = P3^7;
11.  sbit SEG_SELECT = P1^7;
12.  sbit BIT_SELECT = P1^6;
13.  typedef enum{FALSE,TRUE} BOOL;
14.  bit p_bHOL_Flag;                        //温度"0"上、下标志位
15.  float p_fLM75ATemp;                     //温度值
16.  //此表为 LED 的字模,共阴极数码管 0~9 带小数点
17.  uChar8 code Dis_Dot[] = {0xbf,0x86,0xdb,0xcf,0xe6,0xed,0xfd,0x87,0xff,0xef};
18.  //此表为 LED 的字模,共阴极数码管 0~9 不带小数点
19.  uChar8 code Dis_NoDot[] = {0x3f,0x06,0x5b,0x4f,0x66,0x6d,0x7d,0x07,0x7f,0x6f,0x00};
20.  //此表为"0 上"和"0 下"显示字模,"0 上"用"P"、"0 下"用"F"表示
21.  uChar8 code Dis_UP[2] = {0x73,0x71};
22.  void Delay5US(void)
23.  {
24.      _nop_();_nop_();_nop_();_nop_();
25.  }
26.  void DelayMS(uInt16 ValMS)
27.  {
28.      /＊ 读者自己补补 ＊/
29.  }
30.  void LedDisplay(long int TempVal)
31.  {
32.      uChar8 BaiInt,ShiInt,GeInt,BaiDec,ShiDec,GeDec;
33.      BaiInt = TempVal/100000;
34.      if(BaiInt == 0)      BaiInt = 10;                //意图是让最高位的"0"别显示
35.      ShiInt = TempVal/10000 % 10;
36.      GeInt   = TempVal/1000 % 10;
37.      BaiDec = TempVal/100 % 10;
38.      ShiDec = TempVal/10 % 10;
39.      GeDec   = TempVal % 10;
40.      BIT_SELECT = 1;P0 = 0xfe;BIT_SELECT = 0;
```

```
41.        SEG_SELECT = 1;P0 = Dis_UP[p_bHOL_Flag];SEG_SELECT = 0; DelayMS(2);
42.        BIT_SELECT = 1;P0 = 0xfd;BIT_SELECT = 0;
43.        SEG_SELECT = 1;P0 = Dis_NoDot[BaiInt];SEG_SELECT = 0;DelayMS(2);
44.        BIT_SELECT = 1;P0 = 0xfb;BIT_SELECT = 0;
45.        SEG_SELECT = 1;P0 = Dis_NoDot[ShiInt];SEG_SELECT = 0; DelayMS(2);
46.        BIT_SELECT = 1;P0 = 0xf7;BIT_SELECT = 0;
47.        SEG_SELECT = 1;P0 = Dis_Dot[GeInt];SEG_SELECT = 0;DelayMS(2);
48.        BIT_SELECT = 1;P0 = 0xef;BIT_SELECT = 0;
49.        SEG_SELECT = 1;P0 = Dis_NoDot[BaiDec];SEG_SELECT = 0; DelayMS(2);
50.        BIT_SELECT = 1;P0 = 0xdf;BIT_SELECT = 0;
51.        SEG_SELECT = 1;P0 = Dis_NoDot[ShiDec];SEG_SELECT = 0;DelayMS(2);
52.        BIT_SELECT = 1;P0 = 0xbf;BIT_SELECT = 0;
53.        SEG_SELECT = 1;P0 = Dis_NoDot[GeDec];SEG_SELECT = 0; DelayMS(2);
54.    }
55.    void IIC_Start(void)
56.    {    /* 见笔记 11 的软件分析部分 */        }
57.    void IIC_Stop(void)
58.    {    /* 见笔记 11 的软件分析部分 */        }
59.    void IIC_Ack(void)
60.    {    /* 见笔记 11 的软件分析部分 */        }
61.    BOOL IIC_RdAck(void)
62.    {    /* 见笔记 11 的软件分析部分 */        }
63.    void IIC_Nack(void)
64.    {    /* 见笔记 11 的软件分析部分 */        }
65.    uChar8 OutputOneByte(void)
66.    {    /* 见笔记 11 的软件分析部分 */        }
67.    void InputOneByte(uChar8 uByteVal)
68.    {    /* 见笔记 11 的软件分析部分 */        }
69.    BOOL IIC_WrDevAddAndDatAdd(uChar8 uDevAdd,uChar8 uDatAdd)
70.    {    /* 见笔记 11 的软件分析部分 */        }
71.    void IIC_RdDatFromAdd(uChar8 uDevID, uChar8 uStaAddVal, uChar8 * p, uChar8 uiLenVal)
72.    {    /* 见笔记 11 的软件分析部分 */        }
73.    void LM75A_ReadReg(uChar8 addr, uChar8 * val, uChar8 uLenVal)
74.    {
75.        IIC_RdDatFromAdd(LM75ADevIDAddr, addr, val, uLenVal);
76.    }
77.    void LM75A_TempConv(void)
78.    {    /* 见本章的软件分析部分 */        }
79.    void UART_Init(void)
80.    {    /* 见实例 33 */        }
81.    void main(void)
82.    {
83.        long int DisTemp;
84.        uChar8 i;
85.        UART_Init();
86.        while(1)
87.        {
88.            LM75A_TempConv();
89.            DisTemp = p_fLM75ATemp * 1000;   //将温度全部转换成整数,以便数码管显示
90.            LedDisplay(DisTemp);
```

```
91.          i++;
92.          if(100 == i)                      //别让串口输出太累,i每当100才输出一次
93.          {
94.              i = 0;
95.              if(!p_bHOL_Flag)
96.              {TI = 1;printf("当前温度: + %.3f℃\n",p_fLM75ATemp);while(!TI);
                 TI = 0;}
97.              else
98.              {TI = 1;printf("当前温度: - %.3f℃\n",p_fLM75ATemp);while(!TI);
                 TI = 0;}
99.          }
100.    }
101. }
```

其中,printf()函数的"%.3f",意思是打印输出小数点后的 3 位。从运行效果图 13－6 可以看出笔者所在的环境是温度是"零"上 21.750℃。

图 13－6　基于 LM75A 的温度演示效果图

13.5　知识扩展——单片机还养了一只小"狗"

在实际的单片机开发工程中,由于单片机的工作有可能受到来自外界电磁场的干扰,造成程序跑飞,从而陷入死循环,这样就造成了整个系统的瘫痪,所以出于对单片机运行状态进行实时监测的考虑,便产生了一种专门监测单片机程序运行状态的内部结构,那就是"看门狗"(Watch Dog)。

加入看门狗电路的目的是使单片机可以在无人状态下实现连续工作,其工作过程如下:看门狗芯片和单片机的一个 I/O 口引脚相连,该 I/O 引脚通过单片机的程序控制,使它定时地往看门狗芯片的这个引脚上送入高电平(或低电平),这一程序语句是分散地放在单片机其他控制语句中间的,一旦单片机由于干扰造成程序跑飞后陷入某一程序段进入死循环状态时,给看门狗引脚送电平的程序便不能被执行到,这时,看门狗电路就会由于得不到单片机送来的信号,从而将它和单片机复位引脚相连的引脚上送出一个复位信号,使单片机发生复位,单片机将从程序存储器的起始位置

重新开始执行程序,于是实现了单片机的自动复位。

通常看门狗电路需要一个专门的看门狗芯片连接单片机来实现,这样不仅会使电路设计变得复杂,而且会增加成本。STC 单片机内部自带了看门狗,通过对相应特殊功能寄存器的设置就可实现看门狗的应用,STC89 系列单片机内部有一个专门的看门狗定时器寄存器,即 Watch Dog Timer 寄存器,各位如表 13-9 所列。

表 13-9　看门狗定时器寄存器 WDT_CONTR

位	B7	B6	B5	B4	B3	B2	B1	B0
说　明	—	—	EN_WDT	CLR_WDT	IDLE_WDT	PS2	PS1	PS0

STC 单片机看门狗定时器寄存器在特殊功能寄存器中,字节地址为 E1H,不能位寻址,用来管理 STC 单片机的看门狗控制部分,包括启停看门狗、设置看门狗溢出时间等。单片机复位时该寄存器不一定全部被清 0,在 STC 下载程序软件界面上可设置复位关看门狗或停电关看门狗的选择,读者可根据需要做出适合自己设计系统的选择。接下来对各个位做简要介绍:

➤ EN_WDT:看门狗允许位,当设置为"1"时,看门狗启动。

➤ CLR_WDT:看门狗清"0",当设为"1"时,看门狗将重新计数,硬件将自动清"0"此位。

➤ IDLE_WDT:看门狗"IDLE"模式位,当设置为"1"时,看门狗定时器在"空闲模式"计数;当清"0"该位时,看门狗定时器在"空闲模式"时不计数。

➤ PS2、PS1、PS0:看门狗定时器预分频值,如表 13-10 所列。注意,MGMC - V1.0实验板上的晶振是 11.059 2 MHz 的,所以这里的时钟以 11.059 2 MHz 为例,如读者使用的晶振有别,可自行做相应的改动。

表 13-10　看门狗定时器预分频值

PS2	PS1	PS0	Pre - scale 预分频	WDT 溢出时间@11.059 2 MHz
0	0	0	2	71.1 ms
0	0	1	4	142.2 ms
0	1	0	8	284.4 ms
0	1	1	16	568.8 ms
1	0	0	32	1.137 7 s
1	0	1	64	2.275 5 s
1	1	0	128	4.551 1 s
1	1	1	256	9.102 2 s

最后看一个官方给出的看门狗溢出时间、预分频数和晶振的计算关系:

看门狗溢出时间＝(N×预分频数×32 768)÷晶振频率

式中,N 表示 STC 单片机的时钟模式。STC 单片机有两种时钟模式:单倍速(12T),也就是 12 时钟模式,这种时钟模式下,STC 单片机与其他公司 51 单片机具有相同的机器周期,即 12 个振荡周期为一个机器周期;另一种为 12 倍速(1T 单片机),也就是说晶振周期就是单片机的运行周期。MGMC - V1.0 实验板上所用单片机为 12T 的单片机,因此这里 N=12,将各个参数代入公式就可计算出看门狗的溢出时间。

接下来通过一个实例来讲述使用看门狗和不使用看门狗时程序运行的区别。由于 STC 单片机的高抗干扰能力,至今笔者还未曾遇到过程序跑飞的情况,因此这里只能用软件来模拟看门狗的运行情况。

实例 38　LED 灯闪烁是因为"狗"饿了

这里先上源码,读者思考一个问题,8 灯为何要闪烁?

```
1.   # include <reg52.h>
2.   # define uInt16 unsigned int
3.   sfr WDT_CONTR = 0xE1;          //用 sfr 定义看门狗特殊功能寄存器
4.   void DelayMS(uInt16 ms)
5.   {    /* 读者自行补充,有没有问题? */    }
6.   void main(void)
7.   {
8.       WDT_CONTR = 0x34;
9.       P2 = 0x00;DelayMS(500);P2 = 0xFF;
10.      for(;;)
11.      {
12.          DelayMS(600);
13.      }
14.  }
```

将此程序写好,并编译、下载到 MGMC - V1.0 实验板上,这时读者可以看到 8 个 LED 灯在闪烁。先简单分析一下程序,上电之后 8 个 LED 灯点亮(P2=0x00),之后稍做延时,接着 8 个 LED 灯熄灭(P2=0xFF),接下来是一个死循环,里面只有一句延时程序(DelayMS(600);),应该 8 个 LED 灯一直灭啊,怎么会闪烁呢?

答案是:程序的第 8 行在"做怪"。第 3 行用 sfr 关键字定义了一个看门狗特殊功能寄存器。先来看看笔者为何给 WDT_CONTR 寄存器赋值为 0x34,由表 13 - 9 可知,当寄存器里的各个值设定成 0b0011 0100(0x34)时,意味着此时看门狗启动、硬件清 0 之后会重新计数,并且由表 13 - 10 可知,此时的溢出时间为 1.137 7 s。这样当程序进入 for(;;)死循环以后,看门狗肯定在 1.137 7 s 内得不到符合自己的逻辑电平,继而看门狗认为这个系统出问题了(程序跑飞了),于是干脆复位,这下程序又会从头开始执行,在 1.137 7 s 内若看门狗又得不到想要的逻辑电平,则又会复位,这样就形成了 8 个 LED 灯的闪烁。

当然在程序设计中,肯定不是这样用看门狗,而是要让程序跑飞后才让看门狗作用,那怎么解决?人要吃饭,狗也不例外,因此要实时喂狗,这样若程序正常,则看门狗就正常;若狗饿了,那么系统也就不正常了。接下来看如何实时喂狗?

实例 39　要让系统 OK 必须实时喂狗

单片机的喂狗只需在实例 38 的 12 行后面增加一行代码 WDT_CONTR＝0x34,这样,程序、看门狗都就运行正常了。

特别提醒:在实际应用中,需要在整个大程序的不同位置喂狗,但每两次喂狗之间的时间间隔一定不能小于看门狗定时器的溢出时间,否则程序将会不停地复位。

笔记 14

响声十二下、开始新一天——时钟

14.1 夯实基础——C 语言之结构体

14.1.1 结构体

结构体(struct)是由一系列具有相同类型或不同类型的数据构成的数据集合，也叫结构。

1. 结构体的声明

结构声明是描述结构如何组合的主要方法。一般情况下，结构体的方式有以下两种：

第一种	第二种

struct book{
　　char title[MAXTITL];
　　char author[MAXAUTL];
　　float value;
};
struct book library;
	struct book{
	　　char title[MAXTITL];
	　　char author[MAXAUTL];
	　　float value;
	} library;

先以第一种为例来对其结构体做简要介绍。该声明描述了一个由两个字符数组和一个 float 变量组成的结构。它并没有创建一个实际的数据对象，而是描述了组成这类对象的元素(有时候可以将结构声明叫模板)。首先使用关键字 struct，它表示接下来是一个结构。后面是一个可选的标记(book)，是用来引用该结构的快速标记。例如后面定义的 struct book library，意思是把 library 声明为一个使用 book 结构设计的结构变量。

在结构声明中，接下来是用一对花括号括起来的结构成员列表。每个成员变量都用它自己的声明来描述，用一个分号来结束描述。例如，title 是一个拥有 MAX-TITL 组成的元素的 char 数组。每个成员可以是任何一种 C 的数据类型，甚至可以是其他结构。

标记名(book)是可选的,但是在用如第一种方式建立结构(在一个地方定义结构设计,而在其他地方定义实际的结构变量)时,必须使用标记。若没有标记名,则称为无名结构体。

结合上面两种方式,我们可以得出这里的"结构"有两个意思。一个意思是"结构设计",例如对变量 title、author 的设计就是一种结构设计。另一层意思应该是创建一个"结构变量",例如定义的 library 就是创建一个变量很好的举证。其实这里的struct book 所起的作用就像 int 或 float 在简单声明中的作用一样。

2. 结构体变量的初始化

结构是一个新的数据类型,因此结构变量也可以像其他类型的变量一样赋值、运算,不同的是结构变量以成员作为基本变量。

结构成员的表示方式为:结构变量.成员名。这里的"."是成员(分量)运算符,它在所有的运算中优先级最高,因此可以将"结构变量.成员名"看成是一个整体,则这个整体的数据类型与结构中该成员的数据类型相同,这样就可像前面所讲的变量那样使用。例如读者可以对以上述所举例子做以下的赋值操作:

library.title = "与单片机牵手的那些年";library.author = "残弈悟恩";

当然也可以边声明结构体,边初始化结构体:

```
struct student{
    long int num;
    char name[20];
    char address[30];
}a = {123456,"残弈悟恩","123 HuiNing Road"};
```

3. 结构体的数组

结构数组就是具有相同结构类型的变量集合。上面讲解到一个结构体变量中可以存放一组数据(如一个学生的学号、姓名、家庭地址等数据)。如果有 10 个学生的数据需要参与运算,显然应该用数组,这就是结构体数组的由来。结构体数组与以前介绍过的数据值型数组不同之处在于每个数组元素都是一个结构体类型的数据,它们分别包括各个成员(分量)项。

接着上面声明的结构体 student,再来定义一个结构体数组"struct student stu[10];",这样就可以用类似于操作二维数组的方式对其赋值、运算了。

4. 指向结构体变量的指针

一个结构体变量的指针就是该变量所占据的内存段的起始地址,可以设一个指针变量,用来指向一个结构体变量,此时该指针变量的值是结构体变量的起始地址。指针变量也可以用来指向结构体数组中的元素。

再以上面"student"结构体为例来定义一个结构体变量和结构体指针:

struct student stuA； struct student ＊p；

接着让指针 p 指向 stuA,则有"p＝&stuA;",这样就可以对成员 num 做这样的赋值操作 stuA.num＝123456 或者(＊p).num＝123456。注意,＊p 两侧的括号不可省略,因为成员运算符"."优先于"＊"运算符,若取了括号则＊p.num 就等价于＊(p.num),这显然不合题意。

在 C 语言中,为了使用方便且直观,可以把(＊p).num 改用 p→num 来代替,它表示 p 指向结构体变量中的 num 成员。

这样,结构体的成员变量访问就有 3 种方式,分别为:结构体变量.成员名;(＊p).成员名;p→成员名。

14.1.2 枚 举

在实际应用中,有的变量只有几种可能的取值。如人的性别只有两种可能的取值,星期只有 7 种可能的取值。C 语言中对这样取值比较特殊的变量可以定义为枚举类型。所谓枚举是指将变量的值一一列举出来,变量只限于列举出来的值的范围内取值。

1. 枚举的定义

定义一个变量是枚举类型可以先定义一个枚举类型名,然后再说明这个变量是该枚举类型,例如"enum weekday{sun,mon,tue,wed,thu,fri,sat};"。

定义了一个枚举类型名 enum weekday,然后定义变量为该枚举类型。例如"enum weekday day;",当然,也可以直接定义枚举类型变量,例如"enum weekday{sun,…,sat} day;"。其中 sum、mon、…、sat 等称为枚举元素或枚举常量,它们是用户定义的标识符。

2. 关于枚举的几点说明

① 枚举元素不是变量,而是常数,因此又称为枚举常量。因为是常量,所以不能对枚举元素进行赋值。

② 枚举元素作为常量且它们是有值的,C 语言在编译时按定义的顺序使它们的值为 0、1、2 等。

枚举定义以后,默认情况下值是从 0 开始,按顺序依次加 1。若有赋值语句"day＝mon;",则 day 变量的值为 1。当然,这个变量值是可以输出的,例如"printf("%d",day);"将输出整数 1。

如果在定义枚举类型时指定元素的值,也可以改变枚举元素的值,例如"enum weekday{sun＝7,mon＝1,tue,wed,thu,fri,sat}day;",这时 sun 为 7,mon 为 1,以后元素顺次加 1,所以 sat 就是 6 了。

③ 枚举值可以用来作判断,例如 if (day＝＝mon){…}、if (day＞mon){…}。枚举值的比较规则是:按其在声明时的顺序号比较,如果说明时没有为其指定值,则

第一个枚举元素的值认作 0，从而有 mon ＞ sun、sat ＞ fri。

④ 一个整数不能直接赋给一个枚举变量，必须强制进行类型转换才能赋值。例如"day＝(enum weekday)2;"的意思是将顺序号为 2 的枚举元素赋给 day，相当于"workday＝tue;"。

3. 枚举与♯define 宏的区别

① ♯define 宏常量是在预编译阶段进行简单替换，枚举常量则是在编译的时候确定其值。

② 一般在编译器里，可以调试枚举常量，但是不能调试宏常量。

③ 枚举可以一次定义大量相关的常量，而♯define 宏一次只能定义一个。

14.1.3 大刀阔斧——typedef

1. typedef 与结构体形影不离

typedef 的用途当然不止现在讲解的这么一点，这里先说说其在结构体定义中的一点知识。先来举个例子：

```
typedef struct complex{
    float real;
    float imag;
}COMPLEX;
```

这样就可以用类型 COMPLEX 代替 struct complex 来表示复数。使用 typedef 的原因之一是为经常出现的类型创建一个方便的、可识别的名称。因此这里的意思就是将 struct complex 命名为 COMPLEX，即给 struct complex 起了一个别名"COMPLEX"。

使用 typedef 来命名一个结构类型时，可以省去结构的标记，例如：

```
typedef struct{double x;double y;}rect;
```

假设这样使用 typedef 定义的类型名"rect r1＝{3.0,5.0};rect r2;r2＝r1;"这就可以被"翻译"成：

```
struct {double x; double y;} r1 = {3.0,5.0};
struct {double x; double y;} r2;  r2 = r1;
```

如果两个结构的声明都不使用标记，但是使用同样的成员(成员名和类型都匹配)，那么 C 认为这两个结构具有同样的类型，因此将 r1 赋值给 r1 是一个正确的操作了。

再如：

```
typedef enum workday{
saturday,sunday = 0,monday,tuesday,wednesday, thursday,friday
```

```
}workday;          //此处的 workday 为枚举型 enum workday 的别名
workday today,tomorrow;
```

这样变量 today 和 tomorrow 的类型为枚举型 workday，即 enum workday。

2．typedef 与♯define 的区别

typedef 的真正意思是给一个已经存在的数据类型（注意：是类型不是变量）取一个别名，而非定义一个新的数据类型。

① 问题一：A.♯define Char8 char   B. typedef char Char8；
          unsigned Char8 i＝20；   unsigned Char8 j＝10；

为何 A 是正确的，而 B 是错误的？对于 A 来说，因为在预编译的时候 Char8 直接被 char 替换，那么 unsigned Char8 i 就等价于 unsigned char i，这样当然是对的。那么对于 B 呢？上面说过，它只是起个别名，不支持这种数据类型的扩展，因为错误是难免的。

② 问题二：C.♯define PCHAR char ＊   D. typedef char ＊ pchar；
          PCHAR p1,p2；   pchar p3,p4；

两组代码编译都没有问题，但是，这里的 p2 还是指针吗？答案是否定的，其仅仅是一个 char 类型的字符。所以用♯define 和 typedef 的时候要慎之又慎啊。

在应用 typedef 是要注意两点：

① typedef 只是给现有的数据类型起了一个别名，更不同于宏，也不是简单的字符串替换。例如定义"typedef char ＊ PSTR；"，则 const PSTR 并不是 const char ＊。

② typedef 在语法上是一个存储类的关键字（auto、extern、static），但它并不真正影响对象的存储特性，例如"typedef static char Char8；"/肯定是不可行的。

14.2　时钟芯片的点点滴滴

时钟的制作方法很多，例如，可以直接用单片机定时器来做（详见实例 44）；也可以用时钟芯片来制作。时钟芯片的种类也很多，比如 DS1302、DS1307、DS12C887、PCF8485、SB2068、PCF8563 等。这里以 NXP 公司的 PCF8563 为例讲解其工作的原理、过程和最后对时间的处理、应用等，当然笔者还会在个人博客或电子工程师基地论坛上扩展 DALLAS 公司的 DS12C887、DS1302 的使用。

14.2.1　PCF8563 的原理说明

1．PCF8563 概述

PCF8563 是 PHILIPS 公司推出的一款工业级、内含 I^2C 总线接口功能的、具有极低功耗的 CMOS 多功能时钟/日历芯片。PCF8563 的多种报警功能、定时器功能、时钟输出功能以及中断输出功能能完成各种复杂的定时服务，甚至可为单片机提供看门狗(笔记 13 的扩展部分有所涉及)功能。内部时钟电路、内部振荡电路、内部低电压检测电路(1.0 V)以及两线制 I²C 总线通信方式,不但使外围电路及其简洁,而且也增加了芯片的可靠性,同时每次读/写数据后内嵌的字地址寄存器会自动产生增量。因而,PCF8563 是一款性价比极高的时钟芯片,已广泛用于电表、水表、气表、电话、传真机、便携式仪器以及电池供电的仪器仪表等产品领域。

2. PCF8563 特性

➢ 大工作电压范围:1.0~5.5 V;低工作电流,典型值为 0.25 μA;具有 400 kHz 的 I²C 总线接口,同一总线上可连接多达 8 个器件
➢ 可编程时钟输出的频率为:32.768 kHz、1 024 Hz、32 Hz、1 Hz。
➢ 报警和定时器。
➢ 掉电检测器。
➢ 开漏中断引脚。

(1) 简化的功能框图

功能框图如图 14-1 所示。

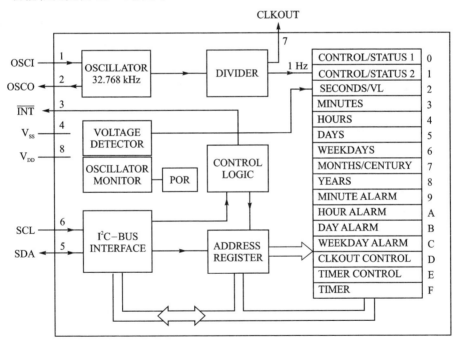

图 14-1 PCF8563 功能框图

(2) 功 能

PCF8563 有 16 个 8 位寄存器:一个可自动增量的地址寄存器,一个内置 32.768 kHz 的振荡器(带有一个内部集成的电容),一个分频器(用于给实时时钟 RTC 提供源时钟),一个可编程时钟输出,一个定时器,一个报警器,一个掉电检测器和一个

400 kHz I²C 总线接口。

所有 16 个寄存器设计成可寻址的 8 位并行寄存器,但不是所有位都有用。前两个寄存器(内存地址 00H、01H)用于控制寄存器和状态寄存器,内存地址 02H～08H用于时钟计数器(秒～年计数器),地址 09H～0CH 用于报警寄存器(定义报警条件),地址 0DH 控制 CLKOUT 引脚的输出频率,地址 0EH 和 0FH 分别用于定时器控制寄存器和定时器寄存器。秒、分钟、小时、日、月、年、分钟报警、小时报警、日报警寄存器,编码格式为 BCD 码,星期和星期报警寄存器不以 BCD 格式编码。

当一个 RTC 寄存器被读时,所有计数器的内容被锁存,因此,在传送条件下可以禁止对时钟/日历芯片的错读。

1) 报警功能模式

一个或多个报警寄存器 MSB(AE＝Alarm Enable 报警使能位)清 0 时,相应的报警条件有效,这样,一个报警将在每分钟至每星期范围内产生一次。设置报警标志位 AF(控制/状态寄存器 2 的位 3)用于产生中断,AF 只可以用软件清除。

2) 定时器

8 位的倒计数器(地址 0FH)由定时器控制寄存器(地址 0EH)控制,用于设定定时器的频率(4 096、64、1 或 1/60 Hz)以及设定定时器有效或无效。定时器从软件设置的 8 位二进制数倒计数,每次倒计数结束,定时器设置标志位 TF。定时器标志位 TF 只可以用软件清除,TF 用于产生一个中断(/INT),每个倒计数周期产生一个脉冲作为中断信号。TI/TP 控制中断产生的条件。当读定时器时,返回当前倒计数的数值。

3) CLKOUT 输出

引脚 CLKOUT 可以输出可编程的方波。CLKOUT 频率寄存器(地址 0DH)决定方波的频率,CLKOUT 可以输出 32.768 kHz(默认值)、1 024、32、1Hz 的方波。CLKOUT 为开漏输出引脚,上电时有效,无效时为高阻抗。

4) 寄存器结构

① BCD 格式寄存器概况如表 14-1 所列。

表 14-1　BCD 格式寄存器表

地址	寄存器名称		Bit7	Bit6	Bit5	Bit4	Bit3	Bit2	Bit1	Bit0
02h 秒	秒		VL	00～59BCD 码格式数						
03h 分	分钟		—	00～59BCD 码格式数						
04h 小	小时		—	—	59BCD 码格式数					
05h 日	日		—	—	31BCD 码格式数					
06h 星	星期		—	—	—	—	—	0～6		
07h 月	月/世纪		C	—	—	01～12 BCD 码格式数				

续表 14 - 1

地址	寄存器名称	Bit7	Bit6	Bit5	Bit4	Bit3	Bit2	Bit1	Bit0
08h 年	年				00~99 BCD 码格式数				
09h 分	分钟报警	AE			00~59 BCD 码格式数				
0Ah 小	小时报警	AE	—		00~23 BCD 码格式数				
0BH 日	日报警	AE	—		01~31 BCD 码格式数				
0CH 星	星期报警	AE	—	—		—		0~6	

② 秒/VL 寄存器位描述如表 14 - 2 所列。

表 14 - 2　秒/VL 寄存器位描述(地址 02H)

Bit	符　号	描　述
7	VL	VL=0,保证准确的时钟/日历数据 VL=1,不保证准确的时钟/日历数据
6~0	<秒>	BCD 格式的当前秒数值(00~59),例如:<秒>=1011001,代表 59 秒

③ 分钟寄存器位描述如表 14 - 3 所列。

④ 小时寄存器位描述如表 14 - 4 所列。

表 14 - 3　秒/VL 寄存器位描述(地址 03H)

Bit	符　号	描　述
7	—	无效
6~0	<分钟>	代表 BCD 格式的当前分钟数值,值为 00~59

表 14 - 4　小时寄存器位描述(地址 04H)

Bit	符　号	描　述
7~6	—	无效
5~0	<小时>	代表 BCD 格式的当前小时数值,值为 00~23

⑤ 日寄存器位描述如表 14 - 5 所列。

表 14 - 5　日寄存器位描述(地址 05H)

Bit	符　号	描　述
7~6	—	无效
5~0	<日>	代表 BCD 格式的当前日数值,值为 01~31。当年计数器的值是闰年时,PCF8563 自动给二月增加一个值,使其成为 29 天

⑥ 星期寄存器位描述如表 14 - 6 所列。

表 14 - 6　小时寄存器位描述(地址 06H)

Bit	符　号	描　述
7~3	—	无效
2~0	<星期>	代表当前星期数值 0~6,格式为:000~110,所对应的星期数为:星期天~星期六,这些位也可由用户重新分配

⑦ 月寄存器位描述如表 14 - 7 所列。

表 14 - 7　月寄存器位描述(地址 07H)

Bit	符　号	描　述
7	C	世纪位,C=0 指定世纪数为 20xx,C=1 指定世纪数为 19xx,"xx"为年寄存器中的值,参见表 14 - 13。当年寄存器中的值由 99 变为 00 时,世纪位会改变
6~5	—	无效
4~0	<月>	代表 BCD 格式的当前月份,值为 01~12 (00001~10010)

⑧ 年寄存器位描述如表 14 - 8 所列。

表 14 - 8　年寄存器位描述(地址 08H)

Bit	符　号	描　述
7~0	<年>	代表 BCD 格式的当前年数值,值为 00~99

(3) 数据通信

说到通信,肯定就是单片机与 PCF8563 之间的通信了,其严格遵循 I^2C 协议,因此若读者前面章节掌握了,这里是很简单的。

14.2.2　硬件设计

这里的硬件设计应该就是器件 PCF8563 与单片机的硬件接口电路了,具体如何设计,可以参考 PCF8563 的数据手册。MGMC - V1.0 实验板上的 PCF8563 原理图和实物图分别如图 14 - 2 和图 14 - 3 所示。

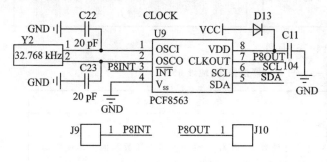

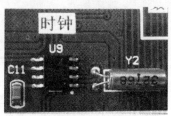

图 14 - 2　PCF8563 的原理图　　　　图 14 - 3　PCF8563 的实物图

对 PCF8563 引脚做简要说明。1、2 引脚为晶振的输入、输出引脚;3 为中断引脚(开漏,低电平有效),7 引脚为 CLKOUT 引脚。其中 3、7 分别接了一个排针,方便读者扩展,这里需要注意的是,笔者设计电路时省去了上拉电阻,读者外扩时要加上拉电阻,阻值为 10 kΩ;5、6 分别为数据、时钟总线,都需要接上拉电阻(10 kΩ),由于共用了总线(别的地方已经接了上拉电阻),所以这里不接。8、4 引脚分别为电源的正、负极。

14.3　实例诠释时钟

实例 40　基于 PCF8563 的时钟设计

实例：利用 MGMC - V1.0 实验板编写程序，让其数码管上显示：XX(时)—XX(分)—XX(秒)。例程代码如下：

```
1.   # include <reg52.h>
2.   # include <INTRINS.H>
3.   typedef unsigned char uChar8;
4.   typedef unsigned int  uInt16;
5.   sbit SCL = P3^6;
6.   sbit SDA = P3^7;
7.   sbit SEG_SELECT = P1^7;
8.   sbit BIT_SELECT = P1^6;
9.   typedef enum{FALSE,TRUE} BOOL;
10.  # define PCF8591DevID     0xA2
11.  # define IIC_WRITE        0x00
12.  # define IIC_READ         0x01
13.  # define SEC    0x02    //秒寄存器
14.  uChar8 PCF8563_Store[3] = {0x52,0x18,0x15};         //初始时间定格在:15:18:52
15.  uChar8 code Dis_NoDot[] = {0x3f,0x06,0x5b,0x4f,0x66,0x6d,0x7d,0x07,0x7f,0x6f,0x40};
16.  void Delay5US(void)
17.  {    _nop_();_nop_();_nop_();_nop_();      }
18.  void DelayMS(uInt16 ValMS)
19.  {    /* 还是熟悉的味道、还是原来的配方 */      }
20.  void LedDisplay(uChar8 TempArr[])
21.  {
22.      uChar8 * up_Temp = TempArr;
23.      BIT_SELECT = 1;P0 = 0xfe;BIT_SELECT = 0;
24.      SEG_SELECT = 1; P0 = Dis_NoDot[ * (up_Temp + 2)/16]; SEG_SELECT = 0; DelayMS(2);
25.      BIT_SELECT = 1; P0 = 0xfd; BIT_SELECT = 0;
26.      SEG_SELECT = 1; P0 = Dis_NoDot[ * (up_Temp + 2) % 16]; SEG_SELECT = 0; DelayMS(2);
27.      BIT_SELECT = 1; P0 = 0xfb & 0xdf; BIT_SELECT = 0;
28.      SEG_SELECT = 1; P0 = Dis_NoDot[10]; SEG_SELECT = 0; DelayMS(2);
29.      BIT_SELECT = 1; P0 = 0xf7; BIT_SELECT = 0;
30.      SEG_SELECT = 1; P0 = Dis_NoDot[ * (up_Temp + 1)/16]; SEG_SELECT = 0; DelayMS(2);
31.      BIT_SELECT = 1; P0 = 0xef; BIT_SELECT = 0;
32.      SEG_SELECT = 1; P0 = Dis_NoDot[ * (up_Temp + 1) % 16]; SEG_SELECT = 0; DelayMS(2);
33.      BIT_SELECT = 1;P0 = 0xbf;BIT_SELECT = 0;
34.      SEG_SELECT = 1;P0 = Dis_NoDot[ * (up_Temp + 0)/16];SEG_SELECT = 0; DelayMS(2);
35.      BIT_SELECT = 1;P0 = 0x7f;BIT_SELECT = 0;
36.      SEG_SELECT = 1;P0 = Dis_NoDot[ * (up_Temp + 0) % 16];SEG_SELECT = 0; DelayMS(2);
37.  }
38.  void IIC_Start(void)
```

```
39.    {      /* 见笔记 11 的软件分析部分 */      }
40.    void IIC_Stop(void)
41.    {      /* 见笔记 11 的软件分析部分 */      }
42.    void IIC_Ack(void)
43.    {      /* 见笔记 11 的软件分析部分 */      }
44.    BOOL IIC_RdAck(void)
45.    {      /* 见笔记 11 的软件分析部分 */      }
46.    void IIC_Nack(void)
47.    {      /* 见笔记 11 的软件分析部分 */      }
48.    uChar8 OutputOneByte(void)
49.    {      /* 见笔记 11 的软件分析部分 */      }
50.    void InputOneByte(uChar8 uByteVal)
51.    {      /* 见笔记 11 的软件分析部分 */      }
52.    BOOL IIC_WrDevAddAndDatAdd(uChar8 uDevAdd,uChar8 uDatAdd)
53.    {      /* 见笔记 11 的软件分析部分 */      }
54.    void IIC_WrDatToAdd(uChar8 uDevID, uChar8 uStaAddVal, uChar8 * p, uChar8 ucLenVal)
55.    {      /* 见笔记 11 的软件分析部分 */      }
56.    void IIC_RdDatFromAdd(uChar8 uDevID, uChar8 uStaAddVal, uChar8 * p, uChar8 uiLenVal)
57.    {      /* 见笔记 11 的软件分析部分 */      }
58.    void PCF8563_WriteReg(uChar8 addr, uChar8 * val, uChar8 uLenVal)
59.    {
60.        IIC_WrDatToAdd(PCF8591DevID, addr, val, uLenVal);
61.    }
62.    void PCF8563_ReadReg(uChar8 addr, uChar8 * val, uChar8 uLenVal)
63.    {
64.        IIC_RdDatFromAdd(PCF8591DevID, addr, val, uLenVal);
65.    }
66.    /***************************************************/
67.    //函数名称:P8563_ReadTime()
68.    //函数功能:读取时间
69.    //入口参数:无
70.    //出口参数:无
71.    /***************************************************/
72.    void P8563_ReadTime(void)
73.    {
74.        uChar8 Time[3];
75.        PCF8563_ReadReg(SEC,Time,3);
76.        PCF8563_Store[0] = Time[0] & 0x7f;          /* 秒 */
77.        PCF8563_Store[1] = Time[1] & 0x7f;          /* 分 */
78.        PCF8563_Store[2] = Time[2] & 0x3f;          /* 小时 */
79.    }
80.    void main(void)
81.    {
82.        PCF8563_WriteReg(SEC,PCF8563_Store,3);
83.        for(;;)
84.        {
85.            P8563_ReadTime();
86.            LedDisplay(PCF8563_Store);
87.        }
88.    }
```

其中,75～78 行意思是从 SEC(0x02)地址开始连续读取 3 个字节,最后更新到数组 PCF8563_Store[],更新过程中所"&"的 0x7f、0x3f 等都是为了防止误读,当然可以省略(直接写"PCF8563_Store[0]＝Time[0];")。遗憾的是时间被定格在了 16:55:53,如图 14-4 所示,动的问题就留读者了。

图 14-4　时间演示效果图

14.4　知识扩展——与电磁兼容有关的几个概念

电源对于系统的作用犹如心脏对人,实时提供着系统运行的"新鲜"血液,而不"新鲜"的电源可能会导致系统工作不稳定或者直接不工作。

1. 两个与"阻"有关的概念

➢ 电阻指的是在直流状态下导线对电流呈现的阻碍作用。

➢ 阻抗指的是在交流状态下导线对电流的阻碍作用,阻抗主要由导线的电感引起。

2. 简述:电磁干扰、静电、滤波

EMC(电磁兼容)是指设备或系统在其电磁环境中符合要求运行并不对其环境中的任何设备产生无法忍受的电磁干扰的能力。接下来举几个实例说明。

① 使用吸尘器时收音机会出现"啪啦、啪啦"的杂音,原因是吸尘器的电机产生的微弱(低强度高频)电压/电流变化通过电源线传递进入收音机,以杂音的形式出现,将这种干扰称为"传导干扰"。

② 当摩托车从附近道路通过时,电视机会出现雪花状干扰。这是因为摩托车点火装置的脉冲电流产生了电磁波,传到空间再传给附近的电视天线、电路上。将这种干扰称为"辐射干扰"。

③ 冬天的时候,特别是在北方比较干燥的城市,晚上睡觉脱衣服时经常会看到衣服有"火花",实际上这是"静电放电"现象,称为 ESD。如果此时用手触摸一些电子元件,说不定会电击毁这些元器件,因为电压有 3～5 kV 之高。电压虽高,但电量很少,所以对人体危害不大。

④ 开空调时,室内的荧光灯会出现瞬时变暗的现象,这是因为大量电流流向空调,电压急速下降,利用统一电源的荧光灯受到影响,这种电压突然骤降的"浪涌"现象,称为 Surge。

为了解决以上这些问题,后来发展起来了一门学科 EMC。若想更深入了解,可以参考郑军奇的《EMC 电磁兼容设计与测试案例分析》。

接下来再说 3 个概念,提出这么几个概念都是为电源提供"新鲜"血液所用。

① 去耦:当器件高速开关时,把射频能量从高频器件的电源端泄放到电源分配网络。去耦电容也为器件和元件提供一个局部的直流源,这对减小电流在板上传播浪涌尖峰很有作用。

② 旁路:把不必要的共模 RF 能量从元件或线缆中泄放掉。它的实质是产生一个交流支路来把不需要的能量从易受影响的区域泄放掉。另外,它还提供滤波功能(带宽限制),有时笼统地称为滤波。

③ 储能:当所用的信号引脚在最大容量负载下同时开关时,其用来保持提供给器件恒定的直流电压和电流。它还能阻止由于元件 di/dt 电流浪涌而引起的电源跌落。如果说去耦是高频的范畴,那么储能可以理解为是低频范畴。

最后再来补充一点电容的知识。

电容的选择。选择旁路电容和去耦电容时,并非取决于电容值和大小,而是电容的自谐振频率,并与所需旁路式去耦的频率相匹配。在自谐振频率以下电容表现为容性,在自谐振频率以上电容变为感性,这将会减小 RF 去耦功能。再看看常用的两种瓷片电容的自谐振频率,如表 14-9 所列。

表 14-9　瓷片电容的封装与自谐振频率的关系

电容值	插件电容/MHz	标贴电容
1.0 μF	2.6	5 MHz
0.1 μF	8.2	16 MHz
0.01 μF	26	50 MHz
1 000 pF	82	159 MHz
500 pF	116	225 MHz
100 pF	260	503 MHz
10 pF	821	1.6 GHz
电容的封装形式		

综上可得,使用去耦电容最重要的一点就是电容的引线电感。表贴电容比插件电容高频时有很好的效能,就是因为它的引线电感很低。

并联电容。若有些电路中滤波效果不好,可以采用并联电容的方式来增加滤波效果,但不是随意增加并联的个数或随意放置几个电容,这样只会浪费材料。一般原则是并联的电容必须有不同的数量级(例如 0.1 μF 和 1 nF),这个数量级最好是两个或 100 倍。

玩转红外编、解码

15.1 夯实基础——电源

大多人可能觉得电源大概是电子设备里面比较容易"搞定"的门类,只要电源有电且线路没有接错,电源都能工作。但是从笔者经历的一些项目来看,电源其实是一个很重要、很麻烦的东西。例如一份3、5页的机顶盒硬件测试报告,电源就占到了一页多;再者一台机顶盒主板上90%左右的电容与电源有关,当然与电源有关的IC、电容、磁珠、二极管等也占到了一定的比例。因此电源不是"有"与"没"两个字那么简单,而是有也要有好的,稍微有一点不完美,或许就会出大问题。所以笔者这里想把"最不起眼"的电源提上日程,望读者重视。

15.1.1 直流稳压电源概述

在电子电路中,通常都需要电压稳定的直流电源供电。小功率稳压电源的组成可以用图15-1表示,由电源变压器、整流、滤波和稳压电路4部分组成。

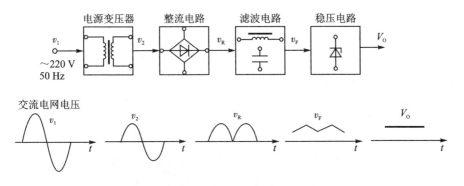

图 15-1 直流稳压电源结构图和稳压过程

电源变压器是将交流电网220 V的电压变为所需要的电压值,然后通过整流电路将交流电压变成脉动的直流电压。由于此脉动的直流电压还含有较大的纹波,必须通过滤波电路加以滤除,从而得到平滑的直流电压。但这样的电压还随电网电压波动(一般有±10%左右的波动)、负载和温度的变化而变化。因而在整流、滤波电路之后还须接稳压电路。稳压电路的作用是当电网电压波动、负载和温度变化时,维持输出直流电压稳定。

现假定读者已经有了如图 15 - 2 所示的电源适配器(直流稳压电源如图 15 - 3 所示),或着如 MGMC - V1.0 实验板直接用计算机供电,之后如何用这些电源转换出板子上各部分电路所需的"新鲜"工作电源? 继续往下看吧。

 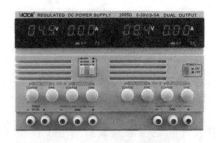

图 15 - 2　电源适配器图　　　　　图 15 - 3　直流可调电源

15.1.2　MGMC - V1.0 实验板上的滤波

接下来结合一个实例来说明电源的滤波。这个例子就是 MGMC - V1.0 开发板上的 USB 转串口电路(CH340T),电路如图 10 - 17 所示。

1. 问题来自何方

问题一: 单片机 P3.0 一直为高,单片机根本拉不低,导致电路开关作用不大。

解决方法: 实际测试发现该引脚一直为高,即使去了单片机芯片也为高,说明问题肯定在 U10 身上,最后一看数据手册,确实默认为高,所以反接了一个 D9 (1N4148),利用二极管的单向导电特性,最后问题顺利得到解决。

问题二: 在关闭电源的情况下,电源指示灯 D11 会微微发亮。

解决办法: 结合数据手册和测试发现,U10 的 4 引脚有 2 V 多的电压,所以才会发亮,因而在 4 引脚上串联了一个 100 Ω 的电阻,用作限流、分压。

问题三: COM 口要么直接发现不了,要么发现之后一开电源就不见了。

原因分析: 笔者一开始设计电路时根本没有 C10、C20、E3 这 3 个电容,最后拿示波器测试发现,板子上电的这一瞬间,"+5V"这个端子的电压变化如图 15 - 4 所示,

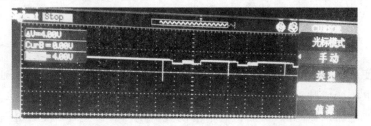

图 15 - 4　未接电容时 CH340T 电源端子电压的变化图

接着再看 CH340T 的数据手册,其中电源 VCC 的要求如图 15-5 所示。

名称	参数说明		最小值	典型值	最大值	单位
VCC	电源电压	V3引脚不连VCC引脚	4.5	5	5.3	V
		V3引脚连接VCC引脚	3.3	3.3	3.8	

图 15-5 CH340 的 VCC 要求规格数

依图 15-4 可知,在实验板上电的瞬间,"+5 V"端子的电压会掉到 4 V 甚至 4 V 以下,而要求是最小 4.5 V,这与开空调时室内荧光灯变暗原理类似。为解决这个问题,前面提到的"储能"将会被提上日程。于是,笔者加了一个 C10(0.1 μF)、一个 E3(220 μF)的电解电容,为该电源网络滤波、储能。储能过程就是接通 USB 时,则给 E3 电容充电,接着当打开电源开关时,由于后面的负载会拉低这个电源电压,此时若"+5V"端子的电压低于 E3 两端的电势,则 E3 就会放电来弥补这个电压。这时测试发现,电压还是会有变化,最小值为 4.8 V(4.8 V>4.5 V),满足了设计要求,这样问题就可以解决了。

2. 真正意义上的滤波

在说滤波之前,先说明一个概念——纹波。纹波(ripple)是指在直流电压中叠加的交流成分。由图 15-1 可知,直流稳定电源一般是由交流电源经整流稳压等环节而形成的,这就不可避免地在直流稳定量中多少带有一些交流成分,这种叠加在直流稳定量上的交流分量就称为纹波。纹波的成分较为复杂,它的形态一般为频率高于工频(指工业上用的交流电源的频率)的类似正弦波的谐波,另一种则是宽度很窄的脉冲波。对于不同的场合,对纹波的要求各不一样。

举个例子:大海理论上是一个很平静的水面(直流),但由于大风的作用总是波浪起伏(交流)。这里的波浪就是基于海平面上的"纹波",它总是叠加于海平面(直流)之上,小则没事,大则覆舟。对于纹波,不同的电源、不同的电路设计、不同的方案,可能要求不同。例如对于电源电压来说,5 V 的电源一般要求的纹波不能超过 100 mV;对于 DC-DC 电压(产生 5 V 的电压),输入端纹波不能超过 120 mV,输出端纹波不能超过 50 mV。读者这里说的是对于机顶盒电源的要求,当然产品不同要求会不同,但对于单片机设计来说,这样的要求肯定能满足系统要求。

之后测试 +5 V 的纹波,纹波如图 15-6 所示。可见,ΔV(纹波)为 484 mV,显然高于要求(100 mV),并且由图可知纹波频率小于 10 Hz,由表 14-9 可知,没有必要采用容值较小的瓷片电容来增加滤波效果,可以通过加大电解电容来增加滤波,于是将 220 μF 的电容换成了 470 μF,纹波测试如图 15-7 所示,此时纹波为 80.8 mV,小于 100 mV,满足要求。其实对于设计电路来说,设计到这里就可以结束了,为了将该设计做更好,笔者又试着在 C10 上并接了一个 C20(10 μF 的瓷片电容),接着测试纹波,结果如图 15-8 所示,此时纹波为 21.6 mV,明显好于未加 C10 的结果。

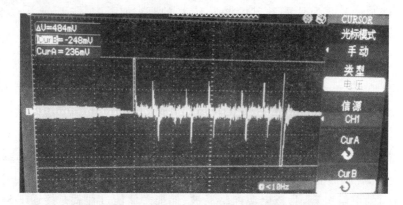

图 15 - 6　接了 220 μF 滤波电容之后的纹波图

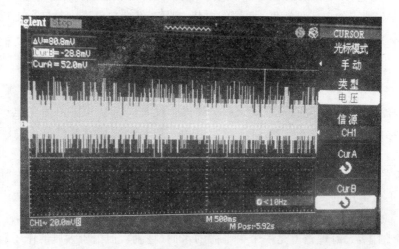

图 15 - 7　接了 470 μF 滤波电容之后的纹波图

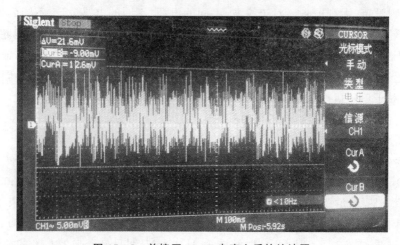

图 15 - 8　并接了 10 μF 电容之后的纹波图

15.2　工程图示红外编、解码

　　红外线遥控是目前使用最广泛的一种通信和遥控手段,如右图所示。由于红外线遥控装置具有体积小、功耗低、功能强、成本低等特点,因而,继彩电、录像机之后,在录音机、音响设备、空调机以及玩具等其他小型电器装置上也纷纷采用红外线遥控。工业设备中,在高压、辐射、有毒气体、粉尘等环境下,采用红外线遥控不仅完全可靠而且能有效地隔离电气干扰。

15.3　红外编、解码的点点滴滴

　　电视遥控器使用专用集成发射芯片来实现遥控码的发射,如东芝 TC9012、飞利浦 SAA3010T 等,通常彩电遥控信号的发射就是将某个按键所对应的控制指令和系统码(由 0 和 1 组成的序列)调制在 38 kHz 的载波上,然后经放大、驱动红外发射管将信号发射出去。不同公司的遥控芯片采用的遥控码格式也不一样,较普遍的有两种,一种是 NEC 标准,一种是 PHILIPS 标准。MGMC－V1.0 实验板配套的红外接收头、红外遥控器都是以 NEC 为标准的,其遥控接收头和遥控器如图 15－9 所示。

图 15－9　红外接收头和遥控器实物图

15.3.1　原理说明

1. 红外线

　　红外线又称红外光波。在电磁波谱中,光波的波长范围为 0.01～1 000 μm。根据波长的不同可分为可见光和不可见光,波长为 0.38～0.76 μm 的光波为可见光,依次为红、橙、黄、绿、青、蓝、紫 7 种颜色。光波为 0.01～0.38 μm 的光波为紫外光(线),波长为 0.76～1 000 μm 的光波为红外光(线)。红外光按波长范围分为近红外、中红外、远红外、极红外 4 类。红外线遥控是利用近红外光传送遥控指令的,波长为 0.76～1.5 μm。用近红外作为遥控光源是因为目前红外发射器件(红外发光管)与红外接收器件(光敏二极管、三极管及光电池)的发光与受光峰值波长一般为 0.8～0.94 μm,在近红外光波段内,二者的光谱正好重合,能够很好地匹配,可以获得较高的传输效率及较高的可靠性。

2. 红外遥控系统

(1) 红外遥控系统概述

通用红外遥控系统由发射和接收两部分组成。应用编/解码专用集成电路芯片来进行控制操作,如图 15 - 10 所示。发射部分包括矩阵键盘、编码调制、LED 红外发送器;接收部分包括光、电转换放大器、解调、解码电路。

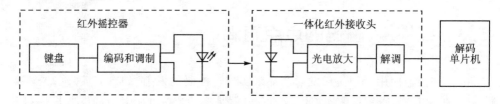

图 15 - 10　红外线遥控系统框图

其中,接收部分用的是一体化红外接收头,不需要读者设计,自行编程就可以;但对于红外遥控器部分,笔者这里介绍两种,一种是随实验板自带的遥控器,不用编程,直接可以应用。为了解决此问题,笔者还开发了一款可以自行编程的红外发射、接收实验板,后面再讲解。

(2) NEC 标准

NEC 标准:遥控载波的频率为 38 kHz(占空比为 1∶3)。当某个按键按下时,系统首先发射一个完整的全码,如果键按下超过 108 ms 仍未松开,接下来发射的代码(连发代码)将仅由起始码(9 ms)和结束码(2.5 ms)组成。一个完整的全码＝引导码＋用户码＋用户码＋数据码＋数据反码。其中,引导码高电平 9 ms,低电平 4.5 ms;系统码 16 位,数据码 16 位,共 32 位;其中前 16 位为用户识别码,能区别不同的红外遥控设备,防止不同机种的遥控码互相干扰。后 16 位为 8 位的操作码和 8 位的操作反码,用于核对数据是否接收准确。接收端根据数据码做出应该执行什么动作的判断。连发代码是在持续按键时发送的码,用来告知接收端某键是在被连续地按着。注意,发射端与接收端的电平相反。

接下来以发射端数据为例(接收端取反)详细说明一下位定义、数据链以及连发码。

1) 位定义("0"&&"1")

两个逻辑值的时间定义如图 15 - 11 所示。逻辑"1"脉冲时间为 2.25 ms,逻辑"0"脉冲时间为 1.12 ms。

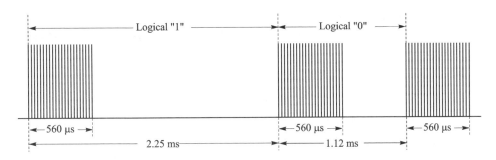

图 15-11 "0"和"1"的时间定义格式图

2）完整数据链

NEC 协议的典型脉冲链如图 15-12 所示。

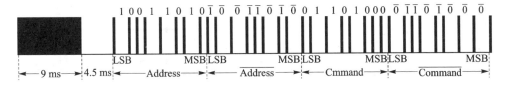

图 15-12 NEC 协议的典型脉冲链

协议规定低位首先发送（低位在先，高位在后），如图 15-12 所示，发送的地址码为 0x59，命令码为 0x16。每次发送的信息首先为高电平的引导码（9 ms），接着是 4.5 ms 的低电平，接下来便是地址码和命令码。地址码和命令码发送两次，第二次发送的是反码（如 1111 0000 的反码为 0000 1111），用于验证接收信息的准确性。因为每位都发送一次它的反码，所以总体的发送时间是恒定的（即每次发送时，无论是 1 或 0，发送的时间都是它以及它反码发送时间总和）。这种以发送反码验证可靠性的手段当然可以"忽略"，或者是扩展属于自己的地址码和命令码为 16 位，这样就可以扩展整个系统的命令容量了。

3）连发码

若一直按住某个按键，一串信息也只能发送一次，且一直按着按键，发送的则是以 110 ms 为周期的重复码，重复码由 9 ms 高电平和 4.5 ms 的低电平组成，如图 15-13 所示。

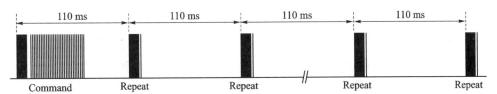

图 15-13 连发码格式图

(3) HT6221 键码的形式

笔者所用的遥控器如图 15 - 9(右)所示,其核心芯片是 HT6221,详细资料请读者自行查阅,这里主要介绍其编码格式。

当一个键按下超过 36 ms 时,振荡器使芯片激活,如果这个键按下且延迟大约 108 ms,这 108 ms 发射代码由一个起始码(9 ms)、一个结果码(4.5 ms)、低 8 位地址码(9~18 ms)、高 8 位地址码(9~18 ms)、8 位数据码(9~18)、8 位数据反码(9~18 ms)组成。如果键按下超过 108 ms 仍未松开,接下来发射的代码(连发代码)将仅由起始码(9 ms)和结束码(2.5 ms)组成。这样的时间要求完全符合 NEC 标准,则以 NEC 标准解码就可以了。

15.3.2 硬件设计

上面已经提到,遥控器的硬件已经设计好了,这里只需设计红外接收部分的电路,可是笔者用的也是一体化的接收头,几乎没有电路设计,具体电路如图 15 - 14 所示。

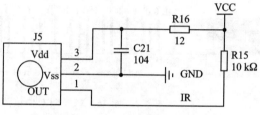

图 15 - 14 红外接收原理图

15.3.3 软件分析

先来看一张笔者用简易逻辑分析仪采样到的接收端数据波形,接收与发送端的波形图相反,现以接收端为例来说明解码的过程,波形如图 15 - 15 所示。

图 15 - 15 红外接收端数据编码图

说明一:图虽小,包含的内容却较多,因此笔者没有标明此图下降沿的个数,数一数可知是 34 个。

说明二:无论是引导码、用户码还是数据码、数据反码都以低电平开始,高电平结束。

说明三:依照每个低电平＋高电平的总时间来确定逻辑电平。例如低(9 ms)＋高(4.5 ms)就是引导码;低(0.56 ms)＋高(0.56 ms)就是逻辑电平"0";低(0.56 ms)＋高(1.69 ms)就是逻辑电平"1"。

说明四:每帧数据低位(LSB)在前,高位(LSB)在后。例如数据码,由时间可以确定出此时的二进制数为 0b0110 0010,那么反过来就是 0b0100 0110(0x46),完全正确。

说明五:数据码+数据反码=0xFF;用户码+用户反码=0xFF。

由图 15-15 可知,借助 34 个下降沿来"做文章"再好不过了。所以运用外部中断 0 来"抓取"这 34 个下降沿,除第一次之外(由图可知,第一个下降沿之前的时间对于此过程来说没有一点意义),每进来一次外部中断,记录与前一次的时间间隔,最后下降沿"抓"完了,时间也存储完了,如图 15-18 所示。注意,在此过程中,定时器 0 一直工作,那么全局变量 p_uIR_Time 每过(256×12/11.059 2)μs 加一次,这样只要存下两中断的间隔数 p_uIR_Time,再乘以(256×12/11.059 2)μs,就可以计算出两间隔的时间了。

注意,在第 34 个下降沿来临时不但存储其时间值,还要处理这些时间值,即将时间转换成逻辑电平"0、1"。转换依据和过程参见上面的说明二、三,如何将逻辑电平"0、1"转成我们想要的数据参见说明三,过程如图 15-16 所示。

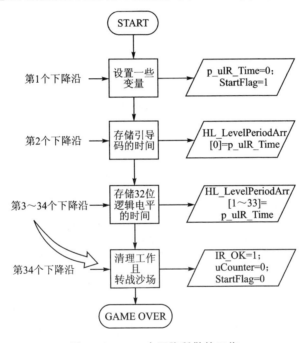

图 15-16 34 个下降所做的工作

15.4 实例诠释红外编解码

实例 41 红外解码

实例:按图示插入随 MGMC-V1.0 实验板附带的红外接收头,之后编写程序,当按下随实验板附带的遥控器时,实验板上 8 位数码管分别显示其客户码、客户反码、数据码、数据码反码,并且借助串口分别打印这 4 个"数据"码,代码如下:

```
1.    # include<reg52.h>
2.    # include<stdio.h>
3.    typedef unsigned char uChar8;
4.    typedef unsigned int   uInt16;
5.    sbit SEG_SELECT = P1^7;
6.    sbit BIT_SELECT = P1^6;
7.    sbit IR = P3^2;                    //红外接口
8.    typedef enum{FALSE,TRUE} BOOL;
9.    uChar8 code DuanArr[] = {0x3f,0x06,0x5b,0x4f,0x66,0x6d,0x7d,0x07,
10.                       0x7f,0x6f,0x77,0x7c,0x39,0x5e,0x79,0x71};
11.   uChar8   p_uIR_Time;
12.   //用于计算两次中断的间隔时间。时间 = p_uIR_Time * (256 * 12/11.0592)us
13.   bit IR_OK;                          //解码完成标志位
14.   bit IR_Pro_OK;                      //数据处理完成标志位
15.   uChar8   IRcord[4];      //处理后的红外码:客户码,客户码,数据码,数据码反码
16.   uChar8   HL_LevelPeriodArr[33];  // 33 个高低电平的周期
17.   void DelayMS(uInt16 ValMS)
18.   {    /* 还是两个 for 循环的配方 */      }
19.   void LedDisplay(uChar8 ByteVal[])
20.   {    /* 见实例 40 */      }
21.   /* * * * * * * * * * * * * * * * * * * * * * * * * * * * * * * * * * * */
22.   //函数名称:IrcordPro()
23.   //函数功能:解码(将时间值转换为逻辑高、低电平)
24.   //入口参数:无
25.   //出口参数:无
26.   /* * * * * * * * * * * * * * * * * * * * * * * * * * * * * * * * * * * */
27.   void IrcordPro(void)
28.   {
29.        uChar8 uiVal,ujVal;
30.        uChar8 ByteVal;            //一个字节(例如地址码、数据反码等)
31.        uChar8 CordVal;            //临时存放高低电平持续时间
32.     uChar8 uCounter;              //对应 33 个数据
33.     uCounter = 1;//这里是为了判断数据,所示避开第一个引导码,直接从"1"开始
34.     for(uiVal = 0;uiVal < 4;uiVal ++ )
35.        //处理 4 个字节,依次是地址码、地址反码、数据码、数据反码
36.        {
37.            for(ujVal = 0;ujVal < 8;ujVal ++ )      //处理 1 个字节的 8 位
38.            {
39.                CordVal = HL_LevelPeriodArr[uCounter];
40.     //根据高低电平持续时间的长短来判定是"0"、或是"1" "0" - >1.12ms "1" - >2.25 ms
41.     //这里为了判断,取 1.12 和 2.25 的中间值:1.685 为判断标准
42.     // 1.685 ms/(256 × 12/11.0592)us≈6 此值可以有一定误差
43.                if(CordVal > 6)      //大于 1.685 ms 则为逻辑"1"
44.                    ByteVal = ByteVal | 0x80;
45.                else              //小于 1.685 ms 则为逻辑"0"
46.                    ByteVal = ByteVal;
47.                if(ujVal < 7)
48.                {
49.                    ByteVal >> = 1;
50.     //前面的 7 次需要移,第 8 次操作的就不移了(已经是最高位啦)
51.     //由 NEC 协议可知,LSB 在前,所以操作完一位后,再后右移一位
```

```
52.              //这样最先操作的 LSB 位就放在了数据的最低位
53.              }
54.              uCounter ++ ;          //依次处理这 32 位
55.          }
56.          IRcord[uiVal] = ByteVal;    //将处理好的 4 个字节分别存到数值 IRcord 中
57.          ByteVal = 0;              //清 0 以便储存下一字节
58.      }
59.      IR_Pro_OK = 1;               //处理完毕标志位置 1
60.  }
61.  void Timer0Init(void)
62.  {
63.      TMOD | = 0x02;               //定时器 0 工作方式 2,TH0 是重装值,TL0 是初值
64.      TH0 = 0x00;                  //TH0 是重装值,TL0 是初值
65.      TL0 = 0x00;                  //定时时间为:256 * 12/11.0592us(11.0592MHz 对应下的)
66.      ET0 = 1;                     //开中断
67.      TR0 = 1;                     //启动定时器
68.  }
69.  void EX0Init(void)
70.  {
71.      IT0 = 1;                     //指定外部中断 0 下降沿触发,INT0 (P3.2)
72.      EX0 = 1;                     //使能外部中断
73.      EA = 1;                      //开总中断
74.  }
75.  void UART_Init(void)
76.  {   /* 见实例 33 */      }
77.  void main(void)
78.  {
79.      UART_Init();
80.      EX0Init();
81.      Timer0Init();
82.      for(;;)
83.      {
84.          if(IR_OK)                //如果接收好了进行红外处理
85.          {
86.              Ircordpro();
87.              IR_OK = 0;
88.          }
89.          if(IR_Pro_OK)            //如果处理好后进行工作处理
90.          {
91.              IR_Pro_OK = 0;
92.              TI = 1;
93.              printf("/ * = = = = = = = = = = = = = = = = = = = = = = = = = = * /\n");
94.              printf("    麦光电子工作室\n");
95.              printf("    红外遥控解码实验\n");
96.              printf("ADDRESS - - ～ADDRESS - - DATA - - ～DATA:");
97.              printf(" % x - - % x - - % x - - % x\n",
98.              (uInt16)IRcord[0],(uInt16)IRcord[1],(uInt16)IRcord[2],(uInt16)
                  IRcord[3]);
99.              while(!TI);TI = 0;
100.          }
101.          LedDisplay(IRcord);
```

```
102.        }
103.    }
104.    void Timer0_ISR(void) interrupt 1
105.    {
106.        p_uIR_Time ++ ;                  //时间基准。每过(256×12/11.059 2)us 加一次
107.    }
108.    void EX0_ISR(void) interrupt 0
109.    {
110.        static uChar8 uCounter;
111.    // 1 个引导码 + 32 个位(16 位地址码 + 16 位数据位),共 33 位
112.        static bit StartFlag;           //是否开始处理标志位("1"开始、"0"未开始)
113.        EX0 = 0;                         //关闭中断,防止干扰
114.        if(!StartFlag)                   //首次进来 StartFlag 为"0",故执行 if 语句
115.        {
116.            p_uIR_Time = 0;              //间隔计数值清"0"
117.            StartFlag = 1;               //开始采样标志位置"1"
118.        }
119.        else if(StartFlag)              //第 2~34 次进来执行此 if 语句
120.        {
121.            if(p_uIR_Time < 50 && p_uIR_Time >= 32)   //引导码,9 ms + 4.5 ms
122.                uCounter = 0;
123.            / * 9ms/(256 * 12/11.0592)us≈32    9 + 4.5ms/(256 * 12/11.0592)us≈50 * /
124.            HL_LevelPeriodArr[uCounter] = p_uIR_Time;
125.            //存储每个电平的周期,用于以后判断是 0 还是 1
126.            p_uIR_Time = 0;             //清"0",以便存下一个周期的时间
127.            uCounter ++ ;              //依次存入这 33 个周期
128.            if(33 == uCounter)
129.            {
130.                IR_OK = 1;              //解码完成标志位置"1",表示解码正确
131.                uCounter = 0;
132.                StartFlag = 0;
133.            }
134.        }
135.        EX0 = 1;                         //继续打开中断,以便解码下一个键值
136.    }
```

运行效果如图 15 - 17 所示。

图 15 - 17　红外解码演示效果图

扩展——红外发送(编码)

前面提到,上述实验所用的遥控器是厂家已经定制好的,用户无法更改,或者说读者无法真正了解其编码的原理,为此,笔者开发了一块小实验板——MGIR-V1.0红外编码实验板,通过编写代码制作属于自己的遥控器。其部分原理图如图 15-18 所示。

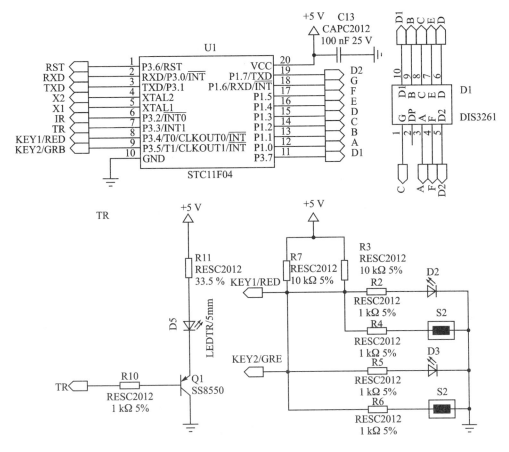

图 15-18　MGIR-V1.0 遥控发射板原理图

其中,U1 是主控芯片 STC11F04E,控制整个实验板的运行;D1 是两位数码管,以便显示数据码;D5 是红外发射管,用来发射数据;D2、D3 为两个指示灯,S1、S2 为轻触按键,用于扩展用。

实例 42　红外编码之发射

实例:编写程序,控制其红外发射小板发射红外数据,并将数据码显示到数码管上,在发射过程中用 MGMC-V1.0 实验板接收红外发射的数据,并对比自己发射和接收到的数据是否相同,若完全相同,则说明整个数据传输过程没问题。笔者还做了

上位机软件,以便能将数据实时的显示到 PC 机上,发射端源码如下:

```
1.   # include "STC11F04E.H"
2.   typedef unsigned char uChar8;
3.   typedef unsigned int  uInt16;
4.   uChar8 code DuanArr[] = {              //段码显示编码
5.   0x3f,0x06,0x5b,0x4f,0x66,0x6d,0x7d,0x07,
6.   0x7f,0x6f,0x77,0x7c,0x39,0x5e,0x79,0x71};
7.   sbit TxIrLed = P3^3;                  //红外发送管
8.   sbit DisWeiH = P3^7;                  //数码管高位位选
9.   sbit LedYellow = P3^4;                //发送(黄色)指示灯 高电平点亮
10.  sbit LedGreen = P3^5;                 //接收(绿色)指示灯 高电平点亮
11.  sbit Key1 = P3^4;                     //发送模式选择按键
12.  sbit Key2 = P3^5;                     //接收模式选择按键
13.  uInt16 g_uiTimeCount;                 //延时计数器
14.  uChar8 g_ucIrSendFlag;                //红外发送标志
15.  uChar8 g_ucIrAddr1;                   //十六位地址的第一个字节
16.  uChar8 g_ucIrAddr2;                   //十六位地址的第二个字节
17.  void DelayMS(unsigned int ms)
18.  {
19.      unsigned char a,b,c;
20.      unsigned int i;
21.      for(i = 0; i < ms; i ++ )
22.      {
23.          for(c = 4;c>0;c -- )
24.              for(b = 197;b>0;b -- )
25.                  for(a = 2;a>0;a -- );
26.      }
27.  }
28.  void Port_Init(void)
29.  {
30.      P3M1 = 0x00;
31.      P3M0 = 0x00;                       //P3 口为准双向口
32.      P1M1 = 0x00;
33.      P1M0 = 0xff;                       //P1 口都为准双向口
34.  }
35.  void Timer1Init(void)
36.  {
37.      TMOD | = 0x10;                     //设定时器 0 和 1 为 16 位模式 1
38.      TH1 = 0xFF;
39.      TL1 = 0xf6;                        //设定时值 0 为 38K,也就是每隔 13 μs 中断一次
40.      ET1 = 1;                           //定时器 0 中断允许
41.      TR1 = 1;                           //开始计数
42.      EA = 1;                            //允许 CPU 中断
43.  }
44.  / * * * * * * * * * * * * * * * * * * * * * * * * * * * * * * * * * * * * * * * * * * * * /
45.  //函数功能:红外发送数据
46.  //入口参数:待发送数据(p_u)
```

```
47.     //出口参数:无
48.     /********************************************/
49.     void SendIRdata(char c_IrData)
50.     {
51.         int i;
52.         uInt16 uiEndCount;              //终止延时计数
53.         uChar8 ucIrData = 0;            //待发送数据暂存
54.         //发送 9ms 的起始码
55.         LedYellow = 1;
56.         uiEndCount = 695;              //9.05 ms
57.         g_ucIrSendFlag = 1;            //红外发送标志置 1  即发送 38K 载波
58.         g_uiTimeCount = 0;             //时间计数清零
59.         while(g_uiTimeCount < uiEndCount);    //等待计数时间完成
60.     /***************发送 4.5 ms 的结果码 *************/
61.         uiEndCount = 346;              //4.5 ms
62.         g_ucIrSendFlag = 0;            //红外发送标志清 0   即不发送载波
63.         g_uiTimeCount = 0;             //时间计数清零
64.         while(g_uiTimeCount < uiEndCount);    //等待计数时间完成
65.     /***************发送十六位地址的前 8 位 *************/
66.         ucIrData = g_ucIrAddr1;        //将地址前八位暂存,等待按位发送
67.         for(i = 0;i < 8;i++)
68.         {
69.             /**** 先发送 0.56 ms 的 38 kHz 红外波(即编码中 0.56 ms 的低电平)****/
70.             uiEndCount = 43;           //0.56 ms
71.             g_ucIrSendFlag = 1;        //红外发送标志置 1
72.             g_uiTimeCount = 0;         //时间计数清零
73.             while(g_uiTimeCount < uiEndCount);
74.             /******* 停止发送红外信号(即编码中的高电平)*******/
75.             if(ucIrData - (ucIrData/2) * 2)    //判断二进制数个位为 1 还是 0
76.             {
77.                 uiEndCount = 130;      //1 为宽的高电平 1.69 ms + 0.56 ms
78.             }
79.             else
80.             {
81.                 uiEndCount = 43;       //0 为窄的高电平 0.56 ms + 0.56 ms
82.             }
83.             g_ucIrSendFlag = 0;
84.             g_uiTimeCount = 0;
85.             while(g_uiTimeCount < uiEndCount);
86.             ucIrData = ucIrData >> 1;  //右移,准备下一个发送位
87.         }
88.     /*************** 发送 16 位地址的后 8 位 *************/
89.         ucIrData = g_ucIrAddr2;
90.         for(i = 0;i < 8;i++)
91.         {
92.             uiEndCount = 43;
93.             g_ucIrSendFlag = 1;
94.             g_uiTimeCount = 0;
```

```
95.        while(g_uiTimeCount < uiEndCount);
96.        if(ucIrData - (ucIrData/2) * 2)
97.        { uiEndCount = 130; }
98.        else
99.        {  uiEndCount = 43; }
100.        g_ucIrSendFlag = 0;
101.        g_uiTimeCount = 0;
102.        while(g_uiTimeCount < uiEndCount);
103.        ucIrData = ucIrData >> 1;
104.    }
105. /***************** 发送8位数据 ******************/
106.    ucIrData = c_IrData;
107.    for(i = 0;i < 8;i++)
108.    {
109.        uiEndCount = 43;
110.        g_ucIrSendFlag = 1;
111.        g_uiTimeCount = 0;
112.        while(g_uiTimeCount < uiEndCount);
113.        if(ucIrData - (ucIrData/2) * 2)
114.        { uiEndCount = 130; }
115.        else
116.        { uiEndCount = 43; }
117.        g_ucIrSendFlag = 0;
118.        g_uiTimeCount = 0;
119.        while(g_uiTimeCount < uiEndCount);
120.        ucIrData = ucIrData >> 1;
121.    }
122. /***************** 发送8位数据的反码 ***********/
123.    ucIrData = ~ c_IrData;
124.    for(i = 0;i < 8;i++)
125.    {
126.        uiEndCount = 43;
127.        g_ucIrSendFlag = 1;
128.        g_uiTimeCount = 0;
129.        while(g_uiTimeCount < uiEndCount);
130.        if(ucIrData - (ucIrData/2) * 2)
131.        { uiEndCount = 130; }
132.        else
133.        { uiEndCount = 43; }
134.        g_ucIrSendFlag = 0;
135.        g_uiTimeCount = 0;
136.        while(g_uiTimeCount < uiEndCount);
137.        ucIrData = ucIrData >> 1;
138.    }
139.    uiEndCount = 50;            //发送短时间的结束码
140.    g_ucIrSendFlag = 1;
141.    g_uiTimeCount = 0;
142.    while(g_uiTimeCount < uiEndCount);
```

```
143.        g_ucIrSendFlag = 0;
144.        LedYellow = 0;
145.    }
146.    void Display(uChar8  Num)
147.    {
148.        DisWeiH = 0;
149.        P1 = DuanArr[Num/16] | 0x80; //小数点没有使用到,忽略
150.        DelayMS(2);
151.        DisWeiH = 1; P1 = 0xff;
152.        P1 = 0x7f & DuanArr[Num % 16]; DelayMS(2);
153.        P1 = 0xff;
154.    }
155.    void NumIncrement(void)
156.    {
157.        uChar8 i,j;
158.        for(i = 0; i < 16; i ++ )
159.        {
160.            SendIRdata(i);          //发送数据
161.            for(j = 254; j > 0; j -- )
162.                Display(i);         //循环显示多次
163.        }
164.    }
165.    void main(void)
166.    {
167.        Port_Init();                //端口配置初始化
168.        Timer1Init();               //定时器初始化
169.        g_ucIrAddr1 = 0x03;         //地址码 00000011
170.        g_ucIrAddr2 = 0xfc;         //地址反码 11111100
171.        LedYellow = 0;
172.        LedGreen = 0;
173.        while(1)
174.        {  NumIncrement();  }       //循环发送 0~F
175.    }
176.    void timeint(void) interrupt 3
177.    {
178.        TH1 = 0xFF;
179.        TL1 = 0xf6;                 //设定时值为 38K 也就是每隔 13 μs 中断一次
180.        g_uiTimeCount ++ ;          //时间计数自增
181.        if(1 == g_ucIrSendFlag)     //若红外发送标志为 1 时,发送 38K 载波
182.        {  TxIrLed = ~ TxIrLed;  }  //高低电平交替,形成 26 μs 的载波周期
                else TxIrLed = 0;
183.    }
```

运行效果如图 15 - 19 所示。

关于该程序,笔者简单说明几点。第一点,该测试小板用的是 STC 公司的 1T 单片机(STC11F04E);第二点,由于 1T 单片机执行速度比较快,所以延时函数有别(如 17~27 行代码)。

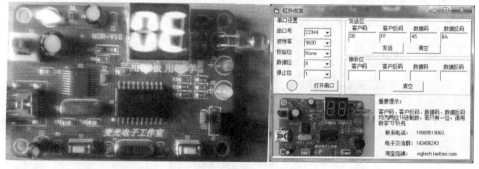

图 15 – 19　红外发射板和上位机测试演示效果图

15.5　知识扩展——案例解说电源

15.5.1　LDO 和 DC – DC 的区别

1. LDO

LDO 是 low dropout voltage regulator 的缩写,就是低压差线性稳压器。低压降 (LDO)线性稳压器的成本低,噪声低,静态电流小,这些是突出优点。它需要的外接 元件也很少,通常只需要一两个旁路电容。新的 LDO 线性稳压器可达到以下指标: 输出噪声 30 μV,PSRR 为 60dB,静态电流 6 μA,电压降只有 100 mV。LDO 线性稳 压器的性能之所以能够达到这个水平,主要原因在于其中的调整管是用 P 沟道 MOSFET,而普通的线性稳压器是使用 PNP 晶体管。P 沟道 MOSFET 是电压驱动 的,不需要电流,所以大大降低了器件本身消耗的电流。另一方面,采用 PNP 晶体管 的电路中,为了防止 PNP 晶体管进入饱和状态而降低输出能力,输入和输出之间的 电压降不可以太低,而 P 沟道 MOSFET 上的电压降大致等于输出电流与导通电阻 的乘积。由于 MOSFET 的导通电阻很小,因而它上面的电压降非常低。

2. DC – DC

DC – DC 的意思是直流变直流(不同直流电源值的转换),只要符合这个定义都 可以叫 DC – DC 转换器,包括 LDO。但是一般的说法是把直流变直流由开关方式实 现的器件叫 DC – DC。

DC-DC 的实现过程中是先把 DC 直流电源转变为交流电源 AC。通常是一种自激振荡电路,所以外面需要电感等分立元件。然后在输出端再通过积分滤波又回到 DC 电源。由于产生了 AC 电源,所以可以很轻松地进行升压和降压。两次转换必然会产生损耗,这就是努力研究的如何提高 DC-DC 效率的问题。

3. DC-DC 和 LDO 的选择依据

如果输入电压和输出电压很接近,则最好选用 LDO 稳压器,可达到很高的效率。所以,在把锂离子电池电压转换为 3 V 输出电压的应用中大多选用 LDO 稳压器。即使电池的能量最后有百分之十是没有使用的,但 LDO 稳压器仍然能够保证电池的工作时间较长,同时噪声较低。

如果输入电压和输出电压不是很接近,则就要考虑用开关型的 DC-DC 了。从上面的原理可以知道,LDO 的输入电流基本上是等于输出电流的,如果压降太大,则耗在 LDO 上的能量就会太大,因而效率就不高。

DC-DC 转换器包括升压、降压、升/降压和反相等电路,优点是效率高、可以输出大电流、静态电流小。随着集成度的提高,许多新型 DC-DC 转换器仅需要几只外接电感器和滤波电容器。但是,这类电源控制器的输出脉动和开关噪声较大、成本相对较高。

总的来说,升压是一定要选 DC-DC 的;降压是选择 DC-DC 还是 LDO,要在成本、效率、噪声和性能上先比较,后选择。

4. DC-DC 和 LDO 应用对比

首先从效率上说,DC-DC 的效率普遍要远高于 LDO,这是其工作原理决定的。

其次,DC-DC 有 Boost、Buck、Boost/Buck(有人把 Charge Pump 也归为此类)几种,而 LDO 只有降压型。

再次,也是很重要的一点,DC-DC 因为开关频率的原因所以电源噪声很大,远比 LDO 大得多,可以关注 PSRR 参数。所以当考虑到比较敏感的模拟电路时,有可能就要牺牲效率为保证电源的纯净而选择 LDO。

还有,通常 LDO 所需要的外围器件简单,占面积小,而 DC-DC 一般都会用到电感、二极管、大电容,有的还会要 MOSFET,特别是 Boost 电路,需要考虑电感的最大工作电流、二极管的反向恢复时间、大电容的 ESR 等,所以从外围器件的选择来说比 LDO 复杂,而且所占面积也相应地会大很多。

15.5.2　单点接地

前面介绍到,为了减小纹波和噪声,要仔细绘制 PCB,其中就包括对地的处理。在 PCB 设计中,一般包括 3 种基本的信号接地方式:铺地、单点接地、多点接地。其中,单点接地是线路中只有一个物理点被定义为接地参考点,凡需要接地均接于此。

笔者曾经用过的一个 12 V 转 3.3 V 的电路,原理如图 15-20 所示,其中转换效率为 93%,输出电流高达 2 A。当然该 IC 不是只能输出 3.3 V,而是只要输入端满足 4.75～18 V 的输入,输出端就可以通过配置电阻来输出 0.923～15 V 的电压。其中 $V_{OUT}=0.923\times(R_1+R_2)/R_2$,这样,不同的电阻就可以输出不同的电压了,例如图中 $V_{OUT}=0.923\times[(R_1+R_2)/R_2]=0.923\times[(26.1\ \text{k}\Omega+10\ \text{k}\Omega)/10\ \text{k}\Omega]\approx 3.332\ 06\ V$。其中 TOP Layer 和 Bottom Layer 分别如图 15 - 21 和图 15 - 22 所示。

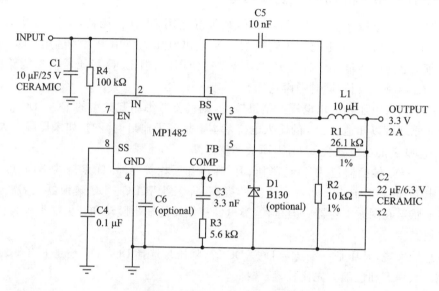

图 15 - 20　MP1482 电压转换电路图

其中,关于此图涉及的方面还比较多,笔者这里只说两点:

① 输入端滤波电容的地、转换 IC 的地、输出端滤波电容的地要用最短、最宽的地来连接。

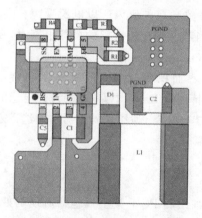

图 15 - 21　MP1483 的 TOP Layer 图

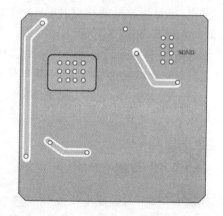

图 15 - 22　MP1483 的 Bottom Layer 图

② 上面这些地不要一出来就接到底层的地上,因为此时的输出端纹波、噪声、干

扰最大,先经过滤波、旁路电容和电感等之后,再与底层地相连。同时在底层画出一块专门(不能与别的地连接)的地方,用于散热。

以上做法总的作用就是将干扰、纹波、噪声将到最低,从而获得一个比较"新鲜"的血液。

15.5.3 不要让滤波电容太"孤单"

在电路设计中,经常会遇到一些多电源引脚的IC,例如这里的PI3HDMI231-A(图15-23)就有8个3.3 V的端口和1个5 V的端口,这时至少要加9个瓷片电容为其滤波,当然,滤波器件并非越多越好(关于这点,读者可以查阅《EMC电磁兼容设计与测试案例分析》一书的案例35)。这里的电容一定要靠近引脚放置,但不能太近,否则调试、焊接就不方便了。PCB如图15-24所示。

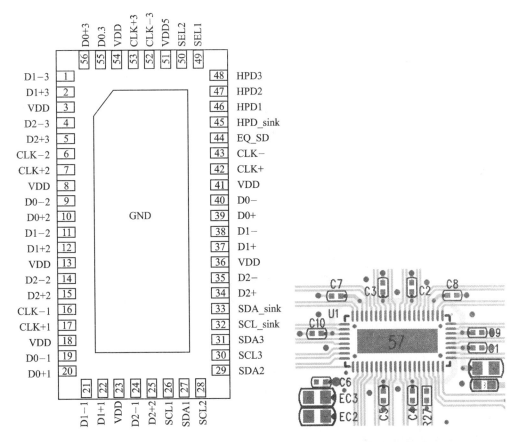

图 15-23 PI3HDMI231-A 引脚分布图   图 15-24 PI3HDMI231-A 的 PCB 图

图15-18中C1~C5、C7~C10都是电源端子旁的滤波电容,其中C6、EC2、EC3等也是增加的滤波电容,这样才会给芯片一个稳定的工作电压。

15.5.4 要对磁珠和 0 Ω 的电阻"情有独钟"

1. 先认识后独钟

1) 磁　珠

磁珠≈电阻＋电感，只是电阻值和电感值都随频率变化而变化。磁珠的表示符号和电感的类似，因为在电路功能上磁珠和电感是原理相同的，只是频率特性不同罢了；单位是欧姆，而不是亨特。因为磁珠的单位是按照它在某一频率产生的阻抗来标称的，阻抗的单位也是欧姆。例如通常说的 100 Ω、120 Ω 都是指磁珠在 100 MHz 下的阻抗。要是直接测试磁珠的阻值，一般为 0.4 Ω 左右。

2) 0 Ω 电阻

电阻标称值为 0 Ω 的电阻成为 0 Ω 电阻。这肯定是理论上的，实际中的 0 Ω 电阻肯定不是 0 Ω（厂家不同，测试条件不同，测试结果就不同，一般为 0.5 Ω 左右）。

2. 独钟它们有何用

(1) 磁珠的用途

磁珠专用于抑制信号线、电源线上的高频噪声和尖峰干扰，还具有吸收静电脉冲的能力。磁珠比普通的电感有更好的高频滤波特性，高频时呈现阻性，所以能在相当宽的高频范围内保持较高的阻抗，从而提高调频滤波效果。因此在像一些 RF 电路、PLL、振荡电路、含超高频存储器电路（DDR、SDRAM）等都需要在电源输入部分加磁珠。图 15 - 25 就是用在 DDR 上的滤波电路图。图中 FB3 就是一个 120 Ω 的磁珠。

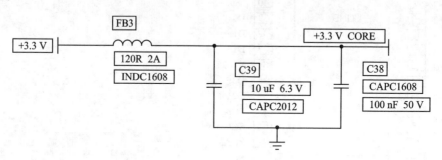

图 15 - 25　DDR 的滤波电容器

电感是一种储能元件，用在 LC 振荡电路、中低频的滤波电路等，其应用频率范围很少超过 50 MHz。

(2) 0 Ω 电阻的用途

0 Ω 电阻在 PCB 设计中应用很广，例如可方便调试电路、做跳线（单面板中尤为常见）、临时匹配电路参数、方便测试电流。笔者这里主要讲述在单点接地上的应用。

在布线排板的时候，只要是地，总是要接在一起的，可如果电路设计中有数字地和模拟地,那么就不能随便接在一起,因为会互相干扰。但若不接,就会产生"浮地",从而产生压差,这样就会产生积累电荷造成静电,所以地的标准要一致,因此各种地最后还是要接在一起的,那到底该怎么办呢?针对以上情况,这里提供4种办法:

Ⓐ 用磁珠相连。Ⓑ 用电容相连。Ⓒ 用电感相连。Ⓓ 用 0 Ω 电阻相连。

其中,Ⓐ 磁珠的等效电路相当于傣族限波器,只对某个频点的噪声有显著的抑制作用,使用时要预先估计噪声频率,以便选择适当的磁珠,对于频率不确定的情况,只能凭经验选取,一般选择 100～600 Ω。

Ⓑ 电容是通交流阻直流的,会造成"浮地",最后肯定"悲剧一场"。

Ⓒ 电感体积比较大,参数又多,不稳定,所以也不推荐使用。

Ⓓ 0 Ω 电阻相当于很窄的电流通路,能够有效地限制环路电流,使噪声得到很好地抑制,而且电阻在所有频带上都有衰减作用,这点比磁珠强。

第三部分　拓展篇

笔记 **16**

重建程序——模块化编程

模块化的好处非常多,不仅便于分工,还有助于程序的调试,有利于程序结构的划分,还能增加程序的可读性和可移植性。

16.1　Keil4 的进阶应用——建模

这里的模块化编程是基于 Keil4 的,因此先来讲述 Keil4 中如何建模,或者说自己的工程如何管理比较妥当。接下来通过以下几个步骤来讲述 Keil4 的模块化编程:

(1) 新建工程文件夹

新建文件夹并命名为:模块化编程(也可以是别的)。接着选择好路径,如笔者这里的 G:\模块化编程。打开此文件夹,接着在下面再新建 4 个文件夹,分别命名为 inc、listing、output、src。

(2) 新建工程

打开 Keil4 软件,选择 Project→New μVision Project 菜单项,则弹出工程保存对话框,定位到自己新建的工程文件下(如 G:\模块化编程)。输入工程名"模块化编程"。接着就是选择器件选型、是否添加启动代码等。此时的工程只是一个"骨架",没有"血肉"。

(3) Target Options 对话框的设置

打开 Options for Target 'Target1' 对话框,除了在 Target 选项卡下的 Xtal 文本框填:11.0592 和在 Output 选项卡下选中 Create HEX File 复选框外,还需增加以下两个步骤:

① 选择 Output 选项卡,接着单击 Select Folder for Objects,打开文件夹选择对话框,定位到刚建立的 output 文件夹下(路径为 G:\模块化编程\output\),最后单击 OK,如图 16-1 所示。这样编译产生的一些文件就会存放在该文件夹里,需要注意的是 HEX 文件就在此文件夹下。

② 选择 Listing 选项卡,接着单击 Select Folder for Listing,打开文件夹选择对话框,定位到刚建立的 listing 文件夹下,最后单击 OK,如图 16-2 所示。该文件夹里最后存放的是编译过程中产生的一些连接文件,不予理睬。

图 16-1 Output 选项卡设置示意图

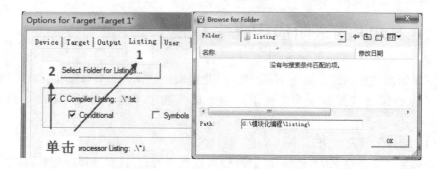

图 16-2 Listing 文件夹设置示意图

(4) Components 对话框的设置

右击 Target1,在弹出的级联菜单中选择 Manage components 打开工程组件对话框,操作过程如图 16-3 所示,所打开的对话框如图 16-4 所示。

图 16-3 打开 Components 对话框

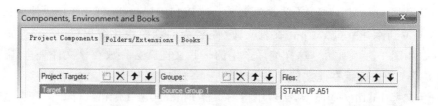

图 16-4 Components 对话框(未修改的)

接着双击图 16-4 左边的"Target1",将其修改为"模块化编程"(当然可以修改成自己喜欢的名称)。若想再添加工程目标文件,只须轻轻单击上面的新建图标,之后单击下面 Set as Current Target,将其设置为目标文件。要删除则直接单击 X。

接着双击图 16-4 中间的 Source Group1,将其修改为 System;之后单击此列上方的新建图标,新建一个组,命名为 USER;由于此时没有源文件,所以还没法添加源文件,若已经有源文件,就可以选择右下角的 Add Files 来添加文件了。修改之后的界面如图 16-5 所示。

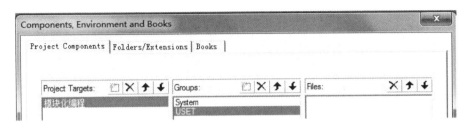

图 16-5　Components 对话框(已修改的)

(5) 新建源文件

当然,若只新建一个 XX.c,读者都很熟悉,可问题是这里要新建的远远不止一个,而是 N^n(n 肯定不是无穷大)个。

回到 Keil4 的主界面,直接按 8 次快捷键"CTRL+N",意思是新建 8 个文件,此时 Keil4 的编辑界面应该是 8 个文本文件,名称依次为 Text1...Text8(也有可能是 Text3...Text10)。

接下来就是保存这 8 个文件,步骤如下:

① 保存.c 文件。按快捷键"CTRL+S",此时弹出文件保存路径选择对话框,默认是工程文件夹"模块化编程",这时在下面的文件名处写 main.c,之后单击"保存"。

同理,再保存 3 个.c 文件,区别是文件再不能保存在工程文件夹下了,而是要定位到前面新建的 src 文件夹下,其中文件名称依次为 led.c、delay.c、uart.c。界面如图 16-6 所示。

② 保存.h 文件。同理按 4 次"CTRL+S",此时弹出的保存路径默认在 src 文件下,可我们的目的是该文件夹(src)用来保存".c",而将".h"保存到"inc"文件夹下。选定到"inc"文件夹下以后依次输入文件名:led.h、delay.h、uart.h、common.h,此时界面如图 16-7 所示。

(6) 添加源文件到工程

笔记 2 中已经讲述过将源文件添加到工程中的过程:右击 USER 文件组,在弹出的下拉菜单中选择 Add Files to Group 'USER',接着依次选中 main.c、delay.c、led.c、uart.c,并添加到 USER 组中。

再介绍一种文件的添加方式。按图 16-3 的方式打开 Components 对话框,如

图 16-6　3 个 . c 文件保存之后的界面图

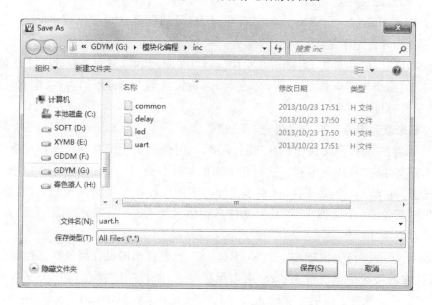

图 16-7　4 个 . h 保存之后的界面图

图 16-5 所示，接着单击选择 USER 组（选中之后会由灰色变成蓝色），之后再单击右下角的 Add Files 按钮，如图 16-8 所示，之后也会弹出 Add Files to Group 'US-ER'对话框，依次选中 main. c、delay. c、led. c、uart. c，并添加到 USER 组中，添加完之后单击 OK。添加完源文件之后的 Keil4 主界面如图 16-9 所示。

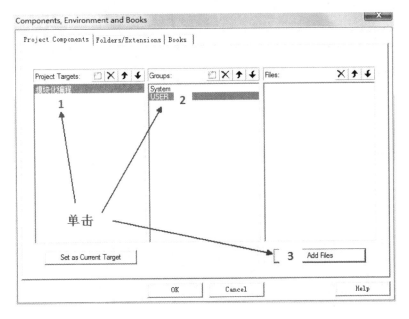

图 16－8　Components 对话框中添加源文件

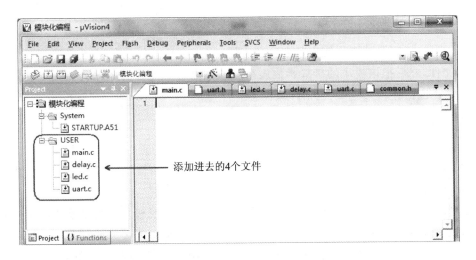

图 16－9　添加完源文件的 Keil4 主界面图

16.2　单片机的模块化编程

16.2.1　以说明开头

说明一：模块是一个.c 和一个.h 的结合，头文件(.h)是对该模块的声明。

说明二：某模块提供给其他模块调用的外部函数，是数据在所对应的.h文件中冠以 extern 关键字来声明的。

说明三：模块内的函数和变量需在.c文件开头处冠以 static 关键字声明。

说明四：永远不要在.h文件中定义变量。

先解释一下说明中的两个关键词：定义和声明。

所谓的定义就是（编译器）创建一个对象，为这个对象分配一块内存并给它取上一个名字，这个名字就是我们经常所说的变量名或者对象名。但注意，这个名字一旦和这块内存匹配起来，它们就"同生共死，终生不离不弃"，并且这块内存的位置也不能被改变。一个变量或对象在一定的区域内（比如函数内）只能被定义一次，如果定义多次，编译器会提示重复定义同一个变量或对象。

什么是声明？声明确切的说应该有两重含义：

第一：告诉编译器，这个名字已经匹配到一块内存上了，下面的代码用到变量或对象是在别的地方定义的。声明可以出现多次。

第二：告诉编译器，这个名字已预定了，别的地方再也不能用它来作为变量名或对象名。这种声明最典型的例子就是函数参数的声明，例如 void fun(int i, char c)。

最重要的区别是定义创建了对象并为这个对象分配了内存，声明没有分配内存。

16.2.2　用实践解释

说明一概括了模块化的实现方法和实质：将一个功能模块的代码单独编写成一个.c文件，然后把该模块的接口函数放在.h文件中。这里就分别来介绍一下它们里面究竟该包括什么，又不该包括什么。

1. 源文件.c

提到 C 语言源文件，大家都不会陌生，因为平常写的程序代码几乎都在这个.c文件里面，编译器也是以此文件来进行编译并生成相应的目标文件。作为模块化编程的组成基础，所有要实现的功能源代码均在这个文件里。理想的模块化应该可以看成是一个黑盒子，即只关心模块提供的功能，而不予理睬模块内部的实现细节。好比读者买了一部手机，只需会用手机提供的功能即可，而不需要知晓它是如何把短信发出去的，又是如何响应按键输入的，这些过程对用户而言，就是一个黑盒子。

在大规模程序开发中，一个程序由很多个模块组成，很可能这些模块的编写任务被分配到不同的人。例如读者在编写模块时很可能需要用到别人编写模块的接口，这个时候读者关心的是它的模块实现了什么样的接口、该如何去调用，至于模块内部是如何组织、实现的，读者无需过多关注。特此说明，为了追求接口的单一性，把不需要的细节尽可能对外屏蔽起来，只留需要的让别人知道。

前面用最多的一个函数是 DelayMS(uInt16 ms)，这里从这个函数入手写个 delay.c 源文件，具体代码如下：

```
1.   # include "delay. h"
2.   static void Delay1MS(void)
3.   {
4.       uChar8 i = 2,j = 199;
5.       do
6.       {
7.           while ( -- j);
8.       }
9.       while ( -- i);
10.  }
11.  void DelayMS(uInt16 ValMS)
12.  {
13.      uInt16 uiVal;
14.      for(uiVal = 0; uiVal < ValMS; uiVal ++ )
15.      {
16.          Delay1MS();
17.      }
18.  }
```

读者可能会疑惑三点：① 第 1 行代码是从哪来的？② static 是什么，竟敢"欺负"函数；③ void DelayMS(uInt16 ValMS)函数怎么换了"别国的发动机"了，因为"国产的"是两个 for 循环。笔者这样写肯定是有用意的，具体缘由笔者慢慢道来。

2. 头文件. h

谈及模块化编程，必然会涉及多文件编译，也就是工程编译。这样的一个系统中往往会有多个 C 文件，而且每个 C 文件的作用不尽相同。在我们的 C 文件中，由于需要对外提供接口，因此必须有一些函数或变量须提供给外部其他文件进行调用。例如上面新建的 delay. c 文件，提供最基本的延时功能函数。

```
void DelayMS(uInt16 ValMS);            //延时 ValMS(ValMS = 0～65 535) ms
```

而在另外一个文件(比如 led. c)中需要调用此函数，那该如何做呢？具体过程是先创建一个 delay. h 头文件，在该头文件中对 DelayMS()函数进行封装(声明)，这种封装的内容不应包含任何实质性的函数代码。有了这样一个封装好的接口文件，每当 led. c 文件需要调用 DelayMS()函数时，直接在 led. c 中包含 delay. h 头文件即可。读者可将头文件形象地理解为连接 delay. c 和 led. c 的桥梁。同时该文件也可以包含一些宏定义以及结构体的信息，否则很可能无法正常使用接口函数或者是接口变量。但是总的原则是：不该让外界知道的信息就不应该出现在头文件里，而外界调用模块内接口函数或者是接口变量所必须的信息就一定要出现在头文件里，否则外界就无法正确调用。因而，为了让外部函数或者文件调用我们提供的接口功能，就必须包含我们提供的这个接口描述文件——头文件。同时，自身模块也需要包含这份模块头文件(因为其包含了模块源文件中需要的宏定义或者是结构体)。一般来说，头文件的名字应该与源文件的名字保持一致，这样便可清晰地知道哪个头文件是

哪个源文件的描述。于是便得到了 delay.c 如下的 delay.h 头文件,具体代码如下:

```
1.  # ifndef  __DELAY_H__
2.  # define  __DELAY_H__
3.  # include "common.h"
4.  extern void DelayMS(uInt16 ValMS);
5.  # endif
```

这里需要详细解释 3 点:

① .c 源文件中不想被别的模块调用的函数、变量就不要出现在.h 文件中。例如本地函数 static void Delay1MS(void),即使出现在.h 文件中也是在做无用功,因为其他模块根本不去调用它,实际上也调用不了它(static 关键字起了限制作用)。

② .c 源文件中需要被别的模块调用的函数、变量就声明现在.h 文件中。例如 void DelayMS(uInt16 ValMS)函数,这与以前所写源文件中的函数声明有些类似,不同的是前面加了修饰词 extern,表明是一个外部函数。

特别提醒,在 Keil4 编译器中,extern 这个关键字即使不声明,编译器也不会报错,且程序运行良好,但不保证使用其他编译器也如此。因此,强烈建议加上,养成良好的编程习惯。

③ 1、2、5 行是条件编译和宏定义,目的是防止重复定义。假如有两个不同的源文件都需要调用 void DelayMS(uInt16 ValMS)函数,分别通过♯include"delay.h"把这个头文件包含进去。在第一个源文件进行编译时,由于没有定义过__DELAY_H__,因此♯ifndef __DELAY_H__条件成立,于是定义__DELAY_H__并将下面的声明包含进去。在第二个文件编译时,由于第一个文件包含的时候已经将__DELAY_H__定义过,因而此时♯ifndef __DELAY_H__不成立,整个头文件内容就不再被包含。假设没有这样的条件编译语句,那么两个文件都包含了 extern void DelayMS(uInt16 ValMS),就会引起重复包含的错误。

看看上面预留的问题——♯include "common.h"里面又包含着什么? 打开后代码如下:

```
1.  # ifndef  __COMMON_H__
2.  # define  __COMMON_H__
3.  typedef unsigned char uChar8;
4.  typedef unsigned int   uInt16;
5.  # endif
```

这里简单说一下条件编译(1、2、5 行)。在一些头文件的定义中,为了防止重复定义,一般用条件编译来解决此问题。如第 1 行的意思是如果没有定义__COMMON_H__,那么就定义♯define __COMMON_H__(第 2 行),定义的内容包括 3、4 行。

3. 位置决定思路——变量

上面说明四中提到变量不能定义在.h 中,是不是有点"危言耸听"的感觉,都不敢用全局变量,其实也没这么严重。这里介绍一种处理方式:概括地讲就是在.c 中定义变量,之后在该.c 源文件所对应的.h 中声明即可。注意,一定要在变量声明前加一个修饰词——extern,这样无论"他"走到哪里,别人都可以指示"他"干活,想怎么修改就怎么修改,但别太过分,累了会"生病"的。同理,滥用全局变量会使程序的可移植性、可读性变差。接下来用两段代码来比较说明全局变量的定义和声明。

"爆炸"式的代码:

```
1.  module 1.h                  //编写一个.h
2.  uChar8   uaVal = 0;         //在模块 1 的.h 文件中定义一个变量 uaVal
3.  / * ==================================================* /
4.  module1 .c                  //编写一个.c
5.  ♯ include "module1.h"       //.c 模块 1 中包含模块 1 的.h
6.  / * ==================================================* /
7.  module2 .c
8.  ♯ include  "module1.h"      // .c 模块 2 中包含模块 1 的.h
```

以上程序的结果是在模块 1、2 中都定义了无符号 char 型变量 uaVal,uaVal 在不同的模块中对应不同的内存地址。如果这个世间都这么写程序,那计算机就会"爆炸"。

推荐式的代码:

```
1.  module 1.h                  //编写一个.h
2.  extern uChar8   uaVal;      //在.h 中声明 uaVal
3.  / * ==================================================* /
4.  module1 .c
9.  ♯ include "module1.h"       //.c 模块 1 中包含模块 1 的.h
10.  uChar8 uaVal = 0;          //在模块 1 的.h 文件中定义一个变量 uaVal
5.  / * ==================================================* /
6.  module2 .c
11.  ♯ include   "module1.h"    //在模块 2 的.h 文件中定义一个变量 uaVal
```

这样如果模块 1、2 操作 uaVal,对应的是同一块内存单元。

4. 符号决定出路——头文件之包含

以上模块化编程中要大量地包含头文件。包含头文件的方式有两种,一种是＜xx.h＞,第二种是 xx.h,对于自己写的程序用双引号,不是自己写的用尖括号。

5. 模块的分类

一个嵌入式系统通常包括两类模块(注意:是两类,不是两个):

➤ 硬件驱动模块。一种特定硬件对应一个模块。

➤ 软件功能模块。其模块的划分应满足低耦合、高内聚的要求。

低耦合、高内聚这是软件工程中的概念,这里简单说明两点:

第一点:内聚和耦合。

内聚是从功能角度来度量模块内的联系,一个好的内聚模块应当恰好做一件事。它描述的是模块内的功能联系。耦合是软件结构中各模块之间相互连接的一种度量,耦合强弱取决于模块间接口的复杂程度、进入或访问一个模块的点以及通过接口的数据。

理解了以上两个词的含义之后,那"低耦合、高内聚"就好理解了,通俗点讲,模块与模块之间少来往,模块内部多来往。当然对应到程序中就不是这么简单,这需要大量的编程和练习才能掌握其真正的内涵。

第二点:硬件驱动模块和软件功能模块的区别。

所谓硬件驱动模块是指所写的驱动(也就是.c 文件)对应一个硬件模块。例如 led.c 是用来驱动 LED 灯的,smg.c 是用来驱动数码管的,lcd.c 是用来驱动 LCD 液晶的,key.c 是用来检测按键的等,将这样的模块统称为硬件驱动模块。

所谓的软件功能模块是指所编写的模块只是某个功能的实现,而没有所对应的硬件模块。例如 delay.c 是用来延时的,main.c 是用来调用各个子函数的。这些模块都没有对应的硬件模块,只是起某个功能而已。

16.3　源文件路径的添加

假如此时读者都理解了上述所讲述的知识点,并且按实例 43 编写好了代码,应该是"大功告成"了,可编译之后发现错误多多,此时若按以前常规方法去分析,应该认为是代码哪儿写错了,其实原因不在这儿,接下来分两步来解决此问题:

① 打开如图 16 - 10 所示对话框,选择 C51 选项卡,注意笔者添加的圆角矩形框。

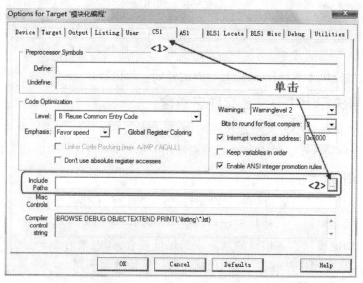

图 16 - 10　Options 路径添加对话框

② 单击圆角矩形宽后的"＜2＞"处进入 Floder Setup 对话框。接着单击如

图 16 - 11(a)所示的 New 处,此时该对话框会变成图 16 - 11(b)所示的模样,接着单击路径浏览框,则弹出如图 16 - 12 所示的浏览文件夹,这里定位到自己的 inc 文件夹路径下(例如笔者的 G:\模块化编程\inc),接着单击"确定"按钮,最后一直单击OK,这样路径就添加完成了。

图 16 - 11　新建路径对话框

图 16 - 12　路径选择框

16.4　模块化编程的应用实例

实例 43　模块化编程——8 灯闪烁

先来个简单的实例:利用 MGMC - V1.0 实验板编写程序(不是一个.c 的,而是要用模块化编程),让其 8 个 LED 灯实现流水灯的效果,同时通过串口打印此时演示的是什么实验。程序不难,但是读者要掌握其模块化编程的思想,以便为下一个实例做铺垫。整个过程的建立、文件的新建、添加参见 16.1 节,各部分源码如下:

(1) main. c 的源码

```
1.    # include <reg52.h>
2.    # include <stdio.h>
3.    # include "led.h"
4.    # include "uart.h"
```

```
5.    void main(void)
6.    {
7.        UART_Init();
8.        while(1)
9.        {
10.           LED_FLASH();
11.           TI = 1;
12.           printf("/* ==================== */\n");
13.           printf("此时演示的是模块化编程实验! \n");
14.           printf("/* ==================== */\n");
15.           while(!TI);
16.           TI = 0;
17.       }
18.   }
```

(2) common. h 的源码

```
1.    # ifndef __COMMON_H__
2.    # define __COMMON_H__
3.    typedef unsigned char uChar8;
4.    typedef unsigned int  uInt16;
5.    # endif
```

(3) delay. c 的源码

```
1.    # include "delay. h"
2.    static void Delay1MS(void)
3.    {     /* 同.c 源码的讲解部分 */    }
4.    void DelayMS(uInt16 ValMS)
5.    {     /* 同.c 源码的讲解部分 */    }
```

(4) delay. h 的源码

```
1.    # ifndef __DELAY_H
2.    # define __DELAY_H__
3.    # include "common. h"
4.    extern void DelayMS(uInt16 ValMS);
5.    # endif
```

(5) led. c 的源码

```
1.    # include "led. h"
2.    void LED_FLASH(void)
3.    {
4.        P2 = 0x00;        //点亮 8 个灯
5.        DelayMS(1000);
6.        P2 = 0xFF;        //熄灭 8 个灯
7.        DelayMS(1000);
8.    }
```

（6）led.h 的源码

1.　# ifndef __LED_H__

2.　# define __LED_H__

3.　# include ＜reg52.h＞ //程序用到了 P2 口，所以包含此头文件

4.　# include "delay.h" //程序用到延时函数，所以包含此头文件

5.　extern void LED_FLASH(void);

6.　# endif

（7）uart.c 的源码

1.　# include "uart.h"

2.　void UART_Init(void)

3.　{

4.　　　TMOD & = 0x0f; //清空定时器 1

5.　　　TMOD | = 0x20; //定时器 1 工作方式 2

6.　　　TH1 = 0xfd; //为定时器 1 赋初值

7.　　　TL1 = 0xfd; //等价于将波特率设置为 9600

8.　　　ET1 = 0; //防止中断产生不必要的干扰

9.　　　TR1 = 1; //启动定时器 1

10.　　SCON | = 0x40; //串口工作方式 1,不允许接收

11.　}

（8）uart.h 的源码

1.　# ifndef __UART_H__

2.　# define __UART_H__

3.　# include ＜reg52.h＞ //程序用到了 TMOD、SCON 等,所以必须包含此头文件

4.　extern void UART_Init(void);

5.　# endif

实例 44　模块化编程——基于定时器的时钟

　　这里要讲述的是一个基于定时器的时钟。其中定时器在笔记 6 中做了大量的讲解，时钟的制作又在笔记 14 中讲述了时钟芯片，那为何这里还要讲述基于定时器的时钟呢？因为此实例可以作为玩单片机过程中的一次考核。若读者能完完整整地独立写出此实验，并手工焊接实物，最后调试成功的话，那读者可以毫不夸张地说：自己已经玩会了单片机的 85％了。剩下的 15％就是继续通过编程、焊接实物、绘制 PCB 等方式来提高了。

　　实例简介：以 MGMC － V1.0 实验板（最好是读者自己焊接实物）为硬件平台，以模块化的方式编写程序，让其能在 1602 液晶的第一行显示 2013 － 12 － 08 SUN，其中 SUN 代表星期天；第二行显示 11:27:11，如图 16 － 13 所示，当然这些时间是"活"的。接着增加按键调时功能，当按一次 S4 键时，时间停止"走"动，并且秒个位处的光标开始闪烁，此时，短按一次 S8，则秒数加一，长按 S8 时，数值连续加一；同理，若此时短按一次 S12，则秒数减一，长按 S12，则数值连续减一，调节的界面如图 16 － 14 所示。之后，若再按一次 S4，秒数位置处的数值正常显示，调整的时间数切换到分钟处，这

时按下 S8、S12 分钟数做相应的递增和递减,如图 16-15 所示。若再按一次 S4,同理可以调节小时数了,如图 16-16 所示。同时还需增加蜂鸣器功能,当短按一次 S4、S8、S12 时,蜂鸣器响一次,若长按 S4、S8、S12 时,蜂鸣器不响。

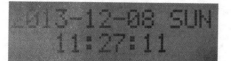

图 16-13　时钟显示界面图

图 16-14　调节"秒"界面图

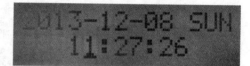

图 16-15　调节"分"界面图

图 16-16　调节"时"界面图

先来看看源码,其中主程序的源码 main.c 如下:

```
1.   #include<reg52.h>
2.   #include "common.h"
3.   #include "delay.h"
4.   #include "lcd1602.h"
5.   #include "KeyScan.h"
6.   uChar8 Count50MS;                //定时器50MS计数
7.   char Second,Hour,Minute;         //秒、时、分
8.   void Timer0Init(void)
9.   {
10.       TMOD = 0x01;                //设置定时器0工作模式1
11.       TH0 = 0x4c;                 //定时器装初值
12.       TL0 = 0x00;
13.       EA = 1;                     //开总中断
14.       ET0 = 1;                    //开定时器0中断
15.       TR0 = 1;                    //启动定时器0
16.   }
17.   void Timer1Init(void)
18.   {
19.       TMOD |= 0x10;               //设置定时器0工作在模式1下
20.       TH1 = 0xDC;
21.       TL1 = 0x00;                 //赋初始值
22.       TR1 = 1;                    //开定时器0
23.   }
24.   void Init(void)
25.   {
26.       LCD_Init();                 //液晶初始化
27.       Timer0Init();               //定时器0初始化
28.       Timer1Init();               //定时器1初始化
```

```
29.        CONTROL = 0;              //软件将矩阵按键第 4 列一端置低用以分解出独立按键
30.        Minute = 0;              //初始化种变量值
31.        Second = 0;
32.        Hour = 0;
33.        Count50MS = 0;
34.        WrTimeLCD(10,Second);     //分别送去液晶显示
35.        WrTimeLCD(7,Minute);
36.        WrTimeLCD(4,Hour);
37.    }
38.    void main(void)
39.    {
40.        Init();                   //首先初始化各数据
41.        while(1)                  //进入主程序大循环
42.        {
43.            ExecuteKeyNum();      //不停地检测按键是否被按下
44.        }
45.    }
46.    void timer0(void) interrupt 1
47.    {
48.        TH0 = 0x4c;               //再次装定时器初值
49.        TL0 = 0x00;
50.        Count50MS ++ ;            //中断次数累加
51.        if(Count50MS == 20)       //20 次 50 ms 为 1 s
52.        {
53.            Count50MS = 0;
54.            Second ++ ;
55.            if(Second == 60)      //秒加到 60 则进位分钟
56.            {
57.                Second = 0;       //同时秒数清零
58.                Minute ++ ;
59.                if(Minute == 60)  //分钟加到 60 则进位小时
60.                {
61.                    Minute = 0;   //同时分钟数清零
62.                    Hour ++ ;
63.                    if(Hour == 24) //小时加到 24 则小时清零
64.                    {
65.                        Hour = 0;
66.                    }
67.                    WrTimeLCD(4,Hour);     //小时若变化则重新写入
68.                }
69.                WrTimeLCD(7,Minute);       //分钟若变化则重新写入
70.            }
71.            WrTimeLCD(10,Second);          //秒若变化则重新写入
72.        }
73.    }
```

这里有个小小的头文件,但功能很大,源码如下:

```
1.   # ifndef __COMMON_H__
2.   # define __COMMON_H__
```

```
3.    typedef unsigned char uChar8;
4.    typedef unsigned int  uInt16;
5.    #endif
```

延时函数虽然有问题,但是某些时候还是值得一用,因此还是增加到这里。其头文件 delay.h 还是那么简单:

```
1.    #ifndef __DELAY_H__
2.    #define __DELAY_H__
3.    #include "common.h"
4.    void DelayMS(uInt16 ValMS);
5.    #endif
```

其中功能源码 delay.c 就更简单了:

```
1.    #include "delay.h"
2.    void DelayMS(uInt16 ValMS)
3.    {
4.        uInt16 uiVal,ujVal;
5.        for(uiVal = 0; uiVal < ValMS; uiVal ++ )
6.            for(ujVal = 0; ujVal < 113; ujVal ++ );
7.    }
```

LCD1602 液晶的头文件源码 LCD1602.h 如下:

```
1.    #ifndef _LCD1602_H_
2.    #define _LCD1602_H_
3.    #include<reg52.h>
4.    #include "common.h"
5.    #include "delay.h"
6.    sbit SEG_SELECT = P1^7;              //段选
7.    sbit BIT_SELECT = P1^6;              //位选
8.    sbit RS = P3^5;                      //数据/命令选择端(H/L)
9.    sbit RW = P3^4;                      //数/写选择端(H/L)
10.   sbit EN = P3^3;                      //使能信号
11.   extern void WrComLCD(uChar8 ComVal);
12.   extern void LCD_Init(void);
13.   extern void WrTimeLCD(uChar8 Add,uChar8 Data);
14.   #endif
```

LCD1602 液晶的驱动源码LCD1602.c如下。其中读者需要注意的是 WrTimeL-CD()函数,该函数的主要功能是将待显示的数据实时地在液晶上刷新,其中位的分离前面已经讲述过了,剩下的就是先确定位置,然后向确定的位置写数据。

```
1.    #include "LCD1602.h"
2.    uChar8 code table[] = " 2013 - 12 - 08 SUN";//定义初始上电时液晶默认显示状态
3.    void DectectBusyBit(void)
4.    {   /* 见实例 18 */    }
5.    void WrComLCD(uChar8 ComVal)
6.    {   /* 见实例 18 */    }
```

```
7.    void WrDatLCD(uChar8 DatVal)
8.    {    /* 见实例 18 */    }
9.    /********************************************/
10.   //函数名称:WrTimeLCD()
11.   //函数功能:向液晶的某个位置写数据
12.   //入口参数:液晶地址(Addr),数据(Data)
13.   //出口参数:无
14.   /********************************************/
15.   void WrTimeLCD(uChar8 Addr,uChar8 Data)  //写时分秒函数
16.   {
17.       uChar8 shi,ge;
18.       shi = Data/10;                         //分解一个2位数的十位和个位
19.       ge = Data % 10;
20.       WrComLCD(0x80 + 0x40 + Addr);          //设置显示位置
21.       WrDatLCD(0x30 + shi);                  //送去液晶显示十位
22.       WrDatLCD(0x30 + ge);                   //送去液晶显示个位
23.   }
24.   void LCD_Init(void)
25.   {
26.       uChar8 Num;
27.       SEG_SELECT = 0;                        //关段选
28.       BIT_SELECT = 0;                        //关位选
29.       WrComLCD(0x38);                        //16×2行显示、5×7点阵、8位数据接口
30.       DelayMS(1);                            //稍作延时
31.       WrComLCD(0x38);                        //重新设置一遍
32.       WrComLCD(0x01);                        //显示清屏
33.       WrComLCD(0x06);                        //光标自增、画面不动
34.       DelayMS(1);                            //稍作延时
35.       WrComLCD(0x0C);                        //开显示、关光标、并不闪烁
36.       for(Num = 0;Num < 15;Num ++ )         //显示年月日星期
37.       {
38.           WrDatLCD(table[Num]);
39.           DelayMS(5);
40.       }
41.       WrComLCD(0x80 + 0x40 + 6);            //写出时间显示部分的两个冒号
42.       WrDatLCD(':');
43.       DelayMS(5);
44.       WrComLCD(0x80 + 0x40 + 9);
45.       WrDatLCD(':');
46.       DelayMS(5);
47.   }
```

再来看看笔者认为此程序最难的按键扫描部分,其实就用了一个状态机来检测按键,这个难点实例17已经讲述过了,也画了状态图,读者可以参见以前的介绍。头文件 KeyScan.h 源码如下:

```
1.    #ifndef _KEYSCAN_H_
2.    #define _KEYSCAN_H_
3.    #include <reg52.h>
4.    #include "common.h"
```

```
5.    #include "delay.h"
6.    #include "LCD1602.h"
7.    sbit Beep = P1^4;                              //定义蜂鸣器端
8.    sbit KEY1 = P3^0;
9.    sbit KEY2 = P3^1;
10.   sbit KEY3 = P3^2;
11.   sbit CONTROL = P3^7;                           //分离按键用
12.   extern void KeyScan(void);
13.   extern void ExecuteKeyNum(void);
14.   #endif
```

按键驱动源码 KeyScan.h 源码如下：

```
1.    #include "KeyScan.h"
2.    extern char Second,Hour,Minute;                //秒、时、分  外部变量
3.    extern uChar8 code table[];                    //LCD 显示数组  外部变量
4.    char FunctionKeyNum;                           //功能键键值
5.    char FuncTempNum;                              //功能键临时键值
6.    typedef enum KeyState{StateInit,StateAffirm,StateSingle,StateRepeat};
                                                     //键值状态值
7.    /***********************************************/
8.    //函数名称:DropsRing()
9.    //函数功能:蜂鸣器发声
10.   //入口参数:无
11.   //出口参数:无
12.   /***********************************************/
13.   void DropsRing(void)
14.   {
15.       Beep = 0;
16.       DelayMS(100);
17.       Beep = 1;
18.   }
19.   /***********************************************/
20.   //函数名称:KeyScan(void)
21.   //函数功能:扫描按键
22.   //入口参数:无
23.   //出口参数:无
24.   /***********************************************/
25.   void KeyScan(void)
26.   {
27.       static uChar8 KeyStateTemp1 = 0;           //按键状态临时存储值 1
28.       static uChar8 KeyStateTemp2 = 0;           //按键状态临时存储值 2
29.       static uChar8 KeyStateTemp3 = 0;           //按键状态临时存储值 3
30.       static uChar8 KeyTime = 0;                 //按键延时时间
31.       bit KeyPressTemp1;                         //按键是否按下存储值 1
32.       bit KeyPressTemp2;                         //按键是否按下存储值 2
33.       bit KeyPressTemp3;                         //按键是否按下存储值 3
34.
35.       KeyPressTemp1 = KEY1;                      //读取 I/O 口的键值
```

```
36.        switch(KeyStateTemp1)
37.        {
38.            case StateInit:                          //按键初始状态
39.                if(!KeyPressTemp1)                    //当按键按下,状态切换到确认态
40.                    KeyStateTemp1 = StateAffirm;
41.                break;
42.            case StateAffirm:                        //按键确认态
43.                if(!KeyPressTemp1)
44.                {
45.                    KeyTime = 0;
46.                    KeyStateTemp1 = StateSingle;      //切换到单次触发态
47.                }
48.                else KeyStateTemp1 = StateInit;       //按键已抬起,切换到初始态
49.                break;
50.            case StateSingle:                        //按键单发态
51.                if(KeyPressTemp1)                     //按下时间小于1 s
52.                {
53.                    DropsRing();                      //每当有按键释放蜂鸣器发出滴声
54.                    KeyStateTemp1 = StateInit;        //按键释放,则回到初始态
55.                    FuncTempNum ++ ;                  //键值加一
56.                    if(FuncTempNum > 4) FuncTempNum = 0;
57.                }
58.                else if( ++ KeyTime > 100)            //按下时间大于1 s(100×10 ms)
59.                {
60.                    KeyStateTemp1 = StateRepeat;      //状态切换到连发态
61.                    KeyTime = 0;
62.                }
63.                break;
64.            case StateRepeat:                        //按键连发态
65.                if(KeyPressTemp1)
66.                    KeyStateTemp1 = StateInit;        //按键释放,则进初始态
67.                else                                 //按键未释放
68.                {
69.                    if( ++ KeyTime > 10)              //按键计时值大于100 ms(10×10 ms)
70.                    {
71.                        KeyTime = 0;
72.                        FuncTempNum ++ ;              //键值每过100 ms加一次
73.                        if(FuncTempNum > 4) FuncTempNum = 0;
74.                    }
75.                    break;
76.                }
77.                break;
78.            default: KeyStateTemp1 = KeyStateTemp1 = StateInit; break;
79.        }
80.        if(FuncTempNum)                              //只有功能键被按下后,增加和减小键才有效
81.        {
82.            KeyPressTemp2 = KEY2;                     //读取I/O口的键值
83.            switch(KeyStateTemp2)
84.            {
```

```
85.              case StateInit:                          //按键初始状态
86.                  if(!KeyPressTemp2)                    //当按键按下,状态切换到确认态
87.                      KeyStateTemp2 = StateAffirm;
88.                  break;
89.              case StateAffirm:                        //按键确认态
90.                  if(!KeyPressTemp2)
91.                  {
92.                      KeyTime = 0;
93.                      KeyStateTemp2 = StateSingle;  //切换到单次触发态
94.                  }
95.                  else KeyStateTemp2 = StateInit;    //按键已抬起,切换到初始态
96.                  break;
97.              case StateSingle:                        //按键单发态
98.                  if(KeyPressTemp2)                    //按下时间小于 1 s
99.                  {
100.                     KeyStateTemp2 = StateInit;   //按键释放,则回到初始态
101.                     DropsRing();                       //每当有按键释放蜂鸣器发出滴声
102.                     if(FunctionKeyNum == 1)  //若功能键第一次按下
103.                     {
104.                         Second ++ ;          //则调整秒加 1
105.                         if(Second == 60)      //若满 60 后将清零
106.                             Second = 0;
107.                         WrTimeLCD(10,Second);    //每调节一次送液晶显示一下
108.                         WrComLCD(0x80 + 0x40 + 11);//显示位置重新回到调节处
109.                     }
110.                     if(FunctionKeyNum == 2) //若功能键第二次按下
111.                     {
112.                         Minute ++ ;          //则调整分钟加 1
113.                         if(Minute == 60)      //若满 60 后将清零
114.                             Minute = 0;
115.                         WrTimeLCD(7,Minute);    //每调节一次送液晶显示一下
116.                         WrComLCD(0x80 + 0x40 + 8);//显示位置重新回到调节处
117.                     }
118.                     if(FunctionKeyNum == 3) //若功能键第三次按下
119.                     {
120.                         Hour ++ ;            //则调整小时加 1
121.                         if(Hour == 24)        //若满 24 后将清零
122.                             Hour = 0;
123.                         WrTimeLCD(4,Hour); //每调节一次送液晶显示一下
124.                         WrComLCD(0x80 + 0x40 + 5);//显示位置重新回到调节处
125.                     }
126.                 }
127.                 else if( ++ KeyTime > 100)   //按下时间大于 1 s(100 × 10 ms)
128.                 {
129.                     KeyStateTemp2 = StateRepeat;   //状态切换到连发态
130.                     KeyTime = 0;
131.                 }
132.                 break;
133.             case StateRepeat:                        //按键连发态
```

```
134.                    if(KeyPressTemp2)
135.                        KeyStateTemp2 = StateInit;      //按键释放,则进初始态
136.                    else                                //按键未释放
137.                    {
138.                        if( ++ KeyTime > 10)   //按键计时值大于100 ms(10×10 ms)
139.                        {
140.                            KeyTime = 0;
141.                            if(FunctionKeyNum == 1)     //若功能键第一次按下
142.                            {
143.                                Second ++ ;             //则调整秒加1
144.                                if(Second == 60)        //若满60后将清零
145.                                    Second = 0;
146.                                WrTimeLCD(10,Second);//每调节一次送液晶显示一下
147.                                WrComLCD(0x80 + 0x40 + 11);
148.                                                        //显示位置重新回到调节处
149.                            }
150.                            if(FunctionKeyNum == 2)     //若功能键第二次按下
151.                            {
152.                                Minute ++ ;             //则调整分钟加1
153.                                if(Minute == 60)        //若满60后将清零
154.                                    Minute = 0;
155.                                WrTimeLCD(7,Minute);//每调节一次送液晶显示一下
156.                                WrComLCD(0x80 + 0x40 + 8); //重新回到调节处
157.                            }
158.                            if(FunctionKeyNum == 3)     //若功能键第三次按下
159.                            {
160.                                Hour ++ ;               //则调整小时加1
161.                                if(Hour == 24)          //若满24后将清零
162.                                    Hour = 0;
163.                                WrTimeLCD(4,Hour);//每调节一次送液晶显示一下
164.                                WrComLCD(0x80 + 0x40 + 5);//重新回到调节处
165.                            }
166.                        }
167.                        break;
168.                    }
169.                    break;
170.            default: KeyStateTemp2 = KeyStateTemp2 = StateInit; break;
171.            }
172.
173.        KeyPressTemp3 = KEY3;                            //读取I/O口的键值
174.        switch(KeyStateTemp3)
175.        {
176.            case StateInit:                             //按键初始状态
177.                if(!KeyPressTemp3)                       //当按键按下,状态切换到确认态
178.                    KeyStateTemp3 = StateAffirm;
179.                break;
180.            case StateAffirm:                           //按键确认态
181.                if(!KeyPressTemp3)
182.                {
```

```
183.                     KeyTime = 0;
184.                     KeyStateTemp3 = StateSingle;    //切换到单次触发态
185.                 }
186.             else KeyStateTemp3 = StateInit;         //按键已抬起,切换到初始态
187.             break;
188.         case StateSingle:                           //按键单发态
189.             if(KeyPressTemp3)                        //按下时间小于 1 s
190.             {
191.                 KeyStateTemp3 = StateInit;           //按键释放,则回到初始态
192.                 DropsRing();                         //每当有按键释放蜂鸣器发出滴声
193.                 if(FunctionKeyNum == 1)              //若功能键第一次按下
194.                 {
195.                     Second -- ;                      //则调整秒减 1
196.                     if(Second == - 1)               //若减到负数则将其重新设置为 59
197.                         Second = 59;
198.                     WrTimeLCD(10,Second); //每调节一次送液晶显示一下
199.                     WrComLCD(0x80 + 0x40 + 11);//显示位置重新回到调节处
200.                 }
201.                 if(FunctionKeyNum == 2)              //若功能键第二次按下
202.                 {
203.                     Minute -- ;                      //则调整分钟减 1
204.                     if(Minute == - 1)              //若减到负数则将其重新设置为 59
205.                         Minute = 59;
206.                     WrTimeLCD(7,Minute);//每调节一次送液晶显示一下
207.                     WrComLCD(0x80 + 0x40 + 8);//显示位置重新回到调节处
208.                 }
209.                 if(FunctionKeyNum == 3)              //若功能键第二次按下
210.                 {
211.                     Hour -- ;                        //则调整小时减 1
212.                     if(Hour == - 1)               //若减到负数则将其重新设置为 23
213.                         Hour = 23;
214.                     WrTimeLCD(4,Hour);              //每调节一次送液晶显示一下
215.                     WrComLCD(0x80 + 0x40 + 5);//显示位置重新回到调节处
216.                 }
217.             }
218.             else if( ++ KeyTime > 100)              //按下时间大于 1 s(100×10 ms)
219.             {
220.                 KeyStateTemp3 = StateRepeat;         //状态切换到连发态
221.                 KeyTime = 0;
222.             }
223.             break;
224.         case StateRepeat:                           //按键连发态
225.             if(KeyPressTemp3)
226.                 KeyStateTemp3 = StateInit;           //按键释放,则进初始态
227.             else                                     //按键未释放
228.             {
229.                 if( ++ KeyTime > 10)   //按键计时值大于 100 ms(10×10 ms)
230.                 {
231.                     KeyTime = 0;
```

```
232.                    if(FunctionKeyNum == 1)    //若功能键第一次按下
233.                    {
234.                        Second -- ;              //则调整秒减1
235.                        if(Second == - 1)//若减到负数则将其重新设置为59
236.                            Second = 59;
237.                        WrTimeLCD(10,Second);//每调节一次送液晶显示一下
238.                        WrComLCD(0x80 + 0x40 + 11);//重新回到调节处
239.                    }
240.                    if(FunctionKeyNum == 2)    //若功能键第二次按下
241.                    {
242.                        Minute -- ;              //则调整分钟减1
243.                        if(Minute == - 1)//若减到负数则将其重新设置为59
244.                            Minute = 59;
245.                        WrTimeLCD(7,Minute);//每调节一次送液晶显示一下
246.                        WrComLCD(0x80 + 0x40 + 8);//重新回到调节处
247.                    }
248.                    if(FunctionKeyNum == 3)    //若功能键第二次按下
249.                    {
250.                        Hour -- ;                //则调整小时减1
251.                        if(Hour == - 1)//若减到负数则将其重新设置为23
252.                            Hour = 23;
253.                        WrTimeLCD(4,Hour);//每调节一次送液晶显示一下
254.                        WrComLCD(0x80 + 0x40 + 5);//重新回到调节处
255.                    }
256.                }
257.                break;
258.            }
259.            break;
260.        default: KeyStateTemp3 = KeyStateTemp3 = StateInit; break;
261.        }
262.    }
263. }
264. /****************************************/
265. //函数名称:ExecuteKeyNum(void)
266. //函数功能:按键值来执行相应的动作
267. //入口参数:无
268. //出口参数:无
269. /****************************************/
270. void ExecuteKeyNum(void)
271. {
272.    if(TF1)
273.    {
274.        TF1 = 0;
275.        TH1 = 0xDC;
276.        TL1 = 0x00;
277.        KeyScan();
278.    }
279.    switch(FuncTempNum)
280.    {
```

```
281.        case 1:
282.            FunctionKeyNum = 1;
283.            TR0 = 0;                          //关闭定时器
284.            WrComLCD(0x80 + 0x40 + 11);       //光标定位到秒位置
285.            WrComLCD(0x0f);                   //光标开始闪烁
286.        break;
287.        case 2:
288.            FunctionKeyNum = 2;       //第二次按下光标闪烁定位到分钟位置
289.            WrComLCD(0x80 + 0x40 + 8);
290.        break;
291.        case 3:
292.            FunctionKeyNum = 3;       //第三次按下光标闪烁定位到小时位置
293.            WrComLCD(0x80 + 0x40 + 5);
294.        break;
295.        case 4:
296.            FunctionKeyNum = 0;               //记录按键数清零
297.            WrComLCD(0x0c);                   //取消光标闪烁
298.            TR0 = 1;
299.            FuncTempNum = 0;
300.        break;
301.    }
302. }
```

这里主要说明几点笔者的编程、调试心得。笔者在为学生培训时一直在说，程序绝对不是从第一行按次序写到最后一行，而是首先划分模块，再将各个模块分别击破。同样，在击破各个模块时也不是从第一行写到最后一行，而是先将模块按功能划分成几个函数，之后需要画流程图，最后才是按流程图编写程序，接下来，就以此实例为例简述整个程序的编写过程。

① 模块的划分。该实例中模块的划分已经很清晰了，因为上面的源码就是按模块贴上去的，如该实例主要包括主模块、LCD 模块、调试模块。

② 模块到函数的划分。以主程序为例，笔者将其划分为 5 个函数，其实中断函数是定的；之后再加 3 个初始化函数，分别用来初始化定时器 0(1)、LCD 的初始界面。

③ 画流程图。这部分的子流程图比较多，笔者就不画了，但是读者一定要画，流程图画得好，编程思路清晰，就很容易编写程序。相反，没有好的规划，一上来就是写，边写边删，最后形成一种恶性循环，导致整个思路中断，这就是好多浮躁的读者采用的方法，又是一种错误的方法。

再来说说整个实例的调试心得。笔者当初就是按这个步骤来调试的：

① 编写程序，让液晶能正常显示字符。

② 增加液晶刷新函数，并随便写一个数，看是否能显示到液晶上。

③ 增加定时器功能，让时、分、秒 3 个全局变量动起来，看是否能正常显示到液晶上。读者刚开始可以将秒时间设置得快一点，同时将秒逢 60 进一暂时改为逢 5 进

一,这样做主要是便于调试。

④ 增加按键扫描功能。这里编程风格很重要,各个大括号一定要按程序语句对齐,否则最后会很乱。同时全局变量的处理一定要到位,否则会造成时间数不统一。这里读者特别要注意,什么时候开定时器,什么时候关定时器;什么时候光标闪烁,什么时候光标不闪烁,更要注意光标闪烁的位置。笔者认为这步是最难、最重要的,读者一定要耐心、仔细。

⑤ 增加蜂鸣器功能。

最后,留一个作业:

➢ 增加年、月、日、星期的调节、动态走时功能。

➢ 增加阴历功能。

答案可以关注笔者的博客或电子工程师基地论坛。

流行的操作系统——RTX51 Tiny

17.1 概　述

操作系统是管理和控制计算机硬件与软件资源的计算机程序,是直接运行在裸机上最基本的系统软件,任何其他软件都必须在操作系统的支持下才能运行。操作系统是用户和计算机的接口,同时也是计算机硬件和其他软件的接口。操作系统的功能包括管理计算机系统的硬件、软件及数据资源,控制程序运行,改善人机界面,为其他应用软件提供支持等,使计算机系统所有资源最大限度地发挥作用,提供了各种形式的用户界面,使用户有一个好的工作环境,为其他软件的开发提供必要的服务和相应的接口。实际上,用户是不用接触操作系统的,操作系统管理着计算机硬件资源,同时按应用程序的资源请求为其分配资源,如划分 CPU 时间、内存空间的开辟、调用打印机等。

操作系统的种类相当多,可分为智能卡操作系统、实时操作系统、传感器节点操作系统、嵌入式操作系统、个人计算机操作系统、多处理器操作系统、网络操作系统和大型机操作系统。按其应用领域划分主要有 3 种:桌面操作系统、服务器操作系统和嵌入式操作系统。

实时操作系统(Real Time Operating System,简称 RTOS)是指当外界事件或数据产生时,能够接受并以足够快的速度予以处理,其处理的结果又能在规定的时间之内来控制生产过程或对处理系统做出快速响应,并控制所有实时任务协调一致运行的操作系统。因而,提供及实时响应和高可靠性是其主要特点。实时操作系统有硬实时和软实时之分,硬实时要求在规定的时间内必须完成操作,这是在操作系统设计时保证的;软实时则只要按照任务的优先级,尽可能快地完成操作即可。

1. 简述 RTX51 Tiny 操作系统

RTX51 Tiny 是一款可以运行在大多数 8051 兼容的器件及其派生器件上的实时操作系统(准实时),相对于传统的开发方式而言,用实时操作系统进行开发是一种效率更高的方式。

RTX51 Tiny 是 Keil 公司开发的专门针对于 8051 内核所做的实时操作系统

(RTOS),有两个版本:RTX51-FULL 与 RTX51-Tiny。FULL 版本支持 4 级任务优先级,最大支持 256 个任务,工作在类似于中断功能的状态下,同时支持抢占式与时间片循环调度、支持信号(signal)、消息队列、二进制信号量(semaphore)和邮箱(mailbox);功能强大,仅仅占用 6～8 KB 的程序存储器空间。RTX51 Tiny 是 RTX51 FULL 的子集,是一个很小的内核,只占 800 字节的存储空间(主要的程序 RTX51 TNY. A51 仅有不足一千行),适用于对实时性要求不严格的、仅要求多任务管理并且任务间通信功能不要求非常强大的应用。它仅使用 51 内部寄存器来实现,应用程序只需要以系统调用(system call)的方式引用 RTX51 中的函数即可。RTX51-Tiny 可以支持 16 个任务,多个任务遵循时间片轮转的规则,任务间以信号 signal 的方式进行通信,任务可以等待另一任务给它发出 signal 然后再从挂起状态恢复运行,它并不支持抢占式任务切换的方式。

2. 为什么要使用操作系统

有时进行单片机程序开发时需要用到多任务,这时就必须涉及操作系统了,因为没有操作系统很难达到多任务协调调度的目的。以前笔者阅读过 $\mu C/OS-II$ 的源码,也曾试着将其移植到 51 系列单片机上,但由于其需要很大的内存,单片机须另扩展 RAM 才能跑起来,这势必增加了硬件的复杂度,同时也提高了系统的成本,肯定就得不偿失了。

还好,有人已经帮我们解决了这个问题,那就是用 RTX51-Tiny 系统,既能满足多任务协调调度的要求,又能节省开支。作为实时操作系统,RTX51 Tiny 虽然比较简陋,但还是具备了一些实时操作系统的基本要素,完全可以充当读者进入实时操作系统(RTOS)世界的领路者,更为重要的是,它是免费的。

17.2　RTX51 Tiny 操作系统

17.2.1　概　述

RTX51 Tiny 是一种实时操作系统,可以用来建立多个任务(函数)同时执行的应用程序。嵌入式应用系统经常有这种需求。RTOS 可以提供调度、维护、同步等功能。

实时操作系统能灵活调度系统资源,像 CPU 和存储器,并且提供任务间的通信。RTX51 Tiny 是一个功能强大的 RTOS,且易于使用,能用于 8051 系列的微控制器。

RTX51 Tiny 的程序用标准的 C 语言构造,由 Keil 编译器编译。用户可以很容易地定义任务函数,而不需要进行复杂的栈和变量结构配置,只须包含一个指定的头文件(rtx51tny. h)。

1. 产品规格

具体产品的规格如表 17-1 所列,为了能更好地理解,这里顺便对比 RTX51 Tiny 和 RTX51 Full 两种系统的区别。

表 17-1　两种 RTX51 系统的产品规格比较

文字说明	RTX51 Full	RTX51 Tiny
任务的数量	256(最多),其中 19 任务处于激活状态	16
代码空间需求	6～8 KB	900 字节(最大)
数据空间需求	40～46 字节	7 字节
栈空间需求	20～200 字节	3×N(任务计数)字节
外扩 RAM 需求	650 字节(最小)	0
所用定时器	Timer 0 或者 Timer 1	Timer 0
系统时钟因子	1 000～40 000	1 000～65 535
中断等待	小于、等于 50 个周期	小于、等于 20 个周期
切换时间	70～100 个周期(快速任务) 180～700 个周期(标准任务)	100～700 个周期
邮箱系统	8 个邮箱,每个邮箱 8 个入口	不可用
存储器池系统	最多可达 16 个存储器池	不可用
旗标	8×1 bit	不可用

2. 目标需求

RTX51 Tiny 运行于大多数 8051 兼容的器件及其变种上,其应用程序可以访问外部数据存储器,但内核无此需求。

RTX51 Tiny 支持 Keil C51 编译器全部的存储模式,存储模式的选择只影响应用程序对象的位置。RTX51 Tiny 系统变量和应用程序栈空间总是位于 8051 的内部存储区(DATA 或 IDATA 区),一般情况下,应用程序应使用小(SMALL)模式(设置详见 Target Options 对话框下的 Target 选型卡)。

RTX51 Tiny 支持协作式任务切换(每个任务调用一个操作系统例程)和时间片轮转任务切换(每个任务在操作系统切换到下一个任务前运行一个固定的时间段),不支持抢先式任务切换以及任务优先级,RTX51 Full 支持抢先式任务切换。

(1) 目标需求

RTX51 Tiny 与中断函数并行运作,中断服务程序可以通过发送信号(用 isr_send_signal 函数)或设置任务就序的标志(用 isr_set_ready 函数)与 RTX51 Tiny 的任务进行通信。如同在一个标准的没有 RTX51 Tiny 的应用中一样,中断例程必须在 RTX51Tiny 应用中实现并允许,RTX51 Tiny 只是没有中断服务程序的管理。

RTX51 Tiny 应用的是定时器 0、定时器 0 中断和寄存器组 1。如果程序中使用了定时器 0，则 RTX51 Tiny 不能正常运转。读者也可以在 RTX51 Tiny 定时器 0 的中断服务程序后追加自己的定时器 0 中断服务程序代码，参考笔记 6。

RTX51 Tiny 假设总中断总是允许（EA＝1）。RTX51 Tiny 库例程在需要时会改变中断系统（EA）的状态，以确保 RTX51 Tiny 的内部结构不被中断破坏。当允许或禁止总中断时，RTX51 Tiny 只是简单改变 EA 的状态，不保存也并不重装 EA，EA 只是简单被置位或清除。因此，如果你的程序在调用 RTX51 例程前终止了中断，RTX51 可能会失去响应。程序的临界区可能需要在短时间内禁止中断。但是，中断禁止后是不能调用任何 RTX51 Tiny 例程的；如果程序确实需要禁止中断，应该持续很短的时间。

（2）寄存器组

RTX51 Tiny 分配所有的任务到寄存器 0，因此，所有的函数必须用 C51 默认的设置进行编译。中断函数可以使用剩余的寄存器组。然而，RTX51 Tiny 需要寄存器组区域中 6 个永久性的字节，这些字节的寄存器组需要在配置文件中指定（CONF_TNY.A51）。

17.2.2　实时程序

实时程序必须对实时发生的事件快速响应。事件很少的程序不用实时操作系统也很容易实现。但随着事件的增加，编程的复杂程度和难度也随之增大，这正是 RTOS 的用武之地。

1. 单任务程序

嵌入式程序和标准 C 程序都是从 main 函数开始执行的，在嵌入式应用中，main 通常是无限循环执行的，或者认为是一个持续执行的单任务。例如：

```
1. void main (void)
2.  {
3.      while(1)                /* 永远重复 */
4.      {
5.          do_something();     /* 执行 do_something"任务" */
6.      }
7.  }
```

在这个例子里，do_something 函数可以认为是一个单任务，由于仅有一个任务在执行，所以没必要进行多任务处理或使用多任务操作系统。

2. 多任务程序

之前写的 C 程序都是在一个循环里调用服务函数（或任务）来实现伪多任务调度，这里再来看段以前的主流代码：

```
8.    void main(void)
9.    {
10.        int counter = 0;
11.        while(1)                                    /*一直重复执行*/
12.        {
13.            check_serial_io();                      /*检查串行输入*/
14.            process_serial_cmds();                  /*处理串行输入*/
15.            check_kbd_io();                         /*检查键盘输入*/
16.            process_kbd_cmds();                     /*处理键盘输入*/
17.            Adjust_ctrlr_parms();                   /*调整控制器*/
18.            counter ++ ;                            /*增加计数器*/
19.        }
20.    }
```

该例中每个函数执行一个单独的操作或任务,函数(或任务)按次序依次执行。当任务越来越多时,调度问题就被自然而然地提出来了。例如,如果 process_kbd_cmds 函数执行时间较长,主循环就可能需要较长的时间才能返回来执行 check_sericd_io 函数,这样可能导致串行数据丢失。当然,可以在主循环中更频繁地调用 check_serial_io 函数来弥补这个问题,但最终这个方法还是会失效,那如何办,请继续阅读下文。

3. RTX51 Tiny 程序

当使用 Rtx51 Tiny 时,为每个任务建立独立的任务函数,程序如下:

```
1.    void check_serial_io_task(void) _task_ 1
2.    {    /*该任务检测串行 I/O*/       }
3.    void process_serial_cmds_task(void) _task_ 2
4.    {    /*该任务处理串行命令*/       }
5.    void check_kbd_io_task(void) _task_ 3
6.    {    /*该任务检测键盘 I/O*/       }
7.    void process_kbd_cmds_task(void) _task_ 4
8.    {    /*处理键盘命令*/            }
9.    void startup_task(void) _task_ 0
10.    {
11.        os_create_task(1);                      /*建立串行 I/O任务*/
12.        os_create_task(2);                      /*建立串行命令任务*/
13.        os_create_task(3);                      /*建立键盘 I/O任务*/
14.        os_create_task(4);                      /*建立键盘命令任务*/
15.        os_delete_task(0);                      /*删除启动任务*/
16.    }
```

该例中,每个函数定义为一个 RTX51 Tiny 任务,RTX51 Tiny 程序不需要 main 函数,取而代之的是 RTX51 Tiny 从任务 0 开始执行。在典型的应用中,任务 0 简单地建立了所有其他任务。

17.2.3 原 理

1. 定时器滴答中断

RTX51 Tiny 用标准 8051 的定时器 0(模式 1)生产一个周期性的中断,该中断就是 RTX51 Tiny 的定时滴答(Timer Tick)。库函数中的超时和时间间隔就是基于该定时滴答来测量的。默认情况下,RTX51 每 10 000 个机器周期产生一个滴答中断,因此,对于运行于 12 MHz 的标准 8051 来说,滴答的周期是 0.01 s,即频率是 100 Hz(12 MHz/12/10 000)。该值可以在 CONF_TNY.A51 配置文件中修改。

2. 任务及管理

RTX51 Tiny 本质上是一个任务切换器,建立一个 RTX51 Tiny 程序,就是建立一个或多个任务函数的应用程序。任务用的新关键字是 C 语言定义的,该关键字是 Keil C51 所支持的。RTX51 Tiny 维护每个任务处于正确的状态(运行、就绪、等待、删除、超时)。其中某个时刻只有一个任务处于运行态,任务也可能处于就绪态、等待、删除或超时态。空闲任务(Idle_Task)总是处于就绪态,当定义的所有任务处于阻塞状态时运行该任务(空闲任务)。

每个 RTX51 Tiny 任务总是处于下述状态中的一种状态中,状态描述如表 17 - 2 所列。

表 17 - 2 状态功能描述

状　态	功能描述
运行	正在运行的任务处于运行态。某个时刻只能有一个任务处于该状态。os_running_task_id 函数返回当前正在运行的任务编号
就绪	准备运行的任务处于就绪态。一旦运行的任务完成了处理,RTX51 Tiny 选择一个就绪的任务执行。一个任务可以通过用 os_set_ready 或 isr_set_ready 函数设置就绪标志来使其立即就绪(即便该任务正在等待超时或信号)
等待	正在等待一个事件的任务处于等待态。一旦事件发生,任务切换到就绪态。Os_wait 函数用于将一个任务置为等待态
删除	没有被启动或已被删除的任务处于删除态。Os_delete_task 函数将一个已经启动(用 os_create_task)的任务置为删除态
超时	被超时循环中断的任务处于超时态。在循环任务程序中,该状态相当于就绪态

3. 事 件

在实时操作系统中,事件可用于控制任务的执行,一个任务可能等待一个事件,也可能向其他任务发送任务标志。os_wait 函数可以使一个任务等待一个或多个事件。

超时是一个任务可以等待的公共事件。超时就是一些时钟滴答数,当一个任务等待超时时其他任务就可以执行了。一旦到达指定数量的滴答数,任务就可以继续执行。

时间间隔(Interval)是一个超时(Timeout)的变种。时间间隔与超时类似,不同的是时间间隔是相对于任务上次调用 os_wait 函数的指定数量的时钟滴答数。

信号是任务间通信的方式。一个任务可以等待其他任务给它发信号(用 os_send_signal 和 isr_send_signal 函数)。每个任务都有一个可被其他任务设置的就绪标志(用 os_set_ready 和 isr_set_ready 函数)。一个等待超时、时间间隔或信号的任务可以通过设置它的就绪标志来启动。

os_wait 函数等待的事件列表和返回值如表 17-3 所列。

表 17-3　os_wait 函数事件列表

参数名称	事件说明	返回值名称	返回值的意义
K_IVL	等待指定的间隔时间	RDY_EVENT	任务的就绪标志被置位
K_SIG	等待一个信号	SIG_EVENT	收到一个信号
K_TMO	等待指定的超时时间	TMO_EVENT	超时完成或时间间隔到达

os_wait 当然还可以等待事件组合,组合形式如下:

① K_SIG | K_TMO:任务延迟直到有信号发给它或者指定数量的时钟滴答到达。

② K_SIG | K_IVL:任务延迟直到有信号到来或者指定的时间间隔到达。

注意:K_IVL 和 K_TMO 事件不能组合!

4. 循环任务切换

RTX51 Tiny 可以配置为用循环法进行多任务处理(任务切换)。循环法允许并行地执行若干任务,任务并非真的同时执行,而是分时间片执行的(CPU 时间分成时间片,RTX51 Tiny 给每个任务分配一个时间片),由于时间片很短(几毫秒),看起来好像任务在同时执行。任务在它的时间片内持续执行(除非任务的时间片用完),然后,RTX51 Tiny 切换到下一个就绪的任务运行。时间片的持续时间可以通过 RTX51 Ting 配置定义。

下面是一个 RTX51 Tiny 程序的例子,用循环法处理多任务,程序中的两个任务是计数器循环。RTX51 Tiny 在启动时执行函数名为 job0 的任务 0,同时该函数建立了另一个任务 job1,在 job0 执行完它的时间片后,RTX51 Tiny 切换到 job1,在 job1 执行完它的时间片后,RTX51 Ting 又切换到 job0,该过程无限重复。

```
1.    #include< rtx51tny.h>
2.    int counter0;
3.    int counter1;
4.    void job0(void) _task_  0
5.    {
6.        os_create(1);                    /*标记任务 1 为就绪*/
7.        while(1)                         /*无限循环*/
```

```
8.      {
9.          counter0 ++ ;                    / * 更新记数器 * /
10.     }
11. }
12. void job1(void) _task_  1
13. {
14.     while(1)                              / * 无限循环 * /
15.     {
16.         counter ++ ;                      / * 更新记数器 * /
17.     }
18. }
```

注意:如果禁止了循环任务处理,就必须让任务以协作的方式运作,在每个任务里调用 os_wait 或 os_switch_task,以通知 RTX51 Tiny 切换到另一个任务。os_wait 与 os_switch_task 的不同是,os_wait 是让任务等待一个事件,而 os_switch_task 是立即切换到另一个就绪的任务。

5. 空闲任务

没有任务准备运行时,RTX51 Ting 执行一个空闲任务。空闲任务就是一个无限循环。有些 8051 兼容的芯片提供一种降低功耗的空闲模式,该模式停止程序的执行,直到有中断产生。在该模式下,所有的外设包括中断系统仍在运行。RTX51 Tiny 允许在空闲任务中启动空闲模式(在没有任务准备执行时)。当 RTX51 Tiny 的定时滴答中断(或其他中断)产生时,微控制器恢复程序的执行。空闲任务执行的代码在 CONF_TNY. A51 配置文件中允许和配置。

6. 栈管理

RTX51 Tiny 为每个任务在 8051 的内部 RAM 区(IDATA)维护一个栈,任务运行时将尽可能得到最大数量的栈空间。任务切换时,先前的任务栈被压缩并重置,当前任务的栈被扩展和重置。图 17 - 1 表明一个 3 任务应用的内部存储器的布局。

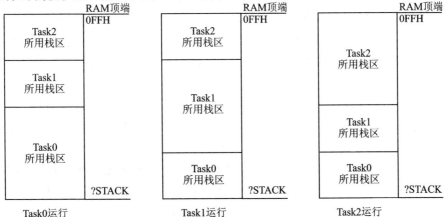

图 17 - 1　3 个任务运行时栈区分配图

"？STACK"表示栈的起始地址。该例中,位于栈下方的对象包括全局变量、寄存器和位寻址存储器,剩余的存储器用于任务栈。存储器的顶部可在配置中指定。

17.2.4 RTX51 Tiny 的配置

工程千差万别,应用 RTX51 Tiny 的方式、方法也各有差异,那如何满足不同的需求,Keil4 公司提供了可随意定制的 RTX51 Tiny,但不能太随意,那具体有哪些能自由配置,哪些又不能配置,那就请继续阅读下文。

1. 配　置

建立了嵌入式应用后,RTX51 Tiny 必须要配置。所有的配置设置都在 CONF_TNY. A51 文件中进行,该文件位于 D:\PRO_XYMB\keil4\C51\RtxTiny2\Source-Code(这是笔者的目录,读者就依自己的安装路径而定了)目录下。在 CONF_TNY. A51 中允许配置的选项如下,"←"后的为默认配置。

① 指定滴答中断寄存器组←INT_REGBANK　EQU　1
② 指定滴答间隔(以 8051 机器周期为单位)←INT_CLOCK　EQU　10000
③ 指定循环超时←TIMESHARING EQU　5
④ 指定应用程序占用长时间的中断←LONG_USR_INTR　EQU　0
⑤ 指定是否使用 code banking←CODE_BANKING　EQU　0
⑥ 定义 RTX51 Tiny 的栈顶←RAMTOP　EQU　0FFH
⑦ 指定最小的栈空间需求←FREE_STACK　EQU　20
⑧ 指定栈错误发生时要执行的代码←STACK_ERROR　MACRO
　　　　　　　　　　CLR　EA　SJMP　$　ENDM

注意:CONF_TNY. A51 的默认配置包含在 RTX51 Tiny 库中。但是,为了保证配置的有效和正确,须将 CONF_TNY. A51 文件复制到工程目录下并将其加入到工程中,具体操作后面实例中会讲解,现对以上默认配置做如下说明:

① 的作用是指定哪些寄存器用于 RTX51 Tiny,默认为寄存器"1"。

② 用于定义系统的时钟间隔。系统时钟使用这个间隔产生中断,定义的数目确定了每一中断的 CPU 周期数量。假如单片机晶振为 12 MHz,那周期就是 10 ms,如定时器滴答中断。

③ 用于指定时间片轮转任务切换的超时时间,其值表明了在 RTX51 Tiny 切换到另一任务之前时间报时信号中断的数目。如果这个值为 0,时间片轮转多重任务将失效。这里定义为 5,那意味着一个任务分配的时间为 5×10 ms＝50 ms。

⑥ 指定 RTX51 Tiny 运行的栈顶,即表明 8051 派生系列存储器单元的最大尺寸。用于 8051 时这个值应设定为 07Fh,用于 8052 时该值设置设定为 0FFh。

⑦ 按字节定义了自由堆栈区的大小。当切换任务时,RTX51 Tiny 检验栈去指定数量的有效字节,如果栈区太小,RTX51 Tiny 将激活 STACK_ERROR 宏,若设

为 0,则禁止栈检查。用于 FREE_STACK 的默认值是 20 字节,其允许值为 0～0FFh。

⑧ RTX51 Tiny 检查到一个栈有问题时便运行此宏,当然读者可以将这个宏改为自己的应用程序需要完成的任何操作。

2. 优　化

在用 RTX51 Tiny 做工程时,可以借助以下方式来优化系统,具体方法如下:

① 如果可能,禁止循环任务切换。循环切换需要 13 字节的栈空间存储任务环境和所有的寄存器。当任务切换通过调用 RTX51 Tiny 库函数(像 os_wait 或 os_switch_task)触发时,不需要这些空间。

② 用 os_wait 替代依靠循环超时切换任务,这将提高系统反应时间和任务响应时间。

③ 避免将滴答中断率的设置太快。

④ 为了最小化存储器需求,推荐从 0 开始对任务编号。

17.2.5　使用 RTX51 Tiny

RTX51 Tiny 的应用分为以下三步:

步骤一:编写 RTX51 程序。

步骤二:编译并链接程序。

步骤三:测试和调试程序。

1. 编写程序

写 RTX51 Tiny 程序时,必须用关键字对任务进行定义,并用在 RTX51TNY.h 中声明的 RTX51 Tiny 核心例程。

(1) 包含文件

RTX51 Tiny 仅需要包含一个文件 RTX51TNY.h,所有的库函数和常数都在该头文件中定义,包含方式 ♯include＜rtx51tny.h＞。

(2) 编程原则

以下是建立 RTX51 Tiny 程序时必须遵守的原则:

① 确保包含了 RTX51TNY.h 头文件。

② 不需要建立 main 函数,RTX51 Tiny 有自己的 mian 函数。

③ 程序必须至少包含一个任务函数。

④ 中断必须有效(EA＝1),临界区禁止中断时一定要小心。

⑤ 程序必须至少调用一个 RTX51 Tiny 库函数(例如 os_wait),否则链接器将不包含 RTX51 Tiny 库。

⑥ Task 0 是程序中首先要执行的函数,必须在任务 0 中调用 os_create_task 函数以运行其他任务。

⑦ 任务函数必须是从不退出或返回的。任务必须用一个 while(1)或类似的结构重复。用 os_delete_task 函数停止运行的任务。

⑧ 必须在 μVision(Keil4)中指定 RTX51 Tiny,或者在连接器命令行中指定。

(3) 定义任务

实时或多任务应用由一个或多个执行具体操作的任务组成,RTX51 Tiny 最多支持 16 个任务。任务就是一个简单的 C 函数,返回类型为 void,参数列表为 void,并且用_task_声明函数属性。

例如:void func(void) _task_ task_id

这里,func 是任务函数的名字,task_id 是从 0 到 15 的一个任务 ID 号。

下面的例子定义函数 job0 编号为 0 的任务。该任务使一个计数器递增并不断重复。

```
1.   void job0(void) _task_ 0
2.   {
3.       while(1)
4.       {
5.           Counter0 ++ ;
6.       }
7.   }
```

附注:所有的任务都应该是无限循环。不能对一个任务传递参数,任务的形参必须是 void。每个任务必须赋予一个唯一的且不重复的 ID。为了最小化 RTX51 Tiny 的存储器需求,从 0 开始对任务进行顺序编号。

2. 编译和链接

有两种方法编译和链接 RTX51 Tiny 应用程序,分别为用 μVison 集成开发环境、用命令行工具。这里主要讲述用 μVison 集成开发环境的编译和链接方法。

用 μVison 建立 RTX51 Tiny 程序,除了以上编写程序时所要求的以外,这里还有很重要的一点设置,那就是在 Options for Target 中添加 RTX51 Tiny,操作如下:在 Keil4 的主界面下选择 Project→Options for Target(或直接 ALT+F7)菜单项打开 Options for Target 目标对话框,接着选择 Target 选型卡,在下面的 Operating system 下拉列表框中选择 RTX-51 Tiny,如图 17-2 所示。

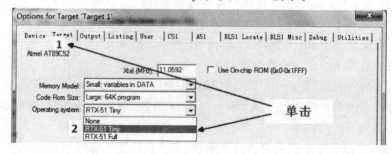

图 17-2 添加 RTX-51 Tiny

3. 调　试

μVision 模拟器允许运行和测试 RTX51 Tiny 应用程序。RTX51 Tiny 程序的载入和无 RTX51 Tiny 程序的载入是一样的,无须指定特别的命令和选项。

在调试过程中,可以借助一个对话框显示 RTX51 Tiny 程序中任务的所有特征,具体操作步骤如下:

第一步,由编程界面进入仿真界面,直接按快捷键 CTRL＋F5。

第二步,在仿真界面,选择 Debug→OS Support→Rtx－Tiny Tasklist 菜单项,具体操作如图 17－3 所示,打开的 Rtx－Tiny Tasklist 对话框如图 17－4 所示。

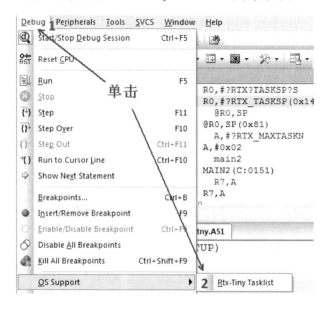

图 17－3　打开 Rtx－Tiny Tasklist 对话框的操作步骤

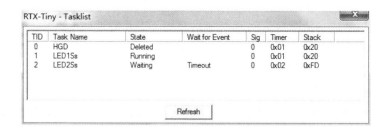

图 17－4　打开的 Rtx－Tiny Tasklist 对话框

该对话框中的各个含义如下:

➢ TID 是在任务定义中指定的任务 ID。

➢ Task Name 是任务函数的名字。

➢ State 是任务当前的状态。

➤ Wait for Event 指出任务正在等待什么事件。

➤ Sig 显示任务信号标志的状态(1 为置位)。

➤ Timer 指示任务距超时的滴答数,这是一个自由运行的定时器,仅在任务等待超时和时间间隔时使用。

➤ Stack 指示任务栈的起始地址。

17.2.6 参考函数

RTX51 Tiny 的系统函数调用之前必须包含 rtx51tny.h 头文件(包含在 PK51 中)。讲述之前先说明一下两种前缀,最后再讲述 13 个系统函数。

➤ 以 os_开头的函数可以由任务调用,但不能由中断服务程序调用。

➤ 以 isr_开头的函数可以由中断服务程序调用,但不能由任务调用。

(1) irs_send_signal

概要:char isr_send_signal(unsigned char task_id);　　/*给任务发送信号*/

描述:isr_send_signal 函数给任务 task_id 发送一个信号。如果指定的任务正在等待一个信号,则该函数使该任务就绪,但不启动它,信号存储在任务的信号标志中。

返回值:成功调用后返回 0,如果指定任务不存在,则返回-1。

参阅:os_clear_signal,os_send_signal,os_wait

例如:isr_send_signal(13);　　　　　　　　　/*给任务 13 发信号*/

(2) irs_set_ready

概要:char isr_set_ready(unsigned char task_id);　　　/*使任务就绪*/

描述:将由 task_id 指定的任务置为就绪态。

例如:isr_set_ready(6);　　　　　　　　　/*置位任务 6 的就绪标志*/

(3) os_clear_signal

概要:char os_clesr_signal(unsigned char task_id);　　/*清除信号的任务*/

描述:清除由 task_id 指定的任务信号标志。

返回值:信号成功清除后返回 0,指定的任务不存在时返回-1。

参阅:isr_send_signal,os_send_signal,os_wait

例如:os_clear_signal(5);　　　　　　　　/*清除任务 5 的信号标志*/

(4) os_create_task

概要:char os_create_task(unsigned char task_id);　　/*要启动的任务 ID*/

描述:启动任务 task_id,该任务被标记为就绪,并在下一个时间点开始执行。

返回值:任务成功启动后返回 0,如果任务不能启动或任务已在运行,或没有以 task_id 定义的任务,返回-1。

例如:

```
1.  void new_task(void) _task_ 2
2.  {    …    }
```

```
3.   void tst_os_create_task(void) _task_ 0
4.   {
5.      if(os_create_task(2))                    /* 返回的不是"0" */
6.          printf("couldn't start task2 \n");   /* 返回的是"-1" */
7.   }
```

(5) os_delete_task

概要:char os_delete_task(unsigned char task_id);   /* 要删除的任务 */

描述:函数将以 task_id 指定的任务停止,并从任务列表中将其删除。

返回值:任务成功停止并删除后返回 0,指定任务不存在或未启动时返回-1。

附注:如果任务删除自己,将立即发生任务切换。

例如:

```
1.   void tst_os_delete_task(void) _task_ 0
2.   {
3.      if(os_delete_task(2))                        /* 没有删除任务"2" */
4.      {
5.          printf("couldn't stop task2 \n");
6.      }
7.   }
```

(6) os_reset_interval

概要:void os_reset_interval(unsigned char ticks);   /* 定时器滴答数 */

描述:用于纠正由于 os_wait 函数同时等待 K_IVL 和 K_SIG 事件而产生的时间问题,在这种情况下,如果一个信号事件(K_SIG)引起 os_wait 退出,时间间隔定时器并不调整,这样会导致后续的 os_wait 调用(等待一个时间间隔)延迟的不是预期的时间周期。此函数允许用户将时间间隔定时器复位,这样,后续对 os_wait 的调用就会按预期的操作进行。

例如:

```
1.   void task_func(void) _task_ 4
2.   {
3.      switch(os_wait2(KSIG|K_IVL,100))
4.      {
5.          case TMO_EVENT: break;        /* 发生了超时,不需要 os_reset_interval */
6.          case SIG_EVCENT:              /* 收到信号,需要 os_reset_interval */
7.              os_reset_interval(100); /* 依信号执行的其他操作 */
8.          break;
9.      }
10.  }
```

(7) os_running_task_id

概要:char os_running_task_id(void);

描述:函数确认当前正在执行的任务的任务 ID。

返回值:返回当前正在执行的任务号,该值为 0~15 之间的某一个数。

例如：

```
1.  void tst_os_running_task(void) _task_ 3
2.  {
3.      unsigned char tid;
4.      tid = os_running_task_id( );          /* tid = 3 */
5.  }
```

(8) os_send_signal

概要：char os_send_signal(char task_id);   /* 信号发往的任务 */

描述：函数向任务 task_id 发送一个信号。如果指定的任务已经在等待一个信号，则该函数使任务准备执行但不启动它。信号存储在任务的信号标志中。

返回值：成功调用后返回 0，指定任务不存在时返回−1。

例如：os_send_signal(2);   /* 向 2 号任务发信号 */

(9) os_set_ready

概要：char os_set_ready(unsigned char task_id);   /* 使就绪的任务 */

描述：将以 task_id 指定的任务置为就绪状态。

例如：os_set_ready(1);   /* 置位任务 1 的就绪标志 */

(10) os_switch_task

概要：char os_switch_task(void);

描述：该函数允许一个任务停止执行，并运行另一个任务。如果调用 os_switch_task 的任务是唯一的就绪任务，它将立即恢复运行。

例如：os_switch_task();   /* 运行其他任务 */

(11) os_wait

概要：char os_wait(unsigned char event_sel,   /* 要等待的事件 */

　　　　　　　　　unsigned char ticks,   /* 要等待的滴答数 */

　　　　　　　　　unsigned int dammy);   /* 无用参数 */

描述：该函数挂起当前任务，并等待一个或几个事件，如时间间隔、超时或从其他任务和中断发来的信号。参数 event_set 指定要等待的事件，如表 17-4 所列。

这里 K_SIG 可能比较好理解，但对于 K_TMO 和 K_IVL 就比较模糊了。都是从调用 os_wait 此刻挂起任务，前者是延时 K_TMO 个滴答数，后者是间隔 K_IVL 个滴答数，最后等到时间到了以后都回到 READY 状态，并可被再次执行。真正的区别是前者定时器节拍数会复位，后者不会。

返回值：当有一个指定的事件发生时，任务进入就绪态。任务恢复执行时，表 17-5 列出了由返回的常数指出使任务重新启动的事件。

```
1.  #include<rtx51tny.h>
2.  void tst_os_wait(void) _task_ 9
3.  {
4.      while(1)
```

```
5.        {
6.            char event;
7.            event = os_wait(K_SIG | K_TMO, 50.0);
8.            switch(event)
9.            {
10.              default:  ; break;                /* 从不发生该情况 */
11.              case : TMO_EVENT; break;           /* 超时,50 次滴答超时 */
12.              case : SIG_EVENT; break;           /* 收到信号 */
13.            }
14.        }
15.    }
```

表 17 - 4 os_wait( )函数事件参数列表

事 件	描 述
K_IVL	等待滴答值为单位的时间间隔
K_SIG	等待一个信号
K_TMO	等待一个以滴答值为单位的超时

表 17 - 5 os_wait( )函数的返回值

返回值	描 述
RDY_EVENT	表示任务的就绪标志是被或函数置位的
SIG_EVENT	收到一个信号
TMO_EVENT	超时完成,或时间间隔到
NOT_OK	参数的值无效

(12) os_wait1

概要:char os_wait1(unsigned char event_sel);   /* 要等待的事件 */

描述:该函数挂起当前的任务等待一个事件发生。os_wait1 是 os_wait 的一个子集,不支持 os_wait 提供的全部事件。参数 event_sel 指定要等待的事件,该参数只能是 K_SIG。

返回值:当指定的事件发生时,任务进入就绪态。任务恢复运行时,os_wait1 返回的值表明所启动的任务事件,返回值如表 17 - 6 所列。

表 17 - 6 os_wait1( )函数返回值列表

返回值	描 述
RDY_EVENT	任务的就绪标志位是被 os_set_ready 或 isr_set_ready 置位的
SIG_EVENT	收到一个信号
NOT_OK	event_sel 参数的值无效

(13) os_wait2

概要:char os_wait2(unsigned char event_sel,   /* 要等待的事件 */
unsigned char ticks);   /* 要等待的滴答数 */

描述:函数挂起当前任务等待一个或几个事件发生,如时间间隔,超时或一个从其他任务或中断来的信号。参数 event_sel 指定的事件参考表 17 - 4,返回值参考表 17 - 5 和 17 - 6。

17.3 RTX51 Tiny 的应用实例

实例 45 流星慧灯——基于 RTX51 Tiny

例程:在 MGMC－V1.0 实验板编写基于 RTX51 Tiny 操作系统(该程序还可以用定时器)的流星慧灯程序,就是实验板上 8 个 LED 灯从上到下,亮度依次变暗。源码如下:

```
1.   # include <rtx51tny.h>
2.   # include "common.h"                        //包含公共头文件
3.   /* * * * * * * * * * * * * * * * * * * * * * * * * * * * * * * *
4.   /* 函数名称:Init_Task()
5.   /* 函数功能:初始化任务函数(任务号为:0)
6.   /* 入口参数:无
7.   /* 出口参数:无
8.    * * * * * * * * * * * * * * * * * * * * * * * * * * * * * * * */
9.   void Init_Task(void) _task_ INIT_ID
10.  {
11.      os_create_task(LED1_ID); os_create_task(LED2_ID); //启动 LED1/2_ID(1/2)任务
12.      os_create_task(LED3_ID); os_create_task(LED4_ID); os_create_task(LED5_ID);
13.      os_create_task(LED6_ID); os_create_task(LED7_ID); os_create_task(LED8_ID);
14.      os_delete_task(INIT_ID);//初始化只需一遍,因此删除 INIT_ID(0)任务
15.  }
16.  /* * * * * * * * * * * * * * * * * * * * * * * * * * * * * * * *
17.  /* 函数名称:LED1_Task()
18.  /* 函数功能:LED1 任务(任务号为:1)
19.  /* 入口参数:无
20.  /* 出口参数:无
21.   * * * * * * * * * * * * * * * * * * * * * * * * * * * * * * * */
22.  void LED1_Task(void) _task_ LED1_ID
23.  {
24.      while(1)
25.      {
26.          LED1 = 0; os_wait(K_TMO,9,0);     //等待 9 ms 的时间超时
27.          LED1 = 1; os_wait(K_TMO,1,0);     //等待 1 ms 的时间超时、以下同理
28.      }
29.  }
30.  void LED2_Task(void) _task_ LED2_ID
31.  {
32.      while(1)
33.      {
34.          LED2 = 0; os_wait(K_TMO,7,0);
35.          LED2 = 1; os_wait(K_TMO,3,0);
36.      }
37.  }
```

```
38.    void LED3_Task(void) _task_ LED3_ID
39.    {
40.        while(1)
41.        {
42.            LED3 = 0; os_wait(K_TMO,6,0);
43.            LED3 = 1; os_wait(K_TMO,4,0);
44.        }
45.    }
46.    void LED4_Task(void) _task_ LED4_ID
47.    {
48.        while(1)
49.        {
50.            LED4 = 0; os_wait(K_TMO,5,0);
51.            LED4 = 1; os_wait(K_TMO,5,0);
52.        }
53.    }
54.    void LED5_Task(void) _task_ LED5_ID
55.    {
56.        while(1)
57.        {
58.            LED5 = 0; os_wait(K_TMO,4,0);
59.            LED5 = 1; os_wait(K_TMO,6,0);
60.        }
61.    }
62.    void LED6_Task(void) _task_ LED6_ID
63.    {
64.        while(1)
65.        {
66.            LED6 = 0; os_wait(K_TMO,3,0);
67.            LED6 = 1; os_wait(K_TMO,7,0);
68.        }
69.    }
70.    void LED7_Task(void) _task_ LED7_ID
71.    {
72.        while(1)
73.        {
74.            LED7 = 0; os_wait(K_TMO,2,0);
75.            LED7 = 1; os_wait(K_TMO,8,0);
76.        }
77.    }
78.    void LED8_Task(void) _task_ LED8_ID
79.    {
80.        while(1)
81.        {
82.            LED8 = 0; os_wait(K_TMO,1,0);
83.            LED8 = 1; os_wait(K_TMO,9,0);
84.        }
85.    }
```

其中,common. h 的源码如下:

```
1.    #ifndef __COMMON_H__
2.    #define __COMMON_H__
3.    #include <reg52.h>
4.    sbit LED1 = P2^7;          //各个 LED 灯位定义
5.    sbit LED8 = P2^0;          // 其中省略了 LED2～LED7,读者自己加入即可
6.    #define INIT_ID 0          //宏定义各个任务号,其中省略了 LED2_ID～LED7_ID
7.    #define LED1_ID 1          //这里当然可以用枚举
8.    #define LED8_ID 8
9.    #endif
```

这里简述工程的建立和配置文件。工程、文件的建立与添加等详见模块化编程章节,这里读者需要注意的是一定要加入 rtx51tny. h 头文件,且如图 17 - 2 所示的系统添加操作。之后复制配置文件(CONF_TNY. A51)到此工程目录下,最后添加到工程中,这里将默认的 INT_CLOCK 由 10 000 改成了 1 000,这样一个滴答刚好是 1 ms 左右,可以自行测试。整个实验效果如图 17 - 5 所示。

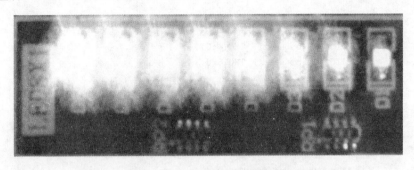

图 17 - 5　MGMC - V1.0 实验板上的流星慧灯效果图

接着再来由现象说明一下整个例程运行的过程。现象就是从左到右,灯的亮度依次递减,这是为何? 这里需要提一个概念——PWM(笔记 25 会详细讲解),简单说就是有效电平占整个脉冲周期的比例。例如,任务 1 中 9 ms 的低电平、1 ms 的高电平,在 MGMC - V1.0 实验板上,LED 低电平有效,那么 9 ms/(1+9) ms＝90%;再如任务 8,PWM 则为 10%。这样一分析,D8 比 D1 亮就很合乎逻辑,当然也可以从仿真图上很清楚地看到,各个 LED 在一个周期内所占的有效电平比例真是大相径庭。流星慧灯的仿真图如图 17 - 6 所示。

实例 46　基于 RTX51 Tiny 的 MGMC - V1.0 全板测试程序

实例:全板测试意思是单片机上电以后,各个器件都在单片机的控制下正常运转。例如数码管一直在静态刷新;液晶也实时显示着各个传感器的运行情况,如现在是几点、几分、几秒,温度是多少,还有 A/D、D/A 转换的情况;点阵也在不停变换着自己的"节奏";串口也实时将运行情况反映到上位机,以便人们更好地观察和控制。

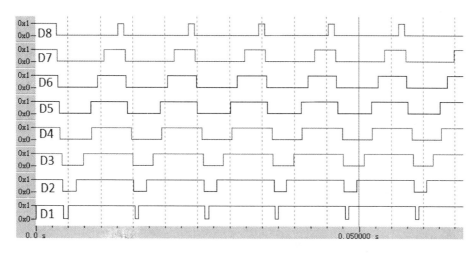

图 17 - 6　流星慧灯软件仿真波形图

当然按键、蜂鸣器、继电器等都少不了。

　　该程序不用 RTX51 Tiny 写估计是很难做到的,因为它会牵扯到资源的冲突。多任务环境下也会有资源的冲突,但是可以借助特殊的方法进行处理,具体如何操作可参阅王玮的《感悟设计电子设计》一书,概况说就是加个标志,标志位在单片机的编程中应用很广,读者必须要掌握。该部分代码可参见配套资料。

笔记 18

高级指挥者——上位机

18.1　简述上位机

上位机是指可以直接发出操控命令的计算机，例如 PC、host computer、master computer、upper computer，屏幕上显示各种信号变化（液压、水位、温度等）。下位机是直接控制设备获取设备状况的计算机，一般是 PLC、单片机、slave computer、lower computer 之类。上位机发出的命令首先给下位机，下位机再根据此命令解释成相应时序信号直接控制相应设备。下位机不时读取设备状态数据（一般为模拟量），转换成数字信号反馈给上位机。总之，实际情况千差万别，但万变不离其宗，上下位机都需要编程，都有专门的开发系统。

在概念上，控制者和提供服务者是上位机，被控制者和被服务者是下位机，也可以理解为主机和从机的关系，但上位机和下位机是可以转换的。为了更能形象地理解上位机和下位机的关系，笔者画了一张山寨漫画，如图 18 - 1 所示。图 18 - 1 中的老板可以理解为上位机，抽着烟指挥。下位机就理解为那些跑腿的小弟们。本书里面概况地说，电脑就是上位机，单片机就是下位机。

图 18 - 1　上位机与下位机之间的傻瓜图

1. 上位机与下位机通信的方式

上位机和下位机通信的方式一般有串口、并口、TCP、USB 等，由于我们所学的单片机既没有并口，也没 USB，更不会有 TCP，所以这里以串口为例来讲述上位机与下位机的通信。

2. 上位机编程软件的选择

上位机编程软件的选择对众多新手们来说,绝对是一个难以决策的事情。从作为一种编程工具的意义上说,各个软件,如 CB(C++Builder)和 VC(VisualC++),没有本质的区别。就像 Word2010 和 WPS2010 本质都是文字处理软件一样;CB 和 VC 都是用 C++,LabWindows/CVI 是基于 C 语言的,LabVIEW 是由图形化程序语言(简称 G 语言)来编写的,其他软件都有相同或不同的语言,如 VB 用的是 Basic 语言,Delphi 用的 Pascal 语言。

由于应用领域的不同,所以选择的条件也不同。如果读者主要是从上位机传送参数等操作,显示一些简单的状态,而以下位机控制为主,则会侧重于简单易学、开发速度快的,这时不需读者去做深入的研究,当然还须考虑该软件所用语言自己是否熟悉。下位机编程一般用 C 语言和汇编。如果读者仅会 C 语言,那么上位机就应该考虑和 C 语言差不多的 C 或 C++来编写;还会其他的语言,则选择范围就会更广一些。由于 C 对界面操作上的复杂化,所以一般不会用 C 来写一些界面类的东西。但是美国 NI 公司为了能用 C 语言方便编写上位机,开发了 LabWindows/CVI 软件,之后直接开发了一个基本上不写代码的软件,那就是 LabVIEW 软件。

18.2 上位机编程

这节分 3 部分来讲解,先讲 LabWindows/CVI 下的 C 语言,之后讲述 VS2010 下的C++,最后讲述 G 语言之上的 LabVIEW。

18.2.1 基于 C 语言的简易串口调试助手

1. 简述 LabWindows/CVI

LabWindows/CVI 是 NI 公司推出的交互式 C 语言开发平台,将功能强大、使用灵活的 C 语言平台与用于数据采集分析和显示的测控专业工具有机地结合起来,利用它的集成化开发环境、交互式编程方法、函数面板和丰富的库函数大大增强了 C 语言的功能,为熟悉 C 语言的开发设计人员编写检测系统、自动测试环境、数据采集系统、过程监控系统等应用软件提供了一个理想的软件开发环境。该软件现阶段最新版本为 NI LabWindows/CVI 2013(笔者使用的就是 2013 版本)。

(1) 软件的安装和破解

很简单,读者自行来完成。

(2) 工程的建立过程

工程的建立与其他软件大同小异,也分以下几个步骤:

① 双击桌面快捷图标打开软件,软件界面如图 18-2 所示。在此之前最好先建一个文件夹,以便存放源文件、工程文件等。

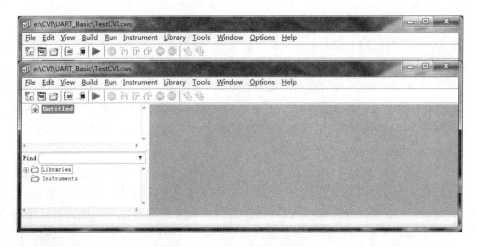

图 18 - 2　LabWindows/CVI 的主界面

② 新建用户界面文件,具体操作是选择 File→New→User Interface(* . uir)菜单项,如图 18 - 3 所示。

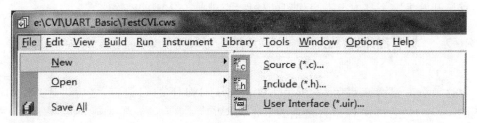

图 18 - 3　用户界面的新建过程

创建用户界面文件 * . uir 的过程就是设计虚拟仪器前面板的过程。这项工作主要包括创建控件和设置控件属性两个方面。

ⓐ 创建控件。在新建的用户界面上添加所需控件,并保存为简易串口调试助手. uir,如图 18 - 4 所示,本例所需的控件列表如表 18 - 1 所列。

表 18 - 1　界面中所需的控件列表

控件类型	控件说明
Panel	仪器面板——桌面
Ring	5 个 Ring 控件,用于选择串口通信的参数
Command Button	功能分别为:打开、关闭串口,发送,发送,接收清空,退出
LED	2 个 LED 分别指示串口是否打开状态和是否接收状态
Text Box	2 个分别显示发送和接收的字符串
String	2 个分别显示日期和时间

续表 18-1

控件类型	控件说明
Timer	2个,一个用来自动显示日期和时间,一个实现字符的自动接收
Binary Switch	用来选择是否接收数据,左边为否,右边为是
Decoration	3个装饰框
Text Message	文字信息

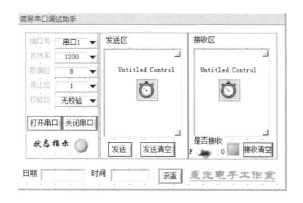

图 18-4 用户界面文件

⑥ 控件属性的设置。仪器面板与控件的主要属性设置如表 18-2 所列。

控件属性设置完毕,则面板的设计完成,生成了用户界面文件。用户界面文件"简易串口调试助手.uir"保存后,系统将自动生成"简易串口调试助手.uir"头文件。

表 18-2 控件主要属性设置

控件名称	回调函数	主要属性	功 能
Panel	无	Close Control:Quit	执行退出命令后关闭面板
COMSELECT	无	Label:串口号	用于选择串口号(其他4个同理)
OPENCOM	OpenCOM	Label:打开串口	单击该按钮将打开串口(其他同理)
SENDBOX	无	Label:发送区	显示发送的字符串(接收同理)
LED	无	Label:状态指示	串口打开灯亮,关闭灯灭
DATE	无	Label:日期	显示当前系统的日(时间同理)

③ 构建源代码程序简易串口助手.c。

ⓐ 产生程序代码框。在用户界面编辑串口(简易串口助手.uir),选择 Code→Generate→All Code 菜单项,则弹出一个让用户指定文件的对话框,单击 Yes,接着又单击一个对话框,单击 OK。

以上操作完毕之后,出现标志位 Generate All Code 的界面,设置主函数为 main

（ ）；设置初始面板为 PANEL，因为本例中只有一个面板；设置退出程序的终止函数为 QUIT，与关闭面板的函数一致，这里的设置就在其之前打勾。

以上内容选择好之后，单击 OK 按钮，自动生成的程序即为源代码框架。

⑤ 添加程序代码。在 Windows 环境下，串口是系统资源的一部分。应用程序要使用串口进行通信，必须在使用之前向系统提出资源申请要求（打开串口），通信完成后必须释放资源（关闭串口）。

程序要实现自动读取，可以使用计数器控件（Timer），根据属性可以设置时间间隔（Interval），当时间间隔一到，便会执行原先放在计时器中的程序代码。

④ 创建工程并添加文件到工程中。回到 Untitle. prj 窗口，即工程文件窗口，选择 Edit→Add Files To Project 菜单项，则依次将简易串口助手. uir、简易串口助手. c、简易串口助手. h 加入 Untitle. prj 文件中，将工程文件命名为简易串口助手. prj 并存盘。

⑤ 运行工程文件。这时可以选择 Run→Run Project 菜单项，则弹出如图 18 - 4 所示的程序界面图了，只可惜这时的软件只是一个"花瓶"，什么都不能干。

2. 编程技巧

① 软件编程。这里介绍两点，第一点，函数的调用参考 Libraries；第二点，函数的具体意义找 F1。

该软件提供了很强大的函数库，使用时只须单击左下角 Libraries 前的"＋"，则会出现各种常用的库，找到自己想用的，双击打开即可设置各个配置参数，完成后复制下面的代码到 xx. c 文件中即可。

② 控件的设置。读者只须记一个字，那就是"试"。双击打开其属性对话框，里面各种"试"就可以了。

18. 2. 2　基于 C＋＋的简易串口调试助手

这里有几个概念需要读者理解清楚。Visual C＋＋全称是 MicroSoft Visual C＋＋，即微软的 C＋＋和 C 的编译器。用 Visual C＋＋写程序，即用微软的 C＋＋语言写程序，可以调用微软的 C＋＋的 MFC 等程序库，应用微软的 C＋＋的头文件。VS2010 的全称为 Microsoft Visual Studio 2010，VS2101 内部除了包含 MicroSoft Visual C＋＋以外，还包含 NET Framework 4. 0、Microsoft Visual Studio 2010 CTP（ Community Technology Preview - CTP），并且支持开发面向 Windows 7 的应用程序。除了 Microsoft SQL Server，它还支持 IBM DB2 和 Oracle 数据库。VS2010 分专业版、高级版、旗舰版、学习版和测试版。笔者使用的是中文旗舰版。

1. 简述 VS2010

这里分以下几个步骤来讲述如何用 MSComm 控件来做一个串口调试助手，步骤如下：

① 双击打开软件,界面如图 18-5 所示。

图 18-5　VS2010 的主界面

② 新建项目。具体操作是选择"菜单项文件→新建→项目"菜单项,则弹出如图 18-6所示的新建项目框,这时接着选择 MFC→MFC 应用程序,之后输入名称MSComm,再接着定位一个位置,最后单击"确定"按钮。

图 18-6　用户界面的新建过程

③ 设置 MFC 向导。单击完成上一步的"确定"按钮之后会弹出 MFC 向导设置框,单击"下一步",紧接着弹出一个应用程序类型选择框,这里选择"基于对话框",其他选择默认项,接着单击 3 次"下一步",这时就是一个类选择对话框,注意,这里一定要选择"CMSCommDlg",最后单击"完成"。最后建立好的工程界面如图 18-7 所示。

图 18-7 建立好工程之后的界面图

④ 设置控件。首先删除静态文本框 TODO 和"确定"、"取消"按钮,之后添加以下控件:

ⓐ "发送"按钮添加方法为从右侧工具箱拖放一个 Button 到对话框,并在右侧"属性"卡中修改 Caption 为"发送",修改 ID 为 IDOK。

ⓑ "退出"按钮方法同上,只须将 Caption 修改为"发送",ID 改为 IDCANCEL。

ⓒ "发送编辑框"、"接收编辑框",并将"ID"分别修改为 IDC_send、IDC_receive。

ⓓ 添加串口控件。这里读者需要注意一点,当使用 VS2010 时,好多读者说需要下载并注册 VC6.0 下的 MSComm32.ocx 控件,笔者用的是 VS2010 自带的控件,因此没有这些过程。添加过程如下:在对话框上右击,在弹出的对话框上选择"插入 ActiveX 控件(X)",则弹出"插入 ActiveX 控件(X)"对话框,这里浏览选择" Microsoft Communications Control,version 6.0"控件,最后单击"确定"。这样一个类似于电话图标的串口控件就会添加到对话框中。最后整个控件添加完毕的界面如图 18-8 所示。

图 18-8 最后添加完各个控件之后的框图

⑤ 给控件添加变量。

ⓐ 在串口控件(电话图标)上右击,在弹出的对话框中选择"添加变量",这时弹出添加成员变量选择向导框,在变量名选型框中输入 m_ctrlComm,单击"完成",则工程中自动添加 MSComm.h 和 MSComm.cpp 文件。

⑤ 给两个编辑框添加变量。打开成员变量向导的方法同上,这里不同的是先选择类别为 Value,这样变量类型就是会自动变成 CString,之后分别(先接收、后接收)添加 m_strReceive、m_strSend。

⑥ 给两个按钮添加消息响应函数。分别双击"发送"、"退出"两个按钮,在 MSCommDlg.cpp 文件会增加如下两个函数。消息映射会自动关联。

```
1.  void CMSCommDlg::OnBnClickedButton1()
2.  {
3.      // TODO:在此添加控件通知处理程序代码
4.  }
5.  void CMSCommDlg::OnBnClickedButton2()
6.  {
7.      // TODO:在此添加控件通知处理程序代码
8.  }
```

⑦ 添加事件处理程序。

右击串口控件(电话图标),选择"添加事件处理程序",再选择 CMSCommDlg,之后选择"添加编辑"即可,这样在 MSCommDlg.cpp 中就会被添加以下代码:

```
1.  void CMSCommDlg::OnCommMscomm1()
2.  {
3.      // TODO:在此处添加消息处理程序代码
4.  }
```

2. 编程技巧

编程阶段建议读者能安装 Visual Assist X 插件,它能支持 VS2003、VS2005、VS2008、VS2010,支持的语言有 C/C++、C♯、ASP、VisualBasic、Java 和 HTML,能自动识别各种关键字、系统函数、成员变量、自动给出输入提示、自动更正大小写错误、自动标示错误等,有助于提高开发过程的自动化和开发效率。这部分的源码请读者参考后面的实例。

18.2.3 基于 G 语言的简易串口调试助手

G 语言是图形化的程序语言(Graphical Programing Language)的缩写。LabVIEW 有时候也叫 G 语言。目前在中国,很多工程师认为 LabVIEW 是一个应用在工业测控领域的应用软件,并不理解它是一个编程语言,原因有两个,首先它与以往的编程语言差距很大,第一次看到它的人很容易联想到原理图的绘制;其次是因为 LabVIEW 在中国使用的时间不长,大多数用户仅用到了 LabVIEW 的一小部分功能,还没真正体验到 LabVIEW 的强大。接下来笔者计划分两部分来讲述次内容,首先熟悉一下 LabVIEW,之后感受一下 G 语言。

LabVIEW 是一种程序开发环境,由 NI 公司研制开发,类似于 C 和 BASIC 开发环境,但是与其他计算机语言的显著区别是:其他计算机语言都采用基于文本的语言产生代码,而 labVIEW 使用的是图形化编辑语言,产生的程序是框图的形式。该软件最新的版本为 LabVIEW 2013(笔者使用的就是 2013 版本),优点是开发速度快(C 语言一周能写出的界面,LabVIEW 一个小时就可以完成)。该软件的开发流程如下:

(1) 软件的安装和破解

这里读者需要注意的是,该软件下属两个子软件,一个是前面板,一个是程序框图。

(2) 建立新 VI 程序

启动 LabVIEW 程序,选择"选择创建",接着选择"VI 模板",并单击"按钮",此时桌面上就会出现两个软件界面,一个为前面板(主要是用来放置控件),另一个为程序框图(主要是编写程序)。

(3) 前面板的设计

以下为放置控件的过程:在前面板设计区空白处右击,选择各个控件。

① 添加一个字符串输入控件:控件→新式→字符串与路径→字符串输入控件,将标签改为"发送区"。

② 添加一个字符串显示控件:控件→新式→字符串与路径→字符串显示控件,将标签改为"接收区"。

③ 添加一个串口资源监测控件:控件→新式→I/O→VISA 资源名称。单击控件箭头,选择串口号,如 COM1 或 ASRL1。特别提醒,这里若读者的计算机有可用的串口,但是这里一直不显示,那是因为没有安装 VISA 驱动,即 visa_runtime,需要安装破解。

④ 添加一个"确定"(OK)按钮控件:控件→新式→布尔→确定按钮,将标题改为"发送字符"。

⑤ 添加一个"停止"(STOP)按钮控件:控件→新式→布尔→停止按钮,将标题改为"关闭程序"。最后设计好的程序前面板如图 18-9 所示。

图 18-9 程序前面板

(4) 程序框图设计——添加函数

进入框图程序界面,在设计区的空白处右击,选择各个所需的函数:

① 添加一个配置串口函数:编程→仪器→串口→VISA 配置串口。

② 添加 4 个数值常量:编程→数值→数值常量,值分别为 9600(波特率)、8(数据位)、0(校验位,无)、1(停止位)。

③ 添加两个关闭串口函数:编程→仪器 I/O→串口→VISA 关闭。

④ 添加一个循环结构:编程→结构→While 循环。添加理由:随时监测串口接收缓冲区的数据。

以下添加的函数或结构放置在 While 循环结构框架中。

⑤ 添加一个时钟函数:编程→定时→等待下一个整数倍毫秒。添加理由:以一定的周期监测串口接收缓冲区的数据。

⑥ 添加一个数值常量:编程→数值→数值常量,将值改为 500(时钟频率值)。

⑦ 添加一个 VISA 串口字节数函数:编程→仪器 I/O→串口→VISA 串口字节数,标签为"串口字节数"。

⑧ 添加一个数值常量:编程→数值→数值常量,将值设为 0(比较值)。

⑨ 添加一个比较函数:编程→比较→不等于。添加理由:只有当串口接收缓冲区的数据个数不等于 0 时,才将数据读入到接收区。

⑩ 添加两个条件结构:编程→结构→条件结构。添加理由:发送字符时,需要单击按钮"发送字符",因此需要判断是否单击了发送按钮;接收数据时,需要判断串口接收缓冲区的数据个数是否不为 0。

⑪ 添加一个串口写入函数:编程→仪器 I/O→串口→VISA 写入,并拖入条件结构(上)的真(True)选项框架中。

⑫ 添加一个串口读取函数:编程→仪器 I/O→串口→VISA 读取,并拖入条件结构(下)的真(True)选项框架中。

⑬ 将字符输入控件图标(标签为"发送区:")拖入条件结构(上)的真(True)选项框架中,将字符显示控件图标(标签为"接收区:")拖入条件结构(下)的真(True)选项框架中。

⑭ 分别将确定(OK)按钮控件图标(标签为"确定按钮")、停止(Stop)按钮控件图标(标签为"停止按钮")拖入循环结构框架中。

⑮ 添加一个布尔函数:编程→布尔→非函数。添加理由:当关闭程序时,将关闭按钮真(True)变为假(False),退出循环。如果将循环结构的条件端子设置为"真时停止",则不需要添加非函数。

整个函数添加完毕之后的程序框图如图 18-10 所示。

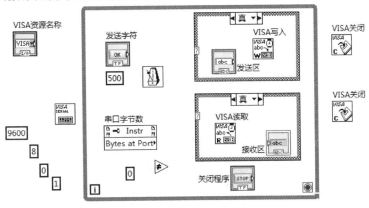

图 18-10　程序框图

(5) 程序框图设计——连线

使用连线工具将所有函数连接起来,如图 18 - 11 所示。

这里主要说明两条线的连接,其他线看着图 18 - 11 连接就行了。将两个条件结构由真改为假,将 VISA 资源名称函数的输出端口分别于串口关闭函数(上、下两个)的输入端口 VISA 资源名称相连,如图 18 - 12 所示。最后运行、调试,还可以生成 xx.exe 应用程序,这样就可以单独运行了。

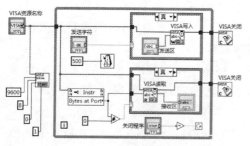

图 18 - 11 程序框图连线(真)　　　　图 18 - 12 程序框图连线(假)

18.3 上位机的应用实例

实例 47 基于 LabWindows/CVI 简易串口助手

```
1.   # include <rs232.h>
2.   # include <ansi_c.h>
3.   # include <utility.h>
4.   # include <cvirte.h>
5.   # include <userint.h>
6.   # include "简易串口助手.h"
7.   static int panelHandle;
8.   int    g_COM_StateVal = 0;            //全局变量,用于存储 COM 口的状态值
9.   int    g_COM_ReturnVal;              //全局变量,用于存储 COM 口函数的返回值
10.  int    g_ReceiveFlag = 0;            //是否接收状态标志位 0:不接收 1:接收
11.  int    g_ControlKeyVal;             // 是否接收标志位
12.  char   TrBuffer[512];               //发送数据缓存数组
13.  int SetDimInterface(int StateVal){    // 设置页面的控件状态
14.      SetCtrlAttribute(panelHandle,PANEL_COMSELECT, ATTR_DIMMED,StateVal);
15.      SetCtrlAttribute(panelHandle,PANEL_BAUD, ATTR_DIMMED,StateVal);
16.      SetCtrlAttribute(panelHandle,PANEL_PARITY, ATTR_DIMMED,StateVal);
17.      SetCtrlAttribute(panelHandle,PANEL_DATABITS, ATTR_DIMMED,StateVal);
18.      SetCtrlAttribute(panelHandle,PANEL_STOPBITS, ATTR_DIMMED,StateVal);
19.      SetCtrlAttribute(panelHandle,PANEL_OPENCOM, ATTR_DIMMED,StateVal);
20.      SetCtrlAttribute(panelHandle,PANEL_CLOSECOM, ATTR_DIMMED,!StateVal);
21.      SetCtrlAttribute(panelHandle,PANEL_SENDKEY, ATTR_DIMMED,!StateVal);
```

```
22.        SetCtrlAttribute(panelHandle,PANEL_SENDCLEAR,ATTR_DIMMED,!StateVal);
23.        SetCtrlAttribute(panelHandle,PANEL_BINARYSWITCH,ATTR_DIMMED,!StateVal);
24.        SetCtrlAttribute(panelHandle,PANEL_RECEIVECLEAR,ATTR_DIMMED,!StateVal);
25.        return 0; }
26.    int main (int argc, char * argv[]){
27.        if (InitCVIRTE (0, argv, 0) == 0)
28.            return -1;      /* out of memory */
29.        if ((panelHandle = LoadPanel (0, "简易串口助手.uir", PANEL)) < 0)
30.    //将简易串口助手.uir加载到内存中
31.            return -1;
32.        SetDimInterface (0);                  //调用SetDimInterface()函数初始化面板
33.        DisplayPanel (panelHandle);           //在屏幕上显示面板
34.        RunUserInterface ();                  //允许在用户界面进行操作
35.        return 0;}
36.    int CVICALLBACK QUIT (int panel, int control, int event,
37.                        void * callbackData, int eventData1, int eventData2)
38.    {
39.        switch (event)
40.        {
41.            case EVENT_COMMIT:
42.                if(g_COM_StateVal)            //判断是否有串口打开
43.                {
44.                    CloseCom(g_COM_StateVal);     //关闭串口
45.                    g_COM_StateVal = 0;           //串口状态值清零
46.                    SetDimInterface (0);          //回到初始界面
47.                }
48.                QuitUserInterface (0);        //关闭整个界面
49.                break;
50.        } return 0;
51.    }
52.    int CVICALLBACK CloseCOM (int panel, int control, int event,
53.                        void * callbackData, int eventData1, int eventData2)
54.    {
55.        switch (event)
56.        {
57.          case EVENT_COMMIT:
58.            CloseCom(g_COM_StateVal);         //关闭串口
59.            g_COM_StateVal = 0;               //串口状态值清零
60.            SetDimInterface (0);              //回到初始界面
61.            SetCtrlVal (panelHandle, PANEL_LED, 0);    //指示串口被打开的状态灯亮
62.            break;
63.        } return 0;
64.    }
65.    int CVICALLBACK OpenCOM (int panel, int control, int event,
66.                        void * callbackData, int eventData1, int eventData2)
67.    {
68.        int i_COM_Val,i_BAUD_Val,i_PARITY_Val,i_DATABITS_Val,i_STOPBITS_Val;
69.        switch (event)
70.        {
71.          case EVENT_COMMIT:
```

```
72.        GetCtrlVal(panelHandle,PANEL_COMSELECT,&i_COM_Val);
73.        //读取所选择的串口号值,一下几个同理
74.        GetCtrlVal(panelHandle,PANEL_BAUD,     &i_BAUD_Val);
75.        GetCtrlVal(panelHandle,PANEL_PARITY,   &i_PARITY_Val);
76.        GetCtrlVal(panelHandle,PANEL_DATABITS, &i_DATABITS_Val);
77.            GetCtrlVal(panelHandle,PANEL_STOPBITS, &i_STOPBITS_Val);
78.    /*按用户设置的值初始化串口并打开串口,最后存储返回值,判断是否已打开成功*/
79.        g_COM_ReturnVal = OpenComConfig(i_COM_Val,"",
80.        i_BAUD_Val,i_PARITY_Val,i_DATABITS_Val,i_STOPBITS_Val,512,512);
81.        if(g_COM_ReturnVal != 0)          //如果串口没配置好,当使用
82.        {                                 //时会弹出如下的信息框
83.            MessagePopup("傻瓜错了","配置失败,请继续!"); return 0;
84.        }
85.        g_COM_StateVal = i_COM_Val;       //存下此时的串口号
86.        SetCTSMode(i_COM_Val,LWRS_HWHANDSHAKE_OFF);//禁止硬件握手
87.        FlushInQ(g_COM_StateVal);         //清空所选串口的输入缓冲区
88.        FlushOutQ(g_COM_StateVal);        //清空所选串口的发送缓冲区
89.        SetDimInterface (1);              //将其所设置的各参数显示到面板上
90.        SetCtrlVal (panelHandle, PANEL_LED, 1);    //指示串口被打开的状态灯亮
91.        break;
92.    } return 0;
93. }
94. int CVICALLBACK SendClear (int panel, int control, int event,
95.                  void * callbackData, int eventData1, int eventData2)
96. {
97.    switch (event)
98.    {
99.        case EVENT_COMMIT:
100.            ResetTextBox(panelHandle,PANEL_SENDBOX,"\0");//清空发送文本框
101.            break;
102.    } return 0;
103. }
104. int CVICALLBACK SendKey (int panel, int control, int event,
105.                  void * callbackData, int eventData1, int eventData2)
106. {
107.    switch (event)
108.    {
109.        case EVENT_COMMIT:
110.            if(!g_COM_StateVal) return -1;//p_COM_StateVal 为 0,说明串口未打开
111.            GetCtrlVal (panelHandle, PANEL_SENDBOX, TrBuffer);
112.        //将待发送的字符串读入到发送缓存中
113.            g_COM_ReturnVal = ComWrt(g_COM_StateVal,TrBuffer,strlen(TrBuffer));
114.        //向串口 p_COM_StateVal 发送数组 TrReBuffer[]中的字符串,并返回字节数!
115.            if(g_COM_ReturnVal != strlen(TrBuffer))
116.                MessagePopup("错误","Send data failed!");
117.        //如果发送出去的与发送框中的字符不相等,则弹出错误对话框
118.            break;
119.    } return 0;
120. }
121. int CVICALLBACK ReceiveClear (int panel, int control, int event,
```

```
122.                    void * callbackData, int eventData1, int eventData2)
123.  {
124.      switch (event)
125.      {
126.          case EVENT_COMMIT:
127.              ResetTextBox(panelHandle,PANEL_RECEIVE,"\0");  //清空接收文本框
128.              break;
129.      } return 0;
130.  }
131.  int CVICALLBACK TimerDateAndTime (int panel, int control, int event,
132.                    void * callbackData, int eventData1, int eventData2)
133.  {
134.      char * Date, * Time;
135.      switch (event)
136.      {
137.          case EVENT_TIMER_TICK:
138.              Date = DateStr();                     //读取系统的日期
139.              Time = TimeStr();                     //读取系统的时间
140.              SetCtrlVal(panelHandle,PANEL_DATE,Date);  //显示日期到文本框
141.              SetCtrlVal(panelHandle,PANEL_TIME,Time);  //显示时间到文本框
142.              break;
143.      } return 0;
144.  }
145.  int CVICALLBACK ReceiveTimer (int panel, int control, int event,
146.                    void * callbackData, int eventData1, int eventData2)
147.  {
148.      char RecBuffer[512];
149.      int iStrLen;
150.      switch (event)
151.      {
152.          case EVENT_TIMER_TICK:
153.              if(g_ControlKeyVal)
154.              {
155.                  if(!g_COM_StateVal) return -1;
156.                  iStrLen = GetInQLen(g_COM_StateVal);
157.                  if(iStrLen != 0)
158.                  {
159.                      g_COM_ReturnVal = ComRd (g_COM_StateVal,RecBuffer,iStrLen);
160.                      //读取在 p_COM_ReturnVal 串口上收到的数据
161.                      RecBuffer[g_COM_ReturnVal] = '\0';
162.                      SetCtrlVal(panelHandle,PANEL_RECEIVE,RecBuffer);
163.                  }
164.              }
165.              break;
166.      } return 0;
167.  }
168.  int CVICALLBACK ControlRecOnAndOff (int panel, int control, int event,
169.                    void * callbackData, int eventData1, int eventData2)
170.  {
171.      switch (event)
```

```
172.        {
173.            case EVENT_COMMIT:
174.                GetCtrlVal(panelHandle,PANEL_BINARYSWITCH,&g_ControlKeyVal);
175.                SetCtrlVal(panelHandle,PANEL_LEDRENO,g_ControlKeyVal);
176.                break;
177.        } return 0;
178.    }
```

实例 48　基于 VS2010 的简易串口助手

实例源码见配套资料。

实例 49　基于 LabVIEW 的简易串口助手

这里没有具体的源码,上面操作步骤中用到各个组件就是 G 语言,即源代码,具体读者可以在配套资料中找到具体的实验例程。

DIY 必备基础——PCB

19.1　PCB 设计流程

一般 PCB 设计的基本流程可以概括为:前期准备→PCB 结构设计→PCB 布局→布线→布线优化和丝印→网络和 DRC 检查和结构检查→制板。

1. 前期准备

这部分包括准备元件库和原理图。"工欲善其事,必先利其器",要做出一块好的板子,除了要设计好原理之外,还需准备好元件库。进行 PCB 设计之前,首先要准备好 SCH(原理图)和 PCB 的元件库。元件库可以用软件自带的,但一般情况下很难找到合适的,最好根据所选器件的标准尺寸资料自己做元件库。原则上先做 PCB 的元件库,再做 SCH 的元件库(当然也可以颠倒过来)。PCB 的元件库要求较高,直接影响板子的安装;SCH 的元件库要求相对比较松,只要注意定义好引脚属性和与 PCB 元件的对应关系就行。之后就是原理图的设计,也很重要,例如 100 kΩ 的限流电阻设计成 1 kΩ 肯定会烧板子。做好后就准备开始 Layout 吧。

2. PCB 结构设计

这一步根据已经确定的电路板尺寸和各项机械定位,在 PCB 设计环境下绘制 PCB 板面,并按定位要求放置所需的接插件、按键/开关、螺丝孔、装配孔等,并充分考虑和确定布线区域和非布线区域(如螺丝孔周围多大范围属于非布线区域)。

3. PCB 布局

布局说白了就是在板子上放置器件。如果前面讲到的准备工作都做好了,就可以在原理图上生成网络表(软件不同,过程不同),之后在 PCB 图上导入网络表(各有差异),就看见器件全堆上去了,各引脚之间还有飞线提示连接。然后就可以对器件布局了,原则如下:

① 按电气性能合理分区。一般分为数字电路区(既怕干扰、又产生干扰)、模拟电路区(怕干扰)、功率驱动区(干扰源);处理方法见 EMC。

② 完成同一功能的电路应尽量靠近放置,并调整各元器件,以保证连线最为简

洁;同时,调整各功能块间的相对位置使功能块间的连线最便捷。

③ I/O 驱动器件尽量靠近 PCB 的板边引出接插件。

④ 时钟产生器(如晶振或钟振)要尽量靠近用到该时钟的器件。

⑤ 在每个集成电路的电源输入脚和地之间,需加一个去耦电容(一般采用高频性能好的独石电容)。电路板空间较密时,也可在几个集成电路周围加一个钽电容。

⑥ 继电器线圈处要加放电二极管(如 1N4148)。

⑦ 布局要求要均衡,疏密有序,不能头重脚轻或一头沉。需要特别注意,在放置元器件时,一定要考虑元器件的实际尺寸大小(所占面积和高度)、元器件之间的相对位置,以保证电路板的电气性能和生产安装的可行性和便利性,同时应该在保证上面原则能够体现的前提下适当修改器件的摆放,使之整齐美观,如同样的器件要摆放整齐、方向一致。这个步骤关系到板子整体形象和下一步布线的难易程度,所以这点要花大力气去考虑。布局时,对不太肯定的地方可以先初步布线,充分考虑后再决定摆放位置。有些还需在布线过程中微调,以便能更顺利地布线。

4. 布 线

布线是整个 PCB 设计中最重要的工序,直接影响着 PCB 板的性能好坏。在 PCB 的设计过程中,布线一般有 3 种境界的划分:首先是布通,这是 PCB 设计时最基本的要求。如果线路都没布通,到处是飞线,那将是一块不合格的板子,可以说还没入门。其次是电气性能的满足。这是衡量一块印刷电路板是否合格的标准。这是在布通之后,认真调整布线,使其能达到最佳的电气性能。接着是美观。假如你的布线布通了,也没有什么影响电气性能的地方,但是一眼看过去杂乱无章的,那就算电气性能再好,在别人眼里还是垃圾一块,这会给调试和维修带来极大的不便。布线要整齐划一,不能纵横交错。

① 一般情况下,在条件允许的范围内,尽量加宽电源、地线宽度,最好是地线比电源线宽,关系是地线>电源线>信号线,通常信号线宽 0.2～0.3 mm,最细宽度也可达 0.05～0.07 mm,电源线一般为 0.5～2.5 mm。对数字电路的 PCB 可用宽的地导线组成一个回路,即构成一个地网络来使用(模拟电路的地则不能这样使用)。

② 预先对要求比较严格的线(如高频线)进行布线,输入端与输出端的布线应避免相邻平行以免产生反射干扰,必要时应加地线隔离,两相邻层的布线要互相垂直,平行容易产生寄生耦合。

③ 振荡器外壳接地,时钟线要尽量短。时钟振荡电路下面、特殊高速逻辑电路部分要加大面积的地线,而不应该走其他信号线,以使周围电场趋近于零。

④ 尽可能采用 45°的折线布线,不可使用 90°折线,以减小高频信号的辐射(要求高的线还用弧线)。

⑤ 任何信号线都不要形成环路,如不可避免,环路应尽量小。信号线的过孔要尽量少,一条线尽量不要超过两个过孔。

⑥ 关键的线尽量短而粗,并在两边加上保护地。

⑦ 通过扁平电缆传送敏感、噪声信号时,要用"地线-信号-地线"的方式引出。

⑧ 关键信号应预留测试点,以方便调试和维修检测用。

⑨ 布线完成后,应对布线进行优化,同时,经初步网络检查和 DRC 检查无误后,对未布线区域进行地线填充,用大面积铜层用作地线,在印制板上把没被用上的地方都与地相连接作为地线,或是做成多层板,电源,地线各占用一层。

5. 布线优化和丝印

一般设计的经验是:优化布线的时间是初次布线的时间的两倍。感觉没什么地方需要修改之后,就可以铺铜了(软件不同,过程不同)。铺铜一般铺地线(注意模拟地和数字地的分离),多层板时还可能需要铺电源。对于丝印,要注意不能被器件挡住或被过孔、焊盘给挖空。同时,设计时正视元件面,底层的字符应做镜像处理。

6. 网络和 DRC 检查和结构检查

首先,在确定电路原理图设计无误的前提下,将生成的 PCB 网络文件与原理图网络文件进行物理连接关系的网络检查,并根据输出文件结果及时对设计进行修正,以保证布线连接关系的正确性。网络检查正确通过后,对 PCB 设计进行 DRC 检查,并根据输出文件结果及时对设计进行修正,以保证 PCB 布线的电气性能。最后需进一步对 PCB 的机械安装结构进行检查和确认。

7. 制　板

在此之前,最好还要有一个审核的过程。一般公司都有按自己产品拟定的一个PCB 检查表,读者可以看着这个表格一项一项去检查,自己确认后将表格和 PCB 都交项目组长检查,最后交由公司负责 PCB 部分的 Layout 工程师来做最后的检测,这样板子才可以发出制板。PCB 设计是一个很考验心思的工作,设计时要极其细心,充分考虑各方面的因素(比如说便于调试、维修,这一项很多人就不去考虑),精益求精,就一定能设计出一块好板子。

19.2　PCB 问答

上面简述了 PCB 设计的流程,这里就以问答的形式讲述 PCB 的点点滴滴。

问:电子元器件是栽种在什么上,又是靠何物来连接?

答:PCB＋导线!!

问:什么叫做 PCB?

答:PCB(Printed Circuit Board)中文为印制电路板,又称印刷线路板。

问:那什么是印刷电路板?

答:它也是电子部件,是电子元件的支撑体,是电子元器件电气连接的提供者。

该产品的主要功能是使各种电子零组件形成预定电路的连接,起中继传输的作用,是电子产品的关键电子互连件,有"电子产品之母"之称。由于它是采用电子印刷术制作的,故被称为"印刷"电路板。

问:那它的主要成分又是什么,该从哪些方面考虑 PCB 的基板选型呢?

答:板子本身的基板是由绝缘隔热、并不易弯曲的材质制作而成。如何选择,首先要满足自己所设计产品的性能要求,其次要考虑成本,中国电子产品的研发竞争,归根到底是价格战。再次就是加工效率、质量等方面来综合考虑,但选择的时候要兼顾各个方面,以达到最优的配置。主要从以下几个方面做综合考虑:

① PCB 基板的选择。PCB 的板材有 FR – 5(高 Tg -玻璃化温度)、FR – 4、CEM – 1、FR1 – 1/94V0、FR – 1/94HB,出于价格的考虑,双面板一般用 FR – 4,单面板用 FR – 1/94HB。

② PCB 厚度的要求。厚度是指其标称厚度,即绝缘层＋铜箔厚度,一般有 0.5 mm、0.7 mm、0.8 mm、1.0 mm、1.5 mm、1.6 mm、2 mm、2.4 mm、3.2 mm、4.0 mm、6.4 mm。常用的有 1.0 mm、1.2 mm、1.6 mm,板材越厚价格越高。

③ 铜箔厚度和选择。PCB 铜箔厚度指成品铜箔厚度,图纸上应该明确标注为成品厚度(Finished Conductor Thickness)。厚度一般有 2 OZ/Ft2(70 μm)、1 OZ/Ft2(35 μm)、0.5 OZ/Ft2(18 μm)铜箔的厚度,选型主要从价格、线宽/线距等方面考虑,铜厚与线宽/线距具体匹配关系,读者自行查阅,一般选择 1 OZ。

④ 焊盘表面处理的选择。焊盘和露铜面的表面处理是为了防止铜箔氧化,选用时应从成本、耐热性以及吃锡是否良好等因素考虑。一般采用喷锡铅合金工艺,喷锡分为有铅喷锡和无铅喷锡。喷锡后的 PCB 焊接性能较好,缺点是无铅喷锡的生产成本较高。

有机涂覆工艺(Organic Solderability Preservative 简称 OSP)缺点是可焊保存时间一般仅为 3 个月,重新加工性能差,发粘和不耐焊等。

除以上两种,对细间距的可以考虑化学(无电)镍金,对于频繁插拔、耐磨的地方考虑镀硬金,对于要求不高的,可以考虑用松香水处理。

⑤ 助焊颜色的选择。助焊剂一般常用的颜色有绿色、蓝色、红色、黄色、黑色。具体颜色的选择依个人爱好,但默认为绿色,除绿色以外的颜色,有些厂家会加费用,有些不加费用,但切忌选择颜色太深,比如黑色,会导致看不清线路,不好调试和维修。

⑥ 丝印的要求。丝印常用颜色为白色和黑色。颜色选择总的要求是和周围对比度高,易于识别,所以一般选择白色。而对于单面板 FR – 1 或者 CEM – 1 板材,由于板材颜色较浅,在无铜箔的一面放置丝印时,一般选用黑色丝印。

问:假如掌握了些基本概念,又该怎么画 PCB,或者说布局布线时该注意些什么?

答:首先对绘制 PCB 的软件要熟练。布线之前必须得有好的布局。说到布局,首先必须得满足结构。这个结构以后做产品时要求肯定是特别严格,事先必须和结构工程师商量好,之后设计板子时必须按结构走。但是对于初学者,刚开始画板,对于结构要求不怎么严格,只要元器件不冲突,看上去美观,连线较近就可以,之后慢慢提高。

① 为了优化工艺流程,在价格差别不大的情况下,尽可能选用表面贴装元器件。

② 尽可能有规则、均匀地分布排列。在一个平面上的有极性元器件的正极、集成电路的缺口等统一方向放置,应尽量满足在 X、Y 方向上保持一致,如钽电容、电解电容。

③ 器件如果需要点胶,需要在点胶处留出至少 3 mm 的空间。

④ 拼板连接处,元件到拼板分离边要大于 1 mm(40 mil)以上,以免分板时损伤元器件。

⑤ 需要安装散热器的 SMD 应注意散热器的安装位置,布局时要求有足够大的空间,确保不与其他器件相碰,确保 0.5 mm 的距离满足安装空间要求。

⑥ 热敏器件(如电解电容、晶振、热敏电阻等)应尽量远离高热器件。

⑦ 元器件之间的距离要满足操作空间的要求,如插拔卡以及插拔排线等。

⑧ 不同属性的金属器件或金属壳体的器件不能相碰,确保最小 1.0 mm 的距离满足安装要求。

⑨ 需要两面贴片的 PCB,要注意两面均衡,避免为了加工背面极少元器件而多增加一倍的工艺。

⑩ 一般不允许两面插件,因为通常一边只能手工焊接,严重影响效率和质量。

⑪ 布局不允许器件相碰、叠放,以满足器件安装空间要求。

⑫ 金属壳体的元器件特别注意不要与别的元器件或印制导线相碰,要留有足够的空间,以免造成短路。

⑬ 较重的元器件应该布放在靠近 PCB 支撑点或边缘的位置,以减少 PCB 的翘曲。

⑭ 由于目前插装元器件的封装不是很标准,各元件厂家产品差别较大,设计时一定要留有足够的空间位置,以适应多家供货的情况。

layout(布线)基本规则:

① CLK(没时钟,处理器就不工作或者乱工作):

➤ CLK 部分不可过其他线,via 不超过两个。

➤ 不可跨切割,零件两 pad 间不能穿线。

➤ Crystal 正面不可过线,反面尽量不过线。

➤ CLK 与高速信号线(1394、USB 等)间距要大于 50 mil.

② VGA(Video Graphics Array):

➤ RED、GREEN、BLUE 必须绕在一起,视情况包 GND,R、G、B 不要跨切割。

➤ HSYNC、VSYNC 必须绕在一起,视情况包 GND。

③ LAN((Local Area Network)：

➤ 同一组线，必须绕在一起。

➤ Net：RX、TX 必须 differential pair 绕线。

④ USB(Universal Serial Bus)：

➤ Differential pair 绕线，同层，平行，不要跨切割。

➤ 同一组线，必须绕在一起。

⑤ DDR(Double Data Rate)：

➤ 阻尼电阻和终端电阻(排阻)NET：MD&MA&DQS&DQM 不能共享。

➤ 同组同层走线，采用四倍间距绕线。

⑥ POWER：

一般用 30∶5 走线，线宽 40 mil 以上时间距不小于 10 mil，VIA 为 VIA40 (40 mil)或打 2 个 VIA24(24 mil)。

⑦ OTHER：

➤ 所有 I/O 线不可跨层。

➤ COM1、COM2、PRINT(LPT)、GAME 同组走在一起。

➤ COM1、COM2 先经过电容，再拉线出去。

⑧ 加测试点：

➤ 测试以 100% 为目标，至少要加到 98% 以上。

➤ Pin to pin 间距最好为 75 mil，最低不小于 50 mil。

➤ 测试点 Pad 最小为 27 mil，尽量使用 35 mil。

➤ 单面测试点距同层零件外框的间距大于 50 mil。

➤ CPU 插座包括 ZERO 拉杆，内部不可以放置 Top Side Test Point。

➤ clk 前端不用加测试点，后端可将 via 换成 test_via.（须客户认同）。

➤ 不可影响 Differential Pairs 绕线。

⑨ 修改 DRC：

➤ 完成 DRC 检查，内层检查，未连接 PIN 也得检查。

➤ 所有 net 不可短路，不可有多余的线段。

⑩ 覆铜箔。需要敷铜箔的零件，net 应正确敷铜箔。

⑪ 摆放文字面：

➤ 文字面由左而右、由上而下标示，方向一致。

➤ 零件标识距离零件越近越好。

➤ 正确摆放零件脚位，极性标识。

补充：其实在 PCB 的绘制中，有个重要的知识点，那就是单位换算。

1 mm＝39.37 mil 1 mil＝0.025 4 mm(100 mil＝2.54 mm)1 inch＝1 000 mil

1OZ＝28.35 克/平方英尺＝35 μm

问：绘制 PCB 的软件较多，那我该用那个了，或者说哪个软件更给力？

答:画 PCB 的软件确实很多:

① 国内用的比较多的是 protel、protel99se、protelDXP、Altium Designer 当前最新版本是 Altium Designer 2013,这些都是一个公司不断发展、不断升级的软件。该公司的软件使用比较简单,设计比较随意,但是做复杂的 PCB 就力不从心了。该软件除了绘制 PCB 还集成一些语言编译(例如 C 语言、Verilog HDL 等)功能,还具有浏览器功能,除此之外,还包括模拟/数字仿真、验证与 FPGA 嵌入式系统实施。

② Cadende spb,这是 Cadence 的软件,当前版本是 cadence SPB16.3,其中的 orCAD 原理图设计是国际标准,其中 PCB 设计、仿真很全,用起来比 Protel 复杂,主要是要求、设置复杂,就是因为为设计做好了规定,所以设计起来就会事半功倍,比 protel 明显强大。

③ PADS 软件是 MentorGraphics 公司的电路原理图和 PCB 设计工具软件,当前最新的版本是 PADS9.5,前身是 powerpcb。PADS 软件具有高效率的布局、布线功能,是解决复杂高速高密集度互连问题的理想平台。该软件和 cadense 一样,比 protel 难上手,但其强大的布线功能会加快开发进程。

④ EAGLE(Easily Applicable Graphical Layout Editor)是德国 Cadsoft Computer 公司开发的,在欧洲占有很大市场比例。该软件的优点是价格低、界面丰富、人性化、易于学习和使用,并且具有强大的原理图和 PCB 设计功能,并有很多高级功能。

如何选择一款软件就依个人爱好和习惯了。

问:能不能总结一下 PCB 封装元件的过孔的大小、贴片元件引进长度、线宽等具体的数值,以便以后画板用?

答:

➤ 孔径=元件直径 + 0.2~0.5 mm;

➤ 焊盘外径=内径(孔径)+ 0.5~0.8 mm;

➤ 焊盘长度=引脚 + 0.5~1.0 mm;

➤ 线宽:理论上,如果在板子允许的情况下,线越宽越好。可太宽了不好布线,同时也是一种浪费,因此一般以电流来决定最小线宽,两者的对应关系如表 19－1 所列。即:

$$电流(A)=0.15×线宽(mm)$$

说明:

① 信号线。信号线以自己设计板子的空间来定,对于有些 BGA 封装的 IC,有时候都走 4 mil;若空间宽松,那就尽量走宽一点,推荐一般不要小于 6 mil。布线密度较高时,可考虑(但不建议)采用 IC 脚间走两根线,线的宽度为 0.254 mm (10 mil),线间距不小于 0.254 mm(10 mil)。特殊情况下,当器件引脚较密,宽度较窄时,可适当减小线宽和线间距。

② 电源线。一定按表 19－1,并留 20% 以上的余量,这样才能保证系统的稳定,

推荐走 0.5 mm(20 mil)以上。

表 19 - 1　PCB 设计铜铂厚度、线宽和电流关系对照表

铜厚(35 μm)		铜厚(50 μm)		铜厚(70 μm)	
电流/A	线宽/mm	电流/A	线宽/mm	电流/A	线宽/mm
4.5	2.5	5.1	2.5	6	2.5
4	2	4.3	2	5.1	2
3.2	1.5	3.5	1.5	4.2	1.5
2.7	1.2	3	1.2	3.6	1.2
2.3	1	2.6	1	3.2	1
2	0.8	2.4	0.8	2.8	0.8
1.6	0.6	1.9	0.6	2.3	0.6
1.35	0.5	1.7	0.5	2	0.5
1.1	0.4	1.35	0.4	1.7	0.4
0.8	0.3	1.1	0.3	1.3	0.3
0.55	0.2	0.7	0.2	0.9	0.2
0.2	0.15	0.5	0.15	0.7	0.15

③ 地线。地线肯定是越宽越好,所以在 PCB 设计初期,地线先不走,最后直接以地网络(NET)覆铜就行。这里以双面板为例,对地线的处理做个简单总结。我们都知道,一般将所有的器件(贴片、插件)放置在顶层,线也主要走在顶层,万不得已才在底层走线,这样,底层线段会"割破"板子完整的地。为给板子提供一个完整的地,最后在合适的地方增加适当的地孔,确保板子阻抗匹配,并为信号提供最短的回流路径。

④ 过孔:一般看工厂的加工工艺水平,普通工厂双面板最好是 0.4 mm/0.7 mm 以上;四层板 0.3mm/0.6mm 以上为好。对于 1.6 mm 的板厚来说,过孔最小为 0.3 mm(12 mil)。当布线密度较高时,过孔尺寸可适当减小,但不宜过小。说明:

➤ 信号过孔(过孔结构要求对信号影响最小);

➤ 电源、地过孔(过孔结构要求过孔的分布电感最小);

➤ 散热过孔(过孔结构要求过孔的热阻最小)。

至于过孔的通流量,我们可以粗劣计算一下。一般厂家的孔壁铜厚厚为 17 μm(0.5 盎司),这样孔周长 L=3.14×孔径,再乘以 2,就可以粗劣套用 35 μm 时的通流表,具体见表 19-1。但对于电源线来说,解决的方法不是无限增加孔径,而是多加几个过孔来增加通流量,上面已经提到用一个 VIA40 或者两个 VIA24。

⑤ 焊盘、线、过孔、板边的间距要求(正常情况下,较密集时可适当小):

> PAD and VIA≥0.3 mm(12 mil)；
> PAD and PAD≥0.3 mm(12 mil)；
> PAD and TRACK≥0.3 mm(12 mil)；
> TRACK and TRACK≥0.3 mm(12 mil)；
> PAD、VIA、TRACK and BOARD EDGE≥0.5 mm(20 mil)。

19.3　PCB 软件的使用

19.3.1　Altium Designer 2013

1. 新建工程

软件其实都类似，都是先建工程，后新建文件，再将文件添加进入工程中。AD13也不例外。双击打开软件，如图 19-1 所示。

图 19-1　AD13 的启动界面图

选择 File→New→Project→PCB Project 菜单项，接着选择 Schematic 菜单项，之后再选择 File→New→PCB 菜单项，接下来肯定得保存该工程和这两个文件了。

紧接着再新建两个库（PCB 库和 SCH 库）：选择 File→New→Library→Schematic Library 菜单项，再选择 File→New→Library→PCB Library 菜单项，并将其存盘。这时整个工程界面如图 19-2 所示。

2. 新建封装库

库分两种，SCH Lib 和 PCB Lib，这里以 DS1302（一款时钟芯片）为例来讲述其建库的过程。名称就以笔者的库为例。

(1) SCH Lib 的建立过程

单击图 19-2 的"兰嵌科技.SchLib"（左边工程框和右上角的选项卡都可以），选择 Tools→New Component 菜单项，输入元件名 DS1302，再单击 OK 按钮。

选择 Place→Rectangle 菜单项，接着绘制一个矩形（大小等放好引脚之后再修改）。接下来是放置引脚，选择 Place→Pin 菜单项，这里需要改引脚的属性，一般有

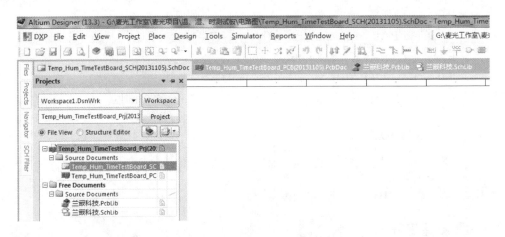

图 19-2　建立好工程之后的界面图

两种，一种是鼠标上附着引脚时按一下键盘上的 Tab 键打开其属性对话框；另一种是放置好之后直接双击打开。关于引脚的放置，注意：

　　① 引脚的放置是有顺序的，一定要将粘附在鼠标的这头（有个 x）放置在原理矩形框的另一端，只有这端才能连线。

　　② 引脚的序号一定要正确（推荐直接从 1 开始到 x，PCB 中也是一样）。

　　建议：引脚按数据手册给的引脚顺序放置（可以随便，但新手不推荐这么做）。

　　要转方向，只需按键盘的空格键，设置低电平有效（如图 19-3 的 5 引脚）引脚时，在待输入的每个字母前加"\"（反斜杠），例如\R\S\T。

图 19-3　SCH 封装图

　　(2) PCB Lib 的建立过程

　　单击图 19-2 的"兰嵌科技.PcbLib"（左边工程框和右上角的选项卡都可以），选择 Tools→New Blank Component 菜单项，这样会在左边 Components 列表中新增一个 PCBComponent_1 元件。封装的建立这里介绍两种，一种是直接手工添加焊盘法（主要用于插件的封装）；另一种是借助软件的向导来绘制封装（只能用于贴片的元件）。强烈推荐用向导，因为这种方式既快捷又方便。接下来分两小步来介绍这两种方法。

　　① 直接放置焊盘法。接着上面的操作，双击 PCBComponent_1，则打开一个属性框，Name 里输入"DIP2.54P6.1X3.05-8N"，Height 里输入 3.05 mm，Description 先不填（也可以随便填）。最后单击 OK 按钮。

　　设置栅格为 100 mil，选择 Place→Pad 菜单项，这时按键盘上的 TAB 键打开其属性对话框，在 Properties 下的 Designator 里输入"1"（这里的序号一定要与上面的 SCH 中的序号一一对应），其他选择默认，读者也可以自行修改其参数。之后逆时针按图 19-4 放置 8 个焊盘，其中 1、2 距离为 100 mil，1、8 为 300 mil（具体请看数据手册）。

最后画顶层丝印，以便表示元件和第一引脚，一定画在 Top Overlay 层（底层的情况先不考虑）。

② 向导法。同样先建立一个元件，之后选择 Tools→IPC Compliant Footprint Wizard 菜单项，再单击 Next，元件的类型选择 SOP/TSOP，之后单击 Next 进入封装尺寸对话框，这里的数值填写就是封装的引脚了。读者一定要对照数据手册认真填写，因为这里的数值对错直接影响到封装的正确与否。之后，一直单击 Next，这时一个美丽的"小天使"就会出现在界面中，如图 19-5 所示。特别提醒一点，这里元件的参考点（Reference）一定要设置好，否则会给以后的绘制、生产带来诸多的麻烦。

界面操作快捷键：

➤ 放大：(1)CTRL＋鼠标滚轮向前滚；(2)压住滚轮，向前推鼠标；(3)PGUP 键；

➤ 缩小：(1)CTRL＋鼠标滚轮向后滚；(2)压住滚轮，向后拉鼠标；(3)PGDN 键；

➤ 左移：SHIFT＋鼠标滚轮向后滚；

➤ 右移：SHIFT＋鼠标滚轮向前滚；

➤ 栅格设置：先按"G"，再选择；

➤ 长度测量：CTRL＋M；

➤ 公制和英制的切换：Q。

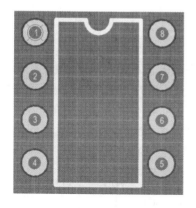

图 19-4　PCB 封装图(DIP8)

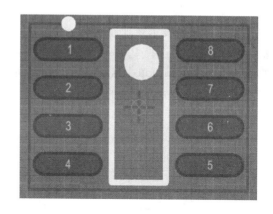

图 19-5　PCB 封装图(SOP8)

(3) 关联 SCH Lib 和 PCB Lib 封装

单击图 19-2 的"兰嵌科技.SchLib"回到 SCH Lib 的建立页面，单击左下角的 Add Footprint 进入 PCB Model 选择框，单击 Browse 来选择存放库的放置，找到上面新建的 PCB 封装(SOP8，若用插件就选择 DIP8)，之后连续两次单击 OK 按钮，最后存盘。

3. 原理图绘制

回到 xx.SchDoc 界面（xx 为读者所存的原理图名称）开始原理图的设计，步骤如下：

① 放置元件，即从库中调用元件，设计一张完整的原理图。单击右边界上侧的 Libraries，在自己建立的库中找到各所需的元件，之后单击上侧的 PlacePCF8563 或者直接双击，这时元件会附着在鼠标上，移动鼠标到想放置元件的位置并单击鼠标放置元件。同样的方法添加别的元件，最后整个元件放置完毕之后的界面如图 19 - 6 所示。

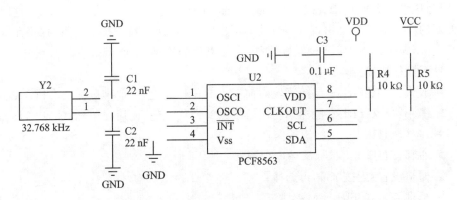

图 19 - 6　放置好元件(未连线)的原理图界面

② 连线。连线有两种方式：直连法、标号法(总线等这里就不做介绍了)。注意，电路里标号相同表示物理连接。

ⓐ 直连法。选择 Place→Wire 菜单项，在元件 Y2 的 2 引脚端点处单击，移动鼠标到 U2 的 1 引脚再单击鼠标，这样就会将它们连接起来。其他的同理。

ⓑ 标号法。先在 U2 的 3 引脚画一段导线，再在 R5 的下端画一段，之后选择 Place→Net Label 菜单项，这时鼠标上附着一个标号(可能不是读者想要的，需要改动)，按 TAB 键进入网络标号属性对话框，在 Net 处输入"INT♯"，之后放置到刚画的两条线段上就可以了，连完整个线路之后的原理图如图 19 - 7 所示。

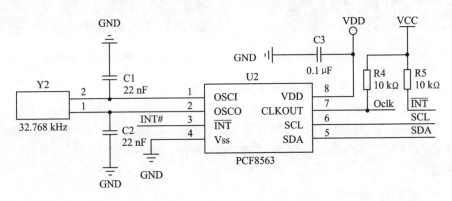

图 19 - 7　连线之后的原理图界面

4. 更新 SCH 到 PCB

该过程的目的就是将 SCH 网络更新(即发送)到 PCB 中。具体操作:在 xx. SchDoc 界面中选择 Design→Update PCB Document xx. SchDoc 菜单项,则弹出 Engineering Change Order 对话框,检查一下,若没错误,则直接单击 Execute Changes 按钮,稍等片刻,软件会由 xx. SchDoc 界面切换到 xx. PcbDoc 界面,此时界面如图 19 - 8 所示(这里只截了部分图)。其中这块红色(见软件)区域就 room,直接选中删掉;白色连线为飞线,帮助读者走线。

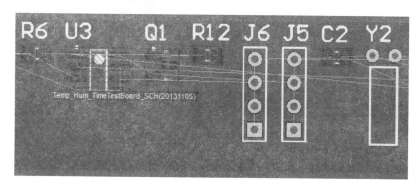

图 19 - 8　未布局的元件图

5. 布局、定结构

布局就是将元件放好,具体放置方法:先选中元件,之后移动元件到黑色区域(即画板区),若想转向,按下键盘的空格键即可。

由于读者现在只是在练习,还牵扯不到结构,这里就不讲述了。读者要做的是先将元件排列整齐,之后给板子画个边框就行。画板框的具体操作:先选择 Keep Out Layer(禁止布线层)(在软件最下方的选项卡里选择),之后选择 Place→Line 菜单项,接下来就是画框。最后元件布局和板框画好之后的界面如图 19 - 9 所示。注意,这里已经将丝印摆放好了,读者可以等到布线完毕之后再摆放。

6. 设定规则

软件自己有默认的规则设置,例如各个对象直接的间距为 10 mil、走线宽度为 10 mil 等,那如何将各个规则设置到前面讲述的数值了,例如将 VCC 改成 24 mil、各个对象之间的距离改成 12 mil,方法其实很简单,具体操作如下:

选择 Design→Rules 菜单项(或直接右击,在弹出的级联菜单中选择 Design→Rules,也可以直接按键盘的 D→R),打开规则设置对话框,如图 19 - 10 所示。

① 间距的设置。单击左边选择框中 Electrical 前的"+",再单击 Clearance,将下面 Different Nets Only 处的 0.254(10 mil)mm 改成 0.3 mm。

② 线宽的设置。同理,单击 Routing 前的"+",接着再单击 Width 前的"+",之

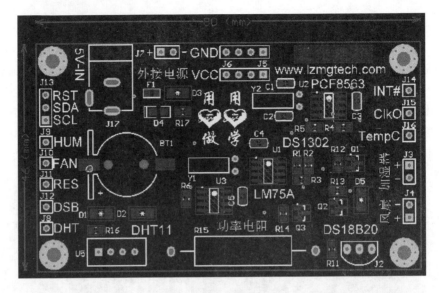

图 19 - 9　放置好元件和画好板框之后的界面图

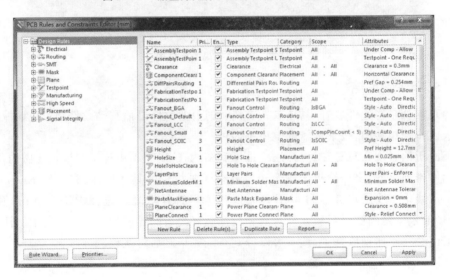

图 19 - 10　AD13 的规则设置对话框

后选择中下层的 Width,这时的线宽规则对所有的线都有效,这里将下面 Preferred Width 处改为 0.3 mm(12 mil),再将 Max Width 改成 1 mm。

　　以上的修改方法对所有的都有效,若只想将 VCC 修改为 24 mil,其他都不变,操作方法是右击下层的 Width,选择 New Rule,这时会多出一个 Width_1,单击选中之后选择右侧 Net 复选框,这时再选择 All 后面的下拉菜单,浏览选择 VCC,同样,设置下面的 Preferred Width 和 Max Width 分别为 24 mil、40 mil。如果想设置别的,例如 GND 等,可以用同样的方法。最后单击 OK 按钮。

7. 布　线

布线分两种:自动布线和手动布线。自动布线就是先设置好布线规则,再让软件来自动布线,不建议初学者用自动布线。PCB 设计靠的是方法和经验,这就需要大量画板,不懂时向老工程师学习方法,再练习,这样才能积累经验。

① 自动布线。这里讲述自动布线是为了与后面手动布线对比。AD13 提供了好几种自动布线的方式,这里以"全部"布线为例讲解。方法:选择 Auto Route→All 菜单项打开自动布线对话框,这里还可以设置是以时间换空间还是以空间换时间(指的是过孔和速度的关系),对于初学者,直接单击 Route All 按钮开始自动布线,则可以看到一个 Messages 框,实时显示当前的布线状态。

② 手动布线。选择 Place→Interactive Routing 菜单项(或直接 P→T),之后鼠标上会有一个十字,这时就可以布线了。可事实上一点都不简单。初学者提一下几点,须多加注意:

ⓐ 走线一定要短。

ⓑ 这点单层板除外。能在顶层走的,一定不要底层走。实在过不去了,才走底层,但一定要短。这是为了保证完整的地,防止把地割得淋漓破碎。

ⓒ 两层垂直走。意思是顶层走列线,那么底层就走行线;顶层走行线,底层就走列线。这样一为了好走线,二为了防止信号干扰。

ⓓ 不要有直角,更别有锐角了。若真的遇到直角了,一定要贴铜,贴出两个 135°来。

最后,还可用软件的自动规则检查器来检测自己绘制的板子是否有问题,有了则按提示改正,没有就进行后续操作,例如加泪滴、覆铜等。

19.3.2　PADS9.5

PADS9.5 前面已经有了简单介绍,这里就再不重复了。接下来看看它大概的用法,该软件比 AD13 复杂得多。PADS9.5 有很多子软件,例如 PADS Logic、PADS Layout、PADS Router 等,都是以功能来划分的,如用 Logic(还可以用 DxDesigner)来设计原理图,用 Layout 来布局、布线等,当然还有专门的布线器 Router。本书就介绍两个子软件:Logic 和 Layout。

1. 新建元件封装

两个软件一起讲,双击桌面快捷图标,打开 PADS Logic、PADS Layout,Logic 的界面如图 19-11 所示,Layout 的界面基本类似。

先来理清 3 个概念:CAE(原理图符号)、DECAL(PCB 封装)、PART(元件,就是将 CAE 和 DECAL 映射起来)和 4 个库(暂且):器件封装库(Decals)、元件类型(Part Type)、逻辑封装库(CAE)、图形库(Lines)。它们的对应关系是 CAE 用来设计原理图,Decals 在绘制 PCB 的时候用,一个 CAE 可以对应好多种 Decals,例如一

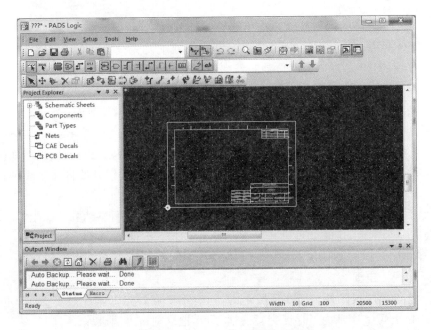

图 19-11　PADS Logic 的操作界面图

个元器件的 CAE,可以有插件和贴片两种 Decals。

接着开始新建元件封装,这里就将元件存放于软件自带的库中,当然也可以自己新建库。

(1) 新建 CAE

这里还是以 DS1302 为例。回到 Logic 软件页面下,选择 Tools→Part Editor 菜单项进入 CAE 编辑界面,再选择 Edit→CAE Decal Editor 菜单项,则弹出一个信息对话框,直接单击"确定"按钮进入图形编辑界面。再单击工具栏的 (Decal Editing Toolbar),接着选择刚弹出工具栏的 ◈(CAE Decal Wizard),之后就会弹出一个向导对话框,并在如图 19-12 所示的对话框中填入数值,最后单击 OK 按钮。

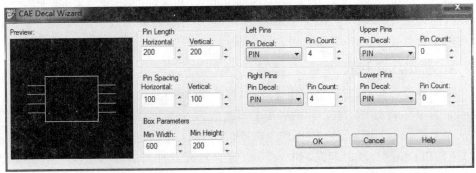

图 19-12　新建 CAE 向导框

这时可以双击修改每个引脚的属性,如序号、名称。也可以选择如图 19-13 所示的各个工具来修改其属性、具体含义,读者可以将鼠标放到各个工具图标上,之后就是见名知意了。修改完之后的界面如图 19-14 所示。

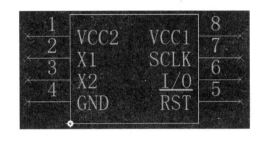

图 19-13　工具栏图标

之后选择 File→Return to Part 菜单项,弹出信息框时直接单击"是",这时又回到元件编辑界面了,接着按 CTRL＋S 保存这个 CAE,于是弹出一个"另存为"对话框,这里需要选择存放在哪个库中,还要输入元件和 CAE 的名字,读者可以选择默认库(usr),元件名称输入 DS1302,CAE 的名称也输入 DS1302,之后单击 OK,这样就建好了一个 CAE,但还是个半成品,因为没有 Decals。

图 19-14　DS1302 的 CAE 图

(2) 新建 PCB Decal

最小化 PADS Logic 软件回到 PADS Layout 软件界面下,选择 Tools→PCB Decal Editor 菜单项,进入 Decal 编辑界面。这里直接选择 View→Toolbars→Decal Editor Drafting Toolbar 菜单项(或直接单击🔩按钮)打开 Drafting 工具栏,接着选择刚弹出工具栏的🔩(Decal Wizard),之后就会弹出一个向导对话框,界面如图 19-15 所示。

1) DIP 的新建方法

接下来就以图 19-15 所标序号来讲解其新建步骤。注意这里以英制(mil)为单位,当然也可以选择公制(mm)。单位和数值一定要统一。

① 器件的类型(Device Type)选择 Through hole;② 器件高度(Height)文本框输入 280;③ 引脚个数(Pin)文本框输入 8;④ 焊盘直径(Diameter)和孔径(Drill)已经默认分别为 60、35 即可;⑤ 焊盘列间距(Pin Pitch)默认为 100 即可;⑥ 焊盘行间距(Row)文本框改为 300;⑦ 1 引脚焊盘形状(Pin 1 shape)和其余引脚焊盘形状分别选择为 Square 和 Circle,根据读者习惯选择。其他选型都选择默认,之后单击 OK 按钮,这样如图 19-16 所示的一个漂亮封装就会出现在界面中了。读者这里可以选中粉色(见软件)的这个矩形框将其删掉。最后按 CTRL＋S 保存,在弹出的"另存为"选择框中选择要存盘的位置(即选择一个库),这里选择默认的 usr,之后名称文本框输入 DIP254P260X180-8N,最后单击 OK,这时会弹出一个是否创建新元件提示框,选择"否"。

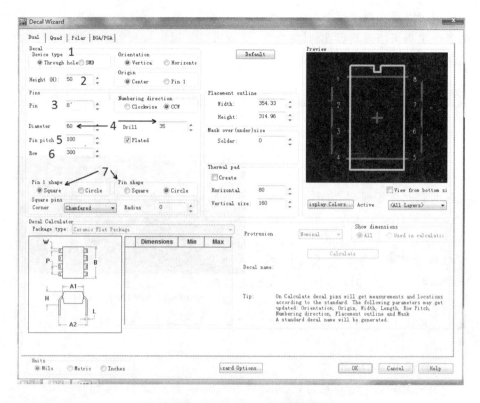

图 19 - 15　Decal Wizard 对话框(DIP)

以上所有数值都需参考数据手册,不要乱填,之后就是读者按此方法多练习。

2) SMD 的新建方法

建立方法与 DIP 的建立大同小异,注意,这里又是以公制(mm)为单位来讲述(单位的设置在该对话框左下角处)。

接着看看如何设置这些数值,其实与上面 DIP 的建立几乎类似,如图 19 - 17 所示。① 器件类型(Device Type)选择 SMD;② 器件高度(Height)文本框输入 1.75;③ 引脚个数(Pin)文本框输入 8;④ 焊盘宽度(Width)文本框输入 0.53,长度(Length)文本框输入 1.7(这里须记住一个经验公式:焊盘长度一般为数据手册给出的长度+0.5~0.8,为了上锡用);⑤ 焊盘间距(Pin Pitch)文本框输入 1.27;⑥ 行间距设置:首先 Row Pitch 下拉列表框中选择 Inner Edge to Edge,接着在数值(Value)文本

图 19 - 16　DS1302 的 DIP 图

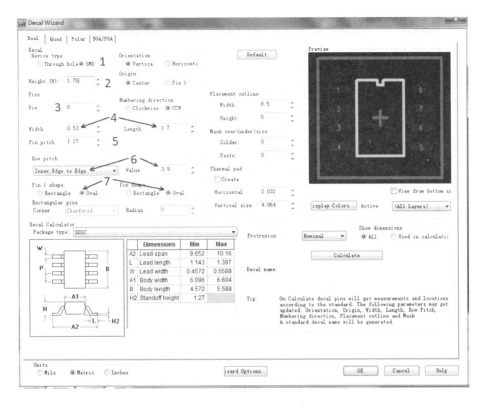

图 19 - 17　Decal Wizard 对话框(SMD)

框输入 3.9;⑦ 1 引脚焊盘形状
(Pin 1 shape)和其余引脚焊盘形
状分别选择为 Square 和 Circle。
其他选择默认,最后单击 OK 按
钮,则弹出界面如图 19 - 18 所
示。最后保存,元件名称文本框
输入 SOP127P150X69 - 8N,库
还是选择 usr,最后单击 OK
按钮。

(3) 关联 CAE 和 Decal

关联这两者,也就是建立完

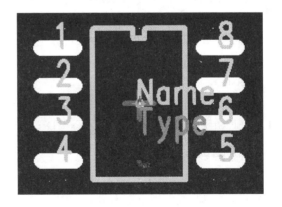

图 19 - 18　DS1302 的 SMD 图

整元件的过程。具体操作是回到 Logic 软件页面下,还记得新建完 CAE 之后预留的
问题吗? 保存完 CAE 之后软件提示没有封装,现在就是给其添加 Decal。选择 Edit
→Part Type Editor 菜单项,或直接单击工具栏的 ▦(Edit Electrical),打开元件属性
对话框,其界面如图 19 - 19 所示。

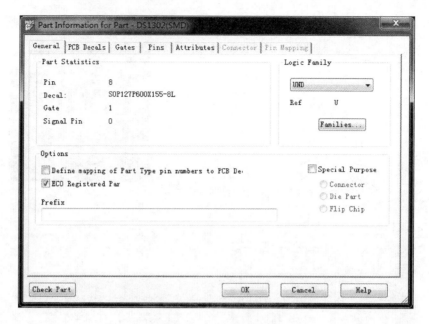

图 19-19　元件属性对话框

① 第一个选项卡(General)只需注意右面的 Logic Family,这是选择元件"家族"的,若想用贴片的就选择 SOP,若用插件的选择 DIP,或者单击下面的 Families 按钮新建一个 NBA 或者 CBA,再选择这两个。

② 第二个选项卡(PCB Decals)不能乱选,否则肯定出错。首先定位到刚建立的 Decal 封装库下,接着在左边的 Unassigned 列表中选择 DIP254P260X180-8N 或者 SOP127P150X69-8N,之后单击 Assign,也可以将两个都添加过去,其他选择默认就行了。最后单击 OK 按钮,这样一个完整的元件就建立完毕了,接下来的事就是设计原理图了。

这时一定要将两个软件退回到原理图设计和 PCB 绘制界面,具体操作分别为选择 File→Exit Part Editor 和 File→Exit Decal Editor 菜单项。

2. 快捷键

PADS 为用户提供了一套无模式命令和快捷键,主要用于设计过程中频繁更改设定的操作,如改变线宽、Grid、开、关规则等。

无模式命令(该命令的空格很重要,多加注意)的操作方法为从键盘上输入命令字符串,或者字符串＋数值,然后再按 Enter 键即可。无论是无模式命令还是快捷键,种类的比较多,笔者这里列举一些常用的。

(1) 无模式命令

➤ D:打开/关闭当前层显示。

➤ E:布线终止方式切换(共 3 种)。

- L：从当前层切换到低 n 层。
- PO：自动覆铜外形线 ON/OFF 切换。
- Q：快速测量。
- W：改变线宽到＜n＞，一定注意单位。
- G：设定全局"Grid"，下面有好多字无模式命令。
- SS：搜索并选中元件参数名，如"SS R13"。
- DRP：开所有设置的规则。
- DRO：关闭系统"DRC"。
- V：过孔的类型选择。
- M：等价于鼠标的右键。
- Spacebar（空格键）：等价于鼠标的左键。
- UM：将单位切换到英制下（mil）。
- UMM：将单位切换到公制下（mm）。

（2）快捷键

- Ctrl＋Alt＋F：打开滤波器（Filter）。
- Alt＋Enter：打开选定对象的属性对话窗口（Properties）。
- Ctrl＋D：刷新当前设计（Redraw）。
- Ctrl＋E：移动元件（Move）。
- Ctrl＋R：逆时针旋转元件。
- Ctrl＋Alt＋N：网络显示设置（Nets）。
- Ctrl＋Alt＋C：打开显示颜色对话串口（Display Color）。
- Ctrl＋Enter：停止走线，打开"Options"对话窗口。
- F(n)：n＝2 加布线；n＝3 动态布线；n＝4 层对之间切换。n＝7 自动布线。

页面的放大、缩小除了和 AD13 一样的方式以外，还可以用按住鼠标滚轮，前后推动鼠标的方式来操作。

3. 绘制原理图

这个过程有些类似于 AD13 原理图的绘制，就是将元件调出来再连线，之后将原理图导入到 PCB 中。这里以笔者做过的一个小产品（HDMI 切换器）为例来讲述元件的放置、连线以及 PCB 的绘制。

（1）放置元件

回到原理图绘制界面，单击工具栏的 Add Part(图)按钮，打开元件添加对话框，接着选择元件库（元件放在哪个库就选择哪个库，若不知道就选 All Libraries），之后在 Items 浏览控制选择所需的元件，接着单击 Add 按钮，这时所选元件会附着于鼠标上，要放置几个就单击鼠标几次，放置完毕之后右击鼠标，选择 ESC 或直接按键盘上的 ESC 键退出放置。以这样的方式依次放置所需的元件，放置好元件的界面如图 19 - 20 所示。

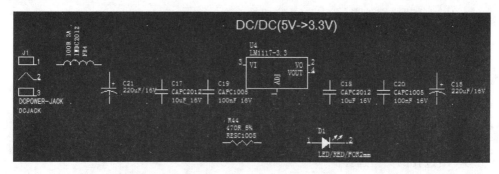

图 19 - 20　放置好部分元件之后的页面图

(2) 连　线

连线的方法基本类似于 AD13,笔者总结了 3 种方法:

① 直接连接法。选择工具栏上的 ![icon](Add Connection)图标,或直接快捷键 "F2",之后鼠标的"四象限"内会有一个"V"符合,这时就可以开始连线了,连线完毕 之后选择 ESC 键退出连线操作。

② 标号法。同样选择 ![icon]图标,单击元件的某个引脚,连接一段距离之后右击, 选择 Off - page,这时会出现一个标号符(可以通过 Ctrl＋Tab 键来切换样式),再单 击又会弹出一个 Add Net Name 对话框,填入网络名,例如 D1、A2 等,然后单击 OK 按钮。其他引脚连接方法相同。

③ 重复法。该方法在一般的小电路中运用不多,但在复杂的电路设计中会起到 事半功倍的效果,例如 DDR、Flash 中需要连接 D0～D999 根线,若一根一根连要花 很长时间,要是用该软件提供的重复(![icon])功能很快就能完成。具体操作请看笔者录 制的视频。最后连好线的界面如图 19 - 21 所示。

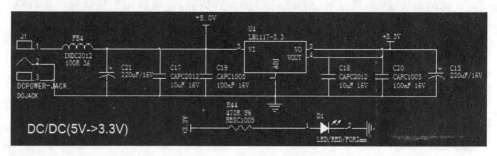

图 19 - 21　连好线的界面图

(3) 更新 SCH 到 PCB

具体操作为选择 Tools→PADS Layout 菜单项,接着选择弹出对话框的第二个 选项卡(Design),再选择 ECO To PCB,接着选择弹出信息框的 Yes 按钮。这时可能 会有一些工程更改的信息文件,可以看看是否有错误,没有直接关掉就行。

4. PCB 布局

所谓布局,当然是一个一个摆放元件,但有些是有要求的。

软件切换到 PADS Layout 界面下,可以看到,元件已经更新过来了,但似乎很少。因为 AD13 更新到 PCB 界面时元件都是分散开的,而 PADS 的 Layout 是将所有的元件堆积到一起,这时选择 Tools→Disperse Components 菜单项(分散元件的意思),所有的元件就会分散开来。

接着就是画一个板框:选择工具栏处的🖉(Drafting ToolBar)图标,接着选择刚弹出工具栏的🖫(Board Outline and Cut Out)图标后再右击选择 Rectangle,最后画一个矩形框就可以了。最后将这些元件一个个摆放好,摆放好元件之后的整个界面如图 19 - 22 所示。为何看上去好多地方是空的?接着看下面的介绍。

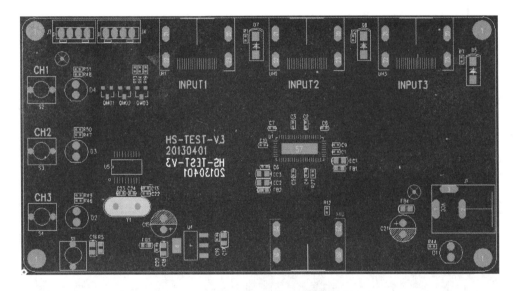

图 19 - 22　摆放好元件之后的界面图

5. 规则设置

PADS 的规则设置特别多,也特别复杂,这里只说一点。具体操作:选择 Setup→Design Rules 菜单项,打开规则设置属性框,之后单击 Default 按钮,选择 Clearance选项进入 Clearance Rules 属性对话框,在各个框中分别填入如图 19 - 23 所示的数值,意思就是线(Trace)与线、线与过孔(Via)、覆铜(Copper)与板边(Board)等间距的最小值。

6. 布　线

最后的成品板如图 19 - 24 所示。

笔者当初是在 PADS Router 下布线的,详细过程可以看笔者录制的视频。这里

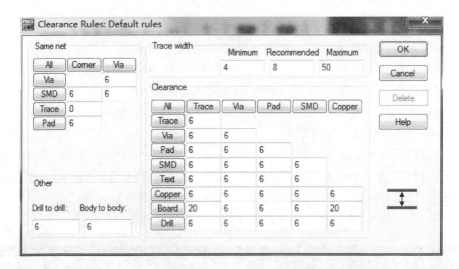

图 19-23　走线间距数值设置框

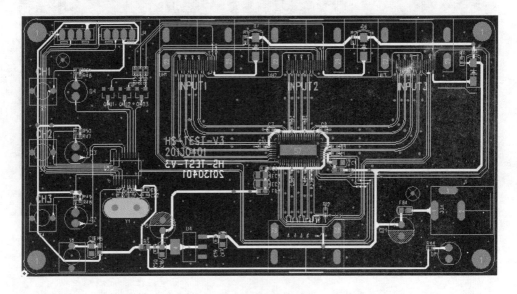

图 19-24　布完线之后的板子图

简述一下 Layout 的布线，对于初学者完全足够了。方法很简单，先开规则（按 DRP），再单击 F3，开始动态布线。但这个过程实在是不容易，而且连接起来还要测试，这个比较难，不是出来有图像没声音，就是有声音没图像，或者都有，或者图形不够清晰（播放高清时）。因为一个 HDMI 接口有 4 对差分信号线，每对线之间要先用 POLAR 软件计算阻抗（HDMI 要求阻抗为 100 Ω），之后按要求的线宽、线距来严格走线。这些细节录制的视频中都会讲解到。为了让读者将所布的线看得更清楚，这里将覆的铜隐藏了，则整个板子如图 19-24 所示。

第四部分 项目篇

笔记 20

如何搭建 MCU 的最小系统

20.1 单片机的体系结构

前面3部分内容主要讲述了如何操作单片机,即如何操作单片机的I/O口,之后讲述了一些与单片机有关的扩展知识。虽然花了大量篇幅,但对单片机内部结构和执行机理几乎只字未提。这么做是为了简化入门过程,现在就应该更深入地去了解一下单片机的工作原理,以便读者在后续章节边做项目,边加深对单片机运行机理的掌握。

20.1.1 单片机的内脏——内部结构

单片机内部结构如图 20-1 所示。

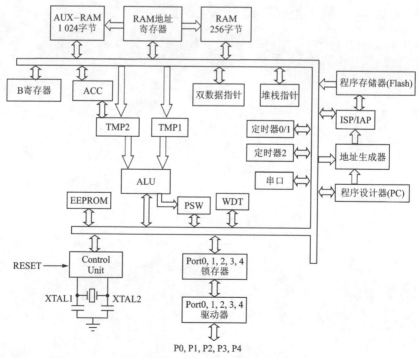

图 20-1 单片机内部结构图

由图可知,单片机主要包括以下 8 大部分:

- 中央处理单元:CPU(8 位),用于数据处理,位操作(置位、位清零)等。
- 只读存储器:ROM(8 KB),用于永久性存储应用程序。
- 随机存取存储器:RAM(256 字节),存储程序运行中的数据和变量。
- 并行输入/输出口:I/O 口(32 线),用作系统总线、扩展外存、外围设备的控制。
- 串行输入/输出口:UART(2 线),用于串口通信和一些串行芯片的扩展。
- 定时/计时器:T/C(8、13、16 位自增量可编程),与 CPU 之间各自独立工作,当它计满时,CPU 会做出相应的动作(中断、置位)。
- 时钟和复位电路,分为内部振荡器和外接振荡器。
- 中断系统,5、6 个中断源,2 个优先级,可通过编程进行控制。

20.1.2 单片机的大脑——CPU

单片机的 CPU 是完整的 8 位微计算机,包含 CPU、位寄存器、I/O 口和指令集。其中,CPU 内部包含运算器、控制器、存储器。

1. 运算器

运算器包含:

- 算术逻辑运算单元 ALU,主要功能有算术运算、逻辑运算。
- 累加器 A,相当于数据加工厂。
- 位处理器,主要进行位运算。
- BCD 码修正电路,主要运行十进制数的运算和处理。
- 程序状态字寄存器 PSW,各位的定义如表 20 - 1 所列。

位	D7	D6	D5	D4	D3	D2	D1	D0
名 称	CY	AC	F0	RS1	RS0	OV	F1	P
地 址	D7H	D6H	D5H	D4H	D3H	D2H	D1H	D0H

该寄存器属于特殊功能寄存器,地址为 D0,因此可以位寻址。各个位的具体含义可以参考 STC 官方数据手册的第 45 页。

2. 控制器

单片机指挥部件的主要任务是识别指令,控制各功能部件,保证各部分有序工作,主要包括指令寄存器、指令译码器、程序计数器、程序地址寄存器、条件转移逻辑电路和时序控制逻辑电路。

3. 存储器

51 单片机的存储器采用了哈佛结构。有一根地址和数据总线,程序存储器空间和数据存储器空间采用独立编址,拥有各自的寻址方式和寻址空间。

MCS-51 单片机在物理结构上有 4 个存储空间,分别为:片内程序存储器(ROM)、片外程序存储器(ROM)、片内数据存储器(RAM)及片外数据存储器(RAM)。

在逻辑上,即从用户的角度上,51 单片机有 3 个存储空间:片内外统一编址的 64 KB 的程序存储器地址空间(MOVC)、256 字节的片内数据存储器的地址空间(MOV)以及 64 KB 片外数据存储器的地址空间(MOVX)。

在访问 3 个不同的逻辑空间时,应采用不同形式的指令,以产生不同的存储器空间的选通信号。单片机存储器的空间结构如图 20-2 所示。

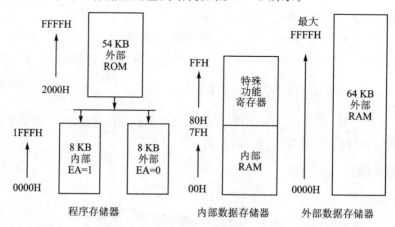

图 20-2 52 单片机内部存储结构示意图

(1) 程序内存 ROM

该内存的寻址范围为 0000H~FFFFH,容量就为 64 KB(2^{16}),主要作用是存放程序及程序运行时所需的常数。

EA 是单片机的 31 引脚,EA = 1 时,寻址内部 ROM;EA = 0 时,寻址外部 ROM。由此可见,若该引脚接高电平,上电复位后单片机从内部开始执行程序;若接低电平,上电复位之后单片机从外部执行程序。对于初学者,暂时不需要外扩程序存储器,因此该引脚接高电平。

特别提醒,这里有 7 个具有特殊含义的内存单元,对应地址如下:

① 复位地址。地址为 0000H,系统复位后 PC 指向此处;

② 中断向量地址。6 个具体地址参见表 6-1 的第 2 列,这里不赘述。

(2) 内部数据存储器 RAM

数据存储器也称为随机存取数据存储器,分为内部数据存储器和外部数据存储器。51 单片机内部有 256 字节的存储空间(不同型号有别),片外最多可扩展 64 KB 的 RAM,片内 RAM 用 MOV 指令访问,片外 RAM 用 MOVX 指令访问,都是用来存放执行的中间结果和过程数据。该存储器在物理上和逻辑上都分为两个地址空间,即:

1）数据存储器空间（低 128 字节），寻址范围为：00H～7FH

这部分寄存器主要包含工作寄存器区、位寻址区、数据缓冲区和堆栈数据区 3 个部分。堆栈都是一种数据项按序排列的数据结构，只能在一端（称为栈顶）对数据项进行插入和删除。不同的是堆的顺序随意；栈的顺序是后进先出。堆栈的主要作用有：保护断点、现场保护、临时暂存数据。

2）特殊功能寄存器空间（高 128 字节），寻址范围为：80H～FFH

单片机是通过特殊功能寄存器（SFR）对各种功能部件进行集中控制的，这里就不一一列举了，大多数的功能和应用前面已经做了不少讲解。

由此可见，这两个空间是相连的，单从用户的角度而言，低 128 字节才是真正的数据存储器，单片机运行程序时才能自由地读/写数据。高 128 字节的空间已经被厂商定制，用户只需按官方数据手册操作就可以了。

（3）外部数据存储器 RAM 的扩展

前面说过，51 单片机内部有 256 字节的数据存储器（真正可用的才 128 字节），这些存储器通常用作工作寄存器、堆栈、临时变量的存储等，一般情况够用了，但是如果系统要存储大量数据，例如跑 μC/OS 操作系统时，片内的数据存储器就不够用了，需要进行扩展；再如笔记 26 中涉及的 LD3320 芯片，可以将其看作一个外扩存储器，这样可以大大简化程序的编写。

单片机中常用的数据存储器是静态 RAM 存储器（SRAM），这里以 6264 为例来讲述外部 RAM 的扩展。Intel 6264 是 8 KB×8 的 SRAM，单一的＋5 V 电源，所有的输入端和输出端都与 TTL 电平兼容。它的电路原理图逻辑符合如图 20 - 3 所示，其中 $\overline{CE1}$ 为片选信号 1（低电平有效），CE2 为片选信号 2（高电平有效），$\overline{OE}$ 为输出允许信号，WE 为写信号，A0～A12 为 13 根地址线，D0～D7 为 8 位数据线。

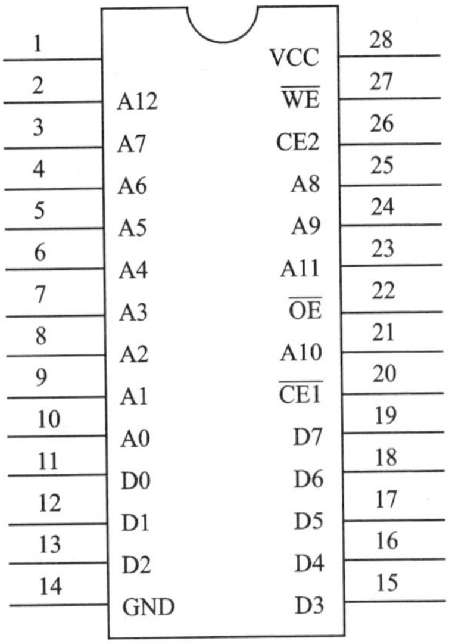

1）Intel 6264 的操作方式

Intel 6264 的操作方式由 OE、WE、CE1、CE2 共同作用决定。

① 写入：当 WE 和 $\overline{CE1}$ 为低电平，且 $\overline{OE}$ 和 CE2 为高电平时，数据输入缓冲器打开，数据由数据线 D7～D0 写入被选中的存储单元。

图 20 - 3　6264 RAM 的引脚图

② 读出：当 $\overline{OE}$ 和 $\overline{CE1}$ 为低电平，且 WE 和 CE2 为高电平时，数据输出缓冲器选通，被选中单元的数据送到数据线 D7～D0 上。

③ 保持：当 $\overline{CE1}$ 为高电平，CE2 为任意时，芯片未被选中，处于保持状态，数据线

呈现高阻状态。

2）Intel 6264 的扩展方法

外部数据存储器的扩展就是 3 种总线（数据总线、地址总线、控制总线）的连接方式，其中 A0～A12 为地址总线，D0～D7 为数据总线，ALE、WR、RD 为控制总线，因此该存储器与单片机的连接可用图 20-4 的示意图表示。

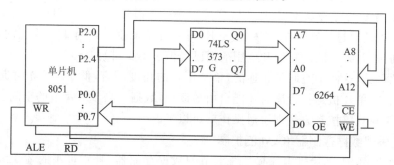

图 20-4　6264 与单片机的连接示意图

这里并没有画出真正原理图，而用了示意图，这样做的好处是便于读者理解，具体的连接会在笔记 26 中以 LD3320 为例来讲述。之后便是如何来寻址和数据读/写。寻址常用的方法有线选法和译码法。

20.2　单片机最小系统

1. 什么是单片机最小系统

单片机最小系统主要由电源、复位、振荡电路以及程序下载电路（别人一直将这个忽略）组成，原理如图 20-5 所示。

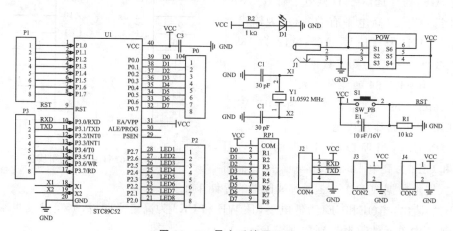

图 20-5　最小系统原理图

2. 搭建最小系统的各种需求

（1）工具

工欲善其事，必先利其器。做一个东西，工具是必需。这里简述几种工具，如烙铁、锡丝、镊子、斜口钳、吸焊笔、万用表，这些是必须要具备的，剩下的像剥线钳、螺丝刀等，用到了再买也可以。最后像示波器、信号发生器都比较昂贵，读者可以根据自己的经济实力自行斟酌。常用工具如图 20-6 所示。

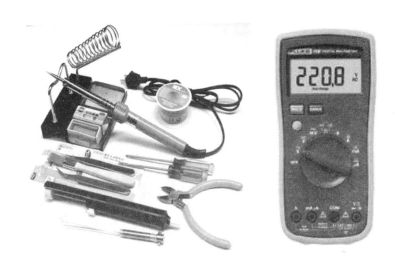

图 20-6 焊接和测试所需的基本工具

（2）元器件

搭建最小系统所需元件如图 20-7 所示。

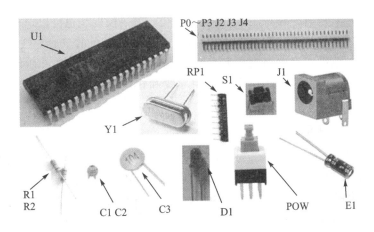

图 20-7 制作最小系统需要准备的元件

20.3　4 种最小系统的搭建方法

20.3.1　万用板(洞洞板)搭建版

1. 万用板(洞洞板)

万用板如图 20-8 所示。

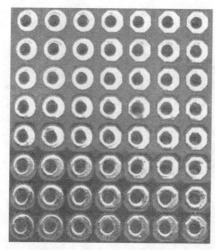
(a) 单孔板

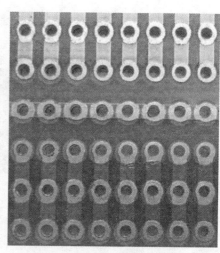
(b) 连孔板

图 20-8　万用板示意图

2. 导　线

要焊接板子,还有一样少不了,那就是导线。剪一段网线也可以,只是导线硬(硬了不好焊接)。一般导线分两种:多股和单股。建议买彩色的单股导线,因为单股的比较好焊接,彩色的焊完电路板看上去比较"漂亮",外观如图 20-9 所示。

或者用焊锡直接当导线,笔者曾经用导线和锡丝焊接的板子(当然两种可以并存)如图 20-10 所示。

3. 焊接技巧的介绍

焊接过程肯定是先上烙铁,对电路板进行预热,再上焊锡,等焊点饱满、圆滑之后,再撤焊锡,最后再撤烙铁。这里总结几点关于万用板的焊接方法:

① 初步确定电源、地线的布局。电源贯穿电路的始终,合理的电源布局能对简化电路起到关键的作用。某些洞洞板布置有贯穿整块板子的铜箔,应将其用作电源线和地线。如果无此类铜箔,读者也需要对电源线、地线的布局有个初步的规划。

② 善于利用元器件的引脚。洞洞板的焊接需要大量的跨接、跳线等,不要急于

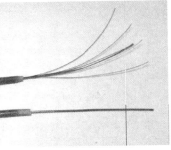

图 20 - 9　导线示意图

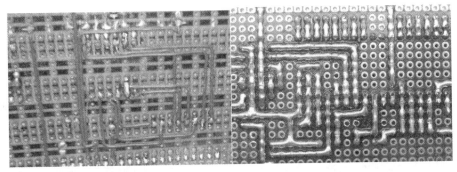

(a) 导线法　　　　　　　　　　　(b) 锡丝法

图 20 - 10　用万用板焊接的电路板

剪断元器件多余的引脚,有时候直接跨接到周围待连接的元器件引脚上会事半功倍。另外,可以把剪断的元器件引脚收集起来作为跳线。

③ 善于利用元器件自身的结构。图 20 - 11 是一个利用了元器件自身结构的典型例子,其中,轻触式按键有 4 只脚,其中两两相通,我们便可以利用这一特点来简化连线,电气相通的两只脚充当了跳线,读者可以对照图 20 - 12 好好体会一下。

④ 善于设置跳线。多设置跳线不仅可以简化连线,而且要美观得多,如图 20 - 13 所示。

⑤ 善于利用排针。笔者特别喜欢使用排针,因为排针有许多灵活的用法。比如两块板子相连就可以用排针和排座,排针既起到了两块板子间的机械连接作用又起到电气连接的作用。

⑥ 在需要的时候隔断铜箔。在使用连孔板的时候,为了充分利用空间,必要时可用小刀割断某处铜箔,这样就可以在有限的空间放置更多的元器件。

⑦ 充分利用双面板。双面板比较昂贵,既然选择它就应该充分利用。双面板的每一个焊盘都可以当作过孔,灵活实现正反面电气连接。

⑧ 充分利用板上的空间。芯片座里面隐藏元件,既美观又能保护元件,如图 20 - 14 所示。

图 20 - 11　矩阵键盘正面图

图 20 - 12　矩阵键盘反面图

图 20 - 13　善于设置跳线的电路板

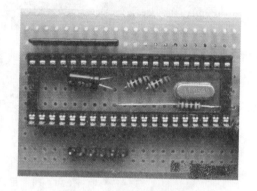

图 20 - 14　芯片底座下隐藏元件图

4. 用万用板焊接的单片机最小系统

笔者焊接的最小系统如图 20 - 15 所示。为了简化电路,这里没加下载电路,或

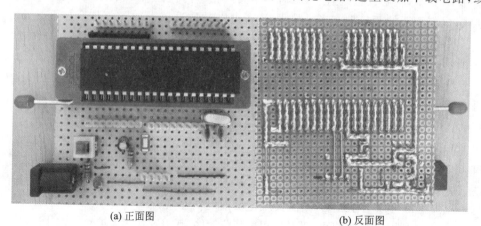

(a) 正面图　　　　　　　　　　　　　(b) 反面图

图 20 - 15　万用板焊接的最小系统图

者只引出 4 个端子。若下载端口是用排针引出来的,那就还须借助一个 USB 转 TTL 电平模块(串口转 TTL 电平模块也可以)来给最小系统下载程序,模块如图 20 -16 所示。如果已经有了 MGMC - V1.0 实验板,读者就不需要购买 USB 转 TTL 模块了,直接焊接一个 IC 测试座(如图 20 - 17 所示),这样直接取下单片机,插到 MGMC - V1.0 实验板上,下载程序,完成了再插过去,不过这样在调试阶段比较麻烦。当然还可以直接将最小系统的下载电路与 MGMC - V1.0 实验板相连,也能下载程序,只要读者懂了原理,完成某件事的方法是多种多样的。

图 20 - 16　USB 转 TTL 模块

图 20 - 17　IC 测试座(40P)

20.3.2　面包板搭建版

　　无论在学校,还是在公司,还有一种搭建测试环境的方法,那就是用面包板。面包板是专为电子电路的无焊接试验设计制造的一种板子。由于各种电子元器件可根据需要随意插入或拔出,免去了焊接,节省了电路的组装时间,而且元件可以重复使用,所以非常适合电子电路的组装、调试和训练。其实物图如图 20 - 18 所示。有了面板板,还需杜邦线来连接,杜邦线实物图见图 20 - 19。这里先用面包板搭建一个最简单的系统,即用单片机去控制一个 LED 小灯。电路包括:单片机＋晶振电路＋复位电路＋电源。

图 20 - 18　面包板实物图

图 20 - 19　杜邦线实物图

接下来就是将其按原理图插接元件(单片机等下载好程序之后再插)、连接杜邦线,之后编写程序,将程序下载到单片机中,再插入到面包板上,这里采用电池供电,整个系统搭建完毕之后如图 20-20 所示。

图 20-20 用面包搭建的点灯系统

20.3.3 DIY PCB 板搭建版

所谓的 DIY PCB 就是用覆铜板来自己腐蚀印刷线路板,常用的方法有两种,热转印法和感光法。笔者将热转印法和感光法统称之为 DIY PCB 法,将工厂制作 PCB 法称之为工厂法。那这两种(DIY 法和工厂法)方法哪个更好呢?先说这两种方法的适合人群:

➢ DIY PCB 法适合"我在读书、我要做实验板、我没钱"的人。

➢ 工厂 PCB 法适合"我有钱做 PCB、我用的是老板的钱、我家开制版厂"的人。

读者认为哪种好呢?

接着主题,DIY 法分两种,各有优缺点:

1) 热转印制板法

优点:快速、方便、安全、直观、成功率高;

缺点:需要价格昂贵的激光打印机。

2) 感光制板法

优点:无需价格昂贵的激光打印机;

缺点:速度慢、有点麻烦、不安全、不直观、成功率低。

注意:① 曝光的时间很重要,需要多试几次,再来定论;② 显影液的浓度和温度很重要,同样需要多试,没有定论。最后看一张笔者用感光法制作的 PCB 实物图,如图 20 - 21 所示。

图 20 - 21　感光板制作的 PCB 实物图

20.3.4　工厂 PCB 板搭建版

此方法花费高,但对于制作人来说,只须动动鼠标、按按键盘即可,具体参考笔记 19。对于初学者来说很少用此方法来制板。

总结以上 4 种版本,建议读者掌握前两种,后两种就"仁者见仁,智者见智"了。

笔记 21

DIY 摇摇棒——1＋1 项目

21.1 项目概述

所谓摇摇棒,就是每个 LED 灯按一定规律亮灭形成了"点",之后将这些灯焊接成一列则有了"线",最后当摇起来之后就有了"面",这样就会看到如图 21-1 所示的画面。

该项目的基本实现过程就是先设计电路,再手工焊接或者画 PCB(制板),最后就是编程、下载、调试。项目包含单片机最小系统、LED 灯(个数自由)、滚珠开关、按键、电池,系统框图如图 21-2 所示。

图 21-1 摇摇棒演示图

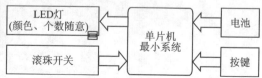

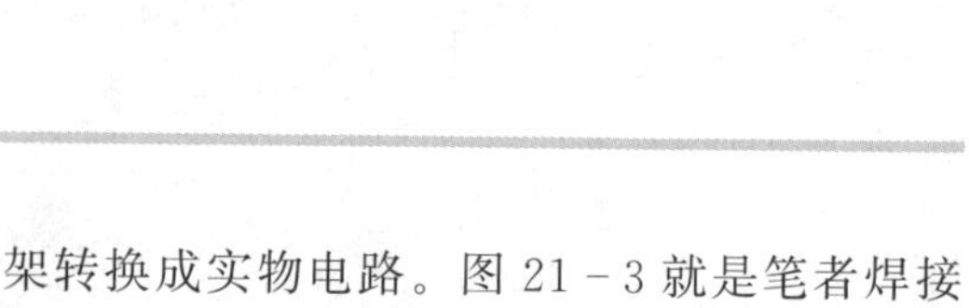

图 21-2 摇摇棒系统框图

21.2 硬件设计

所谓硬件设计就是将上面的系统框架转换成实物电路。图 21-3 就是笔者焊接的实物图。

1. 摇摇棒原理图

图 21-3 其实相当简单,就是在单片机能正常工作的前提下,再以矩阵的形式连接 32 个 LED 灯,这样 32 个灯就可以正常亮灭了。之后为了更好地控制这 32 个 LED 灯,加入一个滚珠开关,目的是朝一方摇时显示画面,朝另一方面摇时不显示。

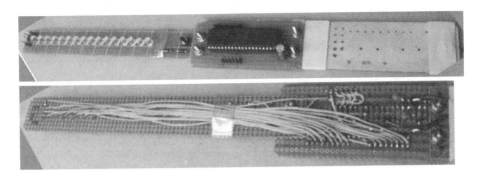

图 21-3　手工焊接的摇摇棒实物图

最后加入一个按键的目的是切换模式,这样就能显示更多的画面。

　　这里选择的单片机不是 MGMC - V1．0 实验板上的 STC89C52 而是 STC15F204EA - 20,这些单片机都是 STC(宏晶)的产品,只是后一种 I/O 比较少,但比较高级,内部带有晶振、复位和 A/D 等功能,且为 1T 单片机,意思是比前者要快 12 倍左右。用法类似,该单片机的 I/O 配置可以去宏晶官网(http://www.stcmcu.com)下载一份数据手册,里面有详细的说明。整个系统原理图如图 21-4 所示。

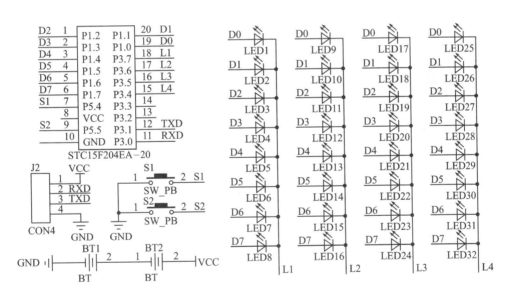

图 21-4　摇摇棒原理图

2. 摇摇棒 PCB 图

　　由于此 PCB 板既窄又长,因此笔者这里只贴一段,其他是一些 LED 灯。最后 PCB 如图 21-5 所示。

图 21-5　摇摇棒 PCB 图

21.3　软件设计

先来分析此项目,32 个 LED 焊接上是一列,但在显示原理上来说是 32 行,摇起来之后,这 32 个又会形成数列,最后看起来就是一个平"面"了。那么这个面是多大了,首先行是确定的,可列与摇的力度有关系,笔者测试发现,若力度合适,摇出 96 列是没有问题的。这样就形成了一个 32×96 的 LED 点阵,之后就是笔记 9 的放大版了,如何控制读者应该很熟悉。这里以 32×32 为例讲解。流程如图 21-6 所示。

接着说说此程序的初始化,笔者在前面的知识扩展中已经提到,详细可以参考《STC15F204EA 系列单片机指南》第 4 章。这里让 I/O 口工作于强推挽模式,结合数据手册将有以下的初始化程序:

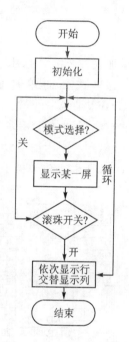

图 21-6　摇摇棒流程图

```
1.   void PORT_Init (void)
2.   {
3.       P1M0 = 0xff;        //设置为强推挽
4.       P1 = 0xff;          //初始 IO 接口状态
5.       P3 = 0xff;          //默认电平为高
6.   }
```

最后就是用取模软件取出自己想要的字符编码,并编写程序实现摇摇棒的整个软件功能,源码参见配套资料。

笔记 22

DIY"空调"——菜鸟级项目

22.1　项目概述

1. 项目要求

① 当温度高过某一值时风扇转,温度低于某一值时开始加热;当然这些(高、低)值,用户能够通过按键自行设定。说明,这里的风扇不是用 3 相的超大风扇,而是用 5 V 或 12 V 的小风扇模拟就行了;加热设备也不是几千瓦的,就用个功率电阻吧。

② 用 12864 液晶做个界面,实时将温度、状态等显示到界面上。

③ 加入时钟功能,能实时地显示到液晶上,并增加声光报警功能。

2. 功能概述

上面功能从硬件上分析应该包括单片机、温度传感器、12864 液晶、驱动(风扇和功率电阻)、报警(LED 灯和蜂鸣器),电源部分就不算在内了,从而可以得到如图 22 - 1 所示的总体功能框图。

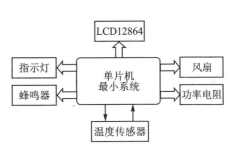

图 22 - 1　总体功能框架图

22.2　硬件设计

笔者并没有将单片机和这些传感器等都集成于一块板子上,而是专门开发了一块温、湿、时钟测试小板,读者也可以用万用板自己焊接一块,之后再用杜邦线连接到 MGMC - V1.0 实验板上就可以做实验了。

1. 测试板原理图

有了以上总体框架结构图,就可以对各个模块进行选型了。首先须 DIY 一个单片机最小系统;接下来就是温度传感器的选择了,这里就以 DS18B20 为例来介绍;之后就是风扇、加热设备以及液晶选择,前面都已给介绍过了。

器件都选好了,接下来就是针对各个模块来设计硬件电路。这个系统没什么硬件电路的设计,只须按器件数据手册将其与单片机连接。读者需要注意的是功率电阻和风扇电路的驱动部分,这两部分笔者都选用三极管来驱动,但是额定电流必须满足电路所需电流,同时所用电阻也需要理论推算。最后在风扇两端倒着并联了一个二极管。这里只贴功率电阻和风扇的驱动电路图,如图 22 - 2 所示。整体的电路原理图可以在配套资料中查找。

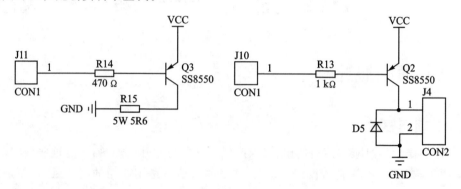

图 22 - 2　功率电阻和风扇的原理图

2. 测试板 PCB 图

在布局时注意:

➤ 功率电阻发热比较大,要远离时钟芯片,以免影响时钟走时精度。

➤ 为了让时钟一直走时,板子集成了一块 1220 电池,电池也要远离功率电阻放置。

➤ 与单片机连接的端口靠 PCB 板边放置,这样连线比较容易。

➤ 滤波电容要靠近芯片的电源引脚放置,否则滤波效果不好。

最后,按要求摆放好的 PCB 如图 19 - 9 所示。

摆放好元件之后就是布线,这里只强调一点:功率电阻两端的线宽一定要满足电流的要求。所用功率电阻的标称是 5 W、5.6 Ω,由公式 $P = I^2 R$ 可以算出电流: $I = 0.945$ A,再通过查表 19 - 1 或者线宽与电流关系的经验公式可知,线宽最小为 0.4 mm,这里推荐读者最小布 0.8 mm 的线宽。

22.3　软件设计

按项目要求,软件应该实现以下功能:

➤ 读取当前温度,即需要编写 DS18B20 的驱动程序。

➤ 要将其温度、状态等显示到液晶上,这就需要编写 12864 的驱动程序。

➤ 要用户能设定高低温,那就需要增加按键的扫描程序。

➢ 之后就是判断当前温度是否在用户设定的范围之内,若在则正常工作,超出
则须控制加热或降温设备,并在超出时给出声光报警。

现在对每个部分进行一一分析,看具体如何实现,最后又是如何综合到一起。

22.3.1　12864 液晶的驱动

过程:初始化(各种设定)→确定显示行(共 2 行,不是 4 行)→依次写入数据,如
何画图,可以去看看实例 23。

22.3.2　DS18B20 的驱动

DS18B20 是靠单总线来和单片机通信,数据手册上面有详细的解释,读者自行
查阅。图 22-3 是 DS18B20 的实物图,图 22-4 为原理图。

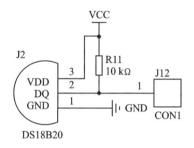

图 22-3　DS18B20 实物图　　　　图 22-4　DS18B20 原理图

DS18B20 的具体操作过程为:复位 DS18B20(复位函数)→读取温度(单总线读、
写一个字节函数)→温度转换(温度转换的指令)→数值的处理(正负号,即"零"上、下
温度的处理;温度数值的处理,即乘以精度数 0.062 5),这样就可以很清晰地写出如
下的 DS18B20.c 源代码:

```
1.   #include"18b20.h"
2.   /******************************************************/
3.   //函数名称:DS18B20Init()
4.   //函数功能:初始化 18B20
5.   //入口参数:无
6.   //出口参数:复位是否成功标志位(dat)
7.   /******************************************************/
8.   bit DS18B20Init(void)
9.   {
10.      bit dat = 0;
11.      DQ = 1; DelayUS(2);                 //DQ复位、稍做延时
12.      DQ = 0; DelayUS(60);                //单片机将 DQ 拉低
13.      DQ = 1; DelayUS(20);                //拉高总线
14.      dat = DQ;DelayUS(8);DQ = 1;         //15～60 μs 后接收 60～240 μs 的存在脉冲
15.      return dat;                          //如果 x = 0 则初始化成功, x = 1 则初始化失败
16.   }
```

```
17.    uChar8 ReadOneByte(void)
18.    {
19.        uChar8 i = 0;
20.        uChar8 dat = 0;
21.        for (i = 8;i > 0;i -- )
22.        {
23.            DQ = 0;                          //给脉冲信号
24.            dat >> = 1;                      //移位存值
25.            DQ = 1;                          //产生脉冲
26.            if(DQ)   dat | = 0x80;           //取最高位数值 1
27.            DelayUS(8);
28.        }
29.        return(dat);
30.    }
31.    void WriteOneByte(uChar8 dat)
32.    {
33.        uChar8 i = 0;
34.        for (i = 8; i > 0; i -- )
35.        {
36.            DQ = 0;                          //产生脉冲
37.            DQ = dat & 0x01; DelayUS(8);     //取最低位给 DQ
38.            DQ = 1;
39.            dat >> = 1;                      //为下次取低位值做准备
40.        }
41.        DelayUS(8);
42.    }
43.    /*******************************************/
44.    //函数名称:ReadTemperature()
45.    //函数功能:读取 18B20 温度
46.    //入口参数:无
47.    //出口参数:温度值的二进制数
48.    /*******************************************/
49.    uInt16 ReadTemperature(void)
50.    {
51.        uChar8 a = 0;
52.        uInt16 b = 0;
53.        DS18B20Init();
54.        WriteOneByte(0xCC);                  //跳过读序号列号的操作
55.        WriteOneByte(0x44); DelayMS(10);     //启动温度转换
56.        DS18B20Init();
57.        WriteOneByte(0xCC);                  //跳过读序号列号的操作
58.        WriteOneByte(0xBE);//读取温度寄存器等(共可读 9 个寄存器) 前两个就是温度
59.        a = ReadOneByte();                   //读取低 8 位
60.        b = ReadOneByte();                   //读取高 8 位
61.        b = b << 8;                          //将温度的高 8 位移到 b 变量的高 8 位
62.        return(a + b);                       //将 a,b 值合并,并返回,供后面处理用
63.    }
```

DS18B20. h 的源码参见配套资料。

22.3.3 按键扫描和外围设备的驱动

注意,按键的设定值需要定义一个全局变量,这个值运用时一定要注意,否则会把读者搞混淆。

22.3.4 总体程序

```
1.  void main(void)
2.  {
3.      初始化();
4.      页面显示();
5.      while(1)
6.      {
7.          按键扫描();
8.          读取温度();
9.          if((当前温度值<=设定的最高温度值)&&(当前温度值>=设定的最低温度值))
10.         {
11.             不减、不加热();
12.             不减、不加冷();
13.             警报有必要响吗?();
14.         }
15.         else if(当前温度值>设定的最高温度值)
16.         {
17.             不加热();               //加热设备停止
18.             加冷();                 //风扇转起
19.             警报响起();             //蜂鸣器响、灯亮
20.         }
21.         else if(当前温度值<设定的最低温度值)
22.         {
23.             不减热();               //风扇别乱转
24.             加热();                 //太冷,必须加热
25.             警报响起();             //蜂鸣器响、灯亮
26.         }
26.     }
28. }
```

上述代码称为伪代码。伪代码也是一种算法描述语言,由于更类似于自然语言,所以既容易实现,又容易理解。

22.4 DIY"空调"的制作点睛

接下来,介绍整个实物的制作过程和需要注意的地方:

第一步:画系统框图。这步的核心当然不在画个图(如图 22-1 所示),而是通过画此系统框图对整个小系统有个整体的把握。例如系统有几部分,各个部分该如何实现,需要准备什么电子元件,驱动该如何编写。这些都是需要在这个时候考虑的,

即整体的规划。

第二步：设计电路，出 BOM（元件清单）。这里是以做 PCB 的方式来讲述，其实对于大多数读者来说，肯定不会为了做这样一个"空调"而画板子，最后发到工厂做 PCB。一般都是采用万用板来焊接的，因此这里以万用板焊接的方式来讲述电路的设计过程。建议先在纸上随便画一个草图，之后再按草图在计算机上绘制正确的原理图，之后用 PCB 软件来出 BOM。有了元件清单以后，就可以去电子市场采购元器件了。

第三步：焊接实物。这个步骤不难，但是读者要仔细。注意，要先焊接小个头的元件，后焊接大个头的元件，相反也可以，只是会让读者很"纠结"；焊接好的元器件引脚不要急着剪掉，因为这些引脚或许后面会变成最好的导线。

第四步：画各个部分的流程图。先画总流程图，然后分别画各个子模块的流程图。

第五步：按流程图编写程序。其实这步与下一步的综合调试之间有些模糊，因为有些程序是需要边写代码、边看现象、边修改电路，同时进行。笔者写该系统程序的过程依次为：驱动液晶，让其能够显示想要的字符、汉字等→写温度传感器的驱动代码，让其温度能够显示到液晶上→增加按键功能，能通过按键调节用户想要的高、低温值→写外设的驱动代码。

第六步：综合调试。在调试过程中，在用计算机 USB 供电调试的时候一定要断开功率电阻，以防在功率电阻工作时烧坏 USB 接口（甚至主板）。

升级版的 DIY"空调"——PID 算法

23.1　PID 概述

当今的自动控制技术都是基于反馈的概念。反馈理论的三要素包括：测量、比较和执行。测量关心的变量并与期望值相比较，用这个误差纠正调节控制系统的响应。

1. PID

➤ P：Proportion（比例），就是输入偏差乘以一个常数。

➤ I：Integral（积分），就是对输入偏差进行积分运算。

➤ D：Derivative（微分），当然是对输入偏差进行微分运算了。

另，输入偏差＝被调量－设定值（有时候也用：设定值－被调量，依习惯而定）。

2. 系统的分类

自动控制系统一般分为：开环控制系统和闭环控制系统。

① 开环控制系统（open‑loop control system）是指控制对象的输出（被控制量）对控制器（controller）的输入没有影响，即系统的输出端与输入端不存在反馈。

② 闭环控制系统（closed‑loop control system）是指被控对象的输出（被控制量）会反送回来影响控制器的输入，形成一个或多个闭环。闭环控制系统有正反馈和负反馈，若反馈信号与系统给定值信号相反，则称为负反馈（Negative Feedback）；若极性相同，则称为正反馈。一般闭环控制系统均采用负反馈，又称负反馈控制系统。闭环控制系统的例子很多，比如人就是一个具有负反馈的闭环控制系统，眼睛是传感器，人体系统能通过不断地修正最后做出各种正确的动作。如果没有眼睛，就没有了反馈回路，也就成了一个开环控制系统。这里 DIY 的空调就是一个闭环控制系统，借助温度传感器将环境温度实时控制在一定范围之内。

3. PID 参数的整定

PID 控制器的参数整定是控制系统设计的核心内容，根据被控过程的特性确定 PID 控制器的比例系数、积分时间和微分时间的大小。整定参数的方法分：理论计算法和经验试凑法。理论计算法需要大量的计算。经验试凑如下：

(1) 口诀法

参数整定找最佳，从小到大顺序查。先是比例后积分，最后再把微分加。

曲线振荡很频繁，比例度盘要放大。曲线漂浮绕大弯，比例度盘往小扳。

曲线偏离回复慢，积分时间往下降。曲线波动周期长，积分时间再加长。

曲线振荡频率快，先把微分降下来。动差大来波动慢，微分时间应加长。

理想曲线两个波，前高后低四比一。一看二调多分析，调节质量不会低。

(2) 经验值法

温度 T：$P=20\sim60\%$，$T=180\sim600$ s，$D=3\sim180$ s；

压力 P：$P=30\sim70\%$，$T=24\sim180$ s；

液位 L：$P=20\sim80\%$，$T=60\sim300$ s；

流量 F：$P=40\sim100\%$，$T=6\sim60$ s。

4. 建立通俗易懂的 PID 模型

控制模型：控制一个人，让他以 PID 控制的方式走 110 步后停下。

① P 比例控制，就是让他走 110 步，按照一定的步伐走到一百零几步（如 108 步）或 110 多步（如 112 步）就停了。

说明：P 比例控制是一种最简单的控制方式，控制器的输出与输入误差信号成比例关系。仅有比例控制时系统输出存在稳态误差（Steady - state error）。

② PI 积分控制，就是按照一定的步伐走到 112 步然后回头接着走，走到 108 步位置时，然后又回头向 110 步位置走。在 110 步位置处来回晃荡几次，最后停在 110 步的位置。

说明：在积分 I 控制中，控制器的输出与输入误差信号的积分成正比关系。对一个自动控制系统来说，如果在进入稳态后存在稳态误差，则称这个控制系统是有稳态误差的或简称有差系统（System with Steady－state Error）。为了消除稳态误差，在控制器中必须引入"积分项"。积分项对误差取决于时间的积分，随着时间的增加，积分项会增大。这样，即便误差很小，积分项也会随着时间的增加而加大，它推动控制器的输出增大，从而使稳态误差进一步减小，直到等于零。因此，比例＋积分（PI）控制器可以使系统在进入稳态后无稳态误差。

③ PD 微分控制，就是按照一定的步伐走到一百零几步后，再慢慢地向 110 步的位置靠近，如果最后能精确停在 110 步的位置，就是无静差控制；如果停在 110 步附近（如 109 步或 111 步位置），就是有静差控制。

说明：在微分控制 D 中，控制器的输出与输入误差信号的微分（即误差的变化率）成正比关系。

自动控制系统在克服误差的调节过程中可能会出现振荡甚至失稳，原因是存在较大惯性组件（环节）或滞后（delay）组件，具有抑制误差的作用，其变化总是落后于误差的变化。解决的办法是使抑制误差作用的变化"超前"，即在误差接近零时，抑制误差的作用就应该是零。这就是说,在控制器中仅引入"比例P"项往往是不够的,比例项的作用仅是放大误差的幅值,而目前需要增加的是"微分项",它能预测误差变化的趋势。这样,具有比例+微分的控制器就能够提前使抑制误差的控制作用等于零,甚至为负值,从而避免了被控量的严重超调。所以对有较大惯性或滞后的被控对象,比例P+微分D(PD)控制器能改善系统在调节过程中的动态特性。

小明接到这样一个任务:有一个水缸底漏水(而且漏水的速度还不一定固定不变),要求水面高度维持在某个位置,一旦发现水面高度低于要求位置,就要往水缸里加水。

小明接到任务后就一直守在水缸旁边,之后就走开了,每30分钟回来检查一次水面高度。水漏得太快,每次来检查时水都快漏完了,离要求的高度相差很远,于是改为每3分钟来检查一次,结果每次来水都没怎么漏,不需要加水。几次试验后,确定每10分钟来检查一次。这个检查时间就称为采样周期。

开始小明用瓢加水,水龙头离水缸有十几米的距离,经常要跑好几趟才加够水,于是改为用桶加,一加就是一桶,跑的次数少了,加水的速度也快了,但好几次将缸给加溢出了,不小心弄湿了几次鞋,于是用盆,几次下来发现这样不用跑太多次,也不会让水溢出。这个加水工具的大小就称为比例系数。

小明又发现水虽然不会加过量溢出了,有时会高过要求位置比较多,还是有打湿鞋的危险。于是在水缸上装一个漏斗,每次加水不直接倒进水缸,而是倒进漏斗让它慢慢加。这样溢出的问题解决了,但加水的速度又慢了,有时还赶不上漏水的速度。于是就变换不同大小口径的漏斗来控制加水的速度,最后终于找到了满意的漏斗。漏斗的时间就称为积分时间。

接下来任务的要求突然严了,水位控制的及时性要求大大提高,一旦水位过低,必须立即将水加到要求位置,而且不能高出太多,否则小明放一盆备水在旁边,一发现水位低了,不经过漏斗就是一盆水下去,这样及时性是保证了,但水位有时会高多了。于是在水面位置上面一点将水缸凿一孔,再接一根管子到下面的备用桶里,这样多出的水会从上面的孔里漏出来。这个水漏出的快慢就称为微分时间。

PID算法模型的建立过程和理解一直是一个难点,上面走路的例子或许还不够通俗、不够直接,那就再举个更简单易懂的例子。只有掌握了PID模型的建立过程,才能够熟练应用PID算法。

23.2 PID方式转换

PID增量型公式:

PID=Uk+KP [E(k)−E(k−1)]+KI E(k)+KD [E(k)−2E(k−1)+E(k−2)];

在单片机中运用PID,出于速度和RAM的考虑,一般不用浮点数,这里以整型变量为例来讲述PID在单片机中的应用。由于是用整型来做的,所以不是很精确,但是对于一般的场合来说,这个精度也够了,关于系数和温度笔者都放大了 10 倍,所以精度不是很高,但是大部分的场合都够了,若不够,可以再放大 10 倍或者 100 倍处理,不超出整个数据类型的范围就可以了。本程序包括 PID 计算和输出两部分。当偏差>10 度时全速加热,偏差在 10 度以内时为 PID 计算输出。代码如下:

```c
1.    # include <reg52.h>
2.    typedef unsigned char uChar8;
3.    typedef unsigned int    uInt16;
4.    typedef unsigned long int    uInt32;
5.    sbit ConOut = P1^1;                    //假如功率电阻接 P1.1 口
6.    typedef struct PID_Value
7.    {
8.        uInt32 liEkVal[3];                //差值保存,给定和反馈的差值
9.        uChar8 uEkFlag[3];                //符号,1 则对应的为负数,0 为对应的为正数
10.       uChar8 uKP_Coe;                    //比例系数
11.       uChar8 uKI_Coe;                    //积分常数
12.       uChar8 uKD_Coe;                    //微分常数
13.       uInt16 iPriVal;                   //上一时刻值
14.       uInt16 iSetVal;                   //设定值
15.       uInt16 iCurVal;                   //实际值
16.   }PID_ValueStr;
17.   PID_ValueStr PID;                      //定义一个结构体
18.   bit g_bPIDRunFlag = 0;                 //PID 运行标志位
19.   /* ****************************************************
20.   /* 函数名称:PID_Operation()
21.   /* 函数功能:PID 运算
22.   /* 入口参数:无(隐形输入,系数、设定值等)
23.   /* 出口参数:无(隐形输出,U(k))
24.   /* 函数说明:U(k) + KP * [E(k) - E(k-1)] + KI * E(k) + KD * [E(k) - 2E(k-1) + E(k-2)]
25.   **************************************************** */
26.   void PID_Operation(void)
27.   {
28.       uInt32 Temp[3] = {0};              //中间临时变量
29.       uInt32 PostSum = 0;                //正数和
30.       uInt32 NegSum = 0;                 //负数和
31.       if(PID.iSetVal > PID.iCurVal)      //设定值大于实际值吗
32.       {
33.           if(PID.iSetVal - PID.iCurVal > 10)    //偏差大于 10 吗
34.               PID.iPriVal = 100;         //偏差大于 10 为上限幅值输出(全速加热)
35.           else                           //否则慢慢来
36.           {
37.               Temp[0] = PID.iSetVal - PID.iCurVal;    //偏差 <= 10,计算 E(k)
38.               PID.uEkFlag[1] = 0;        //E(k)为正数,因为设定值大于实际值
39.               /* 数值进行移位,注意顺序,否则会覆盖掉前面的数值 */
40.               PID.liEkVal[2] = PID.liEkVal[1];
41.               PID.liEkVal[1] = PID.liEkVal[0];
42.               PID.liEkVal[0] = Temp[0];
43.   /* ======================================== */
44.               if(PID.liEkVal[0] > PID.liEkVal[1])    //E(k)>E(k-1)否?
45.               {
46.                   Temp[0] = PID.liEkVal[0] - PID.liEkVal[1];    //E(k)>E(k-1)
47.                   PID.uEkFlag[0] = 0;    //E(k) - E(k-1)为正数
48.               }
```

```
49.              else
50.                  {
51.                      Temp[0] = PID.liEkVal[1] - PID.liEkVal[0]; //E(k)<E(k-1)
52.                      PID.uEkFlag[0] = 1; //E(k)-E(k-1)为负数
53.                  }
54. /* ========================================= */
55.              Temp[2] = PID.liEkVal[1] //2E(k-1)
56.              if((PID.liEkVal[0] + PID.liEkVal[2])>Temp[2])  //E(k-2)+E(k)>
                                                                 2E(k-1)否?
57.                  {
58.                      Temp[2] = (PID.liEkVal[0] + PID.liEkVal[2]) - Temp[2];
59.                      PID.uEkFlag[2] = 0; //E(k-2)+E(k)-2E(k-1)为正数
60.                  }
61.              else                      //E(k-2)+E(k)<2E(k-1)
62.                  {
63.                      Temp[2] = Temp[2] - (PID.liEkVal[0] + PID.liEkVal[2]);
64.                      PID.uEkFlag[2] = 1; //E(k-2)+E(k)-2E(k-1)为负数
65.                  }
66. /* ========================================= */
67.              Temp[0] = (uInt32)PID.uKP_Coe * Temp[0]; //KP*[E(k)-E(k-1)]
68.              Temp[1] = (uInt32)PID.uKI_Coe * PID.liEkVal[0]; //KI*E(k)
69.              Temp[2] = (uInt32)PID.uKD_Coe * Temp[2]; //KD*[E(k-2)+E(k)-2E(k-1)]
70.              /* 以下部分代码是讲所有的正数项叠加,负数项叠加 */
71.              /* ========= 计算 KP*[E(k)-E(k-1)]的值 ========= */
72.              if(PID.uEkFlag[0] == 0)
73.                  PostSum += Temp[0];          //正数和
74.              else
75.                  NegSum += Temp[0];           //负数和
76.              /* ========= 计算 KI*E(k)的值 ========= */
77.              if(PID.uEkFlag[1] == 0)
78.                  PostSum += Temp[1];          //正数和
79.              else
80.                  ; /* 空操作。因为 PID.iSetVal > PID.iCurVal(即 E(K)>0)
81.                  才进入 if 的,那么就没可能为负,所以打个转回去就可以了 */
82.              /* ====== 计算 KD*[E(k-2)+E(k)-2E(k-1)]的值 ====== */
83.              if(PID.uEkFlag[2] == 0)
84.                  PostSum += Temp[2];          //正数和
85.              else
86.                  NegSum += Temp[2];           //负数和
87.              /* ========= 计算 U(k) ========= */
88.              PostSum += (uInt32)PID.iPriVal;
89.              if(PostSum > NegSum)              //是否控制量为正数
90.                  {
91.                      Temp[0] = PostSum - NegSum;
92.                      if(Temp[0] < 100 )        //小于上限幅值则为计算值输出
93.                          PID.iPriVal = (uInt16)Temp[0];
94.                      else PID.iPriVal = 100;   //否则为上限幅值输出
95.                  }
96.              else                          //控制量输出为负数,则输出0(下限幅值输出)
97.                      PID.iPriVal = 0;
98.          }
99.      }
100.    else PID.iPriVal = 0;                      //同上,嘿嘿
101. }
```

```
102.    /*******************************************
103.    /* 函数名称:PID_Output()
104.    /* 函数功能:PID 输出控制
105.    /* 入口参数:无(隐形输入,U(k))
106.    /* 出口参数:无(控制端)
107.    *******************************************/
108.    void PID_Output(void)
109.    {
110.        static uInt16 iTemp;
111.        static uChar8 uCounter;
112.        iTemp = PID.iPriVal;
113.        if(iTemp == 0)  ConOut = 1;        //不加热
114.        else    ConOut = 0;                //加热
115.        if(g_bPIDRunFlag)                  //定时中断为 100 ms(0.1 s),加热周期
                                               //10 s(100 份×0.1 s)
116.        {
117.            g_bPIDRunFlag = 0;
118.            if(iTemp) iTemp -- ;           //只有 iTemp>0,才有必要减"1"
119.            uCounter ++ ;
120.            if(100 == uCounter)
121.            {
122.                PID_Operation();           //每过 0.1×100 s 调用一次 PID 运算
123.                uCounter = 0;
124.            }
125.        }
126.    }
127.    /*******************************************
128.    /* 函数名称:PID_Output()
129.    /* 函数功能:PID 输出控制
130.    /* 入口参数:无(隐形输入,U(k))
131.    /* 出口参数:无(控制端)
132.    *******************************************/
133.    void Timer0Init(void)
134.    {
135.        TMOD | = 0x01;                     //设置定时器 0 工作在模式 1 下
136.        TH0 = 0xDC;
137.        TL0 = 0x00;                        //赋初始值
138.        TR0 = 1;                           //开定时器 0
139.        EA = 1;                            //打开总中断
140.        ET0 = 1;                           //开定时器中断
141.    }
142.    void main(void)
143.    {
144.        Timer0Init();
145.        while(1)
146.        {
147.            PID_Output();
148.        }
149.    }
150.    void Timer0_ISR(void) interrupt 1
151.    {
152.        static uInt16 uiCounter = 0;
153.        TH0 = 0xDC;
154.        TL0 = 0x00;
```

```
155.        uiCounter ++ ;
156.        if(100 == uiCounter)
157.        {
158.            g_bPIDRunFlag = 1;
159.        }
160.    }
```

注意,前面讲述的口诀法和经验值法似乎没用到,那是因为 PID 算法除了增量式以外,还有两种:位置式和微分先行法,等控制像电机或者其他东西时肯定能用到,详细可参考相关资料。

23.3 "老外"的 PID 算法

源码如下:

(本文摘自:/* http://blog.sina.com.cn/s/blog_498dc96f0100hdpg.html */)

```
1.  # include <stdio. h>
2.  # include<math. h>
3.  struct _pid
4.  {
5.      int pv;                //integer that contains the process value 过程量
6.      int sp;                //integer that contains the set point   设定值
7.      float integral;        //积分值——偏差累计值
8.      float pgain;
9.      float igain;
10.     float dgain;
11.     int deadband;          //死区
12.     int last_error;
13. };
14. struct _pid warm, * pid;
15. int process_point, set_point,dead_band;
16. float p_gain, i_gain, d_gain, integral_val,new_integ;
17. // -----------------------------------------------
18. //pid_init DESCRIPTION This function initializes the pointers in the _pid structure to the //process
19. //variable and the setpoint. * pv and * sp are integer pointers.
20. // -----------------------------------------------
21. void pid_init(struct _pid * warm, int process_point, int set_point)
22. {
23.     struct _pid * pid;
24.     pid = warm;
25.     pid ->pv = process_point;
26.     pid ->sp = set_point;
27. }
28. // -----------------------------------------------
29. //pid_tune DESCRIPTION Sets the proportional gain (p_gain), integral gain (i_gain),
30. //derivitive gain (d_gain), and the dead band (dead_band) of a pid control structure _pid.
31. //设定 PID 参数 ----P,I,D,死区
32. // -----------------------------------------------
33. void pid_tune(struct _pid * pid, float p_gain, float i_gain, float d_gain, int dead_band)
34. {
```

```
35.            pid->pgain = p_gain;
36.            pid->igain = i_gain;
37.            pid->dgain = d_gain;
38.            pid->deadband = dead_band;
39.            pid->integral = integral_val;
40.            pid->last_error = 0;
41.    }
42.    //---------------------------------------------------------
43.    //pid_setinteg DESCRIPTION Set a new value for the integral term of the pid equation.
44.    //This is useful for setting the initial output of the pid controller at start up.
45.    //设定输出初始值
46.    //---------------------------------------------------------
47.    void pid_setinteg(struct _pid * pid,float new_integ)
48.    {
49.            pid->integral = new_integ;
50.            pid->last_error = 0;
51.    }
52.    //---------------------------------------------------------
53.    //pid_bumpless DESCRIPTION Bumpless transfer algorithim. When suddenly changing
54.    //setpoints,or when restarting the PID equation after an extended pause,the derivative
55.    // of the equation can cause a bump in the controller output. This function ill help
56.    //smooth out that bump.
57.    //The process value in * pv should be the updated just before this function is used.
58.    //pid_bumpless 实现无扰切换
59.    //当突然改变设定值时,或重新启动后,将引起扰动输出。这个函数将能实现平顺扰
60.    //动,在调用该函数之前需要先更新 PV 值
61.    //---------------------------------------------------------
62.    void pid_bumpless(struct _pid * pid)
63.    {
64.            pid->last_error = (pid->sp) - (pid->pv);   //设定值与反馈值偏差
65.    }
66.    //---------------------------------------------------------
67.    //pid_calc DESCRIPTION Performs PID calculations for the _pid structure * a.
68.    //This function uses the positional form of the pid equation, and incorporates
69.    //an integral windup prevention algorithim. Rectangular integration is used, so
70.    //this function must be repeated on a consistent time basis for accurate control.
71.    //RETURN VALUE The new output value for the pid loop. USAGE # include "control.h"
72.    //本函数使用位置式 PID 计算方式,并且采取了积分饱和限制运算
73.    //---------------------------------------------------------
74.    float pid_calc(struct _pid * pid)
75.    {
76.            int err;
77.            float pterm, dterm, result, ferror;
78.            err = (pid->sp) - (pid->pv);        //计算偏差
79.            if (abs(err) > pid->deadband)       //判断是否大于死区
80.            {
81.                    ferror = (float) err; //do integer to float conversion only once 数据类型转换
82.                    pterm = pid->pgain * ferror;        //比例项
83.                    if (pterm > 100 || pterm < -100)
84.                    {
85.                            pid->integral = 0.0;
86.                    }
87.                    else
88.                    {
89.                            pid->integral += pid->igain * ferror;     //积分项
```

```
90.            if (pid->integral > 100.0)      //输出为0～100%
91.            {
92.                pid->integral = 100.0；//如果计算结果大于100，则等于100
93.            }
94.            else if (pid->integral < 0.0)  //如果计算结果小于0.0，则等于0
95.                pid->integral = 0.0；
96.            }
97.            dterm = ((float)(err - pid->last_error)) * pid->dgain；//微分项
98.            result = pterm + pid->integral + dterm；
99.        }
100.       else
101.       result = pid->integral；          //在死区范围内，保持现有输出
102.       pid->last_error = err；           //保存上次偏差
103.       return (result)；                 //输出PID值（0～100）
104.   }
105.   void main(void)
106.   {
107.       float display_value；
108.       int count = 0；
109.       pid = &warm；
110.       // printf("Enter the values of Process point, Set point, P gain, I gain,
               D gain \n")；
111.       // scanf("%d%d%f%f%f", &process_point, &set_point, &p_gain, &i_gain,
               &d_gain)；
112.       //初始化参数
113.       process_point = 30；
114.       set_point = 40；
115.       p_gain = (float)(5.2)；
116.       i_gain = (float)(0.77)；
117.       d_gain = (float)(0.18)；
118.       dead_band = 2；
119.       integral_val = (float)(0.01)；
120.       printf("The values of Process point, Set point, P gain, I gain, D gain \n")；
121.       printf(" %6d %6d %4f %4f %4f\n", process_point, set_point, p_gain,
               i_gain, d_gain)；
122.       printf("Enter the values of Process point\n")；
123.       while(count <= 20)
124.       {
125.           scanf("%d",&process_point)；
126.           //设定PV，SP值
127.           pid_init(&warm, process_point, set_point)；
128.           //初始化PID参数值
129.           pid_tune(&warm, p_gain,i_gain,d_gain,dead_band)；
130.           //初始化PID输出值
131.           pid_setinteg(&warm,0.0)；
132.           //pid_setinteg(&warm,30.0)；
133.           //Get input value for process point
134.           pid_bumpless(&warm)；
135.           // how to display output
136.           display_value = pid_calc(&warm)；
137.           printf(" %f\n", display_value)；
138.           //printf("\n%f%f%f%f",warm.pv,warm.sp,warm.igain,warm.dgain)；
139.           count ++；
140.       }
141.   }
```

笔记 24

无线温/湿度测试系统——基于 nRF24L01

24.1　项目简介

　　该项目基于单片机控制下的无线温、湿度检测系统。该系统能将温棚的温/湿度以无线的方式实时传输到检测室的 PC 机上,当管理人员看到温、湿度升高或降低时采取相应的措施,继而为蔬菜提供一个舒适的生长环境。

　　可见,该项目需要两套子系统,一套用来采样温、湿度,并通过无线发射出去;另一套用来接收数据,并将数据传输到 PC 机上,这样就有了如图 24-1 所示的总体结构框图。

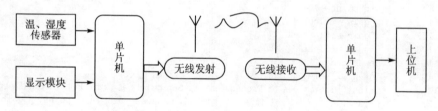

图 24-1　无线测温系统框架图

24.2　两个子模块的准备

24.2.1　无线模块概述

　　市场上常见的无线模块可以分为 3 类,分别是 ASK 超外差模块,主要用在简单的遥控和数据传送;无线收发模块主要用来通过单片机控制无线收发数据,一般为 FSK、GFSK 调制模式;无线数传模块主要用来直接通过串口来收发数据,使用简单。

　　按工作频率来分类,市场上常见的有 230 MHz、315 MHz、433 MHz 和 2.4 GHz 等。其中,230 MHz 的代表型号有 MDS EL-7052。315 MHz 一般是 ASK 无线模块,代表型号是 YB315;433 MHz 的代表型号有 CC1101S、CC1101+PA+LNA;

2.4 GHz的代表型号有 MDS EL－805、CC2500S、CC2500＋PA＋LNA、YB2530、YB2530＋PA 以及 nRF24L01 等。

无线模块广泛应用在无人机通信控制、工业自动化、油田数据采集、铁路无线通信、煤矿安全监控系统、管网监控、水文监测系统、污水处理监控、PLC、车辆监控、遥控、测试、小型无线网络、无线抄表、智能家居、非接触 RF 智能卡、楼宇自动化、安全防火系统、无线遥控系统、生物信号采集、机器人控制、无线 232 数据通信、无线 485/422 数据通信传输等领域中。这里就以 nRF24L01 为例来详细讲解一下如何用此模块来进行无线传输数据。

1. nRF24L01 模块

nRF24L01 是一款新型单片射频收发器件,工作于 2.4～2.5 GHz ISM 频段;内置频率合成器、功率放大器、晶体振荡器、调制器等功能模块,并融合了增强型 ShockBurst 技术,其中输出功率和通信频道可通过程序进行配置。nRF24L01 功耗低,在以－6 dBm 的功率发射时,工作电流也只有 9 mA;接收时,工作电流只有 12.3 mA,多种低功率工作模式(掉电模式和空闲模式)使节能设计更方便。以下特点更让该模块的应用得到了升级:

- ➢ 2.4 GHz 全球开放 ISM 频段免许可证使用。
- ➢ 最高工作速率 2 Mbps,高效 GFSK 调制,抗干扰能力强,特别适合工业控制场合。
- ➢ 126 频道,满足多点通信和跳频通信需要。
- ➢ 内置硬件 CRC 检错和点对多点通信地址控制。
- ➢ 低功耗 1.9～3.6 V 工作,待机模式下状态为 22 μA;掉电模式下为 900 nA。
- ➢ 内置 2.4 GHz 天线,体积小巧 34 mm×17 mm。
- ➢ 模块可软件设置地址,只有收到本机地址时才会输出数据(提供中断指示),可直接接各种单片机使用,软件编程非常方便。
- ➢ 内置专门稳压电路,使用各种电源包括 DC/DC、开关电源均有很好的通信效果。

2. nRF24L01 模块的硬件结构

nRF24L01 模块使用 Nordic 公司的 nRF24L01 芯片开发而成。笔者这里讲述的模块由深圳云佳科技有限公司生产,成熟性和稳定性已经被许多大公司认可。其模块的 PCB 如图 24－2 所示,实物如图 24－3 所示。

该模块是以 SPI(Serial Peripheral Interface,串行外设接口)方式和单片机通信的,引脚介绍如下(其中 GND 和 VCC 就不说了)。

- ➢ CE(模块 3 引脚):RX 或 TX 模式选择。
- ➢ CSN(模块 4 引脚):SPI 片选信号。
- ➢ SCK(模块 5 引脚):SPI 时钟。

> MOSI(模块 6 引脚):SPI 数据输入脚(主出从进)。
> MISO(模块 7 引脚):SPI 数据输出脚(主入从出)。
> IRQ(模块 8 引脚):可屏蔽中断脚。

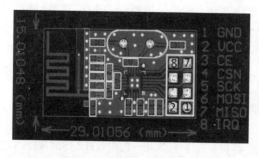

图 24 - 2　nRF24L01 的 PCB 图

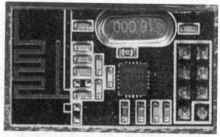

图 24 - 3　nRF24L01 实物图

3. nRF24L01 模块的工作模式

通过配置寄存器和 CE 的高低电平可将 nRF241L01 配置为发射、接收、空闲及掉电四种工作模式,如表 24 - 1 所列。

表 24 - 1　nRF241L01 的模式配置

模式	PWR_UP	PRIM_RX	CE	FIFO 寄存器状态
接收模式	1	1	1	—
发射模式	1	0	1	数据在 TX FIFO 寄存器中
发射模式	1	0	1→0	停留在发送模式,直至数据发送完
待机模式 2	1	0	1	TX FIFO 为空
待机模式 1	1	—	0	无数据传输
掉电	0	—	—	—

4. nRF24L01 模块的工作原理

发射数据时,首先将 nRF24L01 配置为发射模式,接着把接收节点地址 TX_ADDR 和有效数据 TX_PLD 按照时序由 SPI 口写入 nRF24L01 缓存区,TX_PLD 必须在 CSN 为低时连续写入,而 TX_ADDR 在发射时写入一次即可,然后 CE 置为高电平并保持至少 10 μs,延迟 130 μs 后发射数据;若自动应答开启,那么 nRF24L01 在发射数据后立即进入接收模式,接收应答信号(自动应答接收地址应该与接收节点地址 TX_ADDR 一致)。如果收到应答,则认为此次通信成功,TX_DS 置高,同时 TX_PLD 从 TX FIFO 中清除;若未收到应答,则自动重新发射该数据(自动重发已开启);若重发次数(ARC)达到上限,MAX_RT 置高,TX FIFO 中数据保留以便再次重发;MAX_RT 或 TX_DS 置高时,使 IRQ 变低产生中断,通知 MCU。最后发射成功时,若 CE 为低则 nRF24L01 进入空闲模式 1;若发送堆栈中有数据且 CE 为高,则进入下一次发射;若发送堆栈中无数据且 CE 为高,则进入空闲模式 2。

接收数据时,首先将 nRF24L01 配置为接收模式,接着延迟 130 μs 进入接收状态等待数据的到来。当接收方检测到有效的地址和 CRC 时,就将数据包存储在 RX FIFO 中,同时中断标志位 RX_DR 置高,IRQ 变低产生中断,通知 MCU 去取数据。若此时自动应答开启,则接收方同时进入发射状态回传应答信号。最后接收成功时,若 CE 变低,则 nRF24L01 进入空闲模式 1。

5. nRF24L01 模块的配置字

SPI 口为同步串行通信接口,最大传输速率为 10 Mbps,传输时先传送低位字节,再传送高位字节。但针对单个字节而言,要先送高位再送低位。与 SPI 相关的指令共有 8 个,使用时这些控制指令由 nRF24L01 的 MOSI 输入。相应的状态和数据信息是从 MISO 输出给 MCU。

nRF24L0l 所有的配置字都由配置寄存器定义,这些配置寄存器可通过 SPI 口访问。nRF24L01 的配置寄存器共有 25 个,常用的配置寄存器如表 24-2 所列。

表 24-2   nRF24L01 寄存器的概述

地址(H)	寄存器名称	功 能
00	CONFIG	设置 nRF24L01 工作模式
01	EA_AA	设置接收通道及自动应答
02	EA_RXADDR	使能接收通道地址
03	SETUP_AW	设置地址宽度
04	SETUP_RETR	设置自动重发数据时间和次数
07	STATUS	状态寄存器,用来判定工作状态
0A~0F	RX_ADDR_P0~P5	设置接收通道地址
10	TX_ADDR	设置发送地址(先写低字节)
11~16	RX_PW_P0~P5	设置接收通道的有效数据宽度

24.2.2   数字温/湿度传感器——DHT11

温/湿度的测量这里选用 DHT11。DHT11 数字温/湿度传感器是一款含有已校准数字信号输出的温/湿度复合传感器,应用专用的数字模块采集技术和温/湿度传感技术,确保产品具有极高的可靠性和稳定性。传感器包括一个电阻式感湿元件和一个 NTC 测温元件,并与一个高性能 8 位单片机相连接。因此,该产品具有品质卓越、超快响应、超强抗干扰性、性价比极高等优点。每个 DHT11 传感器都在极为精确的湿度校验室中进行校准。校准系数以程序的形式存在 OTP 内存中,传感器内部在检测型号的处理过程中调用这些校准系数。单线制串行接口使系统集成变得简易快捷。超小的体积、超低的功耗,使其成为该类应用甚至最为苛刻的应用场合的最佳选择。产品为 4 针单排引脚封装,连接方便。实物图和与单片机连接原理图分别如图 24-4 和图 24-5 所示。

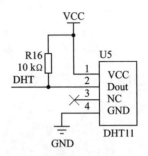

图 24-4　DHT11 实物图　　　　　图 24-5　DHT11 的原理图

该传感器以单总线的方式和单片机通信。单总线即只有一根数据线,系统中的数据交换、控制均由单总线完成。设备(主机或从机)通过一个漏极开漏或三态端口连到该数据线上,以允许设备在不发送数据时能够释放总线,而让其他设备使用总线,因此一个上拉电阻(4.7~10 kΩ)是少不了的。

(1) DHT11 的数据位定义

在数据传输过程中,一次传送 5 个字节(40 位)的数据,高位先出。格式为:8 位湿度整数+8 位湿度小数+8 位温度整数+8 位温度小数+8 位校验位。其中,8 位校验位=8 位湿度整数+8 位湿度小数+8 位温度整数+8 位温度小数。

举例:若一帧数据为 00111010 00000000 00011000 00000000 01010010,计算 00111010+00000000+00011000+00000000=01010010,说明数据接收正确,且湿度为 58(00111010)%RH,温度为 24(00011000)℃,若校验位不等于前 4 个数据之和,那么放弃这帧数据。

(2) 读数据时序图

用户主机(MCU)发送一次开始信号后,DHT11 从低功耗模式转换到高速模式,待主机开始信号结束后,DHT11 发送响应信号,送出 40 位的数据,并触发一次信息采集。则数据流程如图 24-6 所示。

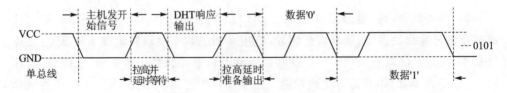

图 24-6　DHT11 开始发送数据流程图

注意,主机从 DHT11 读取的温/湿度数据总是前一次的测量值,如两次测量间隔时间很长,则连续读两次,最后以第二次获得的值为实时温湿度值。

(3) 主机复位信号和 DHT11 相应信号

主机发送开始信号后,延时等待 20～40 μs 后读取 DH11T 的回应信号,读取总线为低电平,说明 DHT11 在发送响应信号,然后再把总线拉高,准备发送数据。每位数据都以低电平开始,格式如图 24 - 7 所示;如果读取响应信号为高电平,则 DHT11 没有响应,请检查线路是否连接正常。数据"1"和数据"0"的表示方法如图 24 - 8 及图 24 - 9 所示。

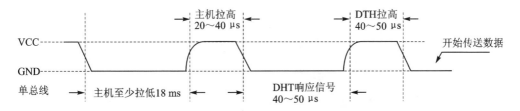

图 24 - 7 主机复位信号和 DHT11 响应信号图

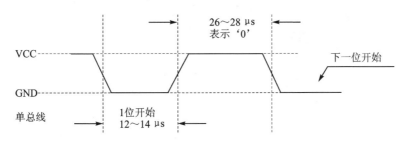

图 24 - 8 数据"0"的格式图

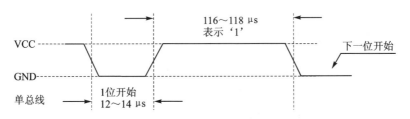

图 24 - 9 数据"1"的格式图

24.3 发射系统的设计

发射系统按功能来分应该包括 3 部分,分别为温/湿度的采集(即传感器的驱动)、温/湿度的显示(即液晶的控制)、无线发射(无线模块的控制)。

24.3.1　发射系统的硬件设计

初学者都是以模块的形式来组装,这里就介绍这种方式。以 MGSS - V1.0(笔者开发的另一块单片机最小系统板)为控制核心,以笔记 22 中用到温/湿度测试板及介绍过的无线模块等为子模块来搭建此系统,搭建好的发射系统如图 24 - 10 所示。

图 24 - 10　发射系统实物图

24.3.2　发射系统的软件开发

由功能可知,软件主要包括 3 部分:传感器的驱动、无线模块的驱动、液晶的驱动。接下来分别讲述各个部分的驱动代码。

1. 温/湿度传感器的驱动代码

DHT11.c 的源码如下:

```
1.  /**************************************************/
2.  #include "common.h"          //包含定义 uChar8 所有的头文件
3.  #include "delay.h"           //包含延时函数的头文件
4.  sbit DHT11DATA = P2^0 ;      //定义传感器所有的端口
5.  uChar8   U8FLAG;             //状态标志位。0→超时;1→跳出循环;2→初始值
6.  uChar8   U8temp;             //临时的全局变量
7.  uChar8   U8T_data_H;         //温度高 8 位
```

```
8.    uChar8   U8T_data_L;              //温度低 8 位
9.    uChar8   U8RH_data_H;             //湿度高 8 位
10.   uChar8   U8RH_data_L;             //湿度低 8 位
11.   uChar8   U8comdata;               //校验位
12.   uChar8   U8checkdata;             //校验数据
13.   /* * * * * * * * * * * * * * * * * * * * * * * * * * * * * * * * * */
14.   //函数名称:DHT11ReadData()
15.   //函数功能:串行读取 DHT11 的数据
16.   //入口参数:无
17.   //出口参数:无
18.   /* * * * * * * * * * * * * * * * * * * * * * * * * * * * * * * * * */
19.   void DHT11ReadData(void)
20.   {
21.       uChar8 i;
22.       for(i = 0;i < 8;i++)           //串行按位读取数据
23.       {
24.           U8FLAG = 2;                //初始值
25.           while((!DHT11DATA) && U8FLAG++);    //低电平等待
26.           Delay5US();Delay5US();Delay5US();
27.           U8temp = 0;
28.           if(DHT11DATA)U8temp = 1;//若此时数据线还为高,表示数据为:1
29.           U8FLAG = 2;
30.           while((DHT11DATA) && U8FLAG++);
31.           //判断数据线是否还原为低电平和超时
32.           if(U8FLAG == 1)break;      //超时则跳出 for 循环
33.           U8comdata << = 1;
34.           U8comdata | = U8temp;      //计算校验位
35.       }
36.   }
37.   /* * * * * * * * * * * * * * * * * * * * * * * * * * * * * * * * * */
38.   //函数名称:DHT11TemAndHum()
39.   //函数功能:读取温湿度
40.   //入口参数:无
41.   //出口参数:操作成功与否的标志位
42.   /* * * * * * * * * * * * * * * * * * * * * * * * * * * * * * * * * */
43.   uChar8 DHT11TemAndHum(void)
44.   {
45.       uChar8   U8T_data_H_temp;   //温度高 8 位(第二次读数)
46.       uChar8   U8T_data_L_temp;   //温度低 8 位(第二次读数)
47.       uChar8   U8RH_data_H_temp;  //湿度高 8 位(第二次读数)
48.       uChar8   U8RH_data_L_temp;  //湿度低 8 位(第二次读数)
49.       uChar8   U8checkdata_temp;  //校验数据(第二次读数)
50.       DHT11DATA = 0;DelayMS(18);  //主机拉低 18 ms
51.       DHT11DATA = 1;                //接着拉高数据线
52.       Delay5US();Delay5US();Delay5US();   //总线由上拉电阻拉高 主机延时 20 μs
53.       DHT11DATA = 1;                //主机设为输入,判断从机响应信号
54.       //判断从机是否有低电平响应信号 如不响应则跳出,响应则向下运行
55.       if(!DHT11DATA)
56.       {
57.           U8FLAG = 2;
```

```
58.        while((!DHT11DATA) && U8FLAG ++ );
59.        //判断从机是否发出 80 μs 的低电平响应信号是否结束
60.        U8FLAG = 2;
61.        //判断从机是否发出 80 μs 的高电平,如发出则进入数据接收状态
62.        while((DHT11DATA) && U8FLAG ++ );
63.        DHT11ReadData();U8RH_data_H_temp = U8comdata;
64.        DHT11ReadData();U8RH_data_L_temp = U8comdata;
65.        DHT11ReadData();U8T_data_H_temp = U8comdata;
66.        DHT11ReadData();U8T_data_L_temp = U8comdata;
67.        DHT11ReadData();U8checkdata_temp = U8comdata;
68.        //数据校验
69.        U8temp = U8T_data_H_temp + U8T_data_L_temp +
70.                 U8RH_data_H_temp + U8RH_data_L_temp;
71.        if(U8temp == U8checkdata_temp)
72.        {
73.            U8RH_data_H = U8RH_data_H_temp;
74.            U8RH_data_L = U8RH_data_L_temp;
75.            U8T_data_H = U8T_data_H_temp;
76.            U8T_data_L = U8T_data_L_temp;
77.            U8checkdata = U8checkdata_temp;
78.            return 1;              //校验若相等,返回 1,否则返回 0
79.        }
80.    }
81.    return 0;
82. }
```

2. 无线模块的发射驱动

这部分代码中读者自己要做的一件事就是需要补充 SPI 的知识,即数据读/写的方式,起初笔者计划在讲无线模块设计的时候讲,可发现这部分内容比较多,为了压缩篇幅就省了。不过只是省了文字和一些时序图,编程的方法前面不止一次讲过,概括地说就是一个 8 次的 for 循环,具体可以看笔者录制的视频。NRF24L01.c 的源码如下:

```
1.  # include "NRF24L01.h"
2.  # define TX_ADR_WIDTH    5              //本机地址宽度设置
3.  # define RX_ADR_WIDTH    5              //接收方地址宽度设置
4.  # define TX_PLOAD_WIDTH  20             //4 字节数据长度
5.  # define RX_PLOAD_WIDTH  20             //4 字节数据长度
6.  uChar8 const TX_ADDRESS[TX_ADR_WIDTH] = {0x34,0x43,0x10,0x10,0x01};  //本地地址
7.  uChar8 const RX_ADDRESS[RX_ADR_WIDTH] = {0x34,0x43,0x10,0x10,0x01};  //接收地址
8.  / * * * * * * * * * * NRF24L01 寄存器指令,详细请对照数据手册 * * * * * * * * * * * * */
9.  # define WRITE_REG       0x20           //写寄存器指令
10. # define WR_TX_PLOAD     0xA0           //写待发数据指令
11. # define CONFIG          0x00           //配置收发状态,CRC 校验模式以及收发状态响应方式
12. # define EN_AA           0x01           //自动应答功能设置
13. # define EN_RXADDR       0x02           //可用信道设置
14. # define RF_CH           0x05           //工作频率设置
15. # define RF_SETUP        0x06           //发射速率、功耗功能设置
```

```
16.    #define STATUS      0x07           //状态寄存器
17.    #define RX_ADDR_P0  0x0A           //频道 0 接收数据地址
18.    #define TX_ADDR     0x10           //发送地址寄存器
19.    #define RX_PW_P0    0x11           //接收频道 0 接收数据长度
20.    /* * * * * * * * * * * * * * * * * * * * * * * * * * * * * * * * * * */
21.    //函数名称:NRF24L01Init()
22.    //函数功能:初始化 NRF24L01
23.    //入口参数:无
24.    //出口参数:无
25.    /* * * * * * * * * * * * * * * * * * * * * * * * * * * * * * * * * * */
26.    void NRF24L01Init(void)
27.    {
28.        DelayMS(1);
29.        CE = 0;                        //片选信号
30.        CSN = 1;                       // SPI 使能信号
31.        SCK = 0;                       // SPI 时钟信号
32.        SPI_Write_Buf(WRITE_REG + TX_ADDR, TX_ADDRESS, TX_ADR_WIDTH);
33.        //写本地地址
34.        SPI_Write_Buf(WRITE_REG + RX_ADDR_P0, RX_ADDRESS, RX_ADR_WIDTH);
35.        //写接收端地址
36.        SPI_RW_Reg(WRITE_REG + EN_AA, 0x01);//频道 0 自动 ACK 应答允许
37.        SPI_RW_Reg(WRITE_REG + EN_RXADDR, 0x01);
38.        //允许接收地址只有频道 0,如果需要多频道可以参考数据手册 Page21
39.        SPI_RW_Reg(WRITE_REG + RF_CH, 0);//设置信道工作为 2.4 GHz,收发必须一致
40.        SPI_RW_Reg(WRITE_REG + RX_PW_P0, RX_PLOAD_WIDTH);
41.        //设置接收数据长度,本次设置为 4 字节
42.        SPI_RW_Reg(WRITE_REG + RF_SETUP, 0x07);
43.        //设置发射速率为 1 Mkbps,发射功率为最大值 0 dB
44.    }
45.    /* * * * * * * * * * * * * * * * * * * * * * * * * * * * * * * * * * */
46.    //函数名称:SPI_RW()
47.    //函数功能:用 SPI 方式读写 nRF24L01 的数据
48.    //入口参数:待写入的数据(ucDat)
49.    //出口参数:无
50.    /* * * * * * * * * * * * * * * * * * * * * * * * * * * * * * * * * * */
51.    uChar8 SPI_RW(uChar8 ucData)
52.    {
53.        uChar8 bit_ctr;
54.        for(bit_ctr = 0;bit_ctr < 8;bit_ctr ++ )      //输出 8 位数值
55.        {
56.            MOSI = (ucData & 0x80);        //输出高位值到 MOSI 引脚
57.            ucData = (ucData << 1);        //移位之高位
58.            SCK = 1;                       //设置时钟线为高
59.            ucData | = MISO;               //捕获当前 MISO 位
60.            SCK = 0;                       //拉低时钟线
61.        }
62.        return(ucData);                    //返回读到的数值
63.    }
64.    /* * * * * * * * * * * * * * * * * * * * * * * * * * * * * * * * * * */
65.    //函数名称:SPI_RW_Reg(ucReg,ucValue)
```

```
66.    //函数功能:读写 nRF24L01 寄存器
67.    //入口参数:寄存器地址(ucReg),待写入数值(ucValue)
68.    //出口参数:无
69.    /* * * * * * * * * * * * * * * * * * * * * * * * * * * * * * * * * */
70.    uChar8 SPI_RW_Reg(uChar8 ucReg, uChar8 ucValue)
71.    {
72.        uChar8 ucStatus;
73.        CSN = 0;                            //片选拉低,
74.        ucStatus = SPI_RW(ucReg);           //选择寄存器
75.        SPI_RW(ucValue);                    //向该寄存器写入数值
76.        CSN = 1;                            //片选拉高
77.        return(ucStatus);                   //返回 nRF24L01 状态值
78.    }
79.    /* * * * * * * * * * * * * * * * * * * * * * * * * * * * * * * * * */
80.    //函数名称:SPI_RW_Reg()
81.    //函数功能:为 nRF24L01 写数据
82.    //入口参数:寄存器地址(ucReg),待写入数据( * ucpBuf),待写入数据个数(ucNum)
83.    //出口参数:无
84.    /* * * * * * * * * * * * * * * * * * * * * * * * * * * * * * * * * */
85.    uChar8 SPI_Write_Buf(uChar8 ucReg, uChar8 * ucpBuf, uChar8 ucNum)
86.    {
87.        uChar8 ucStatus,uChar8_ctr;
88.        CSN = 0;                            //SPI 使能
89.        ucStatus = SPI_RW(ucReg);
90.        for(uChar8_ctr = 0; uChar8_ctr < ucNum; uChar8_ctr + + )
91.            SPI_RW( * ucpBuf + + );
92.        CSN = 1;                            //关闭 SPI
93.        return(ucStatus);
94.    }
95.    /* * * * * * * * * * * * * * * * * * * * * * * * * * * * * * * * * */
96.    //函数名称:nRF24L01_TxPacket()
97.    //函数功能:nRF24L01 发送 TxBuf 数据函数
98.    //入口参数:待发送数据地址( * TxBuf)
99.    //出口参数:无
100.   /* * * * * * * * * * * * * * * * * * * * * * * * * * * * * * * * * */
101.   void nRF24L01_TxPacket(uChar8 * TxBuf)
102.   {
103.       CE = 0;                             //StandBy I 模式
104.       SPI_Write_Buf(WRITE_REG + RX_ADDR_P0, TX_ADDRESS, TX_ADR_WIDTH);
105.       //装载接收端地址
106.       SPI_Write_Buf(WR_TX_PLOAD, TxBuf, TX_PLOAD_WIDTH); //装载数据
107.       SPI_RW_Reg(WRITE_REG + CONFIG, 0x0E); //IRQ 收发完成中断响应,16 位 CRC
108.       CE = 1;                             //置高 CE,激发数据发送
109.       Delay5US();
110.       SPI_RW_Reg(WRITE_REG + STATUS,0XFF);
111.   }
```

该模块可以选用的通信频道比较多,这里只用了 0 频道,剩余的读者根据数据手册自己扩展就可以。最后,程序还需包含头文件(common. h 等)、端口的定义、函数

的声明。

3. 显示模块——LCD1602 的驱动

LCD1602 液晶基本部分的驱动代码,在笔记 8 中做了大量的讲解;数据的刷新可参考实例 44。完整源码参见本书配套资料。

4. 发射系统主程序的设计

主程序即主函数,就是对各个子模块、子程序的调用,最后达到整个要实现的功能。主程序的源码如下:

```
1.    # include <reg52. h>
2.    # include "common. h"
3.    # include "delay. h"
4.    # include "NRF24L01. h"
5.    # include "DHT11. h"
6.    # include "LCD1602. h"
7.    extern uChar8   U8T_data_H;              //温度高 8 位
8.    extern uChar8   U8T_data_L;              //温度低 8 位
9.    extern uChar8   U8RH_data_H;             //湿度高 8 位
10.   extern uChar8   U8RH_data_L;             //湿度低 8 位
11.   uChar8 display[4] = {0};                 //显示缓冲区
12.   void main(void)
13.   {
14.       uChar8 i = 0,Num = 0;
15.       LCD_Init();                          //LCD1602 初始化
16.       NRF24L01Init();                      //nRF24L01 初始化配置
17.       while(1)
18.       {
19.           Num = DHT11TemAndHum();          //DHT11 温湿度读取
20.           if(Num)
21.           {
22.               display[0] = U8RH_data_H;     //湿度高位
23.               display[1] = U8RH_data_L;     //湿度低位
24.               display[2] = U8T_data_H;      //温度高位
25.               display[3] = U8T_data_L;      //温度低位
26.               nRF24L01_TxPacket(display);   //通过 nRF2401 发送数据
27.               LcdDisplay();
28.           }
29.       }
30.   }
```

提几个问题:

问题一:1~6 行代码都是包含头文件,那么用"<、>"和""、""有何区别?

问题二:7~10 行为变量的声明,那么什么是变量的声明,什么又是变量的定义?

问题三:模块化编程中,变量声明应该在".c"中,还是".h"中? 为什么?

问题四:第 11 行的数值定义中,前面能不能加"code"关键字? 为什么?

问题五：第 26 行中,形式参数以哪种方式传递? 数组的首地址、数组首元素的地址等有何关系? 或者说有何不同与相同点呢?

问题六：带返回值的函数怎么定义,怎么调用呢?

24.4　接收系统的下位机设计

接收系统的下位机主要包含无线接收和上位机通信两部分。无线接收和无线发射硬件除了温/湿度采集不同以外,其他都相同。所以,接收系统只需一块 MGSS - V1.0 最小系统板和无线模块。软件与发射部分稍有不同,其中上位机通信无非就是将数据通过串口输出到 PC 机上,之后按笔记 18 所讲的知识来编写上位机软件。

24.4.1　下位机系统的硬件设计

上面概述中已经提到这部分没什么硬件的设计,只给出实物图,如图 24 - 11 所示。

图 24 - 11　接收系统实物图

24.4.2　下位机系统的软件开发

这部分主要包括:无线接收和串口通信。接下来分别来讲述这两部分的驱动代码。

1. 无线模块的接收驱动

无线模块接收的驱动要比无线发射的多一点,因为要设置一些接收端的寄存器。限于篇幅,省略了与发射重复的源码,这里只贴了不同的部分,具体的"xx.c"源码如下:

```
1.    # include <reg52.h>
2.    # include "common.h"
3.    # include "delay.h"
4.    # include "NRF24L01.h"
5.    uChar8   bdata sta;                      //nRF24L01 状态标志
6.    sbit RX_DR = sta^6;
7.    sbit TX_DS = sta^5;
8.    sbit MAX_RT = sta^4;
9.    /****** 添加发送部分源码的 2~7 行代码到这里 ******/
10.   # define WRITE_REG        0x20          //写寄存器指令
11.   # define RD_RX_PLOAD      0x61          //读取接收数据指令
12.   # define WR_TX_PLOAD      0xA0          //写待发数据指令
13.   # define CONFIG           0x00
14.   //配置收发状态,CRC 校验模式以及收发状态响应方式
15.   # define EN_AA            0x01          //自动应答功能设置
16.   # define EN_RXADDR        0x02          //可用信道设置
17.   # define RF_CH            0x05          //工作频率设置
18.   # define RF_SETUP         0x06          //发射速率,功耗功能设置
19.   # define STATUS           0x07          //状态寄存器
20.   # define RX_ADDR_P0       0x0A          //频道 0 接收数据地址
21.   # define TX_ADDR          0x10          //发送地址寄存器
22.   # define RX_PW_P0         0x11          //接收频道 0 接收数据长度
23.   void NRF24L01Init(void)
24.   {    /* 见发送部分源码 */    }
25.   uChar8 SPI_RW(uChar8 ucData)
26.   {    /* 见发送部分源码 */    }
27.   uChar8 SPI_RW_Reg(uChar8 ucReg, uChar8 ucValue)
28.   {    /* 见发送部分源码 */    }
29.   uChar8 SPI_Write_Buf(uChar8 ucReg, uChar8 * ucpBuf, uChar8 ucNum)
30.   {    /* 见发送部分源码 */    }
31.   /*******************************************/
32.   //函数名称:SetRX_Mode()
33.   //函数功能:配置 nRF24L01 的数据接收模式
34.   //入口参数:无
35.   //出口参数:无
36.   /*******************************************/
37.   void SetRX_Mode(void)
38.   {
39.       CE = 0;
40.       SPI_RW_Reg(WRITE_REG + CONFIG,0x0f);
41.       //IRQ 收发完成中断响应,16 位 CRC,主接收
42.       CE = 1;
43.       DelayMS(1);
```

```
44.    }
45.    /* * * * * * * * * * * * * * * * * * * * * * * * * * * * * * * * * * */
46.    //函数名称:SPI_Read()
47.    //函数功能:用 SPI 方式读取 nRF24L01 的读数据
48.    //入口参数:待存入数据寄存器地址(ucReg)
49.    //出口参数:操作成功与否标志位
50.    /* * * * * * * * * * * * * * * * * * * * * * * * * * * * * * * * * * */
51.    uChar8 SPI_Read(uChar8 ucReg)
51.    {
53.        uChar8 reg_val;
54.        CSN = 0;                         //片选使能,初始化 SPI 通信
55.        SPI_RW(ucReg);                   //选中读取寄存器
56.        reg_val = SPI_RW(0);             //读寄存器数据值
57.        CSN = 1;                         //片选拉高
58.        return(reg_val);                 //返回读到的值
59.    }
60.    /* * * * * * * * * * * * * * * * * * * * * * * * * * * * * * * * * * */
61.    //函数名称:SPI_Read()
62.    //函数功能:读 nRF24L01 的数据
63.    //入口参数:寄存器地址(ucReg),待读出数据( * ucpBuf),读出数据的个数(ucNum)
64.    //出口参数:操作状态
65.    /* * * * * * * * * * * * * * * * * * * * * * * * * * * * * * * * * * */
66.    uChar8 SPI_Read_Buf(uChar8 ucReg, uChar8 * ucpBuf, uChar8 ucNum)
67.    {
68.        uChar8 status,uchar_ctr;
69.        CSN = 0;                         //片选使能
70.        status = SPI_RW(ucReg);          //选中寄存器并写入、读出数值
71.        for(uchar_ctr = 0;uchar_ctr < ucNum;uchar_ctr ++ )
72.            ucpBuf[uchar_ctr] = SPI_RW(0);
73.        CSN = 1;
74.        return(status);                  //返回状态值
75.    }
76.    /* * * * * * * * * * * * * * * * * * * * * * * * * * * * * * * * * * */
77.    //函数名称:nRF24L01_RxPacket()
78.    //函数功能:nRF24L01 接收数据
79.    //入口参数:待存入数据( * RxBuf)
80.    //出口参数:操作成功与否标志位
81.    /* * * * * * * * * * * * * * * * * * * * * * * * * * * * * * * * * * */
82.    uChar8 nRF24L01_RxPacket(uChar8 * RxBuf)
83.    {
84.        uChar8 revale = 0;
85.        sta = SPI_Read(STATUS);          //读取状态寄存其来判断数据接收状况
86.        if(RX_DR)                        //判断是否接收到数据
87.        {
88.            CE = 0;
89.            SPI_Read_Buf(RD_RX_PLOAD,RxBuf,TX_PLOAD_WIDTH);
90.            // read receive payload from RX_FIFO buffer
91.            revale = 1;                  //读取数据完成标志
92.        }
93.        SPI_RW_Reg(WRITE_REG + STATUS,sta);
```

```
94.     //接收到数据后 RX_DR,TX_DS,MAX_PT 都置高为 1,通过写 1 来其清除中断标志
95.     return revale;
96.  }
```

2. 串口通信的驱动

这个过程无非就是将接收到的数据通过串口发送到 PC 机上,一次要发送的数据是 4 字节,其实真正有用的是两字节,因为温/湿度传感器的小数部分未使用。发送一个字节的方式有两种,一种是直接用库函数 printf(),另一种是自己写个发送函数(SendData()),详见笔记 10。

3. 接收系统主程序的设计

```
1.   #include <reg52.h>
2.   #include "common.h"
3.   #include "delay.h"
4.   #include "LCD1602.h"
5.   #include "NRF24L01.h"
6.   #include "UART.h"
7.   uChar8 RxBuf[10] = {0};                  //接收缓冲区
8.   uChar8 temp[4];                          //临时记忆数组
9.   void main(void)
10.  {
11.      uChar8 i = 0;
12.      NRF24L01Init();                      //nRF24L01 初始化
13.      UART_Init();                         //串口初始化
14.      LCD_Init();                          //LCD1602 初始化
15.      DelayMS(50);
16.      while(1)
17.      {
18.          SetRX_Mode();                    //接收模式设置
19.          if(nRF24L01_RxPacket(RxBuf))
20.          {
21.              temp[0] = RxBuf[0]; temp[1] = RxBuf[1];   //接收湿度的整数、小数
22.              temp[2] = RxBuf[2]; temp[3] = RxBuf[3];   //接收温度的整数、小数
23.              for(i = 0; i < 4; i++)
24.              {
25.                  SendData(temp[i]); DelayMS(5); //通过串口将数据传输到上位机上
26.              }
27.              LcdDisplay();                //将数据显示在 LCD1602 上
28.          }
29.      }
30.  }
```

24.5   接收系统的上位机开发

这部分用了 VB 程序,源码参见配套资料。

笔记 25

基于 Android 手机的蓝牙智能小车

笔者一直在提倡玩单片机,那为何不 DIY 一个智能小车,让小车在读者手机控制下跑起来呢? 例如在图 25 - 1 所示的手机界面下,当分别按下前进、后退、左转、右转、停止键时,小车执行前进、后退、左转、右转、停止等动作。当然还可以增加例如避障、循迹等功能,甚至可以增加一些彩灯、语音播放等。

图 25 - 1　智能小车的手机控制界面图

25.1　电机驱动

无论是直流电机、步进电机、还是舵机,一般工作电流比较大,只用单片机去驱动,肯定是吃不消的。因此,必须在电机和单片机之间增加驱动电路,当然有些为了防止干扰,还须增加光耦,这里就不讲述了。或许下面要讲述的舵机用不到驱动,那是因为舵机内部已经集成了驱动电路。

电机的驱动电路大致分为两类:专用芯片和分立元件搭建。专用芯片种类又很多,例如 LG9110、L298N、L293、A3984、ML4428 等。分立元件是指用一些继电器、晶体管等搭建的驱动电路。这里以常用的 L298N 和典型的 H 桥为例来讲述驱动电路的原理。

25.1.1　L298 概述

L298N 是 SGS 公司的产品,内部包含 4 通道逻辑驱动电路,是一种二相和四相电机的专用驱动器,内含二个 H 桥的高电压、大电流双全桥式驱动器,接受标准的 TTL 逻辑电平信号,可驱动 46 V、2 A 以下的电机。芯片有两种封装插件式和贴片式,两种封装的实物图分别如图 25 - 2 和图 25 - 3 所示。

两种封装的引脚对应图可以查阅数据手册。接下来主要说一下其工作原理。先了解其内部的电路机构,如图 25 - 4 所示。

图中有两个使能端子 ENA 和 ENB,ENA 控制着 OUT1 和 OUT2;ENB 控制着

OUT3 和 OUT4。要让 OUT1~OUT4 有效,ENA,ENB 都必须使能(即为高电平)。假如此时 ENA、ENB 都有效,再接着分析一两个与门,若 IN1 为"1",那么与门 1 的结果为"1",与门 2(注意与门 2 的上端有个反相器)的结果为"0",这样三极管 1 导通,2 截止,则 OUT1 为电源电压。相反,若 IN1 为"0",则三极管 1、2 分别为截止和导通状态,那么 OUT1 为地端电压(0 V)。别的 3 个输出端子同理。

图 25-2　插件 L298 实物图　　　　图 25-3　贴片 L298 实物图

　　PWM 是 Pulse Width Modulation 的缩写,简称脉宽调制,是利用微处理器的数字输出来对模拟电路进行控制的一种非常有效的技术,广泛应用在测量、通信、功率控制与变换的许多领域中。这里用 PWM 来控制电机的快慢也是一种很有效的措施。PWM 其实就是高低脉冲的组合(如图 25-5 所示),占空比越大,电机传动越快,占空比越小,电机转动越慢。

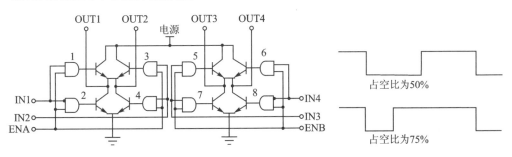

图 25-4　L298 的内部原理结构图　　　　图 25-5　占空比示意图

25.1.2　H 桥驱动电路概述

　　H 桥的电路其实与图 25-4 有些类似,工作原理也是通过控制晶体管(三极管、MOS 管)或继电器的通断来达到控制输出的目的。H 桥的种类比较多,这里以比较典型的一个 H 桥电路(见图 25-6)为例来讲解其工作原理。

　　首先说说 PWM 端子,它是通过控制 PWM 端子的高低电平来控制三极管 Q6 的通断,继而达到控制电源的通断,最后形成如图 25-5 所示的占空比。之后是 R/L

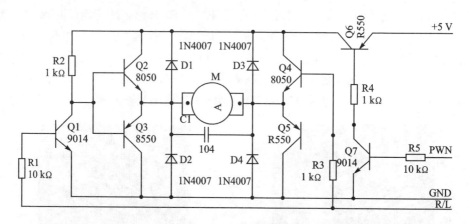

图 25 - 6　H 桥电路图

（左转、右转控制端）端，若为高电平，则 Q1、Q3、Q4 导通，Q2、Q5 截止，这样电流从电源出发，经由 Q6、Q4、电机（M）、Q3 到达地，电机右转（左转），这样就可实现电机的快慢、左右转动。

25.2　实例解读 3 种电机

电机的种类的繁多，这里以直流电机、步进电机、舵机为例来说说电机的驱动和控制。

25.2.1　直流电机

直流电机的种类也比较多，例如普通直流电机、减速直流电机、无刷直流电机、伺服直流电机和永磁直流电机等。这里就以普通直流电机为例，其他类似。直流电机有两个控制端子。一端接正电源，另一端接负电源，电机正（反）转，相反则反（正）转，两端都为高或为低则电机不转。

蓝牙智能小车上的 L298 驱动模块电路如图 25 - 7 所示。

问题：

① 这么多的二极管是干什么的？答案见笔记 4 的夯实基础部分。

② 两个电容又起什么作用？答案见笔记 14 的知识扩展部分。

接着在 OUT1、OUT2 和 OUT3、OUT4 上分别连接一个直流减速电机。这里需要注意一点，可能笔者给出的程序、电路图、电机端口不一定能对应，这须读者按自己组装的系统——对应。car.h 源码和 car.c 源码如下：

```
1.  #ifndef __CAR_H__
2.  #define __CAR_H__
3.  #include <reg52.h>
4.  #include "common.h"
```

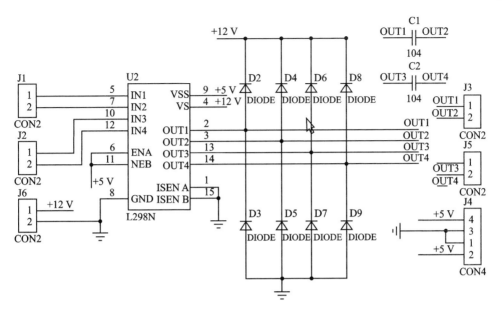

图 25 – 7   L298 驱动电路图

```
5.    # include "delay.h"
6.    # define MOVETIME    8              //用于左转、右转、后退的速度
7.    # define STOPTIME    2
8.    # define PWM_Valid    10            //调节前进的快慢
9.    # define PWM_Invalid 0
10.   # define CarGO()   P1 = 0x5f
11.   # define CarTL()   P1 = 0xdf
12.   # define CarTR()   P1 = 0x7f
13.   # define CarRT()   P1 = 0xaf
14.   # define CarST()   P1 = 0xff
15.   extern void CarAdvance(uChar8 nAdvCircle);
16.   extern void CarTurnLeft(uChar8 nTurnLeftCir);
17.   extern void CarTurnRight(uChar8 nTurnRightCir);
18.   extern void CarRetreat(uChar8 nRetreatCir);
19.   extern void CarStop(uChar8 nStopCir);
20.   # endif
/* ========================================== */
1.    # include "car.h"
2.    /* ****************************************
3.    函数名称:void CarAdvance()
4.    函数功能:小车前进
5.    入口参数:圈数(nAdvCircle)
6.    出口参数:无
7.    ************************************** */
8.    void CarAdvance(uChar8 nAdvCircle)
9.    {
10.       uChar8 i = 0;
11.       for(i = 0; i < nAdvCircle; i ++ )
```

```
12.        {
13.            CarGO();DelayMS(PWM_Valid);
14.            CarST();DelayMS(PWM_Invalid);
15.        }
16.    }
17.    /*******************************************
18.    函数名称:void CarTurnLeft()
19.    函数功能:小车左转
20.    入口参数:左转的圈数(nTurnLeftCir)
21.    出口参数:无
22.    *******************************************/
23.    void CarTurnLeft(uChar8 nTurnLeftCir)
24.    {
25.        uChar8 i,j,k;
26.        for(i = 0; i < nTurnLeftCir; i ++ )
27.        {
28.            for(j = 0; j < 2; j ++ )
29.            {
30.                CarTL();DelayMS(MOVETIME);
31.                CarST();DelayMS(STOPTIME);
32.            }
33.            for(k = 0; k < 2; k ++ )
34.            {
35.                CarGO();DelayMS(MOVETIME);
36.                CarST();DelayMS(STOPTIME);
37.            }
38.        }
39.    }
40.    /*******************************************
41.    函数名称:CarTurnRight()
42.    函数功能:小车右转
43.    入口参数:右转的圈数(nTurnRightCir)
44.    出口参数:无
45.    *******************************************/
46.    void CarTurnRight(uChar8 nTurnRightCir)
47.    {
48.        uChar8 i,j,k;
49.        for(i = 0; i < nTurnRightCir; i ++ )
50.        {
51.            for(j = 0; j < 2; j ++ )
52.            {
53.                CarTR();DelayMS(MOVETIME);
54.                CarST();DelayMS(STOPTIME);
55.            }
56.            for(k = 0; k < 2; k ++ )
57.            {
58.                CarGO();DelayMS(MOVETIME);
59.                CarST();DelayMS(STOPTIME);
60.            }
61.        }
```

```
62.   }
63.   /*******************************************
64.   函数名称:void CarRetreat()
65.   函数功能:小车后退
66.   入口参数:后退的圈数(nRetreatCir)
67.   出口参数:无
68.   *******************************************/
69.   void CarRetreat(uChar8 nRetreatCir)
70.   {
71.       uChar8 i;
72.       for(i = 0;i < nRetreatCir;i + + )
73.       {
74.           CarRT();DelayMS(PWM_Valid);
75.           CarST();DelayMS(PWM_Invalid);
76.       }
77.   }
78.   /*******************************************
79.   函数名称:void CarStop()
80.   函数功能:小车停止
81.   入口参数:停止的圈数(nStopCir)
82.   出口参数:无
83.   *******************************************/
84.   void CarStop(uChar8 nStopCir)
85.   {
86.       uChar8 i;
87.       for(i = 0;i < nStopCir;i + + )
88.       {
89.           CarST();DelayMS(2);
90.       }
91.   }
```

25.2.2　步进电机

步进电机是将电脉冲信号转变为角位移或线位移的开环控制元步进电机件。在非超载的情况下,电机的转速、停止的位置只取决于脉冲信号的频率和脉冲数,而不受负载变化的影响。当步进驱动器接收到一个脉冲信号,它就驱动步进电机按设定的方向转动一个固定的角度,称为"步距角";它的旋转是以固定的角度一步一步运行的,可以通过控制脉冲个数来控制角位移量,从而达到准确定位的目的。同时可以通过控制脉冲频率来控制电机转动的速度和加速度,从而达到调速的目的。

步进电机的类型很多,按结构分为:反应式(Variable Reluctance,VR)、永磁式(Permanent Magnet,PM)和混合式(Hybrid Stepping,HS)。

反应式:定子上有绕组、转子由软磁材料组成。结构简单、成本低、步距角小(可达 1.2°),但动态性能差、效率低、发热大,可靠性难保证,因而慢慢在淘汰。

永磁式:永磁式步进电机的转子用永磁材料制成,转子的极数与定子的极数相同。特点是动态性能好、输出力矩大,但这种电机精度差,步矩角大(一般为 7.5°

或 15°)。

混合式:混合式步进电机综合了反应式和永磁式的优点,定子上有多相绕组、转子上采用永磁材料,转子和定子上均有多个小齿以提高步矩精度。特点是输出力矩大、动态性能好、步距角小,但结构复杂、成本相对较高。

这里以 MGMC-V1.0 实验板上附带的 28BYJ-48 为例来讲述步进电机的点点滴滴。首先来看一下步进电机上面型号的各个数字、字母的含义:28-有效最大直径为 28 mm,B-步进电机,Y-永磁式,J-减速型(减速比为:1/64),48-四相八拍,其外形如图 25-8 所示。

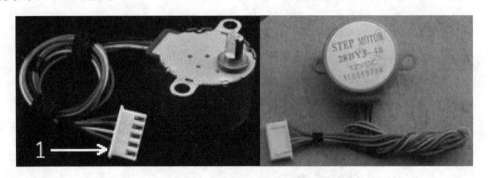

图 25-8   28BYJ-48 步进电机实物图

首先来看一看 28BYJ-48 步进电机的内部结构图,如图 25-9 所示。先看里圈,它上面有 6 个齿,分别标注为 0~5,专业术语叫转子,顾名思义,它是要转动的,转子的每个齿上都带有永久的磁性,是一块永磁体,这就是"永磁式"的概念。里 6 圈,外 8 圈,再来看看外边的 8 个圈,专业名称叫定子,它是保持不动的,实际上跟电机的外壳固定在一起的。它上面有 8 个齿,而每个齿上都缠上了一个线圈绕组,正对着的 2 个齿上的绕组又是串联在一起的,也就是说正对着的 2 个绕组总是会同时导通或断开的,如此就形成了 4(8/2)相,在图中分别标注为 A-B-C-D,这就是"4 相"的概念。

借着图 25-9 再来分析其转动的原理和控制的方式。转动原理:当定子的一个绕组通电时将产生一个方向的磁场,如果这个磁场的方向和转子磁场方向不在同一条直线上,那么定子和转子的磁场将产生一个扭力将定子扭动。

之后依次给 A、B、C、D 这 4 个端子脉冲时,转子就会连续不断地转动起来。每个脉冲信号对应步进电机的某一相或两相绕组的通电状态改变一次,也就对应转子转过一定的角度(一个步距角)。当通电状态的改变完成一个循环时,转子转过一个齿距。四相步进电机可以在不同的通电方式下运行,常见的通电方式有单(单相绕组通电)四拍(A-B-C-D-A...),双(双相绕组通电)四拍(AB-BC-CD-DA-AB-...),八拍(A-AB-B-BC-C-CD-D-DA-A...)。

原理说完了,那就赶紧让电机转起来吧。读者再重温一下图 25-8 各个线的颜色,从下到上依次为蓝(D)、粉(C)、黄(B)、橙(A),其中红色为公共端子(COM),接电源 5 V。因为书是黑白的,读者看不到这些色彩,笔者在上面加注了"1",用来标识"蓝色"。这样要 B 绕组导通,只需 B 相即黄色接地,其他同理。从而可以得出表 25 - 1 所列的绕组控制表。

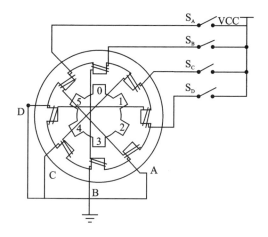

图 25 - 9 步进电机内部结构图

表 25 - 1 八拍模式绕组控制顺序表

线色	1	2	3	4	5	6	7	8
5 红	+	+	+	+	+	+	+	+
4 橙	−	−	+	+	+	+	+	−
3 黄	+	+	+	+	+	+	+	+
2 粉	+	+	+	−	−	−	+	+
1 蓝	+	+	+	+	+	−	−	−

MGMC - V1.0 实验板上的步进电机驱动电路实物图和电路原理图如图 25 - 10 所示。其中,D1、D2、D3、D4 分别连接单片机的 P1.0、P1.1、P1.2、P1.3。

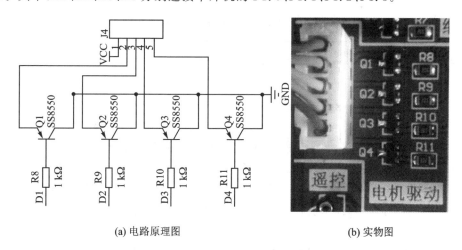

(a) 电路原理图　　　　　　　　　　(b) 实物图

图 25 - 10 MGMC - V1.0 实验板上步进电机驱动原理图和实物图

这里为何不用单片机来直接驱动电机,因为单片机驱动能力弱,因此加三极管来提高驱动能力。上面已经提到,要让 B 相导通,那么电机黄色线端子(图 25 - 10 的 J4 - 3)要出现低电平,等价于 D2 端子出现低电平,也就是让 P1.1(D2) 有个低电平。最后,结合表 25 - 1 就可以将其对应的高低电平转换成一个数组:

unsigned char code MotorArrZZ[8] = {0xf7,0xf3,0xfb,0xf9,0xfd,0xfc,0xfe,0xf6};

当然还可以写出反转所对应的数组,数组如下:

unsigned char code MotorArrFZ[8] = {0xf6,0xfe,0xfc,0xfd,0xf9,0xfb,0xf3,0xf7};

或许读者很快就写出了如下面所示的程序,可是电机正转了吗?

```
1.    # include <reg52.h>
2.    unsigned char code MotorArrZZ[8] = {0xf6,0xfe,0xfc,0xfd,0xf9,0xfb,0xf3,0xf7};
3.    void MotorInversion(void)
4.    {
5.        unsigned char i;
6.        for(i = 0; i < 8; i++)
7.        {   P1 = MotorArrFZ[i];   }
8.    }
9.    void main(void)
10.   {
11.       while(1)
12.       {
13.           MotorInversion();
14.       }
15.   }
```

回答是不转,为什么?还得从厂家提供的电机的数据参数开始寻找答案。28BYJ-48 步进电机的参数如表 25-2 所列。

表 25-2   28BYJ-48 步进电机的数据参数

供电电压	相 数	相电阻 Ω	步进角度	减速比	启动频率 P.P.S	转矩 g.cm	噪声 dB	绝缘介电强度
5 V	4	50±10%	5.625/64	1:64	≥550	≥300	≤35	600VAC

先只看启动频率(≥550)。所谓启动频率是指步进电机在空载情况下能够启动的最高脉冲频率,如果脉冲高于这个值,电机就不能正常启动;启动下起来又怎么可能会转呢。若按 550 个脉冲来计算,则单个节拍持续时间为 1 s÷550≈1.8 ms,那么为了让电机能正常转动,给的节拍时间必须要大于 1.8 ms。因此在上面程序第 8 行的后面增加一行 DelayMS(2),当然前面需要添加 DelayMS() 函数,这时电机肯定就转起来了。

电机虽然转起来了,但用步进电机绝对不是为了光让其转一下,而是要既精确又快速地控制它转,例如让其只转 30°或者所控制的东西只运动 3 cm,这样不仅要精确地控制电机,还要关注其转动的速度。

由表 25-2 可知,步进电机转一圈需要 64 个脉冲,且步进角为 5.625°(5.625°×64=360 刚好吻合)。问题是该电机内部又加了减速齿轮,减速比为 1:64,意思是要外面的转轴转一圈,则里面转子需要 64×64(4 096)个脉冲。那输出轴要转一圈就需要 8 192(2×4096)ms,即 8 s 多,看来转速比较慢是有原因的。接着分析,既然 4 096 个脉冲转一圈,那么 1°就需要 4 096÷360 个脉冲,假如现在要让其转 20 圈,那读者可以写出以下的程序:

```c
1.   # include "reg52.h"
2.   unsigned char code MotorArrZZ[8] = {0xf6,0xfe,0xfc,0xfd,0xf9,0xfb,0xf3,0xf7};
3.   void DelayMS(unsigned int ms)
4.   {
5.       unsigned int i,j;
6.       for(i = 0; i < ms; i ++ )
7.       for(j = 0; j < 113; j ++ );
8.   }
9.   void MotorCorotation(void)
10.  {
11.      unsigned long ulBeats = 0;
12.      unsigned char uStep = 0;
13.      ulBeats = 20 * 4096;
14.      while(ulBeats -- )
15.      {
16.          P1 = MotorArrZZ[uStep];
17.          uStep ++ ;
18.          if(8 == uStep)
19.              { uStep = 0;}
20.          DelayMS(2);
21.      }
22.  }
23.  void main(void)
24.  {
25.      MotorCorotation();
26.      while(1);
27.  }
```

讲到这里,细心的读者发现,电机转的还不是那么精确,似乎在转了 20 圈之后,还多转了那么些角度,这些角度是多少啦? 读者可以拆开电机看看里面的减速结构,数一数、算一算,看减速比是不是 1∶64 呢? 笔者拆开并计算完之后是:(31/10)×(26/9)×(22/11)×(32/9)≈ 63.683 95,这样,转一圈就需要 64×63.683 95≈4 076 个脉冲,那就将上面的 13 行程序改写成 ulBeats=20×4076,接着将程序重新编译,下载,看这回是不是精确的 20 圈。或许此时还是差那么一点,但这肯定在误差范围允许之内。

步进电机种类繁多,读者以后设计中未必就只用这么一种,可无论用哪一种,分析的方法是相同的,就是依据厂家给的参数,之后一步一步地去测试、分析、计算,只有这样,搞定任何一种步进电机对读者来说都不难。除此之外,步进电机还有很多参数,如步距角精度、失步、失调角等,这些只能具体项目具体对待了。

25.2.3 舵 机

舵机(一种俗称)实质是一种伺服电机,特点是结构紧凑、控制简单、易安装调试、力矩大、成本较低(对于学生来说还是比较高)。舵机的主要性能取决于最大力矩和工作速度(一般为一秒 60°)。它是一种位置伺服的驱动器,适用于那些需要角度不断变化并能够保持的控制系统。例如机器人控制系统中,舵机的控制直接影响着系统的好坏。目前在高档遥控玩具中,如航模,包括飞机模型、潜艇模型、遥控机器人中得到了广泛的应用,实物如图 25-11 所示。

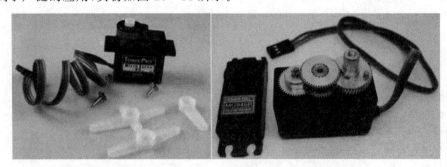

图 25-11 舵机实物图

控制信号由接收端的通道进入信号调制芯片,获得直流偏置电压。它内部有一个基准电路,产生周期为 20 ms、宽度为 1.5 ms 的基准信号,将获得的直流偏置电压与电位器的电压比较获得电压差输出。最后,电压差的正负输出到电机驱动芯片决定电机的正反转。当电机转速一定时,通过级联减速齿轮带动电位器旋转,使得电压差为 0,电机停止转动。这样输入的脉冲宽度就决定了舵机的转动角度,对应关系如图 25-12 所示。

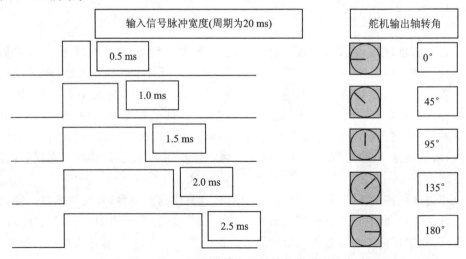

输入信号脉冲宽度(周期为20 ms)	舵机输出轴转角
0.5 ms	0°
1.0 ms	45°
1.5 ms	95°
2.0 ms	135°
2.5 ms	180°

图 25-12 脉冲宽度与舵机转角的关系图

接下来以一个实例来说明舵机的控制,程序代码如下:

```
1.    #include "reg52.h"
2.    sbit Pwm = P1^0 ;                          //PWM 信号输出
3.    sbit KEY1 = P3^7 ;                         //角度增加按键检测 IO 口
4.    sbit KEY2 = P3^6 ;                         //角度减少按键检测 IO 口
5.    sbit LED1 = P2^0 ;                         //角度增加指示灯
6.    sbit LED2 = P2^1 ;                         //角度减少指示灯
7.    typedef enum KeyState{StateInit,StateAffirm,StateSingle};
8.    typedef unsigned char uChar8;
9.    uChar8 Count05MS;                          //0.5 ms 次数标识
10.   uChar8 Angle;                             //角度标识
11.   void Time0Init(void)                      //定时器初始化
12.   {
13.       TMOD = 0x01;                          //定时器 0 工作在方式 1
14.       IE = 0x82;
15.       TH0 = 0xfe;
16.       TL0 = 0x33;                           //11.0592 MHz 晶振,0.5 ms
17.       TR0 = 1;                              //定时器开始
18.   }
19.   void Time0(void) interrupt 1              //中断程序
20.   {
21.       TH0 = 0xfe;                           //重新赋值
22.       TL0 = 0x33;
23.       if(Count05MS < Angle)                 //判断 0.5 ms 次数是否小于角度标识
24.           Pwm = 1;                          //确实小于,PWM 输出高电平
25.       else
26.           Pwm = 0;                          //大于则输出低电平
27.       Count05MS ++ ;                        //0.5 ms 次数加 1
28.       Count05MS = Count05MS % 40;           //次数始终保持为 40 即保持周期为 20 ms
29.   }
30.   void KeyScan(void)
31.   {
32.       static uChar8 KeyStateTemp1 = 0,KeyTime = 0;
33.       static uChar8 KeyStateTemp2 = 0;
34.       bit KeyPressTemp1;
35.       bit KeyPressTemp2;
36.
37.       KeyPressTemp1 = KEY1 ;                //读取 I/O 口的键值
38.       switch(KeyStateTemp1)
39.       {
40.           case StateInit:                   //按键初始状态
41.               if(!KeyPressTemp1)            //当按键按下,状态切换到确认态
42.                   KeyStateTemp1 = StateAffirm;
43.               break;
44.           case StateAffirm:                 //按键确认态
45.               if(!KeyPressTemp1)
46.               {
47.                   KeyTime = 0;
48.                   KeyStateTemp1 = StateSingle;   //切换到单次触发态
49.               }
```

```
50.            else KeyStateTemp1 = StateInit;        //按键已抬起,切换到初始态
51.            break;
52.        case StateSingle:                          //按键单发态
53.            if(KeyPressTemp1)                       //按下时间小于1 s
54.            {
55.                KeyStateTemp1 = StateInit;          //按键释放,则回到初始态
56.                Angle++;                            //角度标识加1
57.                Count05MS = 0;                      //按键按下则20 ms周期重新开始
58.                if(Angle == 6)
59.                    Angle = 5;
60.                LED1 = ~LED1;
61.            }
62.            else
63.            {
64.                KeyStateTemp1 = StateInit;          //状态切换到初始态
65.                KeyTime = 0;
66.            }
67.            break;
68.        default: KeyStateTemp1 = KeyStateTemp1 = StateInit; break;
69.        }
70.        KeyPressTemp2 = KEY2;                        //读取I/O口的键值
71.        switch(KeyStateTemp2)
72.        {
73.        case StateInit:                             //按键初始状态
74.            if(!KeyPressTemp2)                       //当按键按下,状态切换到确认态
75.                KeyStateTemp2 = StateAffirm;
76.            break;
77.        case StateAffirm:                           //按键确认态
78.            if(!KeyPressTemp2)
79.            {
80.                KeyTime = 0;
81.                KeyStateTemp2 = StateSingle;        //切换到单次触发态
82.            }
83.            else KeyStateTemp2 = StateInit;         //按键已抬起,切换到初始态
84.            break;
85.        case StateSingle:                           //按键单发态
86.            if(KeyPressTemp2)                       //按下时间小于1 s
87.            {
88.                KeyStateTemp2 = StateInit;          //按键释放,则回到初始态
89.                Angle--;                            //角度标识减1
90.                Count05MS = 0;
91.                if(Angle == 0)
92.                    Angle = 1;                      //已经是0度,则保持
93.                LED2 = ~LED2;
94.            }
95.            else
96.            {
97.                KeyStateTemp2 = StateInit;          //状态切换到连发态
98.                KeyTime = 0;
99.            }
100.            break;
```

```
101.            default：KeyStateTemp2 = KeyStateTemp2 = StateInit; break;
102.        }
103.    }
104.    void Timer1Init(void)
105.    {
106.        TMOD | = 0x10;                           //设置定时器 1 工作在模式 1 下
107.        TH1 = 0xDC;
108.        TL1 = 0x00;                              //赋初始值
109.        TR1 = 1;                                 //开定时器 1
110.    }
111.    void main(void)
112.    {
113.        Angle = 1;                               //角度值初始值为 1
114.        Count05MS = 0;                           //0.5 ms 计时
115.        Time0Init();                             //定时器 0 初始化
116.        Timer1Init();                            //定时器 1 初始化
117.        while(1)
118.        {
119.            if(TF1)                              //定时器 1 中断
120.            {
121.                TF1 = 0;
122.                TH1 = 0xDC;                      //定时器 1 赋值
123.                TL1 = 0x00;
124.                KeyScan();                       //扫描按键
125.            }
126.        }
127.    }
```

25.3　蓝牙模块

1. 蓝牙模块简述

关于蓝牙模块,若从蓝牙原理和通信协议的角度介绍估计得写一本书左右。因此,读者的目标是会用,若想深入学习,则可以查阅相关资料了。在这里,读者只须知道它能以蓝牙方式来接收数据,并以串口的方式传给处理器或 PC 机(需要 TTL 转 RS232 模块),同时还可以通过处理器向此模块发送 AT 指令,进而设置、控制此模块;当然还可以通过一些外部引脚来观察蓝牙模块的运行情况和实现模块工作状态的切换。接下来笔者就从这几个方面来介绍此模块。笔者所用模块是由广州汇承信息科技有限公司生产的,其实物和部分引脚关系如图 25-13 所示。

引脚功能如下:

➤ TXD(1):异步串行发送端,硬件连接单片机的 P3.0 口。

➤ RXD(2):异步串行接收端,硬件连接单片机的 P3.1 口。

➤ VDD(12):电源正极(3.3 V)。

➤ GND(13):电源地(0 V)。

图 25 - 13　HC - 05 蓝牙模块

> LED1(31):状态工作指示端。模块上电后,此端口电平变化,即接在此端口上的 LED 闪烁,不同的状态,LED 闪烁的频率不同。
> LED2(32):模块是否连接成功的状态指示端口。若模块连接成功,此端口为低电平(对应的 LED 亮),否则为高电平(LED 灯灭)。

2. 蓝牙模块的主、从模式

要用蓝牙模块,前提条件是模块连接成功。该模块可以通过 AT 指令来设置为是主模式,还是从模式的,具体设置过程请参考汇承科技的《HC - 05 嵌入式蓝牙串口通讯模块——AT 指令集》或本书配套资料。主模式只能用来搜索从模式的,从模式只能被主模式搜索。

25.4　手机控制界面

图 25 - 1 所示的手机界面是一个基于 Android 手机的串口助手,该软件是由JAVA 语言编写的一个 APK 软件。这个软件是在网上下载的,安装、设置、应用比较简单。具体使用过程是先在每个(共 9 个)按键对应处设置要发送的数值和名称(名称当然可以不设置),数值设置也比较随便,例如 1、5、a、d 等,这样,当按下图 25 - 1 所示的按键时,手机能通过蓝牙将该数据发送到与自己相匹配的蓝牙设备(即连到单片机上的蓝牙模块)上,最后接收端的蓝牙模块将数据通过串口自动发送到单片机上,再由单片机接收、判断数据,之后并控制小车运动,这样就可实现手机对小车的控制。

25.5　晒晒蓝牙智能小车

1. 蓝牙智能小车概述

蓝牙小车组成部分主要包括:三轮小车车体、电池、蓝牙模块、单片机最小系统、

L298 驱动模块。

① 三轮小车车体。小车包括一个万向轮、两个直流减速电机、两个车轮。

② 电池。笔者用的电池是一块锂离子电池。

③ L298 驱动模块。该模块就是以图 25-7 为原理图,之外增加了 12 V 转 5 V 的电源芯片,其中电源部分前面有所讲述。

2. 蓝牙智能小车的软件设计

这部分就不贴源码了,而是以伪代码的形式出现。其中小车的运动函数在前面讲述电机时已经讲述过,这里不赘述,具体伪代码如下:

```
1.  void ConCar(void)
2.  {
3.      uChar8 RecTemp;
4.      RecTemp = UART_RecDat();      //函数 UART_RecDat()见实例 31
5.      switch(RecTemp)
6.      {
7.          case 0x31:    //需要将手机软件的按键发送值设置为数字:1(ASCII:0x31)
8.              小车前进();
9.          break;
10.         case 0x32:    //需将数值设置为:2(ASCII:0x32)
11.             小车右转();
12.         break;
13.         case 0x33:    //需将数值设置为:3(ASCII:0x33)
14.             小车左转();
15.         break;
16.         case 0x34:    //需将数值设置为:4(ASCII:0x34)
17.             小车后退();
18.         break;
19.         case 0x35:    //需将数值设置为:5(ASCII:0x35)
20.             小车停止();
21.         break;
22.     }
23. }
```

3. 完成的蓝牙智能小车

最后完成的智能小车如图 25-14 所示,其实还可以扩展好多东西,如避障(借助超声波模块)、循迹(借助红外对管)等,这些就留给读者以后慢慢开发了。

图 25-14 完成的蓝牙智能小车

基于 LD3320 的语音点歌系统

26.1　工程简介

物联网是新一代信息技术的重要组成部分,英文名称是 The Internet of things。顾名思义,物联网就是"物物相连的互联网"。许多学者讨论物联网时经常会引入一个 M2M 的概念,可以解释成为人到人(Man to Man)、人到机器(Man to Machine)、机器到机器(Machine to Machine)。从本质上而言,在人与机器、机器与机器的交互中,大部分是为了实现人与人之间的信息交互。

既然物联网这么流行,读者为何不去体验一下物联网的神奇魅力呢? 是不是早晨会被闹钟从美梦中叫醒,然后很生气地关了闹钟,继续呼呼大睡。倘若读者能为自己做个语言识别闹钟系统,一首曲子听烦了,可以眨着朦胧的睡眼说:"华仔"给我来首《今天》吧。之后听着轻音乐一下心情好了许多,哼着音乐,穿着衣服,收拾完之后抱着一本书上课去了。或者读者睡在床上,发现窗帘还没拉下来,可是又懒得起床,要是此时有个听话"奴隶",然后对他说:听话虫,把窗帘拉下来吧,此时窗帘伴随一首美妙的音乐自动拉了下来。

在以上背景之下,笔者取其中很小的一部分——语音点歌系统,来简述一下物联网。读者可以将语言识别看作是一个点,之后扩展到一条线、一个面。该系统包括两部分:语音识别和语音播放。整个过程将以一款语音识别、播放芯片(LD3320)为例,系统框架如图 26-1 所示。

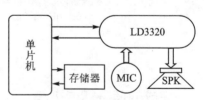

图 26-1　语音点歌系统结构图

26.2　LD3320 概述

LD3320 芯片是一款"语音识别、播放"的专用芯片,由 ICRoute 公司设计生产。该芯片集成了语音识别处理器和一些外部电路,包括 A/D、D/A 转换器、麦克风接口、声音输出接口等。本芯片不需要外接任何的辅助芯片(如 Flash、RAM 等),直接集成在现有的产品中即可以实现语音识别/声控/人机对话功能。LD3320 的功能可以概括为以下几点：

① 通过 ICRoute 公司特有的优化算法完成非特定人语音识别，不需要用户事先训练和录音，识别准确率 95%。

② 每次识别最多可以设置 50 项候选识别语句，每个识别句可以是单字、词组或短句，长度为不超过 10 个汉字或者 79 个字节的拼音串。另一方面，识别句内容可以动态编辑修改，因此可有一个系统支持多种场景。

③ 芯片内部已经准备了 16 位 A/D 转换器、16 位 D/A 转换器和功放电路，麦克风、立体声耳机和单声道喇叭可以很方便地和芯片引脚连接。立体声耳机接口的输出功率为 20 mW，而喇叭接口的输出功率为 550 mW，能产生清晰响亮的声音。

④ 支持并行和串行接口，串行方式可以简化与其他模块的连接。

⑤ 支持 MP3 播放功能，无需外围辅助器件，主控 MCU 将 MP3 数据依次送入 LD3320 芯片内部就可以从芯片的相应 PIN 输出声音。产品设计可以选择从立体声的耳机或者单声道喇叭来获得声音输出。支持 MPEG1（ISO/IEC11172 - 3），MPEG2（ISO/IEC13818 - 3）和 MPEG 2.5 layer 3 等格式。

26.2.1 LD3320 的硬件设计

这里用的单片机为 STC 公司的 STC15L 系列（STC15L2K60S2），该单片机的运行速度比较快，且不须外接晶振和复位电路，因为内部已经集成了，因此可大大简化电路。设计完成之后的电路如图 26 - 2 所示。

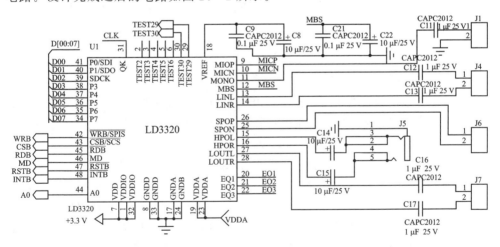

图 26 - 2　LD3320 硬件电路图

讲述此图之前，先将图分成左右两部分，左面是控制电路（数字部分），右面是语音电路（模拟部分）。

1. 控制部分

控制部分就是控制芯片正常运行,主要功能有读取、处理识别到的语言信号和播放存储器中的语言信号。若用软件模拟的方式读/写 LD3320 的寄存器,则可以随便连接;若用硬件(软件部分详解)实现,各个端口的连接是有规定的,这点读者一定要注意。

现对控制部分芯片各个引脚的作用和连接方式做以下说明:

① 时钟信号(CLK)。芯片必须连接外部时钟,可接受的频率范围是 4～48 MHz,且芯片内部还有 PLL 频率合成器,可产生特定的频率供内部模块使用。这里接单片机的 P5.4 口,通过编程,该端口可以输出不同的频率。

② 复位信号(RSTB)。对芯片的复位信号必须在 VDD/VDDA/VDDIO 都稳定后进行。无论芯片正在进行何种运算,复位信号都可以使它恢复初始状态,并使各寄存器复位。如果没有后续的指令(对寄存器的设置),复位后芯片将进入休眠状态,此后,一个 CSB(片选信号)信号就可以重新激活芯片进入工作状态。

③ 串并选择端(MD)。要让芯片的书写方式正确无误,这个端子必须设置正确。0:并行工作方式;1:串行工作方式。该端子与单片机连接比较自由。

④ 并行信号(P0～P7)。本芯片通过这 8 根数据线和 4 个控制信号(WRB、RDB、CSB、A0)就可完成芯片与 CPU 之间的通信。其中 P0～P7(LD3320)分别与 P0.0～P0.7(单片机)相连;WRB 接 P3.6;RDB 接 P3.7;CSB 接 P2.6;A0 接 P2.5。

⑤ 串行接口(SDI、SDO、SDCK)。串行接口通过 SPI 协议和 CPU 通信。其中,SCS 和 CSB 共用;SDI 和 P0 共用;SDO 和 P1 共用;SDCK 和 P2 共用;SPIS 和 WRB 共用。

⑥ RSTB 和 INTB,软件部分再做详解。

2. 语音部分

语音部分包括语音的输入和输出。语音的输入即语音的识别,语音的输出即语音的播放。这两部分电路所用的电容比较多,因此看起来比较复杂,但事实也并非如此。这里的电容有两个作用:滤波和耦合。

耦合:是指信号由第一级向第二级传递的过程,一般不加注明时往往是指交流耦合。耦合的方式一般有 3 种:电容耦合、直接耦合、变压器耦合。各种方式都有优缺点,这里用电容耦合是最好的。读者都知道,电容是通交阻直的,就是用这种特性让其交流信号通过,阻止直流信号,可见,图 26-2 中的 C11～C17 都是耦合电容。最后,拿两个比较重要的电路详细解读一下。

(1) 喇叭的音量外部控制电路

喇叭的音量不仅可以通过软件方式控制,还可以通过外部电路控制,例如图 26-3 中电阻 R9 和 R8 的阻值分别为 33 kΩ 和 15 kΩ,那么 $R_9/R_8 = 33$ kΩ/15 kΩ$=2.2$,这样声音就被放大了 2.2 倍。如果给 R9 接入可变电阻,就可以手动调节音量了,建议读者采用如图 26 - 3 所示的结构电路,剩余的就可以交给软件控制了。

(2) 麦克风偏置辅助电路

LD3320 的 12 引脚(MBS)为麦克风偏置端子,需要接一个 RC 电路,保证能输出一个浮动电压给麦克风,建议用图 26 - 4 所示的结构电路。

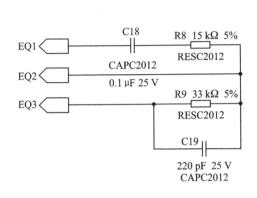

图 26 - 3　喇叭音量控制电路　　　图 26 - 4　麦克风偏置辅助电路

26.2.2　LD3320 的软件设计

该章的软件部分是难点、也是重点,也是笔者写这章的原因。前面 20 多章一直在用软件模拟硬件的方式来操作外设,还没讲过如何用真正的硬件方式来操作,这章除了继续讲述用软件模拟并行、串行操作外设以外,主要讲述用硬件的方式如何操作。

1. 数据的读/写方式

(1) 外扩存储器操作的后续

这里外扩的存储器不是 6264,而是 LD3320,因此无论是硬件还是软件,都以 LD3320 为例来讲解。

1) LD3320 和并行总线方式关联的引脚

特别说明:在对 LD3320 操作之前,首先要确定是用串行方式还是用并行方式,这个由 MD 引脚控制,高电平为串行方式、低电平为并行方式。这里将 LD3320 接在单片机 P1.1 上,便于讲解。

其实 LD3320 的硬件连接图 26 - 2 已经给出了,但那是串、并混合连在一起的,这里分开说明,方便读者理解。与并行方式有关的引脚如下:

① LD3320 的 P0～P7 分别接单片机 P0 的 P0.0～P0.7,即数据总线。

② LD3320 的 A0 接单片机的 P2.0 端口,当然也可以连接到 P2 别的端口上,主要连接与后面软件代码中地址一一对应就可以。

③ LD3320 的 CSB 接单片机的 P2.6 端口,同样只要地址对应,连接到别的端口

上也行。

④ LD3320 的 WRB 接单片机的 P3.6 端口,这是固定的。

⑤ LD3320 的 RDB 接单片机的 P3.7 端口,也是固定的。

2)MCS-51 对外存(XDATA)的读/写时序图

单片机最大可以外扩 64 KB 的外部 RAM,即地址可达 16 位,数据为 8 位。写时序的时序图如图 26-5 所示。

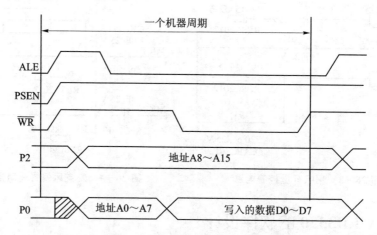

图 26-5 向外扩存储器写数据的时序图

需要说明的是,对于该时序图,只有地址需要从 P0、P2 口给出,剩余的如 ALE、PSEN、WR 都是单片机自身产生的,无须人为操作。但是在 LD3320 的操作中,笔者将其 A0 和 CSB 接在了 P2.0 和 P2.6,这样寻址 LD3320 时,P2、P0 口须给出正确的地址数据。相反,若将 A0、CSB 分别连接在 ALE 和 PSEN 上,那么就不需要人为给 A0、CSB 数据。

再来看看读数据的时序图,如图 26-6 所示。该图与写时序的硬件连接、操作机理都很类似,不同的是 $\overline{\text{WR}}$ 信号变成了 $\overline{\text{RD}}$ 信号,时序也类似;再者数据不同,前者为写入数据,后者为读出数据。

(2)LD3320 的 4 种操作法

这里首先将外设的操作方法分为两大类,硬件操作法和软件模拟法。其中,硬件操作法又分为硬件并行操作法和硬件串行操作法;软件模拟法又分为软件模拟并行法和软件模拟串行法。这些分类都是笔者自行定义的,这样的分类便于笔者讲解及读者理解。

1)硬件实现并行读/写

① 向 LD3320 写数据。该操作方法就是将 LD3320 当作一个外扩的存储器,之后用操作外扩存储器的方式来操作 LD3320。该方法对硬件的连接要求比较高,因为都是固定的。但是当硬件连接好之后,软件编程就会变得特别简练,只有几行代码。这主要是因为大多 STC 单片机自身带有硬件并口的扩展功能,如这里用的

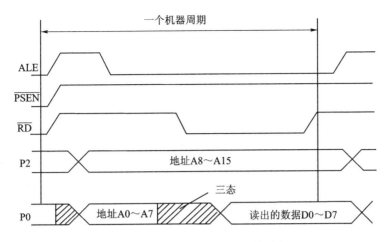

图 26 - 6　向外扩存储器读数据的时序图

STC15L 系列就集成有单独的 WR 和 RD 端口,可以在读/写并行总线时自动产生 WR 和 RD 的控制信号。源码如下:

```
1.   # define LD_INDEX_PORT ( * ((volatile uChar8 xdata * )(0x8100)))
2.   # define LD_DATA_PORT  ( * ((volatile uChar8 xdata * )(0x8000)))
3.   void LD_WriteReg(uChar8 ulAddr, uChar8 ucVal )
4.   {
5.       LD_INDEX_PORT = ulAddr;
6.       LD_DATA_PORT = ucVal;
7.   }
8.   uChar8 LD_ReadReg( uChar8 ulAddr )
9.   {
10.      LD_INDEX_PORT = ulAddr;
11.      return (uChar8)LD_DATA_PORT;
12.  }
```

关于 1、2 行代码做几点说明:

说明一:从总体上来说,这是一个"# define"宏定义。

说明二:0x8100(0x8000)是外扩存储器的地址值(即 16 位地址总线的地址值)。

说明三:"volatile"的作用是不要优化。

说明四:xdata 意思是外部存储器的。

说明五:(volatile uChar8 xdata *)整句的意思就是将十六进制常数 0x8100 (0x8000)强制转换成指针,等价于将这个数变成了一个地址。

说明六:* ((volatile uChar8 xdata *)(0x8100))中地址数值前面加个" * "肯定就是操作该指针所指向的存储器单元了。

说明七:最外层的"()"是编程习惯,笔者强烈建议这么做。

好,进入主题。例如,向 LD3320 芯片的寄存器 0x01 写数据 0x55,操作时序如图 26 - 7 所示。

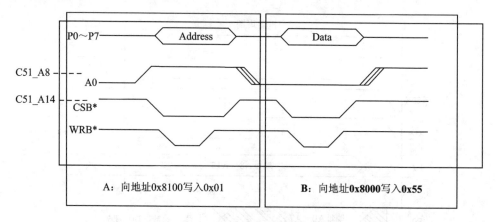

图 26 - 7　硬件并行法操作写时序图

笔者将此图分成了左右两部分。

左部分：确定待操作寄存器的地址。0x8100 的二进制为 0b1 000 000 1 0000 0000，即 A14＝0、A8＝1，并且由图"A0"的时序线可知（在 WRB 有效时，1→P0～P7 数据线上为寄存器的"地址"；0→P0～P7 数据线上为"数据"），此时单片机 P0～P7 送出的数据 0x01 为寄存器的地址，等价于"A0"、"CSB＊"分别为 1、0。同时，单片机的 P3.6（WR）会自动送出一个低电平，即"WRB＊"得到了一个低电平的有效信号。

右部分：确定向寄存器中写入的内容。0x8000 的二进制为 0b1 000 000 0 0000 0000，即 A14＝0、A8＝0，同理，由图"A0"的时序线可知，此时单片机 P0～P7 送出的数据 0x55 为向寄存器中写入的数值，等价于"A0"、"CSB＊"都为 0。同样，"WRB＊"也会有一个低电平。

时序图讲完的同时 LD_WriteReg（）函数也讲完了。函数功能无非就是向 LD3320 的某寄存器写入某数值，如 LD_WriteReg（0x23，0x4d）就是向地址为 0x23 的寄存器写入 0x4d。

最后补充一点：A15，即数据"0x8100"的最高位为 1，主要是为了避免和低端地址空间的冲突。

② 向 LD3320 读数据。有了写数据的基础，读操作就很好理解了，因为读、写操作不同点主要在于 RD 和 WR 信号，可这两个信号都是由单片机自动产生的，不能认为干涉。读数据的操作时序图如图 26 - 8 所示。

时序图的操作过程类比写时序图，这里不赘述。读数据的源码如上面写源码中的 8～12 行。

2）软件模拟并行法

3）硬件串行操作法

4）软件模拟串行法

限于篇幅，这 3 种方法这里不赘述，读者可以参考龙丘公司编写的《LD3320 并行串行读写辅助说明》资料。

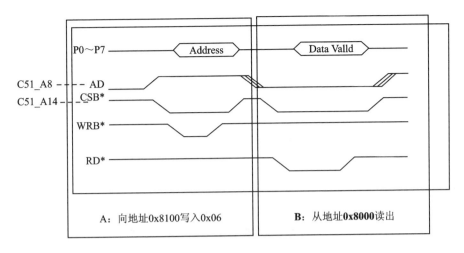

图 26-8　硬件并行法操作读时序图

2. LD3320 的"魅力"寄存器

要想实现语音的识别、音乐的播放,寄存器少不了。LD3320 的部分寄存器如表 26-1 所列。寄存器大部分都是有读和写的功能,有的是接收数据的,有的是设置开关和状态的。寄存器的地址空间为 8 位,可能的值为 00H~FFH。

表 26-1　LD3320 的部分寄存器列表

编号(0x)	说　明
17	写 35H 对 LD3320 进行软复位(Soft Reset) 写 48H 可以激活 DSP 写 4CH 可以使 DSP 休眠,比较省电
1C	ADC 开关控制 写 00H ADC 不可用; 写 09H Reserve 保留命令字; 写 0BH 麦克风输入 ADC 通道可用(芯片引脚 MIC_P,MIC_N,MBS,引脚 9,10,12); 写 07H 立体声 Line-in 输入 ADC 通道可用(芯片引脚 LIN_L,LIN_R,引脚 13,14); 写 23H Mono Line-in 输入 ADC 通道可用(芯片引脚 MONO,引脚 11)
33	语音识别控制命令下发寄存器 写 04H:通知 DSP 要添加一项识别句。 写 06H:通知 DSP 开始识别语音。 在下发命令前,需要检查 B2 寄存器的状态
8E	喇叭输出音量 Bit7,6,1,0:Reserved; Bit[5-2]:音量大小,共 16 等级。数值越小,代表声音越大;数值越大,代表声音越小; 本寄存器设置为 00H 为最大音量。 调节本寄存器后,设置寄存器 87H. Bit3=1,可以使调节音量有效

编号(0x)	说　明
B2	ASR:DSP 忙闲状态 0x21 表示闲,查询到为空闲状态可以进行下一步 ASR 动作
BD	初始化控制寄存器 写入 02H,然后启动,为 MP3 模块; 写入 00H,然后启动,为 ASR 模块; 写入 20H;Reserve 保留命令字
C1	ASR:识别字 Index(00H~FFH)

LD3320 内部有 60 多个寄存器,具体各个寄存器的功能读者也可参考龙丘公司编写的《LD3320 开发手册》。笔者这里列举了几个,以便说明。

要读/写一个寄存器,首先得编写出读/写寄存器的函数,如笔者在上面编写的 void LD_WriteReg(uChar8 ulAddr, uChar8 ucVal)、uChar8 LD_ReadReg(uChar8 ulAddr)函数,有了这些函数,操作一个寄存器就很容易了。例如要让 LD3320 进行软复位,由表 26 - 1 第二行可知,只须向地址为 0x17 的寄存器写 0x35 即可,操作就是 LD_WriteReg(0x17,0x35)。再如要启动识别语音,那操作就为 LD_WriteReg(0x33,0x06)。寄存器的读取就不说了,前面也做了大量实验。

由此可见,要操作一个外设,首先得读懂数据手册,这是最基本的要求;其次就是搞清楚该外设与单片机的通信方式,是并行还是串行,是直接硬件操作还是用软件模拟,只有这样才能编写出像 LD_WriteReg()和 LD_ReadReg()这样的寄存器读/写函数。最后就是按自己(或客户)的要求,对照数据手册,编写程序、调试,反复进行,直到满足要求即可。

3. LD3320 的驱动程序

LD3320 的主要功能有两个,分别为语言识别、语音播放,这样软件也可以分为两部分,接下来分别讲述一下这两部分。

(1) 语音识别

语音识别就是系统能根据控制者所发出的声音执行相应的动作。例如往 LD3320 的识别项寄存器中分别写入了北京、兰州的拼音"beijing、lanzhou",之后再编写如下的代码(伪代码):

```
if(识别的结果 == "beijing") {LED = 0;}
else if(识别的结果 == "lanzhou") {LED = 1;}
```

这样,当我们说出"北京"时 LED 小灯点亮,当说出"兰州"时,LED 熄灭,继而实现了语音的控制。具体源码参考本书配套资料。

(2) 语音播放

限于篇幅,语言播放部分的软件就省了,这里简述除 LD3320 硬件以外播放所需硬件电路和播放所需语音信号的生成过程。

① 语音播放的硬件组成。这部分除了单片机和 LD3320 芯片以外,还需一个喇叭,以便播放语音,喇叭连接至图 26 - 5 所示的 J6 端子即可,对照原理图,注意连接处的"正"、"负"。由于单片机的存储器比较小,存不了几条语音数据,因此还得外扩存储器(Flash),笔者这里用的是华邦的 SPI Flash,与单片机连接的原理如图 26 - 9 所示。

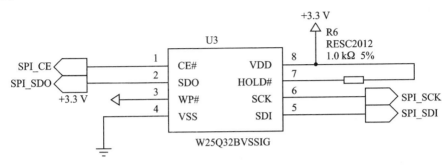

图 26 - 9 SPI_Flash 与单片机连接原理图

② 语音数据的转换。这部分要借助 icRoute 官方提供的 ICR 工具(可以到 icRoute 官网下载)将语音转换成二进制数,之后再在程序代码中加入向 Flash 读、写数据的子程序,这样,就可以直接将 MP3 格式的语言信号存储到 Flash 中,继而便可得到播放的语音。

26.3 系统的调试点睛

无论一块大板子,还是一块小板子,其实大致的调试步骤都类似。现结合该系统,以调试的先后顺序来总结几点调试的方法和技巧。

① 电源的调试。读者在调试电源时,一定要牢记一点,刚焊接好的板子上电之前,一定要测试板子是否短路。若因一时的疏忽,导致板子某个地方短路,焊接完之后就急急忙忙上电,结果肯定是板子烧坏了。该系统中共有两种电源:5 V、3.3 V,其中 3.3 V 经由 AMS1117 - 3.3 所得,之后就是测试 5 V、3.3 V 是否与理论值吻合。测试电源时,纹波一定不能少。或许以上电源的测试过程在该板子上比较简单,那是因为电压值的种类比较少,同时对纹波的要求不高。以后读者在开发大系统时可能会遇到一个板子上有好多种电源,例如,一台机顶盒主板上有 18 V、13 V(高频头部分用)、5 V(逻辑器件电源用)、3.3 V(处理器电源用)、1.8 V、1.2 V、1.0 V(DDR、Flash 电源部分用)。这样系统在电源测量上、纹波的测试上,需要工程师费点时间。

② 复位电路的调试。要让系统正常工作,系统肯定不能处于复位状态。复位电路按是否需要人为参与分为两类:手动复位和自动复位;按其电平分为:高电平复位、

低电平复位;按其所用元件分为:分立元件(复位)和专用芯片(复位),常用的复位芯片有 MAX809(低电平复位)、MAX810(高电平复位)。

读者在以后调试的过程中,一定要先确定好是用什么元件来搭建什么样的复位电路。当复位之后,哪些端口有明显状态指示,如电平的高低。例如 LD3320 芯片重启后需要复位,具体过程是把 RSTB 引脚的电平拉低,再拉高,为了更好地复位,拉低的时间不能至少为 1 ms。复位成功之后,LD3320 的 29、30 引脚会输出稳定的低电平,即接到此芯片上的两个测试灯会亮,这个可以作为复位是否正常的检测标志。

③ 晶振电路的检测。要让系统正常工作,晶振必需要正常工作。怎么就正常了? 其实测试很简单,例如该系统中,要让 LD3320 正常工作,CLK 端子必须要有 4~48 MHz 的晶振频率。注意,笔者在该系统中没有用晶振,因为 STC15F 系列的单片机可以通过编程输出不同的时钟频率,完全可以满足 LD3320 的需求,所以要让 LD3320 正常工作,单片机的时钟输出一定要设置好,并且频率范围要在 4~48 MHz 之间。

④ 对照硬件原理图详细检查一遍硬件电路,看各个引脚之间是否连接。当然是在断电的状态下测试。对于复杂的电路,调试、测试一定要细心,不要放过任何蛛丝马迹,更不要想当然。

⑤ 软件的调试要具体情况具体分析。有了以上 4 步的调试,板子应该没什么大问题了,但不是一定没问题。板子的调试进行到这里,应该说是最"煎熬"的时候,因为一边要调试软件,一边还要兼顾硬件。软件的调试可总结为两点:

Ⓐ 建议读者能将串口用起来,这对调试程序真的很管用。例如该系统的调试中可以用 pirntf( )函数实时观察各个寄存器的值,否则怎么知道寄存器内部的值究竟是多少呢?

Ⓑ 程序调试中,经常会写写、删删,建议读者将条件编译融入到程序的调试中,例如:♯ifdef TEST … ♯endif,这样若需要调整内部的代码,可以写一句:♯define TEST,若不需要,可以注释掉:♯define TEST,这样便可以像总闸一样方便、快捷地"打开、切断"后续测试代码,同时程序显得比较严谨。

LD3320 芯片的具体调试步骤可参阅龙丘公司编写的《LD3320 芯片简明调试步骤》。

笔记 **27**

基于单片机的简易电视机

27.1 项目背景

用单片机做出一台现实中那样的电视不可能,但是 DIY 一个"小"电视还是可以的。笔者曾工作于某机顶盒生产厂家,做机顶盒难免要做大量测试,可如果在做一些温升、老化等测试时用真正的电视机,势必会造成资源的浪费,而且也不可能在办公室的各个角落、办公桌上放几台电视。要是在能做一个切换器(HDMI切换器前面提到过),这样既可以大大简化测试的过程,又可以防止空间、资源上的浪费。机顶盒测试简易结构图如图 27-1 所示。

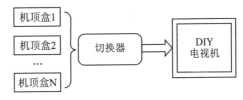

图 27-1 机顶盒测试简易结构图

先来补充一小部分机顶盒的知识。图 27-2 是某卫星机顶盒原理框架图。这里以信号流的方向简述一下其工作原理,以便读者对机顶盒有个大致的了解。

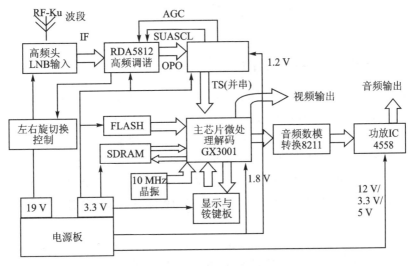

图 27-2 国芯方案原理框架图

卫星接收到的高频信号进入高频头,再经由 RDA5812 调谐后进入 GX1211 解调器进行对高频信号的解码,这样信号就会由高频信号变成 TS 流,接着再进入主芯片(GX3001)进行解码,最后就可得到 TV 可用的视频信号(CVBS)和音频信号(L/R,左右声道),音频信号当然须先进行 D/A 转换并将其进行放大,这样便可得到后续可用的音、视频信号。

接下来,要 DIY 的电视机就是将机顶盒输出的视频信号转化成人能看得见的图像,将音频信号转换成人能听得到的声音。简易电视的框架图如图 27-3 所示。其中,DC-DC 就是将 5 V 的输入电压转换成可用的 3.3 V 和 1.8 V;TVP5150 视频解码和 LCD 的显示应该是该系统的难点和重点;L/R(左右声道)经 HXJ8002 放大后通过喇叭将声音播放出去。

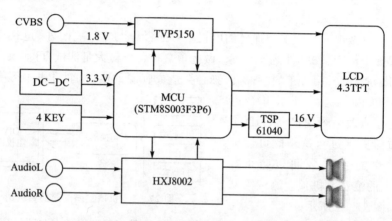

图 27-3 DIY 电视机的结构框架图

27.2　DIY 电视的硬件设计

27.2.1　硬件设计——CPU

只要选型做好了,主控 CPU 部分的硬件设计相当简单。要选择一款处理器,首先要考虑是否满足要求;其次是价格是否合适;再次,对于做大量产品的处理器,供货是否充足;新选择的处理器是否熟悉等。接下比较几种常用的 8 位 CPU,最后选出一种满足该系统设计要求的处理器。这里列举几种当初考虑用的芯片,方案如下:

方案一:STC 的处理器 STC15L204EA-A,工作电压:2.4~3.6 V,Flash:4 KB,SRAM:256 字节,I/O 口:26 个,8 通道×10 位的 A/D,内部带有高精度时钟,价格 3 元左右。

方案二:Atmel 公司的处理器 Atmega8L,工作电压:2.7~5.5 V,Flash:8 KB,SRAM:1 KB,I/O 口:23 个,6 通道×10 位的 A/D,价格 3 元左右。

方案三：Silicon Labs 公司的处理器 C8051F310，工作电压：2.7～3.6 V，Flash：16 KB，SRAM：1 280 字节，I/O 口：29 个，多通道×10 位的 A/D，内部带有高精度时钟，价格 4 元左右。

方案四：ST 公司的处理器 STM8S003F3P6，工作电压：2.95～5.5 V，Flash：8 KB，SRAM：1 KB，I/O 口：16 个，5 通道×10 位的 A/D，内部带有高精度时钟，价格 1.5 元左右。

该系统使用的外围 IC 都需用 3.3 V 的逻辑电平控制，因此这里须选择 3.3 V 工作电压的处理器。该系统程序代码和运行空间都不大，因此 4 KB 的 Flash 和 256 字节的 SRAM 完全足够。该系统总共需要 13 个 I/O 口，但其中两个必须具有 A/D 转换功能，否则还得外加 A/D 转换芯片；其中至少有一个具有外部中断功能，要是有 4 个外部中断，这样在编写按键程序时可以用中断的方式来扫描，继而增加控制的实时性；处理器最好是内部能集成高精度的晶振，这样既可简化电路，又可节省成本；价格当然是越低越好。综合下来，方案四是最优的。

STM8S003F3P6 单片机的原理图如图 27-4 所示。这里 L5 没有画错，图形为电感的形状，标称为阻值。细心地读者可能会说，处理器的最小系统不是由晶振电路、复位电路、电源、程序下载电路组成吗？这里似乎只有电源，其他的呢？程序下载和代码调试部分后面再续，这里说说晶振和复位电路。由 STM8S003F3P6 的数据手册第一页可知，该单片机内部集成有可编程的 RC 振荡电路，最高频率为 16 MHz；还集成有低功耗的 RC 振荡电路，频率最高为 128 kHz，所以完全可以不用外加晶振电路。至于复位，因为该单片机具有上电、掉电、软复位等复位功能，因此这里可以不用设计复位电路，以便节省成本。

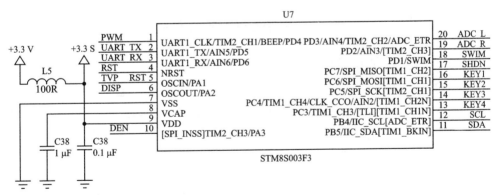

图 27-4 STM8003F3P6 的原理图

说到程序的调试和下载电路，其实也很简单，只需一个 3 针的接线端子就可以了。为了方便调试程序，这里还增加了串口接线端子，两个端子的接线原理图如图 27-5 所示。注意，该型号的单片机不能用串口直接烧录程序，需要用到 ST-LINK 调试器。

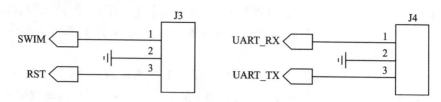

图 27 - 5　STM8003F3P6 的程序调试端口接线图

27.2.2　硬件设计——电源电路

　　该系统需要 3 种电源,电压分别为 5 V、3.3 V、1.8 V。5 V 的电源可以直接用 5 V 的电源适配为其提供。3.3 V 和 1.8 V 就需要经 DC - DC 模块转换得到,不可能再用两个适配器。5 V 到 3.3 V 的转换原理图如图 27 - 6 所示,5 V 到 1.8 V 的转换类似,所用芯片分别为 AMS1117 - 3.3 和 AMS1117 - 1.8。

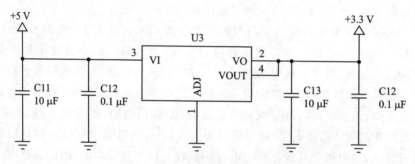

图 27 - 6　5 V 到 3.3 V 的转换原理图

27.2.3　硬件设计——视频解码和显示电路

1. TVP5150 部分的原理图

　　该部分电路为该系统的核心部分。与其说核心电路,还不如说有一块核心 IC,那就是 TVP5150,该芯片可以将视频信号转换成可处理(显示)的数字亮色信号和控制信号,这样才可方便地利用 FPGA 或 DSP 甚至 PC 机来进行信号处理。这里并没有对信号进行处理,只是用单片机控制其转换出不同标准的信号。该芯片原理图如图 27 - 7 所示。

　　其中,CVBS 信号在进入 TVP5150 前还进行了 FMS6143 滤波器,该部分电路相对来说比较简单,这里不赘述。

　　TVP5150 允许的最大输入电压值为 0.75 V,可在匹配电阻为 75 Ω 时,最大的峰峰值为 1.24 V,因此这里采用电阻分压网络来解决此问题。经分压之后再经过 C31 耦合电容进入该芯片,该芯片有两个输入端(AIP1A、AIP1B),这里只用了 AIP1A。该芯片可以解码 NTSC、PAL、SECAM 等格式的视频信号;进入 TVP5150

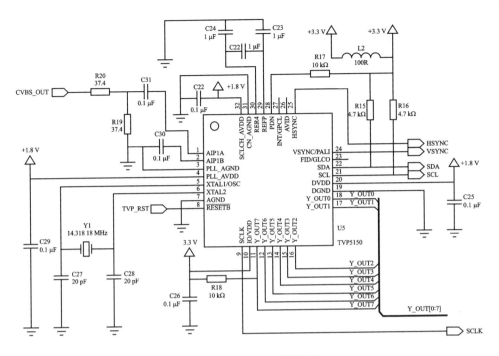

图 27 - 7　TVP5150 的原理图

之后,通过单片机 I^2C 总线设置内部寄存器,可以输出 8 位 4:2:2 的 ITU - RT.656 信号(同步信号内嵌),以及 8 位 4:2:2 的 ITU - R BT.601 信号(同步信号分离,单独引脚输出),这些数据内包含了色调、对比度、亮度、饱和度和锐度等,当然都可以通过单片机对其进行设置,具体的操作后面软件部分再介绍。

　　上面说过,TVP5150 与单片机是通过 I^2C 总线通信的,该总线为开漏输出,因此需要 R15、R16 两个上拉电阻;28 引脚用于低功耗设置,低电平有效,这里不做低功耗处理,所以直接通过 R17 上拉;29、30 引脚分别为 A/D 转换参考电压的正负端,直接按官方数据手册通过 1 μF 的电容连接到模拟地;5、6 引脚为晶振的输入、输出端,这个好理解,只是晶振的频率有点特殊;11 引脚既是 8 位数据的高位输出端,又是器件地址的控制端,此处为高电平时,地址为 0xBA,为低电平时,地址为 0xB8;第 8 引脚为芯片的复位引脚,受单片机控制;剩余的都与电源有关,该芯片需要两种工作电压(3.3 V、1.8 V),与电源正极相连的电容肯定就是滤波电容了,这些电容在绘制 PCB 时一定要靠近芯片的引脚放置,否则滤波效果不是很好。

2. TFT - LCD 显示部分原理图(见图 27 - 8)

　　这部分是 TFT - LCD4.3(薄膜晶体管液晶显示器)原理图,该部分看着引脚很多,可大部分接地了,因此用的并不多。现对各个引脚做如下说明:

　　1、2 引脚为显示屏背光电源的正、负端,该液晶的背光电压为 16 V,所以需要增加升压模块;3、4 为电源的正负端;5~12 引脚为 8 位红色数据端,这里直接接了

TVP5150 的 8 位数据输出端；13～28 引脚分别为 8 位绿色、8 位蓝色数据端，不用，所以直接接地；30 引脚为控制时钟输入端，接 TVP5150 的时钟输出端；32、33 引脚分别为行、场信号，分别接 TVP5150 的行、场数据端；31 脚为正常显示和待机模式控制端（1→Normal Operation、0→Standby mode），接单片机的 PA2；34 引脚为数据使能端，受单片机控制。

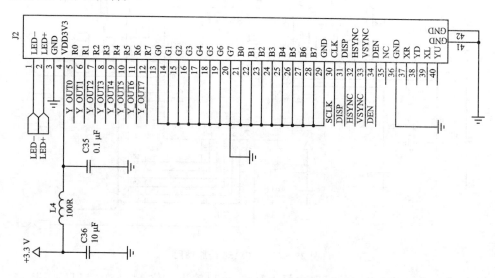

图 27－8　TFT－LCD(4.3 寸)原理图

3. 升压(3.3 V→16 V)电路原理图

这部分主要用到了一个升压芯片——TPS61040。TPS61040 输入电压的范围为 1.8～6 V，输出电压的范围为 V_{IN}～28 V，可通过配置电阻 R22，R24 获得想要的电压值，还可通过第 4 引脚（EN）来调制获得，笔者设计的电路兼顾了这两点，电路如图 27－9 所示。

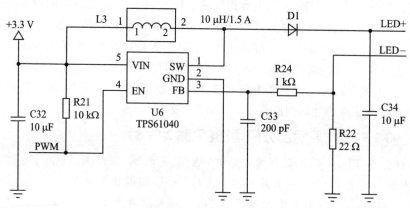

图 27－9　升压电路原理图

27.2.4 硬件设计——音频功放电路

音频输入端包括两个声道,左(L)、右(R)声道。两声道和视频信号都通过 3 位莲花插座(如图 27-10 所示)输入,其中,黄色为视频输入端、白色为左声道、红色为右声道。当音频信号输入以后,先经滤波、耦合电容,再经电阻分压网络,最后才到达功放芯片 HXJ8002,电路如图 27-11 所示。这里直接将两个声道通过电阻 R6、R7 和电容 C7 耦合到了一起。若读者想制作双声道,可以用两个这样的电路对左、右声道分别放大。放大倍数由电阻 R6、R7、R8 决定,具体放大倍数的计算公式为:$A_L = 2 \times (R8/R6)(A_R = 2(R8/R7))$。HXJ8002 的第一引脚(SHDN)为静音控制端,高电平有效,该端子接到了单片机上,受单片机控制。

图 27-10 3 位莲花插座接口图

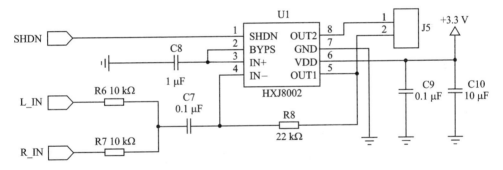

图 27-11 音频功放电路图

27.3 软件调试

1. 软件调试——CPU

要做一个工程,板子设计好之后最开始调试的肯定是 CPU。如果 CPU 不工作,肯定是硬件设计出了问题,具体如何调试可参见 26.4 节。假如 CPU 工作正常,读者可以先做这样的软件测试。编写代码,让其通过串口向上位机打印 CPU 的资源信息,具体伪代码如下(这里的伪代码或许不够规范,笔者这么写主要是便于读者理解):

```
1.   #include<xxx.h>
2.   #define DEBUG   1          // 1→打印调试信息  0→不打印调试信息
3.   #if(1 == DEBUG)
4.   void Print_Info(void)
5.   {
6.        printf("/* ****************** */\n");
7.        printf("/* CPU:STM8S003F3P6 ... */\n");
8.        printf("/* 8KBytes Code Memory(ROM) */\n");
9.        printf("/* 1KBytes Date Memory(RAM) */\n");
10.       printf("/* 128Bytes EEPROM */\n");
11.       printf("/* ********************** */\n");
12.       printf("/* CPU Clocks:2MHz */\n");
13.   }
14.   #endif
15.   void main(void)
16.   {
17.       // 须加入串口初始化代码
18.       #if(1 == DEBUG)
19.   Print_Info();
20.       #endif
21.       while(1);
22.   }
```

利用条件编译来做一个类似于"总闸"的东西。当宏定义 DEBUG 为 1 时,打印 CPU 的资源信息,为 0 时不打印。这样的做法对调试代码来说非常有效,进而说明最小系统部分肯定是没问题的。

2. 软件调试——功放部分

功放部分主要是对信号功率进行放大。由原理图可知,该部分待控制的只有 SHDN,即正常播放或静音模式。之后就是通过 A/D 转换来采样左、右声道是否有声音信号输入。测试该部分时最好有一台示波器。过程是先在左、右声道端口输入确定的声音信号,读者会问,声音信号看不见,怎么知道有没有?读者看不到,但是示波器能看到。如果没有示波器,可以借助喇叭,看喇叭是否能正常发声,如果声音正常,说明电路也正常。之后给 PC7(SHDN)端口一个高电平,如果喇叭鸦雀无声,说明静音功能也正常。待这些都确定好之后就可以启动 A/D 转换,并将转换得到的数据通过串口打印到上位机上,以便调试观察。读者需要注意的是 A/D 采样过程需要多执行数次,因为声音信号不是一个稳定的直流信号,而是一个随时变化的交流信号,于是有如下的伪代码:

```
1.   uChar8 Check_Audio(void)
2.   {
3.       uChar8 Times = 2000;      // 采用次数,可以自行设定
4.       while(Times--)
5.       {
6.           A/D_Convert();          // A/D 转换
```

```
7.          }
8.      if(有信号) { return 1; }
9.      else       { retutn 0; }
10.   }
11.  void main(void)
12.  {
13.      if(Check_Audio) { printf("Detected Audio!"); }
14.      else                { printf("No Audio!");}
15.   }
```

3. 软件调试——视频解码和显示部分

由于 TVP5150 视频解码芯片与单片机是以 I^2C 总线的方式通信的,所以首先要调试好通信协议。关于 I^2C 总线的代码这里不赘述,这里加入已经写好了读/写寄存器的函数,这样就可以向某一固定地址写固定数据,再读出该地址上的数据进行比较,若写入的和读出的相同,说明通信正常。或者读一些数据确定的寄存器,看读出的数据是否与数据手册给出的数据相同,若相同则通信正常,否则肯定不正常。I^2C 总线的程序前面用了很多,这里就不再重复。

在调试 TFT-LCD 显示之前,读者须先测试一下背光电压是否为 16 V,是则说明后面的电阻网络分配合理,如果不是,则可以通过单片机的 PWM 来调节电压,但前提条件是输出电压必须要大于 16 V,否则即使 PWM 为 100% 也调不出 16 V 来。当然还可以直接关闭背光,以节省电能。

最后就是通过 I^2C 总线结合 TVP5150 的数据来配置内部的寄存器。其实要让 TVP5150 简单地工作起来,只须配置一个寄存器,那就是向寄存器 0x03 中写入数据 0x29,作用是使能 YUV 和 Clock。限于篇幅,笔者将 TVP5150 的对比度、亮度、饱和度、色调等的调试过程删除了。最后来一张 DIY 电视机播放的画面,如图 27-12 所示,所用机顶盒为迈科电子的网络机顶盒。

图 27-12　DIY 电视机播放效果

参考文献

[1] Stephen Prata. C Primer Plus 中文版[M]. 云巅工作室,译. 北京:人民邮电出版社,2013.

[2] 陈正冲,石虎. C 语言深度解剖[M]. 北京:北京航空航天大学出版社,2012.

[3] 宏晶科技. STC Microcontroller Handbook,2013.

[4] 郭天祥. 新概念 51 单片机 C 语言教程——入门、提高、开发、拓展[M]. 北京:电子工业出版社,2009.

[5] 郑军奇. EMC 电磁兼容设计与测试案例分析[M]. 北京:电子工业出版社,2010.

[6] 曹卫彬. C/C++串口通信典型应用实例编程实践[M]. 北京:电子工业出版社,2009.

[7] 王玮. 感悟设计——电子设计的经验和哲理[M]. 北京:北京航空航天大学出版社,2009.

[8] ICRoute. LD3320 数据手册. http://www.icroute.com.

[9] ICRoute. LD3320 开发手册. http://www.icroute.com.